U0249057

面向新工科的电工电子信息基础课程系列教材
教育部高等学校电工电子基础课程教学指导分委员会推荐教材

“十二五”普通高等教育本科国家级规划教材
国家精品课程、国家精品资源共享课配套教材
国家级一流本科课程配套教材

随机信号分析与处理（第3版）

罗鹏飞　张文明　编著

清華大学出版社
北京

内容简介

本书介绍随机信号分析、检测与估计理论的基本原理及其应用。全书共9章，主要内容包括随机变量基础、随机过程的基本概念、随机过程的线性变换、随机过程的非线性变换、窄带随机过程、马尔可夫过程与泊松过程、估计理论、统计判决理论、噪声中信号的检测。本书在内容编排上按照基本理论、应用实例、实验的形式展开，强调对随机信号分析与处理基本概念的理解和系统方法的掌握，注重理论和实践的结合，特别是强调 MATLAB 在随机信号分析与处理中的应用。书中给出大量的例题和信号处理实例，每章最后附有习题、计算机作业、实验，部分习题附有答案。本书配有讲课视频，可扫描二维码观看，辅助课堂教学和课后自学。

本书可作为高等学校电子信息类专业本科生的教材，也可作为信号处理相关领域的工程技术人员的参考书。

图书在版编目(CIP)数据

随机信号分析与处理/罗鹏飞，张文明编著. —3版. —北京：清华大学出版社，2021.6(2023.1重印)
面向新工科的电工电子信息基础课程系列教材
ISBN 978-7-302-57503-0

Ⅰ. ①随… Ⅱ. ①罗… ②张… Ⅲ. ①随机信号－信号分析－高等学校－教材 ②随机信号－信号处理－高等学校－教材 Ⅳ. ①TN911.6 ②TN911.7

中国版本图书馆 CIP 数据核字(2021)第 021636 号

责任编辑：文　怡
封面设计：王昭红
责任校对：李建庄
责任印制：刘海龙

出版发行：清华大学出版社
网　　址：http://www.tup.com.cn，http://www.wqbook.com
地　　址：北京清华大学学研大厦 A 座　　**邮　　编**：100084
社 总 机：010-83470000　　**邮　　购**：010-62786544
投稿与读者服务：010-62776969，c-service@tup.tsinghua.edu.cn
质量反馈：010-62772015，zhiliang@tup.tsinghua.edu.cn
课件下载：http://www.tup.com.cn，010-83470236
印 装 者：三河市天利华印刷装订有限公司
经　　销：全国新华书店
开　　本：185mm×260mm　　**印　　张**：20.25　　**字　　数**：466 千字
版　　次：2006 年 6 月第 1 版　2021 年 7 月第 3 版　　**印　　次**：2023 年 1 月第 4 次印刷
印　　数：6001～8000
定　　价：59.00 元

产品编号：087584-01

前　言

课程概述

"随机信号分析与处理"是研究随机信号的特点及其处理方法的专业基础课程，是目标检测、估计、滤波等信号处理理论的基础，在通信、雷达、自动控制、随机振动、图像处理、气象预报、生物医学、地震信号处理等领域有着广泛的应用。随着信息技术的发展，随机信号分析与处理的理论将日益广泛和深入。

本书是作者在多年讲授"随机信号分析""信号检测与估计"课程讲稿的基础上，根据新的教学大纲、结合教学工作体会和相关科研工作的成果编写的。目的是使读者通过本课程的学习，掌握随机信号分析与处理的基本理论和系统的分析方法。本书的参考学时数是理论讲授48～50学时，实践6学时，书中每章还给出了计算机作业和研讨，便于实施研讨式教学等新型教学方法。

本书具有以下突出的特点：

(1) 将随机信号分析、信号检测与估计的内容有机地融合在一本教材中。

(2) 加强了基本概念的阐述，减少了烦琐的公式推导过程，增加了许多信号处理的实例，体现了"厚基础、重实践、理论与实践相结合"的教学原则。

(3) 引入了基于MATLAB的随机过程分析方法，许多例题给出了MATLAB程序，使抽象的理论分析更加形象化。每章都给出了一定数量的计算机作业、实验，这是本书加强实践性环节的具体体现。

(4) 围绕信号处理实例，在每章的最后配备了若干研讨题，便于教师开展研究型教学，引导学生开展研究，培养科研能力。

(5) 本书配有授课视频，可扫描二维码观看，辅助课堂教学和课后自学。

本书将另行出版配套的学习指导书，教学大纲、课件和程序代码可扫描前言下方二维码下载，或通过作者的网络在线课程下载，或向作者本人直接索取。

罗鹏飞编写了本书的第1～5章、第7～9章，张文明编写了本书第6章并整理全书的习题和部分实验内容。本书在编写过程中得到了清华大学出版社的大力支持，在此表示诚挚的谢意。

由于作者水平有限，书中疏漏之处在所难免，欢迎广大读者批评指正。

作　者

2021年3月

大纲+课件

目录

第 1 章　随机变量基础 ………… 1
1.1　概率论的基本术语 ………… 2
1.2　随机变量的定义 ………… 3
1.3　随机变量的分布函数与概率密度 ………… 5
1.4　多维随机变量及分布 ………… 9
1.4.1　二维随机变量 ………… 9
1.4.2　条件分布 ………… 11
1.4.3　多维分布 ………… 11
1.5　随机变量的数字特征 ………… 12
1.5.1　均值 ………… 12
1.5.2　方差 ………… 13
1.5.3　协方差与相关系数 ………… 13
1.5.4　矩 ………… 14
1.5.5　数字特征计算举例 ………… 15
1.6　随机变量的函数 ………… 16
1.6.1　一维随机变量函数的分布 ………… 16
1.6.2　多维随机变量函数的分布 ………… 18
1.6.3　随机变量函数的数字特征 ………… 19
1.7　随机变量的特征函数 ………… 21
1.7.1　特征函数的定义及性质 ………… 21
1.7.2　特征函数与矩的关系 ………… 22
1.8　多维正态随机变量 ………… 23
1.8.1　二维正态随机变量 ………… 23
1.8.2　多维正态随机变量 ………… 25
1.8.3　正态随机变量的线性变换 ………… 25
1.9　复随机变量及其统计特性 ………… 26
1.10　信号处理实例 ………… 27
1.11　蒙特卡洛仿真 ………… 29
习题 ………… 32
计算机作业 ………… 34

目录

研讨题 …… 34
附录A 全概率公式和贝叶斯公式 …… 34
第2章 随机过程的基本概念 …… 37
2.1 随机过程的基本概念及定义 …… 38
2.2 随机过程的统计描述 …… 43
2.2.1 随机过程的概率分布 …… 43
2.2.2 随机过程的数字特征 …… 47
2.3 平稳随机过程 …… 52
2.3.1 平稳随机过程的定义 …… 52
2.3.2 平稳随机过程自相关函数的特性 …… 55
2.3.3 平稳随机过程的相关系数和相关时间 …… 57
2.3.4 其他平稳的概念 …… 58
2.3.5 随机过程的各态历经性 …… 60
2.4 随机过程的联合分布和互相关函数 …… 63
2.4.1 联合分布函数和联合概率密度 …… 63
2.4.2 互相关函数及其性质 …… 64
2.5 随机过程的功率谱密度 …… 67
2.5.1 连续时间随机过程的功率谱 …… 67
2.5.2 随机序列的功率谱 …… 73
2.5.3 互功率谱 …… 75
2.5.4 非平稳随机过程的功率谱 …… 76
2.6 典型的随机过程 …… 78
2.6.1 白噪声 …… 78
2.6.2 正态随机过程 …… 80
2.7 基于MATLAB的随机过程分析方法 …… 82
2.7.1 随机序列的产生 …… 82
2.7.2 随机序列的数字特征估计 …… 85
2.7.3 概率密度估计 …… 90
2.8 信号处理实例 …… 92
2.8.1 脉冲幅度调制信号的功率谱 …… 92
2.8.2 数字图像的直方图均衡 …… 94
习题 …… 97

目录

计算机作业 …… 102
研讨题 …… 103
实验 …… 104
实验 2.1 随机过程的模拟与特征估计 …… 104
实验 2.2 数字图像直方图均衡 …… 104
第 3 章 随机过程的线性变换 …… 105
3.1 变换的基本概念和基本定理 …… 106
3.1.1 变换的基本概念 …… 106
3.1.2 线性变换的基本定理 …… 107
3.2 随机过程通过线性系统分析 …… 109
3.2.1 冲激响应法 …… 109
3.2.2 频谱法 …… 113
3.2.3 平稳性的讨论 …… 114
3.3 限带过程 …… 116
3.3.1 低通过程 …… 116
3.3.2 带通过程 …… 117
3.3.3 噪声等效通能带 …… 118
3.4 随机序列通过离散线性系统分析 …… 120
3.5 最佳线性滤波器 …… 125
3.5.1 输出信噪比最大的最佳线性滤波器 …… 126
3.5.2 匹配滤波器 …… 127
3.5.3 广义匹配滤波器 …… 131
3.6 线性系统输出端随机过程的概率分布 …… 132
3.6.1 正态随机过程通过线性系统 …… 133
3.6.2 随机过程的正态化 …… 134
3.7 信号处理实例：有色高斯随机过程的模拟 …… 134
3.7.1 频域法 …… 134
3.7.2 时域滤波法 …… 136
习题 …… 137
计算机作业 …… 142
研讨题 …… 142
实验 …… 143

目录

实验 3.1　典型时间序列模型分析 …… 143
实验 3.2　随机过程通过线性系统分析 …… 144
第 4 章　随机过程的非线性变换 …… 145
4.1　非线性变换的直接分析法 …… 146
4.1.1　概率密度 …… 146
4.1.2　均值和自相关函数 …… 147
4.2　非线性系统分析的变换法 …… 150
4.2.1　变换法的基本公式 …… 150
4.2.2　Price 定理 …… 151
4.3　非线性系统分析的级数展开法 …… 154
4.4　信号处理实例：量化噪声分析 …… 155
习题 …… 157
研讨题 …… 159
第 5 章　窄带随机过程 …… 160
5.1　希尔伯特变换 …… 161
5.1.1　希尔伯特变换的定义 …… 161
5.1.2　希尔伯特变换的性质 …… 162
5.2　信号的复信号表示 …… 166
5.2.1　确知信号的复信号表示 …… 166
5.2.2　随机信号的复信号表示 …… 167
5.3　窄带随机过程的统计特性 …… 169
5.3.1　窄带随机过程的准正弦振荡表示 …… 169
5.3.2　窄带随机过程的统计特性 …… 170
5.4　窄带正态随机过程包络和相位的分布 …… 172
5.4.1　窄带正态噪声的包络和相位的分布 …… 173
5.4.2　窄带正态噪声加正弦信号的包络和相位的分布 …… 176
5.4.3　窄带正态过程包络平方的分布 …… 178
5.5　信号处理实例——非线性系统输出端信噪比的计算 …… 179
5.5.1　同步检波器 …… 180
5.5.2　包络检波器 …… 181
5.5.3　平方律包络检波器 …… 183
习题 …… 184

目录

计算机作业 …… 187
研讨题 …… 187
实验 …… 187
窄带高斯随机过程的产生 …… 187
第6章 马尔可夫过程与泊松过程 …… 189
6.1 马尔可夫链 …… 190
6.1.1 马尔可夫链的定义 …… 190
6.1.2 马尔可夫链的转移概率及矩阵 …… 190
6.1.3 切普曼-柯尔莫哥洛夫方程 …… 192
6.1.4 齐次马尔可夫链 …… 193
6.1.5 平稳链 …… 195
6.1.6 遍历性 …… 197
6.2 隐马尔可夫模型(HMM) …… 199
6.3 马尔可夫过程 …… 201
6.3.1 一般概念 …… 201
6.3.2 切普曼-柯尔莫哥洛夫方程 …… 203
6.4 独立增量过程 …… 203
6.4.1 独立增量过程定义 …… 203
6.4.2 泊松过程 …… 204
6.4.3 维纳过程 …… 209
习题 …… 210
计算机作业 …… 213
实验 …… 213
通信信道误码率分析 …… 213
第7章 估计理论 …… 215
7.1 估计的基本概念 …… 216
7.2 贝叶斯估计 …… 217
7.2.1 最小均方估计 …… 218
7.2.2 条件中位数估计 …… 219
7.2.3 最大后验概率估计 …… 219
7.3 最大似然估计 …… 222
7.4 估计量的性能 …… 225

目录

7.4.1　性能指标 …… 225
7.4.2　无偏估计量的性能边界 …… 228
7.5　线性最小均方估计 …… 232
7.6　最小二乘估计 …… 236
7.6.1　估计原理 …… 236
7.6.2　估计性能 …… 237
7.7　波形估计 …… 238
7.7.1　波形估计的一般概念 …… 238
7.7.2　维纳滤波器 …… 239
7.8　信号处理实例 …… 242
7.8.1　距离估计 …… 242
7.8.2　目标跟踪 …… 244
习题 …… 247
研讨题 …… 251
第8章　统计判决理论 …… 253
8.1　假设检验的基本概念 …… 254
8.2　判决准则 …… 257
8.2.1　贝叶斯准则 …… 257
8.2.2　极大极小准则 …… 261
8.2.3　纽曼-皮尔逊准则 …… 264
8.3　检测性能及其蒙特卡洛仿真 …… 266
8.3.1　接收机工作特性 …… 266
8.3.2　检测性能的蒙特卡洛仿真 …… 268
8.4　复合假设检验 …… 269
8.4.1　贝叶斯方法 …… 269
8.4.2　一致最大势检验 …… 270
8.4.3　广义似然比检验 …… 272
8.5　多元假设检验 …… 274
8.5.1　判决准则 …… 274
8.5.2　模式识别(分类) …… 277
习题 …… 278
计算机作业 …… 281

目录

研讨题 …… 281

第 9 章 噪声中信号的检测 …… 283

9.1 高斯白噪声中确定性信号的检测 …… 284

9.2 最佳接收机的性能 …… 286

9.3 高斯白噪声中随机信号的检测 …… 289

9.3.1 随机相位信号的检测 …… 290

9.3.2 随机相位及幅度信号的检测 …… 292

9.4 信号处理实例 …… 293

9.4.1 加性高斯信道中基带数字传输 …… 293

9.4.2 双门限检测器 …… 294

习题 …… 296

实验 …… 298

实验 9.1 二元通信系统的仿真 …… 298

实验 9.2 双门限检测器性能仿真 …… 298

部分习题参考答案 …… 300

参考文献 …… 309

第1章 随机变量基础

概率论与随机变量是随机信号分析与处理的理论基础，本章简要介绍随机变量的基本理论，更为详细的内容请大家参考有关教材。

1.1 概率论的基本术语

1. 随机试验

满足下列 3 个条件的试验称为随机试验：

(1) 在相同条件下可重复进行；

(2) 试验的结果不止一个，所有可能的结果能事先明确；

(3) 每次试验前不能确定会出现哪一个结果。

随机试验通常用 E 表示，例如投掷硬币，就是一个随机试验，它满足以上 3 个条件。首先，投掷硬币是可以重复进行的；其次试验的结果可能是正面，也可能是反面，即有两种可能的结果，而且只有这两种结果，事先可以明确，但具体到某次试验，试验前是不能预知出现哪种结果的。

2. 随机事件

在随机试验中，对试验中可能出现也可能不出现、而在大量重复试验中却具有某种规律性的事情，称为随机事件，简称为事件，如投掷硬币出现正面就是一个随机事件。

3. 基本事件

随机试验中最简单的随机事件称为基本事件，如投掷骰子出现 1,2,…,6 点是基本事件，出现偶数点是随机事件，但不是基本事件。

4. 样本空间

随机试验 E 的所有基本事件组成的集合称为样本空间，记为 S，如投掷骰子的样本空间为{1,2,3,4,5,6}。

5. 频数和频率

在相同条件下的 n 次重复试验中，事件 A 发生的次数 n_A 称为事件 A 的频数，比值 $\frac{n_A}{n}$ 称为事件 A 发生的频率。频率反映了事件 A 发生的频繁程度，若事件 A 发生的可能性大，那么相应的频率也大，反之则较小。

6. 概率

概率是事件发生的可能性大小的度量。事件的频率可以刻画事件发生的可能性大小，但是频率具有随机波动性，对于相同的试验次数 n，事件 A 发生的频率可能不同，n 越小，这种波动越大，n 越大，波动越小，当 n 趋于无穷时，频率趋于一个稳定的值，可以把这个稳定的值定义为事件 A 发生的概率，记为 $P(A)$，即

$$P(A)=\lim_{n\to\infty}\frac{n_A}{n} \tag{1.1.1}$$

这一定义称为概率的统计定义。概率的统计定义不仅提供了事件 A 发生的可能性大小的度量方法，而且还提供了估计概率的方法，只要重复试验的次数 n 足够大，就可以用下式来估计概率：

$$\hat{P}(A)=\frac{n_A}{n} \tag{1.1.2}$$

借助计算机的快速计算能力，很容易实现随机事件概率的估计。例如，在投掷硬币的随机试验中，假定事件 A 表示“4 次投掷中出现 3 次正面”，如何估计事件 A 发生的概率？要解决这一问题，首先需要模拟“投掷硬币”这一随机试验，在许多科学计算语言中，利用随机数产生函数是很容易实现的。例如，在 MATLAB 中，利用简单的语句 x=rand(1,1)就可以在(0,1)上产生一个随机数，这个数等可能地分布在(0,1)区间上，分布在(0,1/2]区间的概率为 1/2，分布在剩余区间(1/2,1)的概率也是 1/2。因此，可以用 x=rand(1,1)产生一个随机数，$x>1/2$，表示投掷硬币出现正面，$x\leqslant 1/2$，表示出现反面，连续产生 4 个这样的随机数，得到 4 个数，事件 A 表示其中刚好有 3 个数大于 1/2。上述过程重复 M 次，假定事件 A 发生的次数为 N，则 $\hat{P}(A)=N/M$。下面是估计事件 A 发生概率的 MATLAB 程序：

```
M=1000;     %模拟次数
N=0;        %N—事件 A 发生的计数
for i=1:M
    Headnumber=0;
for k=1:4
    x=rand(1,1);
    if x>1/2
        Headnumber=Headnumber+1; %对正面进行计数
    end
end
    if Headnumber==3;
        N=N+1;
    end
end
P=N/M
```

概率还有多种定义方式，如古典概型的古典定义，几何概型的几何定义，以及更一般的概率的公理化定义，这些定义大家可以参阅概率论的有关书籍。

1.2 随机变量的定义

在随机试验中，试验的结果不止一个，如投掷骰子可能出现的点数，打靶命中的环数及一批产品中的次品数等。另一些随机试验尽管其可能结果与数值间没有直接的联系，如投掷硬币出现正面或反面、雷达探测发现“有目标”或“无目标”等，但可以规定一些数值来表示试验的可能结果。如对于投掷硬币,用"1"表示"正面","0"表示"反面",对雷达探测用"1"表示"有目标","0"表示"无目标"。为了表示这些试验的结果,我们定义一个变量,变量的取值反映试验的各种可能结果,由于试验前无法确知试验结果,所以变量的值在试验前是无法确知的,即变量的值具有随机性,称这个变量为随机变量。下面给出详细的定义。

定义 设随机试验 E 的样本空间为 $S=\{e\}$,如果对于每一个 $e\in S$,有一个实数 $X(e)$ 与之对应,这样就得到一个定义在 S 上的单值函数 $X(e)$,称 $X(e)$ 为随机变量,简记为 X。

由以上的定义可以看出,随机变量是定义在样本空间 S 上的一个单值函数。对应于不同的样本 e,$X(e)$ 的取值不同,$X(e)$ 的随机性在样本 e 中体现出来,因为在试验前究竟出现哪个样本事先无法确知,只有试验后才知道。随机变量也可用图 1.1 进行解释。对于样本空间的每一个元素 e_i,都在实轴上有一个点 $X(e_i)$ 与之对应,由所有元素 e 所对应的实轴上的所有点 $X(e)$ 构成了随机变量,即随机变量可以看作从样本空间到实轴的映射。

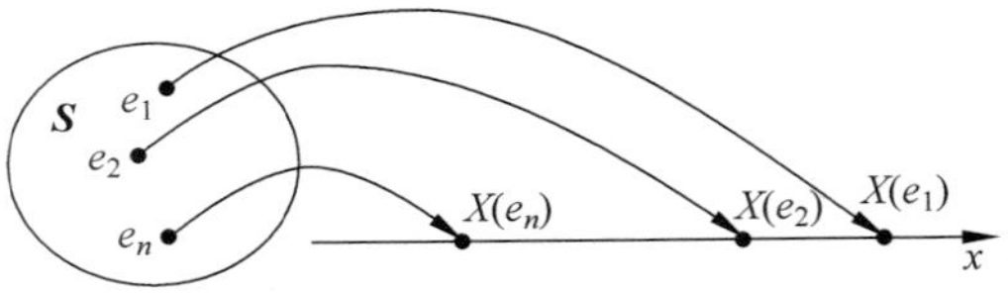

图 1.1 随机变量看作从样本空间到实轴的映射

X 的取值可以是连续的,也可以是离散的,所以,根据 X 取值的不同可以分为连续型随机变量和离散型随机变量。

所谓离散型随机变量是指它的全部可能取值为有限个或可列无穷个。离散型随机变量的概率特性通常用概率分布律来描述。

设离散型随机变量 X 的所有可能取值为 $x_k(k=1,2,\cdots,n)$,其概率为

$$P(X=x_k)=p_k \quad (k=1,2,\cdots,n) \tag{1.2.1}$$

称式(1.2.1)为 X 的概率分布或分布律,通常如表 1.1 所示。

表 1.1 X 的概率分布

X	x_1	x_2	$\cdots$	x_n
p_k	p_1	p_2	$\cdots$	p_n

其中

$$\sum_{k=1}^{n} p_k=1 \tag{1.2.2}$$

下面介绍几种典型的离散随机变量的概率分布。

1. (0,1)分布

设随机变量 X 的可能取值为 0 和 1 两个值,其概率分布为

$$P(X=1)=p,\quad P(X=0)=1-p\quad(0<p<1)\tag{1.2.3}$$

称 X 服从(0,1)分布。如投掷硬币的试验,假定出现正面用 1 表示,出现反面用 0 表示,用 X 表示试验结果,那么 X 的可能取值为 0、1,X 是一个离散型随机变量,且服从(0,1)分布:

$$P(X=1)=P(X=0)=0.5$$

2. 二项式分布

设随机试验 E 只有两种可能的结果 A 及 $\bar{A}$,且 $P(A)=p$,$P(\bar{A})=1-p=q$,将 E 独立地重复 n 次,这样的试验称为伯努利(Bernoulli)试验,那么在 n 次试验中事件 A 发生 m 次的概率为

$$P_n(m)=C_n^m p^m q^{n-m}\quad(0\leqslant m\leqslant n)\tag{1.2.4}$$

式(1.2.4)刚好是 $(p+q)^n$ 展开式的第 $m+1$ 项,故称为二项式分布。

3. 泊松(Poisson)分布

设随机变量 X 的可能取值为 0,1,2,…,且概率分布为

$$P(X=k)=\frac{\lambda^k e^{-\lambda}}{k!}\quad(k=0,1,2,\cdots;\ \lambda>0)\tag{1.2.5}$$

则称 X 服从参数为 λ 的泊松分布。

1.3 随机变量的分布函数与概率密度

设 X 为随机变量,x 为任意实数,定义

$$F_X(x)=P(X\leqslant x)\tag{1.3.1}$$

为 X 的概率分布函数或简称为分布函数。

分布函数具有如下性质:

(1) 它是 x 的不减函数,即

$$F_X(x_2)-F_X(x_1)\geqslant 0\quad(x_2>x_1)\tag{1.3.2}$$

(2) $0\leqslant F_X(x)\leqslant 1$。 (1.3.3)

(3) $F_X(-\infty)=0,\quad F_X(\infty)=1$。 (1.3.4)

(4) 若 $F_X(x_0)=0$,则对任何 $x<x_0$,有 $F_X(x)=0$。

(5) $P(X>x)=1-F_X(x)$。 (1.3.5)

(6) 函数 $F_X(x)$ 是右连续的,即

$$F_X(x^+)=F_X(x)\tag{1.3.6}$$

(7) 对于任意实数 $x_1,x_2(x_1<x_2)$,有

$$P(x_1<X\leqslant x_2)=F_X(x_2)-F_X(x_1)\tag{1.3.7}$$

(8) $P(X=x)=F_X(x)-F_X(x^-)$。 (1.3.8)

(9) $P(x_1\leqslant X\leqslant x_2)=F_X(x_2)-F_X(x_1^-)$。 (1.3.9)

对于连续型随机变量,其分布函数是连续的,在这种情况下,$F_X(x)=F_X(x^-)$,所

以对于任意 x 都有

$$P(X=x)=0 \tag{1.3.10}$$

对离散型随机变量，分布函数是阶梯函数。设 x_i 表示 $F_X(x)$的不连续点，则

$$F_X(x_i)-F_X(x_i^-)=P(X=x_i)=p_i \tag{1.3.11}$$

这时 X 的统计特性由它的取值 x_i 及取值的概率 p_i 确定，即由概率分布律确定。分布函数可表示为

$$F_X(x)=\sum_i p_i U(x-x_i) \tag{1.3.12}$$

其中，$p_i=P(X=x_i)$，$U(\cdot)$为单位阶跃函数。由式(1.3.12)可以看出，离散型随机变量的分布函数是阶梯函数，如图1.2所示，阶梯的跳变点位于随机变量的取值点，跳变的高度等于随机变量取该值的概率。

如果 X 的分布函数既包含连续函数，也包含不连续的阶梯函数，那么称 X 为混合型随机变量。

随机变量 X 的分布函数的导数定义为它的概率密度，记为 $f_X(x)$，即

$$f_X(x)=\frac{\mathrm{d}F_X(x)}{\mathrm{d}x} \tag{1.3.13}$$

由概率密度的定义及分布函数的性质，可以得出概率密度的如下性质：

(1) $f_X(x)\geqslant 0$，即概率密度是非负的函数。

(2) $\int_{-\infty}^{+\infty} f_X(x)\mathrm{d}x=1$，即概率密度函数与横轴 x 所围成的面积为1。

(3) $P(x_1<X\leqslant x_2)=F_X(x_2)-F_X(x_1)=\int_{x_1}^{x_2} f_X(x)\mathrm{d}x$。

对于离散型随机变量，由于它的概率分布函数是阶梯函数，那么它的概率密度函数是一串 δ 函数，如图1.3所示，δ 函数出现在随机变量的取值点，强度为取该值的概率，即

$$f_X(x)=\sum_i p_i\delta(x-x_i) \tag{1.3.14}$$

其中，x_i 为离散型随机变量 X 的取值，$p_i=P(X=x_i)$。

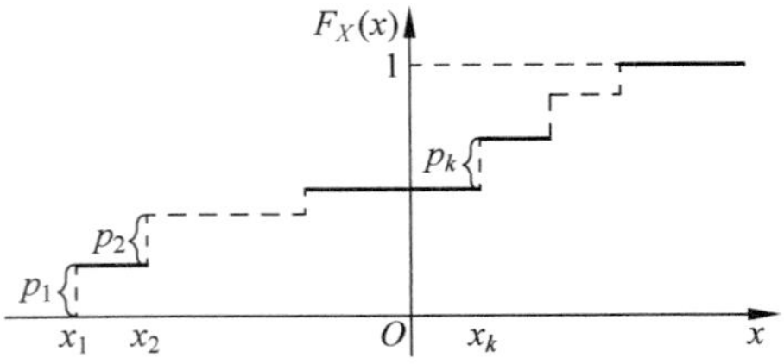

图1.2 离散型随机变量的概率分布

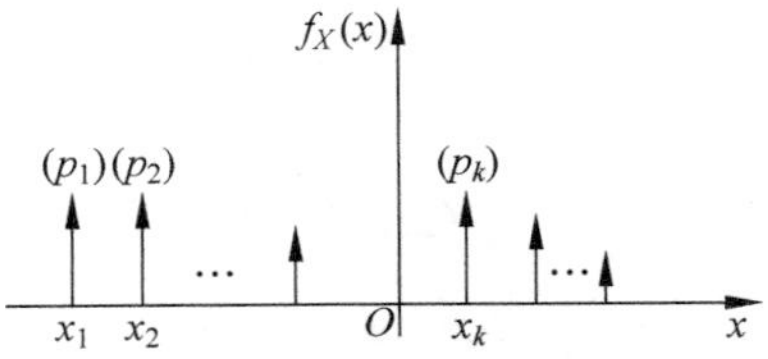

图1.3 离散型随机变量的概率密度

下面介绍常见的连续型随机变量分布。

1. 正态分布

若随机变量 X 的概率密度为

$$f_X(x)=\frac{1}{\sqrt{2\pi}\sigma}\exp\left[-\frac{(x-m)^2}{2\sigma^2}\right] \tag{1.3.15}$$

其中 m、σ 为常数，则称 X 服从正态分布，正态分布通常也简记为 $\mathcal{N}(m,\sigma^2)$。均值为 0，方差为 1 的正态分布 $\mathcal{N}(0,1)$ 称为标准正态分布。正态分布随机变量的概率密度是一个高斯曲线，所以又称为高斯随机变量，概率密度曲线如图 1.4(a)所示。

正态分布函数为

$$F_X(x)=\int_{-\infty}^{x}\frac{1}{\sqrt{2\pi}\sigma}\exp\left[-\frac{(u-m)^2}{2\sigma^2}\right]\mathrm{d}u \tag{1.3.16}$$

标准正态分布函数通常用 $\Phi_{\mathcal{N}}(x)$ 表示，即

$$\Phi_{\mathcal{N}}(x)=\int_{-\infty}^{x}\frac{1}{\sqrt{2\pi}}\exp\left(-\frac{u^2}{2}\right)\mathrm{d}u \tag{1.3.17}$$

2. 均匀分布

如果随机变量 X 的概率密度函数为

$$f_X(x)=\begin{cases}\dfrac{1}{b-a} & (a<x<b)\\ 0 & (\text{其他})\end{cases} \tag{1.3.18}$$

则称 X 在区间 (a,b) 上服从均匀分布，概率密度曲线如图 1.4(b)所示。

3. 瑞利分布

如果随机变量 X 的概率密度为

$$f_X(x)=\begin{cases}\dfrac{x}{\sigma^2}\exp\left(-\dfrac{x^2}{2\sigma^2}\right) & (x\geqslant 0)\\ 0 & (x<0)\end{cases} \tag{1.3.19}$$

其中 σ 为常数，则称 X 服从瑞利分布，概率密度曲线如图 1.4(c)所示。

4. 指数分布

如果随机变量 X 的概率密度为

$$f_X(x)=\begin{cases}\lambda\exp(-\lambda x) & (x\geqslant 0)\\ 0 & (x<0)\end{cases} \tag{1.3.20}$$

其中 λ 为常数，则称 X 服从指数分布，概率密度曲线如图 1.4(d)所示。

5. 韦伯分布

如果随机变量 X 的概率密度为

$$f_X(x)=\begin{cases}\dfrac{b}{a}\left(\dfrac{x}{a}\right)^{b-1}\exp\left[-\left(\dfrac{x}{a}\right)^{b}\right] & (x\geqslant 0)\\ 0 & (x<0)\end{cases} \tag{1.3.21}$$

其中 a、b 为常数，则称 X 服从韦伯分布，a 称为尺度参数，b 称为形状参数，雷达的地杂波的幅度特性通常可以用韦伯分布来描述，概率密度曲线如图 1.4(e)所示。

6. 对数正态分布

如果随机变量 X 的概率密度为

$$f_X(x)=\begin{cases}\dfrac{1}{x\sqrt{2\pi}\sigma}\exp\left[-\dfrac{\ln^2(x/m)}{2\sigma^2}\right] & (x>0)\\ 0 & (x\leqslant 0)\end{cases}\tag{1.3.22}$$

其中 m、σ 均为非负的常数，则称 X 服从对数正态分布，雷达的海杂波的幅度特性通常可以用对数正态分布来描述，概率密度曲线如图 1.4(f)所示。

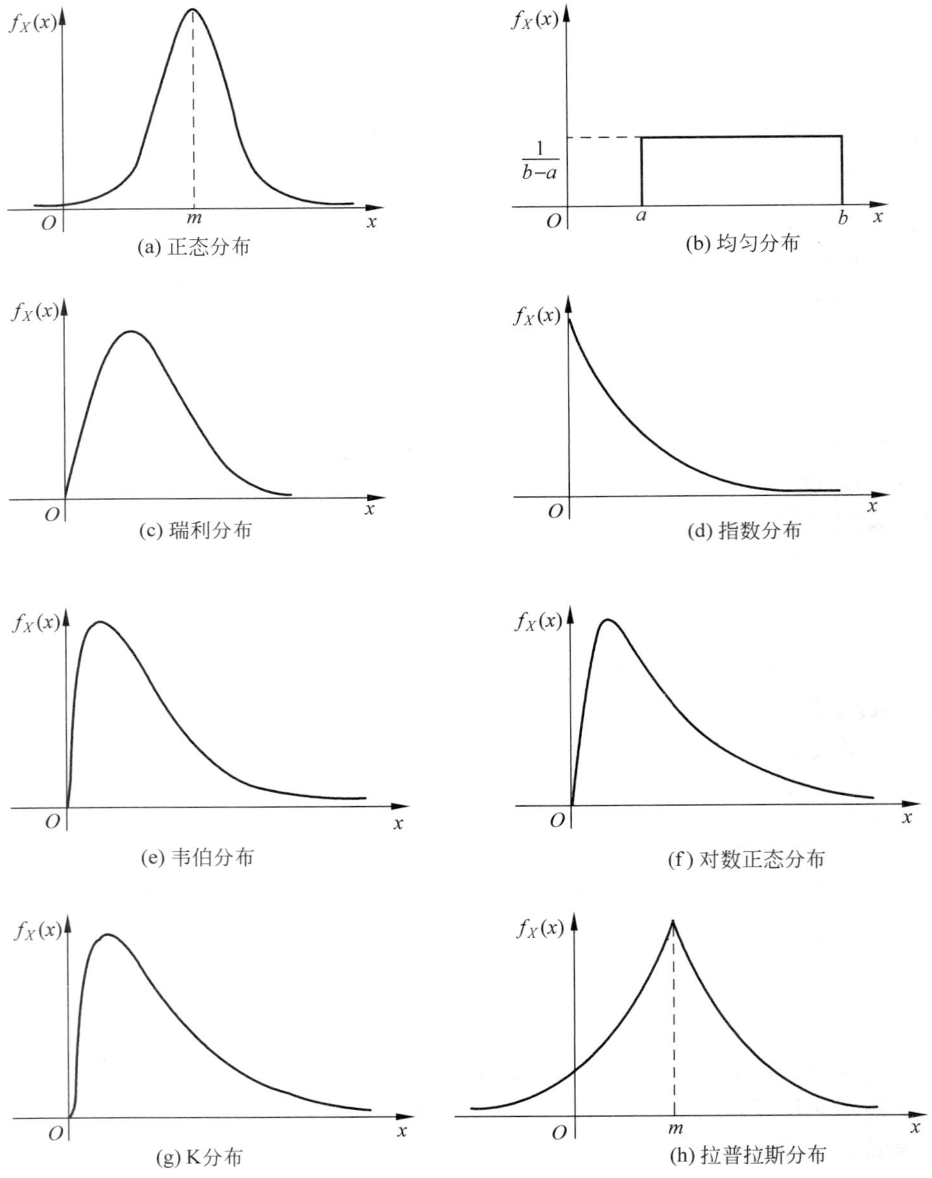

图 1.4　常见概率密度分布

7. K 分布

如果随机变量 X 的概率密度为

$$f_X(x)=\begin{cases}\dfrac{\sqrt{2\nu}}{\sqrt{\mu}\,2^{\nu-1}\Gamma(\nu)}\left(\sqrt{\dfrac{2\nu}{\mu}}x\right)^{\nu}\mathrm{K}_{\nu-1}\left(\sqrt{\dfrac{2\nu}{\mu}}x\right) & (x\geqslant 0)\\ 0 & (x<0)\end{cases}\tag{1.3.23}$$

则称 X 服从 K 分布，其中 $\mu>0$ 为比例参数，$\nu>0$ 为形状参数，$\Gamma(\cdot)$ 为伽马函数，$\mathrm{K}_{\nu-1}(\cdot)$ 为第二类 $\nu-1$ 阶修正贝塞尔函数。K 分布是描述现代高分辨率雷达杂波的一种统计模型，概率密度曲线如图 1.4(g)所示。

8. 拉普拉斯分布

如果随机变量 X 的概率密度为

$$f_X(x)=\frac{1}{2}c\exp(-c\,|x-m|)\tag{1.3.24}$$

其中 c、m 均为常数，且 $c>0$，则称 X 服从拉普拉斯分布。拉普拉斯分布广泛应用于语音信号和图像灰级的统计建模，概率密度曲线如图 1.4(h)所示。

1.4 多维随机变量及分布

在实际中，实验结果通常需要用多个随机变量才能加以描述，例如回波信号的幅度和相位需要两个不同的随机变量来描述。由多个随机变量构成的矢量称为多维随机变量或随机矢量。

1.4.1 二维随机变量

设随机试验 E 的样本空间 $S=\{e\}$，$X=X(e)$ 和 $Y=Y(e)$ 是定义在样本空间 S 上的两个随机变量，由 X 和 Y 构成的矢量 (X,Y) 称为二维随机变量或二维随机矢量。

1. 二维分布函数

设 x、y 为任意实数，那么二维随机变量 (X,Y) 的分布函数定义为

$$F_{XY}(x,y)=P(X\leqslant x,Y\leqslant y)\tag{1.4.1}$$

二维随机变量 (X,Y) 的取值 (x,y) 可以看作平面上的一个点，那么二维分布函数就是二维随机变量 (X,Y) 的取值落在图 1.5 所示的阴影区域的概率。

二维随机变量的分布函数具有下列性质：

(1) $0\leqslant F_{XY}(x,y)\leqslant 1$。

(2) 分布函数满足 $F_{XY}(-\infty,y)=0$，$F_{XY}(x,-\infty)=0$，$F_{XY}(-\infty,-\infty)=0$，$F_{XY}(\infty,\infty)=1$。

(3) $F_{XY}(x,\infty)=F_X(x)$，$F_{XY}(\infty,y)=F_Y(y)$，$F_X(x)$ 和 $F_Y(y)$ 称为边缘分布，即随机变量 X 和 Y 的分布，由二维分布函数可以求出一维分布函数。

(4) 对于任意的(x_1,y_1)和(x_2,y_2),且$x_2>x_1$,$y_2>y_1$,则

$$P(x_1<X\leqslant x_2;\ y_1<Y\leqslant y_2)=F_{XY}(x_2,y_2)-F_{XY}(x_2,y_1)-F_{XY}(x_1,y_2)+F_{XY}(x_1,y_1) \tag{1.4.2}$$

式(1.4.2)给出了利用二维分布函数计算二维随机变量落在某一区域的概率的方法,如图1.6所示。

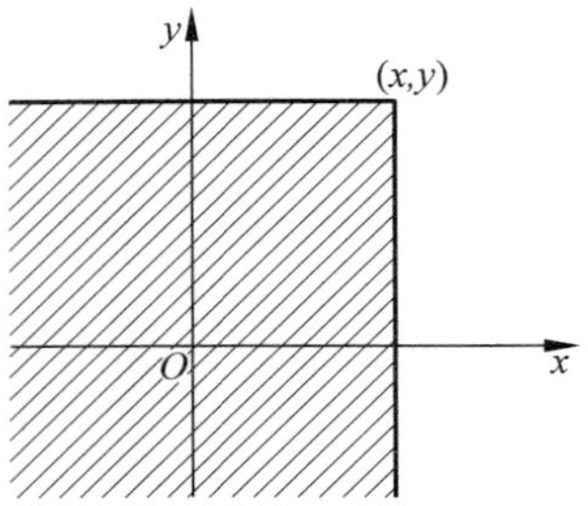

图1.5　二维分布函数图

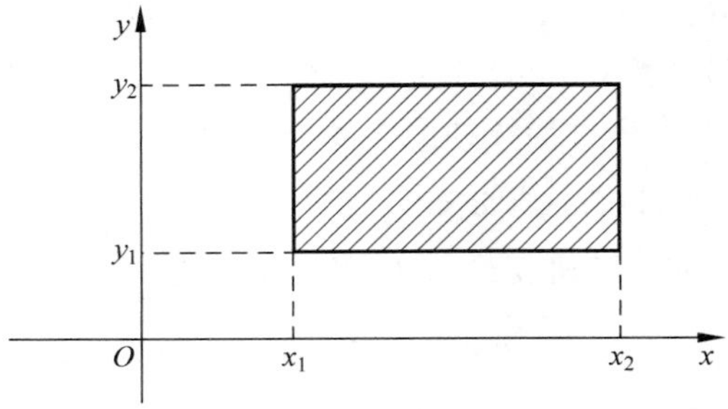

图1.6　二维随机变量落在某一区域的概率

如果二维随机变量(X,Y)的可能取值为有限个或可列无穷个,则称(X,Y)为离散型随机变量。设

$$P(X=x_i,Y=y_j)=p_{ij}\quad(i,j=1,2,\cdots)$$

那么

$$\sum_i\sum_j p_{ij}=1 \tag{1.4.3}$$

$P(X=x_i,Y=y_j)=p_{ij}$ 称为(X,Y)的联合概率分布列或简称为分布列。

2. 二维概率密度

二维分布函数$F(x,y)$的二阶偏导数

$$f_{XY}(x,y)=\frac{\partial^2 F(x,y)}{\partial x\partial y} \tag{1.4.4}$$

定义为(X,Y)的二维联合概率密度,简称为二维概率密度。

二维概率密度具有以下性质:

(1) $f_{XY}(x,y)\geqslant 0$,即概率密度是非负的函数。

(2) $F_{XY}(x,y)=\int_{-\infty}^{x}\int_{-\infty}^{y}f_{XY}(u,v)\mathrm{d}u\mathrm{d}v$,$\int_{-\infty}^{+\infty}\int_{-\infty}^{+\infty}f_{XY}(x,y)\mathrm{d}x\mathrm{d}y=F_{XY}(\infty,\infty)=1$。

$$\tag{1.4.5}$$

(3) 边缘概率密度可由二维概率密度求得

$$f_X(x)=\int_{-\infty}^{+\infty}f_{XY}(x,y)\mathrm{d}y,\quad f_Y(y)=\int_{-\infty}^{+\infty}f_{XY}(x,y)\mathrm{d}x \tag{1.4.6}$$

(4) 设G是x-y平面上的一个区域,则二维随机变量(X,Y)的取值落在该区域的概率为

$$P\{(X,Y)\in G\}=\iint_G f_{XY}(x,y)\mathrm{d}x\mathrm{d}y \tag{1.4.7}$$

1.4.2 条件分布

设 X 为一随机变量，A 是一随机事件，定义

$$F_X(x \mid A)=P\{X \leqslant x \mid A\} \tag{1.4.8}$$

为随机变量 X 在事件 A 发生时的条件分布函数，对应的条件概率密度定义为条件分布函数的导数，即

$$f_X(x \mid A)=\frac{\mathrm{d}F_X(x \mid A)}{\mathrm{d}x} \tag{1.4.9}$$

由概率的特性，式(1.4.8)可以写成

$$F_X(x \mid A)=\frac{P\{X \leqslant x, A\}}{P\{A\}} \tag{1.4.10}$$

设有二维随机变量(X,Y)，令 $A=\{X=x\}$，定义

$$F_{Y|X}(y \mid x)=P\{Y \leqslant y \mid X=x\} \tag{1.4.11}$$

为随机变量 Y 在 $X=x$ 时的条件分布函数，或称为 Y 对 X 的条件分布函数。相应地定义

$$f_{Y|X}(y \mid x)=\frac{\partial F_{Y|X}(y \mid x)}{\partial y} \tag{1.4.12}$$

为随机变量 Y 在 $X=x$ 时的条件概率密度，或称为 Y 对 X 的条件概率密度。

可以证明(证明留作习题，参见习题 1.1)

$$f_{Y|X}(y \mid x)=\frac{f(x,y)}{f_X(x)}, \quad f_{X|Y}(x \mid y)=\frac{f(x,y)}{f_Y(y)} \tag{1.4.13}$$

于是有

$$f(x,y)=f_{X|Y}(x \mid y)f_Y(y)=f_{Y|X}(y \mid x)f_X(x) \tag{1.4.14}$$

如果

$$f(x,y)=f_X(x)f_Y(y) \tag{1.4.15}$$

则称随机变量 X 和 Y 是统计独立的。

1.4.3 多维分布

下面将二维分布的一些结论直接推广到多维的情况。

1. 多维分布函数

设有 n 维随机变量$(X_1,X_2,\cdots,X_n)$，定义

$$F_{X_1X_2\cdots X_n}(x_1,x_2,\cdots,x_n)=P(X_1 \leqslant x_1, X_2 \leqslant x_2, \cdots, X_n \leqslant x_n) \tag{1.4.16}$$

为 n 维随机变量的 n 维分布函数。n 维分布函数具有下列性质：

(1) $F_{X_1X_2\cdots X_n}(x_1,x_2,\cdots,-\infty,\cdots,x_n)=0$，其中 $x_i=-\infty(i=1,2,\cdots,n)$。

(2) $F_{X_1X_2\cdots X_n}(\infty,\infty,\cdots,\infty)=1$。

(3) $F_{X_1\cdots X_m X_{m+1}\cdots X_n}(\infty,\infty,\cdots,\infty,x_m,x_{m+1},\cdots,x_n)=F_{X_m X_{m+1}\cdots X_n}(x_m,x_{m+1},\cdots,x_n)$。

2. 多维概率密度

若 n 维分布函数的 n 阶混合偏导数存在,那么定义

$$f_{X_1X_2\cdots X_n}(x_1,x_2,\cdots,x_n)=\frac{\partial^n F_{X_1X_2\cdots X_n}(x_1,x_2,\cdots,x_n)}{\partial x_1\partial x_2\cdots\partial x_n} \tag{1.4.17}$$

为 n 维随机变量的 n 维概率密度。显然

$$F_{X_1X_2\cdots X_n}(x_1,x_2,\cdots,x_n)=\int_{-\infty}^{x_1}\int_{-\infty}^{x_2}\cdots\int_{-\infty}^{x_n}f_{X_1X_2\cdots X_n}(u_1,u_2,\cdots,u_n)\mathrm{d}u_1\mathrm{d}u_2\cdots\mathrm{d}u_n \tag{1.4.18}$$

对于 n 维随机变量,其取值落在区域 G 内的概率可表示为

$$P\{(X_1,X_2,\cdots,X_n)\in G\}=\iint\limits_G f_{X_1X_2\cdots X_n}(x_1,x_2,\cdots,x_n)\mathrm{d}x_1\mathrm{d}x_2\cdots\mathrm{d}x_n \tag{1.4.19}$$

3. 多维条件概率密度

对于 n 维随机变量 $(X_1,X_2,\cdots,X_n)$,在 $X_{k+1},X_{k+2},\cdots,X_n$ 的取值为 x_{k+1},$x_{k+2},\cdots,x_n$ 的条件下,$X_1,X_2,\cdots,X_k$ 的条件概率密度为

$$\begin{aligned}&f_{X_1X_2\cdots X_k|X_{k+1}X_{k+2}\cdots X_n}(x_1,x_2,\cdots,x_k\mid x_{k+1},x_{k+2},\cdots,x_n)\\&=\frac{f_{X_1X_2\cdots X_n}(x_1,x_2,\cdots,x_n)}{f_{X_{k+1}X_{k+2}\cdots X_n}(x_{k+1},x_{k+2},\cdots,x_n)}\end{aligned} \tag{1.4.20}$$

显然,n 维概率密度与条件概率密度之间有如下关系:

$$\begin{aligned}f_{X_1X_2\cdots X_n}(x_1,x_2,\cdots,x_n)=&f_{X_1}(x_1)f_{X_2|X_1}(x_2\mid x_1)f_{X_3|X_2X_1}(x_3\mid x_1,x_2)\cdots\\&f_{X_n|X_1X_2\cdots X_{n-1}}(x_n\mid x_1,x_2,\cdots,x_{n-1})\end{aligned} \tag{1.4.21}$$

如果

$$f_{X_1X_2\cdots X_n}(x_1,x_2,\cdots,x_n)=f_{X_1}(x_1)f_{X_2}(x_2)\cdots f_{X_n}(x_n) \tag{1.4.22}$$

称 n 个随机变量 $X_1,X_2,\cdots,X_n$ 是统计独立的。

1.5 随机变量的数字特征

随机变量的分布函数或概率密度反映了随机变量取值的规律,它们是随机变量统计特性完整的描述,但在实际中可能很难确定随机变量的分布函数或概率密度,这时可以用随机变量的数字特征来描述随机变量的统计特性。常用的数字特征有均值、方差、协方差、相关系数等。

1.5.1 均值

随机变量 X 的均值也称为数学期望,定义为

$$E(X)=\int_{-\infty}^{+\infty} x f_X(x)\mathrm{d}x \tag{1.5.1}$$

对于离散型随机变量，假定随机变量 X 有 N 个可能取值，各个取值的概率为 $p_i=P(X=x_i)$，则均值定义为

$$E(X)=\sum_{i=1}^{N} x_i p_i \tag{1.5.2}$$

式(1.5.2)表明，离散型随机变量的均值等于随机变量的取值乘以取值的概率之和，如果取值是等概率的，那么均值就是取值的算术平均值，如果取值不是等概率的，那么均值就是概率加权和，所以，均值也称为统计平均值。

均值具有如下性质：

(1) $E(cX)=cE(X)$，其中 c 为常数。

(2) $E(X_1+X_2+\cdots+X_n)=E(X_1)+E(X_2)+\cdots+E(X_n)$，即 n 个随机变量之和的均值等于各随机变量均值之和。

(3) 如果随机变量 X 和 Y 相互独立，则 $E(XY)=E(X)E(Y)$，如果 $E(XY)=0$，称随机变量 X 和 Y 是正交的。

1.5.2 方差

随机变量 X 的方差定义为

$$\mathrm{Var}(X)=E\{[X-E(X)]^2\} \tag{1.5.3}$$

由数学期望的性质可知，式(1.5.3)可表示为

$$\mathrm{Var}(X)=E(X^2)-E^2(X) \tag{1.5.4}$$

方差反映了随机变量 X 的取值偏离其均值的偏离程度或分散程度，$\mathrm{Var}(X)$越大，则 X 的取值越分散。

随机变量的方差具有如下性质：

(1) $\mathrm{Var}(c)=0$，c 为常数。

(2) $\mathrm{Var}(cX)=c^2\mathrm{Var}(X)$，$c$ 为常数。

(3) 对于 n 个相互独立的随机变量 $X_1,X_2,\cdots,X_n$，有 $\mathrm{Var}(X_1+X_2+\cdots+X_n)=\mathrm{Var}(X_1)+\mathrm{Var}(X_2)+\cdots+\mathrm{Var}(X_n)$。

1.5.3 协方差与相关系数

对于二维随机变量，均值和方差不能反映它们之间的相互关系，为此引入协方差和相关系数两个数字特征。

设有两个随机变量 X 和 Y，定义

$$\mathrm{Cov}(X,Y)=E\{[X-E(X)][Y-E(Y)]\} \tag{1.5.5}$$

为 X 与 Y 的协方差。式(1.5.5)也可表示为

$$\mathrm{Cov}(X,Y)=E(XY)-E(X)E(Y) \tag{1.5.6}$$

相关系数则定义为

$$r_{XY}=\frac{\mathrm{Cov}(X,Y)}{\sqrt{\mathrm{Var}(X)\mathrm{Var}(Y)}} \tag{1.5.7}$$

相关系数具有如下性质：

(1) $|r_{XY}|\leqslant 1$。

(2) 当 X 与 Y 相互独立时，$r_{XY}=0$。

(3) $|r_{XY}|=1$ 的充分必要条件是 X 与 Y 依概率 1 线性相关，即 $P\{Y=aX+b\}=1$，a、b 为常数。

(4) $[E(XY)]^2\leqslant E(X^2)E(Y^2)$，称该不等式为施瓦茨(Schwartz)不等式。

相关系数是描述两个随机变量线性相关性的一个数字特征，如果 $r_{XY}=0$，称 X 与 Y 是不相关的，如果 $|r_{XY}|=1$，则称 X 与 Y 是完全相关的。显然，如果 X 与 Y 是相互独立的，则也必定是不相关的，但反过来不一定成立。

对于多维随机变量，随机变量之间的相关性可以用协方差矩阵来描述。设 n 维随机变量$(X_1,X_2,\cdots,X_n)$，称矩阵

$$\boldsymbol{C}=\begin{bmatrix} c_{11} & c_{12} & \cdots & c_{1n} \\ c_{21} & c_{22} & \cdots & c_{2n} \\ \vdots & \vdots & \ddots & \vdots \\ c_{n1} & c_{n2} & \cdots & c_{nn} \end{bmatrix} \tag{1.5.8}$$

为协方差矩阵，其中

$$c_{ij}=\mathrm{Cov}(X_i,X_j)=E\{[X_i-E(X_i)][X_j-E(X_j)]\} \tag{1.5.9}$$

由于 $c_{ij}=k_{ji}$，所以协方差矩阵是对称矩阵，对于 N 个相互独立的随机变量，协方差矩阵为对角阵。

1.5.4 矩

均值和方差是随机变量一、二阶的数字特征，更高阶的数字特征可用矩来反映。随机变量的矩分为原点矩和中心矩。

设 X 为随机变量，均值为 m_X，那么

$$E(X^k)\quad (k=1,2,\cdots) \tag{1.5.10}$$

称为 X 的 k 阶原点矩，而

$$E[(X-m_X)^k]\quad (k=1,2,\cdots) \tag{1.5.11}$$

称为 X 的 k 阶中心矩。

对于两个随机变量，可以类似地定义混合矩。设 X、Y 均为随机变量，均值分别为 m_X、m_Y，那么

$$E(X^kY^l)\quad (k,l=1,2,\cdots) \tag{1.5.12}$$

称为 $k+l$ 阶混合矩，而

$$E[(X-m_X)^k(Y-m_Y)^l] \quad (k,l=1,2,\cdots) \tag{1.5.13}$$

称为 $k+l$ 阶混合中心矩。

1.5.5 数字特征计算举例

例 1.1 设 X 为(0,1)分布的随机变量，且 $P(X=1)=p$，$P(X=0)=q=1-p$，求 X 的均值和方差。

解 X 的均值为

$$E(X)=1\cdot P(X=1)+0\cdot P(X=0)=p$$

又

$$E(X^2)=1^2\cdot P(X=1)+0^2\cdot P(X=0)=p$$

所以 X 的方差为

$$\mathrm{Var}(X)=E(X^2)-E^2(X)=p-p^2=p(1-p)=pq$$

例 1.2 设随机变量 X 服从泊松分布，其分布律为

$$P\{X=k\}=\frac{\lambda^k \mathrm{e}^{-\lambda}}{k!} \quad (k=0,1,2,\cdots,\quad \lambda>0)$$

求 X 的均值和方差。

解 X 的均值为

$$E(X)=\sum_{k=0}^{\infty}k\frac{\lambda^k \mathrm{e}^{-\lambda}}{k!}=\lambda \mathrm{e}^{-\lambda}\sum_{k=1}^{\infty}\frac{\lambda^{k-1}}{(k-1)!}=\lambda \mathrm{e}^{-\lambda}\mathrm{e}^{\lambda}=\lambda$$

类似地可得

$$\begin{aligned}E(X^2)&=E[X(X-1)+X]=E[X(X-1)]+E(X)\\&=\sum_{k=0}^{\infty}k(k-1)\frac{\lambda^k}{k!}\mathrm{e}^{-\lambda}+\lambda=\lambda^2\mathrm{e}^{-\lambda}\sum_{k=2}^{\infty}\frac{\lambda^{k-2}}{(k-2)!}+\lambda=\lambda^2+\lambda\end{aligned}$$

所以方差为

$$\mathrm{Var}(X)=E(X^2)-E^2(X)=\lambda^2+\lambda-\lambda^2=\lambda$$

例 1.3 设随机变量 X 在区间(a,b)上服从均匀分布，其概率密度为

$$f_X(x)=\begin{cases}\dfrac{1}{b-a} & (a<x<b)\\ 0 & (\text{其他})\end{cases}$$

求 X 的均值和方差。

解 X 的均值为

$$E(X)=\int_a^b x\frac{1}{b-a}\mathrm{d}x=\frac{1}{2}(a+b)$$

X 的方差为

$$\begin{aligned}\mathrm{Var}(X)&=E(X^2)-E^2(X)=\int_a^b x^2\frac{1}{b-a}\mathrm{d}x-\frac{1}{4}(a+b)^2\\&=\frac{(b-a)^2}{12}\end{aligned}$$

1.6 随机变量的函数

设有一实函数 $y=g(x)$以及随机变量 X,定义一个新的随机变量

$$Y=g(X) \tag{1.6.1}$$

称随机变量 Y 是随机变量 X 的函数。

上述函数关系的含义是:在随机试验 E 中,设样本空间为 $S=\{e\}$,对每一个试验结果 e_i,对应于 X 的某个取值 $X(e_i)$,相应地指定一个 $Y(e_i)$,且 $Y(e_i)$与 $X(e_i)$有如下关系:

$$Y(e_i)=g[X(e_i)]$$

很显然,Y 的概率特性与 X 是有关系的。下面先讨论一维随机变量函数的分布,然后将结果推广到多维的情况。

1.6.1 一维随机变量函数的分布

首先考虑 $g(x)$是可导的单调函数,其反函数为 $x=g^{-1}(y)$,$g(x)$如图 1.7 所示,如果 $g(x)$是单调上升函数,那么有

$$F_Y(y)=P(Y\leqslant y)=P\{g(X)\leqslant y\}$$
$$=P\{X\leqslant g^{-1}(y)\}=F_X(g^{-1}(y)) \tag{1.6.2}$$

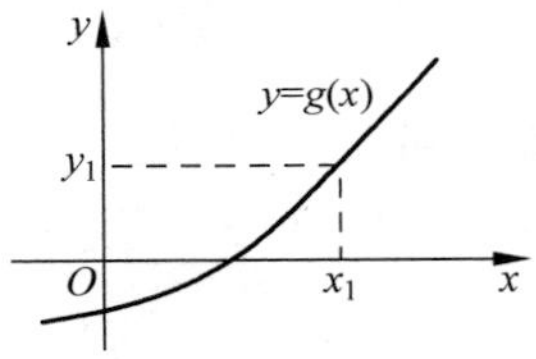

图 1.7 单调函数示意图

式(1.6.2)两边对 y 求导,得

$$f_Y(y)=f_X(g^{-1}(y))\frac{\mathrm{d}g^{-1}(y)}{\mathrm{d}y}$$
$$=f_X(x)\frac{\mathrm{d}x}{\mathrm{d}y}\bigg|_{x=g^{-1}(y)} \tag{1.6.3}$$

如果 $g(x)$是单调下降函数,那么

$$F_Y(y)=P(Y\leqslant y)=P\{g(X)\leqslant y\}=1-P\{X\leqslant g^{-1}(y)\}=1-F_X(g^{-1}(y)) \tag{1.6.4}$$

$$f_Y(y)=-f_X(g^{-1}(y))\frac{\mathrm{d}g^{-1}(y)}{\mathrm{d}y}=-f_X(x)\frac{\mathrm{d}x}{\mathrm{d}y}\bigg|_{x=g^{-1}(y)}=f_X(x)\left|\frac{\mathrm{d}x}{\mathrm{d}y}\right|_{x=g^{-1}(y)} \tag{1.6.5}$$

综合式(1.6.3)和式(1.6.5),对于任意的单调函数 $g(x)$,都有

$$f_Y(y)=f_X(x)|J|_{x=g^{-1}(y)}\quad\left(J=\frac{\mathrm{d}x}{\mathrm{d}y}\right) \tag{1.6.6}$$

通常把 $J=\mathrm{d}x/\mathrm{d}y$ 称为雅可(Jacco)比。

例 1.4 设随机变量 Y 与随机变量 X 的关系为

$$Y=aX+b$$

其中 a、b 为常数,X 的概率密度为 $f_X(x)$,求 Y 的概率密度。

解 由于 $y=ax+b$，所以 $J=\frac{\mathrm{d}x}{\mathrm{d}y}=\frac{1}{a}$，那么

$$f_Y(y)=f_X(x)\,|J|_{x=g^{-1}(y)}=f_X\left(\frac{y-b}{a}\right)\frac{1}{|a|}$$

如果 $X\sim\mathcal{N}(m,\sigma^2)$，那么

$$\begin{aligned}f_Y(y)&=f_X\left(\frac{y-b}{a}\right)\frac{1}{|a|}=\frac{1}{\sqrt{2\pi}\sigma}\exp\left[-\frac{\left(\frac{y-b}{a}-m\right)^2}{2\sigma^2}\right]\frac{1}{|a|}\\&=\frac{1}{\sqrt{2\pi}\,|a|\sigma}\exp\left[-\frac{(y-ma-b)^2}{2(a\sigma)^2}\right]\end{aligned}$$

即 $Y\sim\mathcal{N}(ma+b,a^2\sigma^2)$。可见，正态随机变量经过线性变换后仍为正态分布。

如果 $g(x)$ 不是单调函数，那么它的反函数就有多个值，即对于一个 y 值，有多个 x 值与之对应。例如，假定一个 y 值有两个 x 值 $x_1=h_1(y)$、$x_2=h_2(y)$ 与之对应，可以证明

$$\begin{aligned}f_Y(y)&=f_X(x_1)\left|\frac{\mathrm{d}x_1}{\mathrm{d}y}\right|+f_X(x_2)\left|\frac{\mathrm{d}x_2}{\mathrm{d}y}\right|\\&=f_X(x_1)\,|J_1|_{x_1=h_1(y)}+f_X(x_2)\,|J_2|_{x_2=h_2(y)}\end{aligned}\tag{1.6.7}$$

其中 $J_1=\frac{\mathrm{d}x_1}{\mathrm{d}y}$，$J_2=\frac{\mathrm{d}x_2}{\mathrm{d}y}$。一般地，如果 $y=g(x)$ 有 n 个反函数 $h_1(y),\cdots,h_n(y)$，则

$$f_Y(y)=f_X(x_1)\,|J_1|+\cdots+f_X(x_n)\,|J_n|\tag{1.6.8}$$

其中 $x_1=h_1(y),\cdots,x_n=h_n(y)$，$J_k=\mathrm{d}x_k/\mathrm{d}y$，$k=1,2,\cdots,n$。

例 1.5 考虑一个平方律检波的例子，假定输入输出的关系为

$$Y=bX^2\quad(b>0)$$

求 Y 的概率密度。

解 由于 Y 的值不可能为负，故 $y<0$ 时，$f_Y(y)=0$。若 $y>0$，这时对于任意的 y，有两个 x 值与之对应，即

$$x_1=\sqrt{y/b},\quad x_2=-\sqrt{y/b}$$

由于 $J_1=\frac{\mathrm{d}x_1}{\mathrm{d}y}=\frac{1}{2\sqrt{by}}$，$J_2=\frac{\mathrm{d}x_2}{\mathrm{d}y}=-\frac{1}{2\sqrt{by}}$，由式(1.6.7)可得

$$f_Y(y)=\frac{1}{2\sqrt{by}}\left[f_X(\sqrt{y/b})+f_X(-\sqrt{y/b})\right]\quad(y>0)$$

例 1.6 正弦函数的分布。设 $Y=\cos(X)$，其中 X 在 $(0,2\pi)$ 上均匀分布，求 Y 的概率密度。

解 从图 1.8 可以看出，对于任意给定的 $y(-1<y<1)$，有两个反函数值 $x_1=\cos^{-1}(y)$ 和 $x_2=2\pi-\cos^{-1}(y)$，由于 $J_1=\frac{\mathrm{d}x_1}{\mathrm{d}y}=-\frac{1}{\sqrt{1-y^2}}$，$J_2=\frac{\mathrm{d}x_2}{\mathrm{d}y}=\frac{1}{\sqrt{1-y^2}}$，所以

$$f_Y(y)=\frac{1}{2\pi}\frac{1}{\sqrt{1-y^2}}+\frac{1}{2\pi}\frac{1}{\sqrt{1-y^2}}=\frac{1}{\pi\sqrt{1-y^2}}\quad(-1<y<1)$$

$f_Y(y)$的概率密度如图1.9所示。

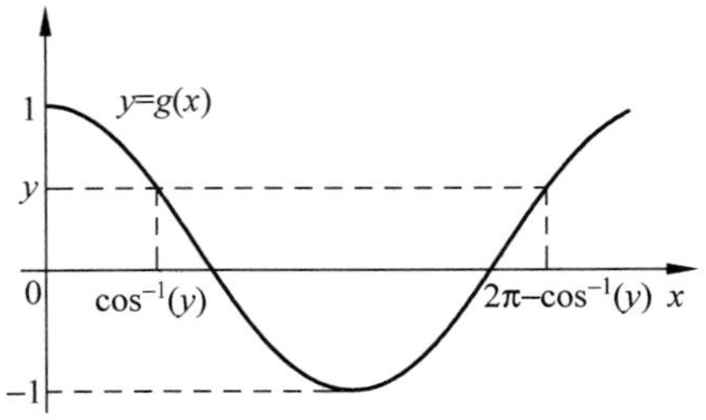

图1.8　正弦函数示意图

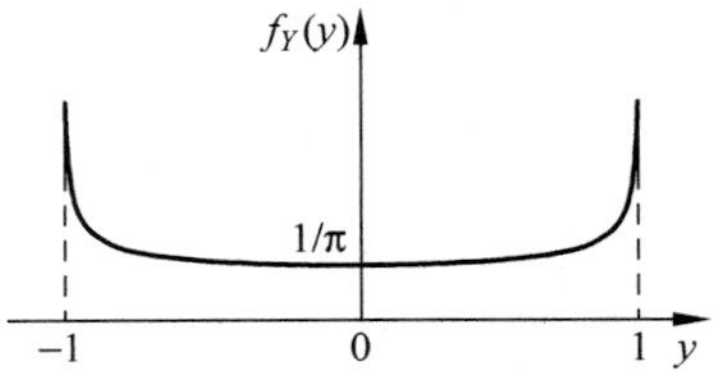

图1.9　Y的概率密度

1.6.2　多维随机变量函数的分布

把一维随机变量函数分布的结果推广到二维及多维随机变量函数的情况。

设有二维随机变量(X_1,X_2)，其概率密度为$f_{X_1X_2}(x_1,x_2)$，与二维随机变量(Y_1,Y_2)的关系为

$$\begin{cases}Y_1=g_1(X_1,X_2)\\Y_2=g_2(X_1,X_2)\end{cases}\tag{1.6.9}$$

需要确定二维随机变量(Y_1,Y_2)的概率密度。

由于二维变换比一维变换要复杂得多，所以这里只考虑g_1、g_2为单值函数的情况，把式(1.6.6)推广到二维的情况，有

$$f_{Y_1Y_2}(y_1,y_2)=f_{X_1X_2}(x_1,x_2)\,|J|\tag{1.6.10}$$

其中

$$J=\frac{\partial(x_1,x_2)}{\partial(y_1,y_2)}=\begin{vmatrix}\dfrac{\partial x_1}{\partial y_1}&\dfrac{\partial x_1}{\partial y_2}\\[2mm]\dfrac{\partial x_2}{\partial y_1}&\dfrac{\partial x_2}{\partial y_2}\end{vmatrix}\tag{1.6.11}$$

同理，对于多维随机变量函数，有

$$\begin{aligned}&Y_1=g_1(X_1,\cdots,X_n)\\&\quad\vdots\\&Y_n=g_n(X_1,\cdots,X_n)\end{aligned}\tag{1.6.12}$$

$$f_{Y_1\cdots Y_n}(y_1,\cdots,y_n)=f_{X_1\cdots X_n}(x_1,\cdots,x_n)\,|J|\tag{1.6.13}$$

其中

$$J=\frac{\partial(x_1,\cdots,x_n)}{\partial(y_1,\cdots,y_n)}=\begin{vmatrix}\frac{\partial x_1}{\partial y_1} & \cdots & \frac{\partial x_1}{\partial y_n}\\ \vdots & \ddots & \vdots \\ \frac{\partial x_n}{\partial y_1} & \cdots & \frac{\partial x_n}{\partial y_n}\end{vmatrix} \tag{1.6.14}$$

例 1.7 设有两个随机变量 X_1 与 X_2,求它们和、差的概率密度。

解 设

$$Y_1=X_1+X_2$$

$$Y_2=X_1-X_2$$

对应的反函数关系为

$$x_1=(y_1+y_2)/2$$

$$x_2=(y_1-y_2)/2$$

则

$$J=\frac{\partial(x_1,x_2)}{\partial(y_1,y_2)}=\begin{vmatrix}\frac{\partial x_1}{\partial y_1} & \frac{\partial x_1}{\partial y_2}\\ \frac{\partial x_2}{\partial y_1} & \frac{\partial x_2}{\partial y_2}\end{vmatrix}=\begin{vmatrix}\frac{1}{2} & \frac{1}{2}\\ \frac{1}{2} & -\frac{1}{2}\end{vmatrix}=-\frac{1}{2}$$

$$f_{Y_1Y_2}(y_1,y_2)=f_{X_1X_2}(x_1,x_2)\mid J\mid=\frac{1}{2}f_{X_1X_2}[(y_1+y_2)/2,(y_1-y_2)/2]$$

$$f_{Y_1}(y_1)=\int_{-\infty}^{+\infty}f_{Y_1Y_2}(y_1,y_2)\mathrm{d}y_2=\frac{1}{2}\int_{-\infty}^{+\infty}f_{X_1X_2}[(y_1+y_2)/2,(y_1-y_2)/2]\mathrm{d}y_2$$

在上式中做变量替换,令 $u=(y_1+y_2)/2$,那么两个随机变量之和的概率密度为

$$f_{Y_1}(y_1)=\int_{-\infty}^{+\infty}f_{X_1X_2}(u,y_1-u)\mathrm{d}u \tag{1.6.15}$$

如果 X_1 与 X_2 相互独立,那么

$$f_{Y_1}(y_1)=\int_{-\infty}^{+\infty}f_{X_1}(u)f_{X_2}(y_1-u)\mathrm{d}u=f_{X_1}(y_1)*f_{X_2}(y_1) \tag{1.6.16}$$

即两个独立随机变量之和的概率密度为两个概率密度的卷积。

同理可得

$$f_{Y_2}(y_2)=\int_{-\infty}^{+\infty}f_{Y_1Y_2}(y_1,y_2)\mathrm{d}y_1=\frac{1}{2}\int_{-\infty}^{+\infty}f_{X_1X_2}[(y_1+y_2)/2,(y_1-y_2)/2]\mathrm{d}y_1$$

做变量替换经整理后可得两个随机变量之差的概率密度为

$$f_{Y_2}(y_2)=\int_{-\infty}^{+\infty}f_{X_1X_2}(u,u-y_2)\mathrm{d}u \tag{1.6.17}$$

1.6.3 随机变量函数的数字特征

设随机变量 X 和 Y 的函数关系为 $Y=g(X)$,那么 Y 的数学期望为

$$m_Y = E(Y) = \int_{-\infty}^{+\infty} y f_Y(y) \mathrm{d}y \tag{1.6.18}$$

假定 $g(\cdot)$是单调函数,那么由式(1.6.3)得

$$E(Y) = \int_{-\infty}^{+\infty} y f_Y(y) \mathrm{d}y = \int_{-\infty}^{+\infty} g(x) f_X(x) \mathrm{d}x \tag{1.6.19}$$

即

$$E(g(X)) = \int_{-\infty}^{+\infty} g(x) f_X(x) \mathrm{d}x \tag{1.6.20}$$

由式(1.6.20)可以看出,计算 Y 的数学期望不需要计算 Y 的概率密度,只需要已知 X 的概率密度就行了。如果 $g(\cdot)$不是单调函数,仍可按式(1.6.20)计算均值。

用类似的方法可以确定随机变量函数的方差:

$$\mathrm{Var}(Y) = E\{[g(X) - E(g(X))]^2\} = \int_{-\infty}^{+\infty} [g(x) - m_Y]^2 f_X(x) \mathrm{d}x \tag{1.6.21}$$

同理,如果随机变量 Y 是二维随机变量(X_1, X_2)的函数,即 $Y = g(X_1, X_2)$,那么 Y 的数学期望为

$$m_Y = E(Y) = E[g(X_1, X_2)] = \int_{-\infty}^{+\infty}\int_{-\infty}^{+\infty} g(x_1, x_2) f_{X_1X_2}(x_1, x_2) \mathrm{d}x_1 \mathrm{d}x_2 \tag{1.6.22}$$

Y 的方差为

$$\begin{aligned} \mathrm{Var}(Y) &= E\{[g(X_1, X_2) - E(g(X_1, X_2))]^2\} \\ &= \int_{-\infty}^{+\infty}\int_{-\infty}^{+\infty} [g(x_1, x_2) - m_Y]^2 f_{X_1X_2}(x_1, x_2) \mathrm{d}x_1 \mathrm{d}x_2 \end{aligned} \tag{1.6.23}$$

例 1.8 假定 Θ 是在$(0, 2\pi)$上均匀分布的随机变量,定义两个新的随机变量:$X = \cos\Theta$,$Y = \sin\Theta$。求 X 与 Y 的相关系数,并确定它们是否统计独立。

解 $E(X) = E(\cos\Theta) = \dfrac{1}{2\pi}\displaystyle\int_0^{2\pi} \cos\theta \mathrm{d}\theta = 0$, $E(Y) = E(\sin\Theta) = \dfrac{1}{2\pi}\displaystyle\int_0^{2\pi} \sin\theta \mathrm{d}\theta = 0$

$$E(XY) = E(\cos\Theta\sin\Theta) = \frac{1}{2\pi}\int_0^{2\pi} \cos\theta\sin\theta \mathrm{d}\theta = \frac{1}{4\pi}\int_0^{2\pi} \sin 2\theta \mathrm{d}\theta = 0$$

所以,$\mathrm{Cov}(X, Y) = E(XY) - E(X)E(Y) = 0$,$r_{XY} = 0$。可见随机变量 X 与 Y 是不相关的,但显然 X 与 Y 并非独立。这是因为,如果它们是独立的,那么 $f_{XY}(x, y) = f_X(x) f_Y(y)$,在例 1.6 中已经求出 $f_X(x)$在 $-1 < x < 1$ 的区间上均不为零,同样,$f_Y(y)$在$-1 < y < 1$ 的区间上均不为零,二维随机变量(X, Y)的样本点是随机地落在图 1.10 所示的正方形中,而实际上(X, Y)应该是随机地落在图 1.10 所示的单位圆上,可见,X 与 Y 独立的假定是不正确,即它们尽管不相关,但并不独立。

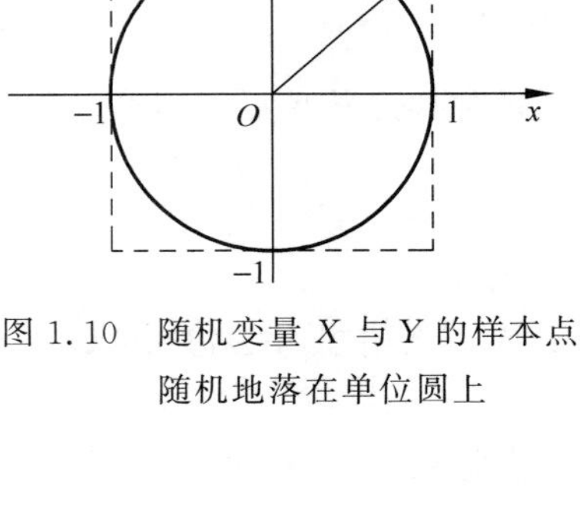

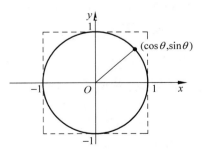

图 1.10 随机变量 X 与 Y 的样本点随机地落在单位圆上

1.7 随机变量的特征函数

1.7.1 特征函数的定义及性质

设有随机变量 X，其特征函数定义为

$$\Phi_X(\mu)=E[\exp(\mathrm{j}\mu X)]=\int_{-\infty}^{+\infty}f_X(x)\exp(\mathrm{j}\mu x)\mathrm{d}x \tag{1.7.1}$$

其中 μ 为任意实数，$\mathrm{j}=\sqrt{-1}$。如果 X 为离散型随机变量，那么特征函数定义为

$$\Phi_X(\mu)=E[\exp(\mathrm{j}\mu X)]=\sum_k \exp(\mathrm{j}\mu x_k)P(X=x_k) \tag{1.7.2}$$

很显然，当 $\mu=0$ 时，$\Phi_X(0)=1$，又因为概率密度总是非负的，故

$$|\Phi_X(\mu)|=\left|\int_{-\infty}^{+\infty}f_X(x)\exp(\mathrm{j}\mu x)\mathrm{d}x\right|\leqslant\int_{-\infty}^{+\infty}f_X(x)\mathrm{d}x=1$$

即

$$|\Phi_X(\mu)|\leqslant 1$$

从式(1.7.1)的定义可以看出，特征函数是概率密度函数的傅里叶变换，如果随机变量的特征函数已知，那么根据傅里叶反变换可确定概率密度，即

$$f_X(x)=\frac{1}{2\pi}\int_{-\infty}^{+\infty}\Phi_X(\mu)\exp(-\mathrm{j}\mu x)\mathrm{d}\mu \tag{1.7.3}$$

对于二维随机变量，可用类似的方法定义特征函数，

$$\Phi_{X_1X_2}(\mu_1,\mu_2)=\int_{-\infty}^{+\infty}\int_{-\infty}^{+\infty}f_{X_1X_2}(x_1,x_2)\exp(\mathrm{j}\mu_1x_1+\mathrm{j}\mu_2x_2)\mathrm{d}x_1\mathrm{d}x_2 \tag{1.7.4}$$

$$f_{X_1X_2}(x_1,x_2)=\frac{1}{4\pi^2}\int_{-\infty}^{+\infty}\int_{-\infty}^{+\infty}\Phi_{X_1X_2}(\mu_1,\mu_2)\exp(-\mathrm{j}\mu_1x_1-\mathrm{j}\mu_2x_2)\mathrm{d}\mu_1\mathrm{d}\mu_2 \tag{1.7.5}$$

例 1.9 求标准正态随机变量 X 的特征函数。

解 设 X 的概率密度为

$$f_X(x)=\frac{1}{\sqrt{2\pi}}\exp\left(-\frac{x^2}{2}\right)$$

则特征函数为

$$\Phi_X(\mu)=\int_{-\infty}^{+\infty}\mathrm{e}^{\mathrm{j}\mu x}\frac{1}{\sqrt{2\pi}}\exp\left(-\frac{x^2}{2}\right)\mathrm{d}x=\frac{1}{\sqrt{2\pi}}\int_{-\infty}^{+\infty}\exp\left(\mathrm{j}\mu x-\frac{x^2}{2}\right)\mathrm{d}x$$

运用积分公式可得

$$\Phi_X(\mu)=\exp(-\mu^2/2) \tag{1.7.6}$$

特征函数具有如下性质：

(1) 若 $Y=cX$ (c 为常数)，则

$$\Phi_Y(\mu)=\Phi_X(c\mu) \tag{1.7.7}$$

(2) 若 $Y=aX+b$，其中 a、b 为常数，则

$$\Phi_Y(\mu)=\exp(\mathrm{j}b\mu)\Phi_X(a\mu) \tag{1.7.8}$$

例如,设 X 为标准正态随机变量,则 $Y=\sigma X+m$ 仍为正态随机变量,且特征函数为

$$\Phi_Y(\mu)=\mathrm{e}^{\mathrm{j}m\mu}\Phi_X(\sigma\mu)=\exp\left(-\frac{\sigma^2\mu^2}{2}+\mathrm{j}m\mu\right) \tag{1.7.9}$$

(3) 设 $X_1,X_2,\cdots,X_n$ 为相互独立的随机变量,其特征函数分别为 $\Phi_{X_1}(\mu)$,$\Phi_{X_2}(\mu),\cdots,\Phi_{X_n}(\mu)$,设 $Y=\sum_{i=1}^{n}X_i$,则

$$\Phi_Y(\mu)=\prod_{i=1}^{n}\Phi_{X_i}(\mu) \tag{1.7.10}$$

证明从略。式(1.7.10)表明,相互独立的随机变量之和的特征函数是各特征函数的乘积,由于特征函数与概率密度是傅里叶变换对的关系,因此,根据这一性质,相互独立的随机变量之和的概率密度是各概率密度的卷积。

1.7.2 特征函数与矩的关系

定理 设随机变量 X 的 n 阶矩为 $m_n=E(X^n)$,则它与特征函数之间具有如下关系(证明从略):

$$\frac{\mathrm{d}^n\Phi_X(0)}{\mathrm{d}\mu^n}=\mathrm{j}^n m_n \tag{1.7.11}$$

式(1.7.11)也可以写成如下形式:

$$m_n=(-\mathrm{j})^n\frac{\mathrm{d}^n\Phi_X(0)}{\mathrm{d}\mu^n} \tag{1.7.12}$$

例 1.10 设正态随机变量 X 的概率密度为

$$f_X(x)=\frac{1}{\sqrt{2\pi}\sigma}\exp\left(-\frac{x^2}{2\sigma^2}\right)$$

求 X 的 n 阶矩。

解 由于随机变量 X 的特征函数为

$$\Phi_X(\mu)=\exp\left(-\frac{\sigma^2\mu^2}{2}\right)$$

$$\frac{\mathrm{d}\Phi_X(\mu)}{\mathrm{d}\mu}=(-\sigma^2\mu)\exp\left(-\frac{\sigma^2\mu^2}{2}\right),\quad \frac{\mathrm{d}\Phi_X(0)}{\mathrm{d}\mu}=0$$

$$\frac{\mathrm{d}^2\Phi_X(\mu)}{\mathrm{d}\mu^2}=-\sigma^2\exp\left(-\frac{\sigma^2\mu^2}{2}\right)+\sigma^4\mu^2\exp\left(-\frac{\sigma^2\mu^2}{2}\right),\quad \frac{\mathrm{d}^2\Phi_X(0)}{\mathrm{d}\mu^2}=-\sigma^2$$

同理可得

$$\frac{\mathrm{d}^3\Phi_X(0)}{\mathrm{d}\mu^3}=0,\quad \frac{\mathrm{d}^4\Phi_X(0)}{\mathrm{d}\mu^4}=-3\sigma^4$$

$$\frac{\mathrm{d}^5\Phi_X(0)}{\mathrm{d}\mu^5}=0,\quad \frac{\mathrm{d}^6\Phi_X(0)}{\mathrm{d}\mu^6}=-15\sigma^6$$

由式(1.7.12)可得

$$m_n = E(X^n) = \begin{cases} 1 \cdot 3 \cdot 5 \cdots (n-1)\sigma^n & (n \geqslant 2 \text{ 的偶数}) \\ 0 & (n \text{ 为奇数}) \end{cases}$$

1.8 多维正态随机变量

正态随机变量是一类重要的随机变量，1.3 节给出了正态随机变量的定义，本节介绍多维正态随机变量的理论。

1.8.1 二维正态随机变量

1. 定义

设有两个随机变量 X_1、X_2，如果它们的联合概率密度为

$$f_{X_1X_2}(x_1,x_2) = \frac{1}{2\pi\sigma_{X_1}\sigma_{X_2}\sqrt{1-r^2}}\exp\left\{-\frac{1}{2(1-r^2)}\left[\frac{(x_1-m_{X_1})^2}{\sigma_{X_1}^2} - \frac{2r(x_1-m_{X_1})(x_2-m_{X_2})}{\sigma_{X_1}\sigma_{X_2}} + \frac{(x_2-m_{X_2})^2}{\sigma_{X_2}^2}\right]\right\} \tag{1.8.1}$$

其中 m_{X_1}、m_{X_2}、$\sigma_{X_1}^2$、$\sigma_{X_2}^2$、r 为常数，则称 X_1、X_2 是联合正态的。可见二维联合概率密度由参数 m_{X_1}、m_{X_2}、$\sigma_{X_1}^2$、$\sigma_{X_2}^2$、r 确定，二维概率密度图形如图 1.11 所示。

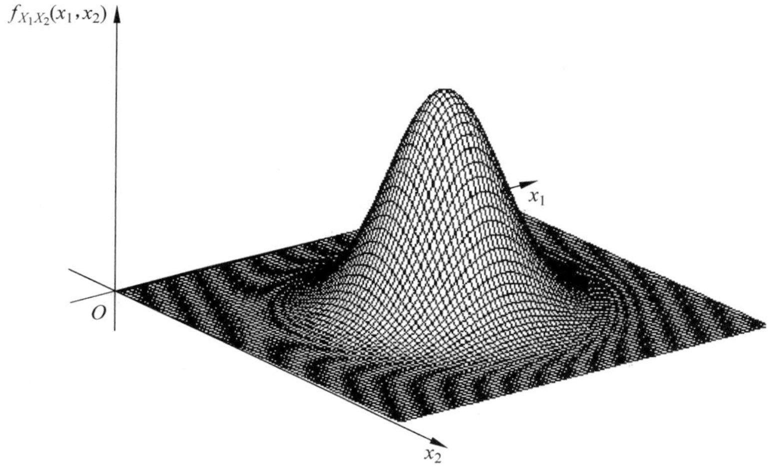

图 1.11 二维正态概率密度

可以证明，如果 X_1、X_2 是联合正态的，则 X_1、X_2 的边缘分布也是正态的，且

$$f_{X_1}(x_1) = \frac{1}{\sqrt{2\pi}\sigma_{X_1}}\exp\left[-\frac{(x_1-m_{X_1})^2}{2\sigma_{X_1}^2}\right] \tag{1.8.2}$$

$$f_{X_2}(x_2)=\frac{1}{\sqrt{2\pi}\sigma_{X_2}}\exp\left[-\frac{(x_2-m_{X_2})^2}{2\sigma_{X_2}^2}\right] \tag{1.8.3}$$

如果 $r=0$,即 X_1 和 X_2 是不相关的,那么

$$f_{X_1X_2}(x_1,x_2)=f_{X_1}(x_1)f_{X_2}(x_2) \tag{1.8.4}$$

所以 X_1 和 X_2 是相互独立的。

二维正态随机变量的特征函数为

$$\begin{aligned}\Phi_{X_1X_2}(\mu_1,\mu_2)&=E[\exp(\mathrm{j}\mu_1X_1+\mathrm{j}\mu_2X_2)]\\&=\exp\left\{\mathrm{j}(m_{X_1}\mu_1+m_{X_2}\mu_2)-\frac{1}{2}(\sigma_{X_1}^2\mu_1^2+\sigma_{X_2}^2\mu_2^2+2r\sigma_{X_1}\sigma_{X_2}\mu_1\mu_2)\right\}\end{aligned} \tag{1.8.5}$$

2. 条件分布

由式(1.4.13)可得

$$\begin{aligned}f_{X_2|X_1}(x_2\mid x_1)&=\frac{f_{X_1X_2}(x_1,x_2)}{f_{X_1}(x_1)}\\&=\frac{1}{\sqrt{2\pi(1-r^2)}\sigma_{X_2}}\exp\left\{-\frac{1}{2(1-r^2)\sigma_{X_2}^2}\left[x_2-m_{X_2}-\frac{r\sigma_{X_2}}{\sigma_{X_1}}(x_1-m_{X_1})\right]^2\right\}\end{aligned} \tag{1.8.6}$$

所以条件均值为

$$E(X_2\mid X_1=x_1)=m_{X_2}+\frac{r\sigma_{X_2}}{\sigma_{X_1}}(x_1-m_{X_1}) \tag{1.8.7}$$

条件方差为

$$\mathrm{Var}(X_2\mid X_1=x_1)=(1-r^2)\sigma_{X_2}^2 \tag{1.8.8}$$

如果 $r=0$,则 $f_{X_2|X_1}(x_2|x_1)=f_{X_2}(x_2)$。

3. 二维联合概率密度的矩阵表示形式

运用矩阵表示形式,不仅可以使二维联合概率密度的表示形式变得简洁,而且可以很容易地推广到多维的情况。式(1.8.1)的二维联合正态概率密度可表示为

$$f_X(\boldsymbol{x})=\frac{1}{2\pi\det^{\frac{1}{2}}(\boldsymbol{C})}\exp\left[-\frac{1}{2}(\boldsymbol{x}-\boldsymbol{m})^{\mathrm{T}}\boldsymbol{C}^{-1}(\boldsymbol{x}-\boldsymbol{m})\right] \tag{1.8.9}$$

其中 $\boldsymbol{x}=[x_1\quad x_2]^{\mathrm{T}}$,$\boldsymbol{m}=[m_{X_1}\quad m_{X_2}]^{\mathrm{T}}$,$\boldsymbol{C}$ 为随机变量 X_1 和 X_2 的协方差矩阵,可表示为

$$\begin{aligned}\boldsymbol{C}&=\begin{bmatrix}E[(X_1-m_{X_1})^2] & E[(X_1-m_{X_1})(X_2-m_{X_2})]\\ E[(X_2-m_{X_2})(X_1-m_{X_1})] & E[(X_2-m_{X_2})]^2\end{bmatrix}\\&=\begin{bmatrix}\sigma_{X_1}^2 & r\sigma_{X_1}\sigma_{X_2}\\ r\sigma_{X_1}\sigma_{X_2} & \sigma_{X_2}^2\end{bmatrix}\end{aligned}$$

det(·)表示行列式，且 $\det(\boldsymbol{C})=(1-r^2)\sigma_{X_1}^2\sigma_{X_2}^2$ 为协方差矩阵的行列式。二维特征函数为

$$\Phi_X(\boldsymbol{\mu})=\exp\left[\mathrm{j}\boldsymbol{m}^{\mathrm{T}}\boldsymbol{\mu}-\frac{1}{2}\boldsymbol{\mu}^{\mathrm{T}}\boldsymbol{C}\boldsymbol{\mu}\right] \tag{1.8.10}$$

式中，$\boldsymbol{\mu}=[\mu_1 \quad \mu_2]^{\mathrm{T}}$。

1.8.2 多维正态随机变量

有了二维正态联合概率密度的表达式，可以很容易地推广到多维正态随机变量的情况。设有 n 个随机变量 $X_1,X_2,\cdots,X_n$，如果 n 维联合概率密度为

$$f_X(\boldsymbol{x})=\frac{1}{(2\pi)^{\frac{n}{2}}\det^{\frac{1}{2}}(\boldsymbol{C})}\exp\left[-\frac{1}{2}(\boldsymbol{x}-\boldsymbol{m})^{\mathrm{T}}\boldsymbol{C}^{-1}(\boldsymbol{x}-\boldsymbol{m})\right] \tag{1.8.11}$$

式中

$$\boldsymbol{x}=\begin{bmatrix}x_1\\x_2\\\vdots\\x_n\end{bmatrix},\quad \boldsymbol{m}=\begin{bmatrix}m_1\\m_2\\\vdots\\m_n\end{bmatrix},\quad \boldsymbol{C}=\begin{bmatrix}c_{11}&c_{12}&\cdots&c_{1n}\\c_{21}&c_{22}&\cdots&c_{2n}\\\vdots&\vdots&\ddots&\vdots\\c_{n1}&c_{n2}&\cdots&c_{nn}\end{bmatrix} \tag{1.8.12}$$

$\boldsymbol{C}$ 为 n 个随机变量的协方差矩阵，$c_{ij}=\mathrm{Cov}(X_i,X_j)(i,j=1,2,\cdots,n)$为 X_i 与 X_j 的协方差，则称 $X_1,X_2,\cdots,X_n$ 是联合正态随机变量。

$X_1,X_2,\cdots,X_n$ 的 n 维联合特征函数为

$$\begin{aligned}\Phi_X(\boldsymbol{\mu})&=E[\exp(\mathrm{j}\mu_1X_1+\cdots+\mathrm{j}\mu_nX_n)]\\&=\exp\left[\mathrm{j}\boldsymbol{m}^{\mathrm{T}}\boldsymbol{\mu}-\frac{1}{2}\boldsymbol{\mu}^{\mathrm{T}}\boldsymbol{C}\boldsymbol{\mu}\right]\end{aligned} \tag{1.8.13}$$

式中 $\boldsymbol{\mu}=[\mu_1,\mu_2,\cdots,\mu_n]^{\mathrm{T}}$。如果 $X_1,X_2,\cdots,X_n$ 彼此不相关，那么 $c_{ij}=0(i\neq j)$，即

$$\boldsymbol{C}=\begin{bmatrix}\sigma_{X_1}^2&0&\cdots&0\\0&\sigma_{X_2}^2&\cdots&0\\\vdots&\vdots&0&\vdots\\0&0&\cdots&\sigma_{X_n}^2\end{bmatrix} \tag{1.8.14}$$

这时

$$\begin{aligned}f_X(x_1,x_2,\cdots,x_n)&=\frac{1}{(2\pi)^{\frac{n}{2}}(\sigma_{X_1}\cdots\sigma_{X_n})}\exp\left[-\sum_{i=1}^{n}\frac{(x_i-m_i)^2}{2\sigma_i^2}\right]\\&=f_{X_1}(x_1)f_{X_2}(x_2)\cdots f_{X_N}(x_n)\end{aligned} \tag{1.8.15}$$

可见 $X_1,X_2,\cdots,X_n$ 是相互独立的，也就是说，对于正态随机变量，不相关与独立等价。

1.8.3 正态随机变量的线性变换

设有一 n 维正态随机矢量 $\boldsymbol{X}=[X_1,X_2,\cdots,X_n]^{\mathrm{T}}$，定义如下变换：

$$\boldsymbol{Y}=\boldsymbol{L}\boldsymbol{X} \tag{1.8.16}$$

其中

$$\boldsymbol{Y}=\begin{bmatrix} Y_1 \\ Y_2 \\ \vdots \\ Y_n \end{bmatrix}, \quad \boldsymbol{L}=\begin{bmatrix} l_{11} & l_{12} & \cdots & l_{1n} \\ l_{21} & l_{22} & \cdots & l_{2n} \\ \vdots & \vdots & \ddots & \vdots \\ l_{n1} & l_{n2} & \cdots & l_{nn} \end{bmatrix}$$

随机矢量$\boldsymbol{Y}$的概率密度为

$$f_Y(\boldsymbol{y})=|J|f_X(\boldsymbol{x})=|J|f_X(\boldsymbol{L}^{-1}\boldsymbol{y}) \tag{1.8.17}$$

式中,$\boldsymbol{x}=[x,x_2,\cdots,x_n]^{\mathrm{T}}$,$\boldsymbol{y}=[y,y_2,\cdots,y_n]^{\mathrm{T}}$,$J$为雅可比行列式:

$$J=\frac{\mathrm{d}\boldsymbol{X}}{\mathrm{d}\boldsymbol{Y}^{\mathrm{T}}}=\det(\boldsymbol{L}^{-1})=\frac{1}{\det(\boldsymbol{L})}$$

所以

$$\begin{aligned} f_Y(\boldsymbol{y}) &= \frac{1}{\det(\boldsymbol{L})}f_X(\boldsymbol{L}^{-1}\boldsymbol{y}) \\ &= \frac{1}{(2\pi)^{\frac{n}{2}}\det(\boldsymbol{L})\,|\boldsymbol{C}|^{\frac{1}{2}}}\exp\left[-\frac{1}{2}(\boldsymbol{L}^{-1}\boldsymbol{y}-\boldsymbol{m})^{\mathrm{T}}\boldsymbol{C}^{-1}(\boldsymbol{L}^{-1}\boldsymbol{y}-\boldsymbol{m})\right] \\ &= \frac{1}{(2\pi)^{\frac{n}{2}}[\det^2(\boldsymbol{L})\cdot\det(\boldsymbol{C})]^{\frac{1}{2}}}\exp\left[-\frac{1}{2}(\boldsymbol{y}-\boldsymbol{L}\boldsymbol{m})^{\mathrm{T}}(\boldsymbol{L}\boldsymbol{C}\boldsymbol{L}^{\mathrm{T}})^{-1}(\boldsymbol{y}-\boldsymbol{L}\boldsymbol{m})\right] \end{aligned} \tag{1.8.18}$$

可见,经过式(1.8.16)的变换后,$\boldsymbol{Y}$仍服从正态分布,其均值为$\boldsymbol{Lm}$,协方差阵为$\boldsymbol{LCL}^{\mathrm{T}}$。

1.9 复随机变量及其统计特性

前面介绍的都是实随机变量及其统计特性,在实际中也经常遇到复随机变量的情景。

定义 设有两个实随机变量X和Y,复随机变量$\tilde{Z}$定义为

$$\tilde{Z}=X+\mathrm{j}Y \tag{1.9.1}$$

很显然,$\tilde{Z}$的统计特性完全取决于X与Y的联合统计特性。

1. 数学期望

复随机变量的数学期望定义为

$$m_{\tilde{Z}}=E\{\tilde{Z}\}=E(X)+\mathrm{j}E(Y)=m_X+\mathrm{j}m_Y \tag{1.9.2}$$

2. 方差

复随机变量的方差定义为

$$\mathrm{Var}(\tilde{Z})=E[(\tilde{Z}-m_{\tilde{Z}})(\tilde{Z}-m_{\tilde{Z}})^*]=E(|\tilde{Z}-m_{\tilde{Z}}|^2) \tag{1.9.3}$$

方差也可以表示为

$$\mathrm{Var}(\tilde{Z})=E[(X-m_X)^2+(Y-m_Y)^2]=\mathrm{Var}(X)+\mathrm{Var}(Y) \tag{1.9.4}$$

式(1.9.4)表明,复随机变量的方差为实数。

3. 协方差

设有两个复随机变量

$$\tilde{Z}_1=X_1+\mathrm{j}Y_1,\quad \tilde{Z}_2=X_2+\mathrm{j}Y_2$$

$\tilde{Z}_1$和$\tilde{Z}_2$的协方差定义为

$$\mathrm{Cov}(\tilde{Z}_1,\tilde{Z}_2)=E[(\tilde{Z}_1-m_{\tilde{Z}_1})(\tilde{Z}_2-m_{\tilde{Z}_2})^*] \tag{1.9.5}$$

如果

$$\mathrm{Cov}(\tilde{Z}_1,\tilde{Z}_2)=0 \tag{1.9.6}$$

则称$\tilde{Z}_1$与$\tilde{Z}_2$是不相关的。如果

$$E(\tilde{Z}_1\tilde{Z}_2^*)=0 \tag{1.9.7}$$

则称$\tilde{Z}_1$与$\tilde{Z}_2$是相互正交的。如果

$$f_{\tilde{Z}_1\tilde{Z}_2}(x_1,y_1,x_2,y_2)=f_{\tilde{Z}_1}(x_1,y_1)f_{\tilde{Z}_2}(x_2,y_2) \tag{1.9.8}$$

则称$\tilde{Z}_1$与$\tilde{Z}_2$是相互独立的。如果$\tilde{Z}_1$与$\tilde{Z}_2$是独立的,则必定也是不相关的。

1.10 信号处理实例

下面给出两个应用实例。

例 1.11 数字通信。在相移键控(Phase-shift Keyed,PSK)的数字通信系统中,数字"0"和数字"1"是通过不同相位的正弦信号来区分的,信号 $s_0(t)=A\cos 2\pi f_0 t$ 表示数字"0",信号 $s_1(t)=A\cos(2\pi f_0 t+\pi)$表示数字"1",其中 $A>0$ 表示信号的幅度,接收机如图 1.12 所示,由于信号传输过程会叠加噪声,所以接收机的输入信号为 $X(t)=s_i(t)+w(t)$,i 为 0 或 1,信号经过乘法器后为

$$s_0(t)\cos 2\pi f_0 t=A\cos 2\pi f_0 t\cos 2\pi f_0 t=\frac{1}{2}A+\frac{1}{2}A\cos 4\pi f_0 t$$

$$s_1(t)\cos 2\pi f_0 t=A\cos(2\pi f_0 t+\pi)\cos 2\pi f_0 t=-\frac{1}{2}A-\frac{1}{2}A\cos 4\pi f_0 t$$

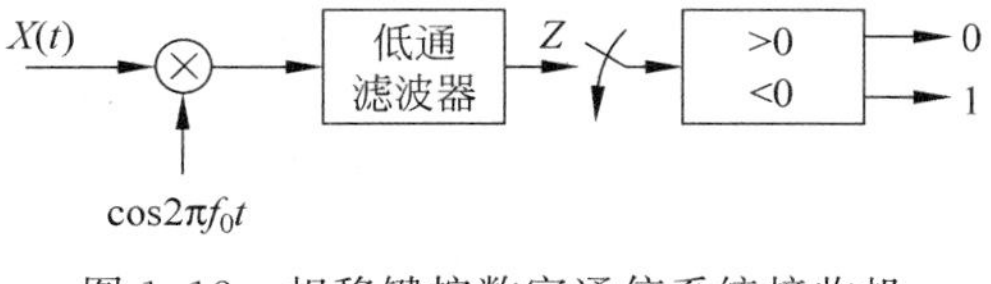

图 1.12 相移键控数字通信系统接收机

高频信号被低通滤波器滤除,所以输出为

$$Z=\begin{cases}\dfrac{1}{2}A+W & (发“0”)\\ -\dfrac{1}{2}A+W & (发“1”)\end{cases}$$

其中W是信道噪声经低通滤波后的部分，假定$W\sim N(0,\sigma^2)$，由上式可以看出，如果$Z>0$，则应判定发送的是数字“0”，如果$Z\leqslant 0$，则判定发送的是数字“1”。这样的判决方式，其误码率为

$$\begin{aligned}P_{\mathrm{e}}&=P(判“1”\mid 发“0”)P(发“0”)+P(判“0”\mid 发“1”)P(发“1”)\\&=\frac{1}{2}P(Z\leqslant 0\mid 发“0”)+\frac{1}{2}P(Z>0\mid 发“1”)\\&=\frac{1}{2}\int_{-\infty}^{0}\frac{1}{\sqrt{2\pi\sigma^2}}\exp\left(-\frac{(z-A/2)^2}{2\sigma^2}\right)\mathrm{d}z+\frac{1}{2}\int_{0}^{\infty}\frac{1}{\sqrt{2\pi\sigma^2}}\exp\left(-\frac{(z+A/2)^2}{2\sigma^2}\right)\mathrm{d}z\\&=Q(d/2)\end{aligned}$$

其中$d=A/\sigma$，$Q(x)=\int_{x}^{\infty}\frac{1}{\sqrt{2\pi}}\exp\left(-\frac{1}{2}x^2\right)\mathrm{d}x$为正态概率右尾函数。图1.13画出了误码率与信噪比之间的关系曲线。

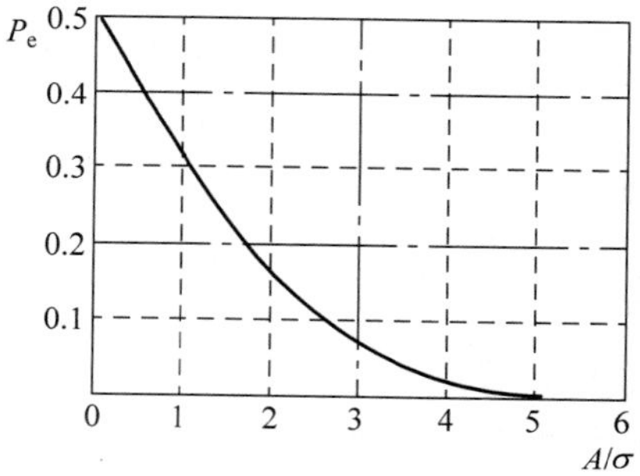

图1.13 相移键控系统的误码率

例1.12 数学期望的应用：数据压缩。在信息社会中，数据越来越多，如卫星通信中传输的语音数据、计算机中存储的音乐、视频数据等。这些数据非常庞大，减少数据的存储量显得尤为重要，数据存储的减少称为数据压缩。为了简化讨论，假定数据由4个字母“A”“B”“C”“D”组成，考虑一个由50个字母组成的数据序列：

“AAAAAABAAAAAAAAAAAACAAAAABAAAAAABDAAAABAAAAAAAAAACAA”

上述数据中字母“A”“B”“C”“D”分别有43个、4个、2个和1个，如果采用2位等长编码，$A\to 00,B\to 01,C\to 10,D\to 11$，则需要100位存储。而从数据的组成规律看，字母“A”出现的频率明显要高，如果字母“A”采用短码，那么，存储量将减少。如采用霍夫曼(Huffman)编码方式：$A\to 0,B\to 10,C\to 110,D\to 111$，则数据序列要求的存储量为$1\cdot 43+2\cdot 4+3\cdot 2+3\cdot 1=60$位。

为了确定实际节省的存储空间，我们需要确定每个字母的平均码长。对于样本空间

$S=\{A,B,C,D\}$，定义随机变量 X 表示字母对应的码长：

$$X(e_i)=\begin{cases}1 & (e_1=A)\\ 2 & (e_2=B)\\ 3 & (e_3=C)\\ 3 & (e_4=D)\end{cases}$$

即随机变量 X 是取值为 1、2、3 的离散型随机变量。假定产生数据序列的概率为 $P(A)=\frac{7}{8}$，$P(B)=1/16$，$P(C)=3/64$，$P(D)=1/64$，则随机变量 X 取各值的概率为

$$P(X=k)=p_k=\begin{cases}7/8 & (k=1)\\ 1/16 & (k=2)\\ 1/16 & (k=3)\end{cases}$$

那么，平均码长为

$$E(X)=\sum_{k=1}^{3}kP(X=k)=1\cdot\frac{7}{8}+2\cdot\frac{1}{16}+3\cdot\frac{1}{16}=1.1875$$

压缩比为 2∶1.1875=1.68。可见，改变编码方式可以降低数据存储的空间。实际上，根据香农信息论，每个字母的平均编码长度大于等于

$$\begin{aligned}H&=\sum_{k=1}^{4}P(X=e_i)\log_2\frac{1}{P(X=e_i)}\\&=\frac{7}{8}\cdot\log_2\frac{1}{7/8}+\frac{1}{16}\cdot\log_2\frac{1}{1/16}+\frac{3}{64}\cdot\log_2\frac{1}{3/64}+\frac{1}{64}\cdot\log_2\frac{1}{1/64}\\&=0.7193\end{aligned}$$

可见，采用更为复杂的编码方式可以进一步提高压缩比。

1.11 蒙特卡洛仿真

随机现象的计算机模拟已成为现代科学研究必不可少的工具，计算机模拟也称为蒙特卡洛仿真。下面先通过一个例子来说明蒙特卡洛仿真的基本思想。假定需要计算函数 $f(x)$ 在(0,1)区间上的定积分，即求 $I=\int_0^1 f(x)\mathrm{d}x$，也就是要求图 1.14 阴影所示区域的面积。如果函数 $f(x)$ 比较简单，这个积分是很容易计算的，如果函数比较复杂，往往需要采用数值积分的方法进行近似计算。

下面我们阐述如何用蒙特卡洛方法进行近似计算。假定有两个相互独立且均匀分布于(0,1)区间上的随机变量 X 和 Y，那么，

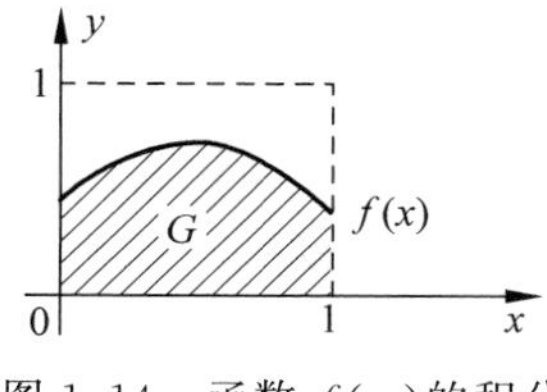

图 1.14 函数 $f(x)$ 的积分

$$P\{(X,Y)\in G\}=\frac{\int_0^1 f(x)\mathrm{d}x}{正方形面积}$$

正方形的面积刚好为1,所以,$P\{(X,Y)\in G\}=\int_0^1 f(x)\mathrm{d}x$,而概率$P\{(X,Y)\in G\}$可以用频数估计来计算。具体的过程如下:独立产生两个随机数X和Y,记为(x,y),判断点(x,y)是否落在区域G中,将此过程重复M次,如果点(x,y)落在区域G的次数为N,则

$$I=\hat{P}\{(X,Y)\in G\}=\frac{N}{M}$$

其中重复试验次数M称为蒙特卡洛仿真次数。

例1.13 下面给出一个蒙特卡洛方法求积分的实例。假定$f(x)=0.5-(0.5-x)^2$,直接积分求解可得,$\int_0^1 f(x)\mathrm{d}x=5/12=0.41666667$。采用蒙特卡洛仿真方法计算的程序如下:

```
clear all
M=10000;
I=0;
for i=1:M
   x=rand; y=rand;
   if y<0.5-(0.5-x)^2
      I=I+1;
   end
end
I=I/M
```

运行以上程序得到的结果为I=0.4122(注意,由于随机数每次调用得到的数不同,因此,每次运行得到的I值可能有差异,但一般只有后两位的数字有差异)。

可以看出,采用蒙特卡洛仿真方法的基本步骤如下:

(1) 针对处理的问题建立一个统计模型;

(2) 进行多次重复试验;

(3) 对重复试验结果进行统计分析(估计相对频数、均值等)、分析精度。

蒙特卡洛方法既可以处理概率问题,也可以处理非概率问题。在以后的章节中,将运用蒙特卡洛仿真方法分析估计量的误差、检测器的检测概率等。

例1.14 相移键控系统误码率分析。在例1.11中,用解析的方法分析了相移键控系统的误码率,下面用蒙特卡洛仿真方法进行分析。从例1.11已经得出,相移键控数字通信系统接收机的输出可表示为

$$Z=\begin{cases}\frac{1}{2}A+W & (\text{发“0”})\\ -\frac{1}{2}A+W & (\text{发“1”})\end{cases}$$

其中A为信号幅度,W为噪声,且$W\sim N(0,\sigma^2)$,判决方式为:如果$Z>0$,判定发送的是数字“0”,否则判定发送的数字“1”。假定信源发“0”和发“1”的概率相等,都等于1/2,则误码率为

$$P_e=\frac{1}{2}P(Z\leqslant 0\mid \text{发“0”})+\frac{1}{2}P(Z>0\mid \text{发“1”})$$

采用蒙特卡洛仿真分析误码率的 MATLAB 程序如下：

```
clear all;
M = 10000; % M 蒙特卡洛仿真次数
sigma = 1;
d = 0:0.5:6; % d = A/sigma
A = d * sigma;
for k = 1:length(d)
    ErrNumber = 0;
for i = 1:M
    x = round(1 - rand); % 模拟信源, 等概率产生数字"0"和数字"1"
    W = sigma * randn; % 产生均值为零,标准差为 sigma 的高斯随机数
    if x == 0
        Z = A(k)/2 + W; % 信源发"0"
        if Z <= 0
            ErrNumber = ErrNumber + 1; % 发"0"判"1"
        end
    else
        Z = - A(k)/2 + W; % 信源发"1"
        if Z > 0
            ErrNumber = ErrNumber + 1; % 发"1"判"0"
        end
    end
end
Pe(k) = ErrNumber/M;
end
plot(d,Pe,' - ok ','LineWidth',1.5)
grid on
xlabel('d = A/\sigma')
ylabel('Pe')
axis([0,6,0,0.6])
```

图 1.15 给出了蒙特卡洛仿真的结果，对比图 1.13 可以看出，仿真分析的结果与理论分析的结果基本上是吻合的。

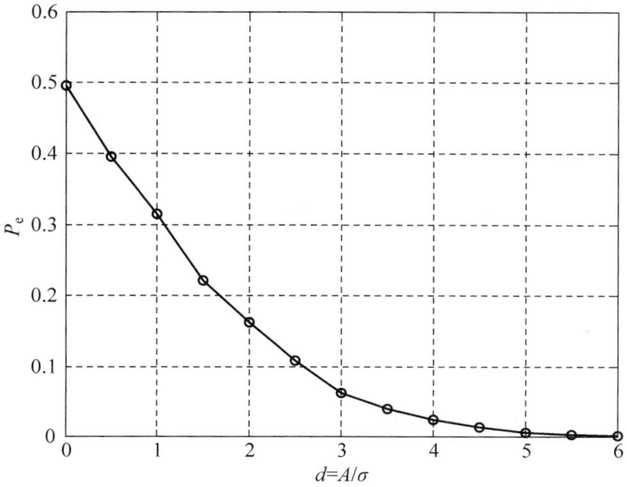

图 1.15　蒙特卡洛仿真分析相移键控系统的误码率

蒙特卡洛仿真在许多领域都有应用，但应用时需要注意，蒙特卡洛仿真不能用来证明定理，它只能用来为某个猜测或结论提供佐证。

习　题

1.1　设有两个随机变量 X 和 Y，证明

$$f_{Y|X}(y \mid x)=\frac{f_{XY}(x,y)}{f_X(x)},\quad f_{X|Y}(x \mid y)=\frac{f_{XY}(x,y)}{f_Y(y)}$$

提示：首先证明 $F_{Y|x<X\leqslant x+\Delta x}(y|x<X\leqslant x+\Delta x)=\dfrac{\int_{-\infty}^{y}\int_{x}^{x+\Delta x}f_{XY}(u,v)\mathrm{d}u\mathrm{d}v}{F_X(x+\Delta x)-F_X(x)}$，然后对 y 求导得

$$f_{Y|x<X\leqslant x+\Delta x}(y \mid x<X\leqslant x+\Delta x)=\frac{\int_{x}^{x+\Delta x}f_{XY}(u,y)\mathrm{d}u}{F_X(x+\Delta x)-F_X(x)}\approx\frac{f_{XY}(x,y)\Delta x}{f_X(x)\Delta x}$$

最后求 $\Delta x\to 0$ 的极限。

1.2　设随机变量 X 服从二项式分布，其概率分布律为

$$P\{X=m\}=C_n^m p^m(1-p)^{n-m}\quad (m=0,1,2,\cdots,n;\quad 0<p<1)$$

求 X 的均值和方差。

1.3　设电阻 R 在 $900\sim1100\Omega$ 之间均匀分布，求电导 $G=\dfrac{1}{R}$ 的概率密度 $f_G(g)$。

1.4　设有随机变量 X_1 和 X_2，求 $Y=X_1X_2$ 和 $Z=X_1/X_2$ 的概率密度。

1.5　设 $Y=g(X)$，其中

$$g(x)=\begin{cases}A & (x_0<x<x_1)\\ 0 & (\text{其他})\end{cases}$$

假定随机变量 X 的概率分布函数已知，求 Y 的概率分布函数。

1.6　设函数 $g(x)$ 为

$$g(x)=\begin{cases}x+c & (x<-c)\\ 0 & (-c<x\leqslant c)\\ x-c & (x>c)\end{cases}$$

其中 $c>0$ 为常数，假定随机变量 X 的概率分布函数已知，求 $Y=g(X)$ 的概率分布函数。

1.7　设函数 $g(x)$ 为

$$g(x)=\begin{cases}x-c & (x<0)\\ x+c & (x\geqslant 0)\end{cases}$$

其中 $c>0$ 为常数，假定随机变量 X 的概率分布函数已知，求 $Y=g(X)$ 的概率分布函数。

1.8　设随机变量 (X,Y) 的联合概率密度为

$$f_{XY}(x,y)=\begin{cases}\dfrac{1}{2}\mathrm{e}^{-y} & (y>|x|,-\infty<x<\infty)\\ 0 & (\text{其他})\end{cases}$$

求 $E(Y|X)$。

1.9 已知随机变量 X 在 $[0,a]$ 上服从均匀分布,随机变量 Y 在 $[X,a]$ 上服从均匀分布,试求

(1) $E(Y|X=x)(0<x<a)$;

(2) $E(Y)$。

1.10 设随机变量 (X,Y) 联合概率密度为

$$f_{XY}(x,y)=\frac{2(ax+by)}{a+b}\quad(0<x,y<1)$$

计算:(1) $E(X|Y=1/4)$;(2) $E(Y|X=1/2)$。

1.11 某设备的有效期(按年计算)的分布函数为

$$F_X(x)=\begin{cases}0 & (x<0)\\ 1-\mathrm{e}^{-x/5} & (0\leqslant x<\infty)\end{cases}$$

求:(1) 该设备有效期的均值;

(2) 该设备有效期的方差。

提示:对于非负的随机变量 X,有 $E[X]=\int_0^{+\infty}[1-F_X(x)]\mathrm{d}x$。

1.12 设 X_1,X_2,X_3 相互独立,且都服从均值为0、方差为1的标准正态分布,证明:

$$Y_1=\frac{1}{\sqrt{2}}(X_1-X_2),\quad Y_2=\frac{1}{\sqrt{6}}(X_1+X_2-2X_3),\quad Y_3=\frac{1}{\sqrt{3}}(X_1+X_2+X_3)$$

也相互独立,且都服从均值为0、方差为1的标准正态分布。

1.13 设 X 和 Y 为零均值正态随机变量,其方差分别为 σ^2,X 和 Y 的相关系数为 r,证明:

(1) $P\{X>0,Y>0\}=P\{X<0,Y<0\}=\dfrac{1}{4}+\dfrac{\alpha}{2\pi}$

(2) $P\{X>0,Y<0\}=P\{X<0,Y>0\}=\dfrac{1}{4}-\dfrac{\alpha}{2\pi}$

(3) $P\{XY>0\}=\dfrac{1}{2}+\dfrac{\alpha}{\pi}$

(4) $P\{XY<0\}=\dfrac{1}{2}-\dfrac{\alpha}{\pi}$

其中 $\alpha=\arcsin r$。

1.14 设有 n 个相互独立的正态随机变量 $X_1,X_2,\cdots,X_n$,它们都有零均值和单位方差,令

$$\chi^2=\sum_{i=1}^{n}X_i^2$$

通常称 χ^2 为具有 n 个自由度的 χ^2 变量,它的分布称为 χ^2 分布。证明 χ^2 分布为

$$f_{\chi^2}(x)=\begin{cases}\dfrac{1}{2^{\frac{n}{2}}\Gamma\left(\dfrac{n}{2}\right)}x^{\frac{n}{2}-1}\exp\left(-\dfrac{x}{2}\right) & (x\geqslant 0)\\ 0 & (x<0)\end{cases}$$

其中 $\Gamma(\cdot)$为伽马函数。

1.15　设有 n 个相互独立的正态随机变量 $X_1,X_2,\cdots,X_n$,它们都有零均值和单位方差,令

$$Q=\frac{1}{\sigma^2}\sum_{i=1}^{n}(a+X_i)^2$$

通常称 Q 为具有 n 个自由度的非中心 χ^2 变量,其中 a 为常数,证明 Q 的概率密度为

$$f_Q(q)=\frac{1}{2}\left(\frac{q}{\lambda}\right)^{\frac{n-2}{4}}\exp\left(-\frac{\lambda+q}{2}\right)\mathrm{I}_{n/2-1}(\sqrt{q\lambda})\quad (q\geqslant 0)$$

式中 $\lambda=na^2/\sigma^2$ 称为非中心参量,$\mathrm{I}_n(\cdot)$为第一类 n 阶修正贝塞尔函数。

计算机作业

1.16　画出习题 1.14 中不同自由度的 χ^2 变量的概率密度曲线。

1.17　对于习题 1.15 的非中心 χ^2 变量 Q,对不同的自由度和非中心参量,分别画出 4 组概率密度曲线。①$\lambda/n=2(n=2,\lambda=4)$;②$\lambda/n=2(n=8,\lambda=16)$;③$\lambda/n=4(n=2,\lambda=8)$;④$\lambda/n=4(n=4,\lambda=16)$。

研讨题

1.18　已知随机变量 X 的概率密度,且 $Y=X$,求 $f_{XY}(x,y)$,如果 $Y=g(X)$,其中 $g(\cdot)$是确定性函数,求 $f_{XY}(x,y)$。

1.19　如何用 MATLAB 绘制二维正态概率密度和条件概率密度曲线?各给出一个实例。

1.20　中心极限定理告诉我们:大量独立同分布的随机变量之和服从正态分布,请用计算机模拟的方法验证中心极限定理。

附录 A　全概率公式和贝叶斯公式

设 S 为随机试验 E 的样本空间,$A_1,A_2,\cdots,A_n$ 为 S 的一个划分,即

$$A_i\cap A_k=\varnothing\ (i\neq k)\quad (\varnothing\text{ 为空集})$$

$$\bigcup_{i=1}^{n}A_i=S$$

那么任意随机事件 B 发生的概率为

$$P(B)=P(B\mid A_1)P(A_1)+P(B\mid A_2)P(A_2)+\cdots+P(B\mid A_n)P(A_n)$$
$$=\sum_{i=1}^{n}P(B\mid A_i)P(A_i) \tag{1.A.1}$$

式(1.A.1)称为全概率公式。根据概率特性有

$$P(A_i\mid B)=\frac{P(B\mid A_i)P(A_i)}{P(B)}=\frac{P(B\mid A_i)P(A_i)}{\sum_{i=1}^{n}P(B\mid A_i)P(A_i)} \tag{1.A.2}$$

式(1.A.2)称为贝叶斯公式。

下面将全概率公式和贝叶斯公式推广到随机变量的情形。设 $A_1,A_2,\cdots,A_n$ 为样本空间 S 的一个划分，$B=\{X\leqslant x\}$，则由全概率公式可得

$$P\{X\leqslant x\}=\sum_{i=1}^{n}P\{X\leqslant x\mid A_i\}P(A_i)$$

即

$$F_X(x)=\sum_{i=1}^{n}F_{X|A}(x\mid A_i)P(A_i) \tag{1.A.3}$$

式(1.A.3)两边对 x 求导，得

$$f_X(x)=\sum_{i=1}^{n}f_{X|A}(x\mid A_i)P(A_i) \tag{1.A.4}$$

式(1.A.3)和式(1.A.4)分别称为分布函数和概率密度的全概率公式。

设随机事件 $B=\{x_1<X\leqslant x_2\}$，由贝叶斯公式

$$P(A\mid B)=\frac{P(B\mid A)P(A)}{P(B)}$$

可得

$$P(A\mid x<X\leqslant x+\Delta x)=\frac{P\{x<X\leqslant x+\Delta x\mid A\}}{P\{x<X\leqslant x+\Delta x\}}P(A)$$
$$=\frac{F_{X|A}(x+\Delta x\mid A)-F_{X|A}(x\mid A)}{F_X(x+\Delta x)-F_X(x)}P(A)$$

因此

$$P\{A\mid X=x\}=\lim_{\Delta x\to 0}P\{A\mid x<X\leqslant x+\Delta x\}$$
$$=\lim_{\Delta x\to 0}\frac{[F_{X|A}(x+\Delta x\mid A)-F_{X|A}(x\mid A)]/\Delta x}{[F_X(x+\Delta x)-F_X(x)]/\Delta x}P(A)$$
$$=\frac{f_{X|A}(x\mid A)}{f_X(x)}P(A)$$

或

$$P\{A\mid X=x\}f_X(x)=f_{X|A}(x\mid A)P(A) \tag{1.A.5}$$

在式(1.A.5)两边对 x 积分，得

$$P(A)=\int_{-\infty}^{+\infty}P\{A\mid X=x\}f_X(x)\mathrm{d}x \tag{1.A.6}$$

式(1. A. 6)称为连续形式的全概率公式。

由式(1. A. 5)和式(1. A. 6)可得

$$f_{X|A}(x \mid A)=\frac{P(A \mid X=x)f_X(x)}{\int_{-\infty}^{+\infty}P\{A \mid X=x\}f_X(x)\mathrm{d}x} \tag{1. A. 7}$$

式(1. A. 7)称为连续形式的贝叶斯公式。

第2章 随机过程的基本概念

本章将要学习随机过程的基本概念和定义，随机过程的统计描述，随机过程的平稳性以及随机过程的功率谱，本章作为随机信号分析最基本的内容，是后续各章学习的基础。

2.1 随机过程的基本概念及定义

自然界变化的过程通常可以分为两大类——确定过程和随机过程。如果每次试验(观测)所得到的观测过程都相同，且都是时间 t 的一个确定函数，具有确定的变化规律，那么这样的过程就是确定过程。反之，如果每次试验(观测)所得到的观测过程都不相同，是时间 t 的不同函数，试验(观测)前又不能预知这次试验(观测)会出现什么结果，没有确定的变化规律，这样的过程称为随机过程。对连续时间的随机过程进行抽样得到的序列称为离散时间随机过程，或简称为随机序列，连续时间的随机过程和随机序列都称为随机过程，连续时间的随机过程用 $X(t)$ 表示，随机序列用 $X(n)$ 表示。

下面来看几个随机过程的例子。

例 2.1 分析正弦型随机相位信号 $X(n)=A\cos(\omega_0 n+\Phi)$，其中 A 和 ω_0 为常数，Φ 为$(-\pi,\pi)$上均匀分布的随机变量。

分析 由于起始相位 Φ 是一个连续型的随机变量，取值范围为$(0,2\pi)$，对于任意的样本值 $\varphi_i(-\pi<\varphi_i<\pi)$，对应一个确定的函数式

$$x_i(n,\varphi_i)=A\cos(\omega_0 n+\varphi_i)\quad [\varphi_i\in(0,2\pi)]$$

φ_i 不同，对应的函数式 $x_i(n,\varphi_i)$亦不同，所以随机相位信号实际上是一簇不同的时间序列$\{x_i(n,\varphi_i)=A\cos(\omega_0 n+\varphi_i)\}$，$x_i(n,\varphi_i)$通常称为随机过程的样本函数，图 2.1 画出了其中 4 个样本函数。

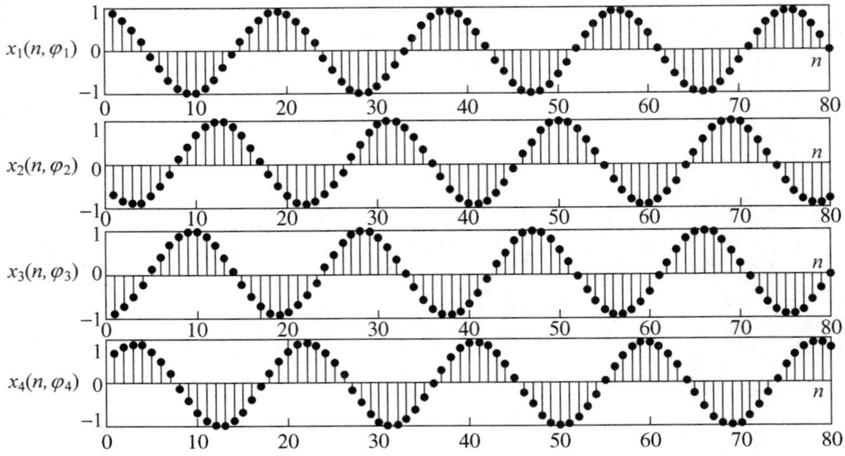

图 2.1 随机相位信号

由于 Φ 是一个随机变量，在观测信号 $x(n)$之前，并不能预知 Φ 究竟取何值，因此，也不能预知 $x(n)$究竟取哪个样本函数，只有观测以后才能确定，所以这是一个随机过程。

例 2.2 接收机的噪声分析。

分析 用示波器来观察记录某个接收机输出的噪声电压波形，假定在接收机输入端没有信号，但由于接收机内部元件如电阻、晶体管等会发热产生热噪声，经过放大后，在输出端会有电压输出，假定在第一次观测中示波器观测记录到的一条波形为 $x_1(t)$，而在第二次观测中记录到的是 $x_2(t)$，第三次观测中记录的是 $x_3(t)$，…，每次观测记录到的波形都是不相同的，而在某次观测中究竟会记录到一条什么样的波形，事先不能预知，由所有可能的结果 $x_1(t)$，$x_2(t)$，$x_3(t)$，…构成了 $X(t)$，见图 2.2。

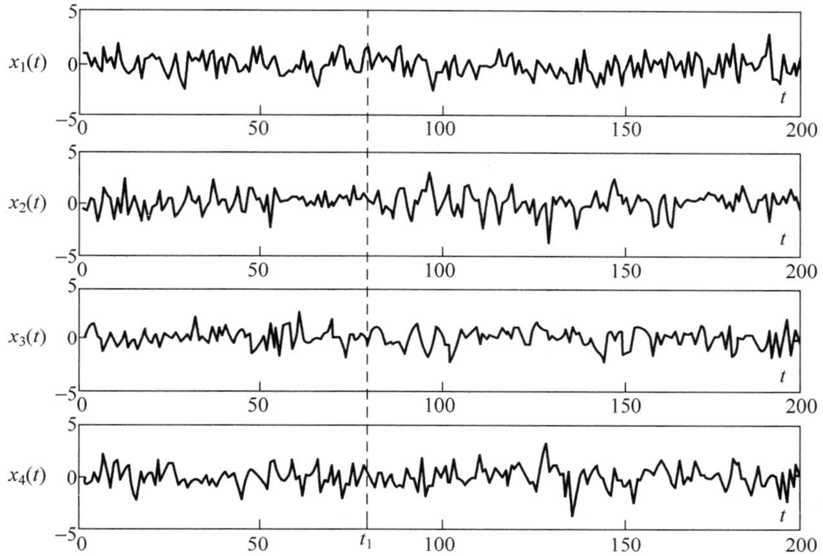

图 2.2 接收机噪声

另外，对应于某个时刻 t_1，$x_1(t_1)$，$x_2(t_1)$，…，取值各不相同，也就是说，$X(t_1)$的可能取值是 $x_1(t_1)$，$x_2(t_1)$，…，在 t_1 时刻究竟取哪个值是不能预知的，故 $X(t_1)$是一个随机变量。同理，在 $t=t_k$ 时，$X(t_k)$也是一个随机变量，可见 $X(t)$是由许多随机变量构成的。

在这两个例子中，对随机相位信号或噪声电压信号做一次观测相当于做一次随机试验，每次试验所得到的观测记录结果 $x_i(t)$是一个确定的函数，称为样本函数，所有这些样本函数的全体构成了随机信号 $X(t)$，在每次试验前，尽管不能预知 $X(t)$究竟取哪一个样本函数，但经过大量重复的观测，是可以确定它的统计规律的，即究竟以多大的概率取其中某一个样本函数。这是对随机过程的直观解释，下面给出严格的定义。

定义 设随机试验 E 的样本空间为 $S=\{e\}$，对其每一个元素 $e_i(i=1,2,\cdots)$都以某种法则确定一个样本函数 $x(t,e_i)$，由全部元素$\{e\}$所确定的一簇样本函数 $X(t,e)$称为随机过程，简记为 $X(t)$。在电子系统中，通常把随机过程叫作随机信号，在本书中，随机信号和随机过程代表相同的概念，对于随机序列有相同的定义，只是时间 t 改成时刻 n。

从以上定义可以看出，随机过程是一组样本函数的集合，这是随机变量定义的推广，在随机变量的定义中，是将样本空间的元素映射成实轴上的一个点，而随机过程则是将样本空间的元素映射成一个随时间变化的函数，如图2.3所示。

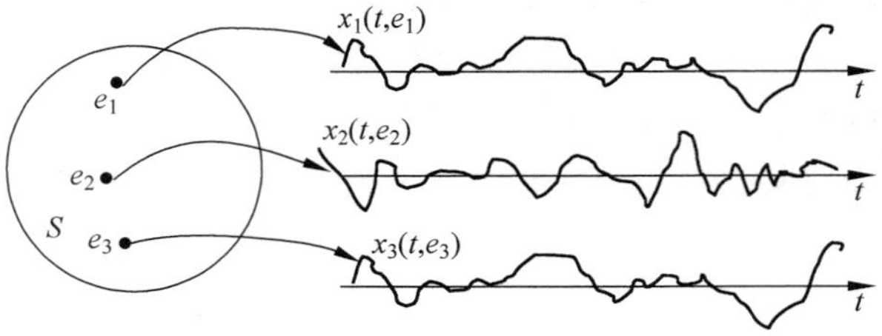

图2.3　随机过程的几个样本函数

对于某次试验结果 e_i，随机过程 $X(t)$ 对应于某个样本函数 $x(t,e_i)$，它是时间 t 的一个确定函数，为了便于区别，通常用大写字母表示随机过程，如 $X(t)$，$Y(t)$，$Z(t)$，用小写字母表示样本函数，如 $x(t)$，$y(t)$，$z(t)$ 等。

若固定时间 $t=t_i$，仅随机因素 e 在变化，则 $X(t_i,e)$ 是一个随机变量，如随机相位信号，若固定时刻 $n=n_i$，则

$$X(n_i,\Phi)=A\cos(\omega_0 n_i+\Phi)$$

是随机变量 Φ 的函数，也是一个随机变量。

对于不同的时刻 $t_1,t_2,\cdots,t_i,\cdots$，$X(t)$ 对应于不同的随机变量 $X(t_1)$，$X(t_2)$，…，$X(t_i)$，…；通常 $X(t_i)$ 称为随机过程 $X(t)$ 在 $t=t_i$ 时刻的状态，可见 $X(t)$ 可以看作一簇随时间而变化的随机变量。

若固定 $e=e_i$，$t=t_j$，则 $X(t_j,e_i)$ 表示第 i 次试验中的第 j 次测量，它是随机过程的某一特定的值，通常记为 $x_i(t_j)$。

当 e 和 t 均变化时，这时才是随机过程完整的概念，从以上的分析可以看出，随机过程是一组样本函数的集合，或者也可以看成是一组随机变量的集合。

随机过程分类的方法很多，按状态和时间是连续还是离散可以把随机过程分为四类。

(1) 连续型随机过程：时间和状态都是连续的随机过程。如前面介绍的接收机噪声。过程的状态是一个连续型的随机变量，各样本函数也是时间 t 的一个连续函数。

(2) 随机序列：时间离散而状态连续的随机过程。如前面介绍的随机相位信号是连续时间的随机相位信号经过抽样后得到的，但过程的状态是连续型随机变量。

(3) 离散型随机过程：时间连续而状态离散的随机过程。如脉冲宽度随机变化的一组0,1脉冲信号。

(4) 离散随机序列：时间和状态都离散的随机过程。如电话交换台在每一分钟接到的呼叫次数。

例2.3　二元传输信号。

用无数次投掷硬币的随机试验来定义一个随机过程 $X(t)$：

$$X(t)=\begin{cases}-1 & (\text{第 } n \text{ 次投掷出现正面}) \\ 1 & (\text{第 } n \text{ 次投掷出现反面})\end{cases} \quad (n-1)T \leqslant t < T$$

其中 T 为正的时间常数，$X(t)$ 称为半二元传输信号，下面是生成半二元传输信号的 MATLAB 程序：

```
N=200;
ind=find(rand(N,1)>0.5);
z(1: N)=1;
z(ind)=-1;
stairs(1: 25,z(1: 25));
axis([0 25 -1.5 1.5]);
xlabel(t/s(假定 T=1s));
ylabel('X(t)','FontSize',[12]);
```

其中 rand(N,1)产生 N 个 0～1 之间均匀分布的随机数，find 找出那些满足大于 0.5 的随机数所在的下标，stairs 为画阶梯的函数，产生的半随机二元传输信号如图 2.4 所示。很显然，半二元传输信号是离散型随机过程，它在任意时刻只有 1 和 −1 两个状态。

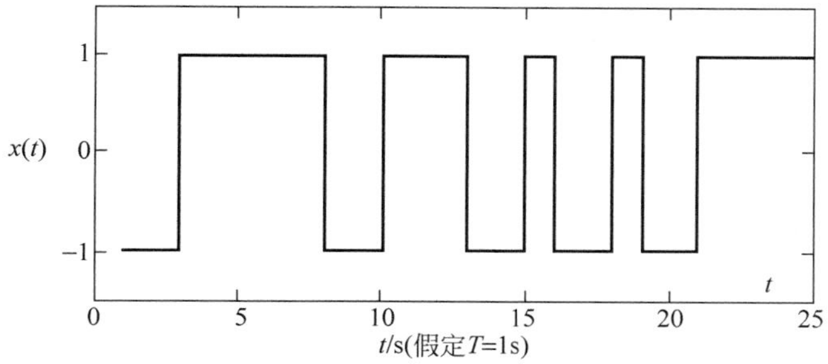

图 2.4 半随机二元传输信号

设 t_0 为 $(0,T)$ 上均匀分布的随机变量，且与半二元传输信号统计独立，定义新的随机过程

$$Y(t)=X(t-t_0)$$

称 $Y(t)$ 为二元传输信号，二元传输信号是将半二元传输信号平移一随机量 t_0 构成的。

例 2.4 时间和状态都是离散的例子——随机游动。

分析 设一质点在 x 轴上随机游动，质点在 $t=0$ 时刻处于 x 轴的原点，在 $t=1,2,3,\cdots$ 质点正向(概率为 p)或反向移动(概率为 $q=1-p$)一个距离单元，设 $X(n)$ 表示质点在 $t=n$ 时刻与原点的距离，如果 $X(n-1)=k$，那么

$$X(n)=\begin{cases} k+1 & (\text{质点正向移动一个距离单元}) \\ k-1 & (\text{质点反向移动一个距离单元}) \end{cases}$$

很显然，$X(n)$ 是一个时间和状态都是离散的随机过程，见图 2.5。

在实际中还有一类过程，它是按照确定的数学公式产生的时间序列，很显然它是一个确定性的时间序列，但它的变化过程表现出随机序列的特征，把它称为伪随机序列，伪随机序列可以用来模拟自然界实际的随机过程，下面给出一个伪随机序列的例子。

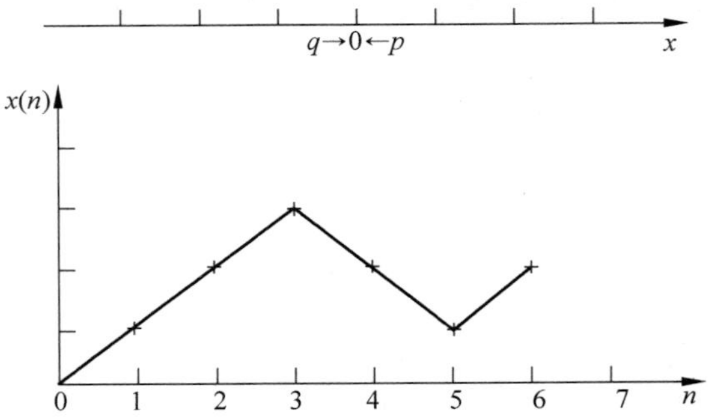

图 2.5　质点沿 x 轴做随机游动

例 2.5　分析伪随机序列。

分析　按如下等式产生一个伪随机序列：

$$y(n+1)=(11y(n)+11117)(\mathrm{mod}\ 32768)$$
$$x(n)=y(n)/M$$

下面是产生该伪随机序列的 MATLAB 程序：

```
lamda=11;
M=32768;
x(1)=19;
for n=1:200
    x(n+1)=(mod(lamda * x(n)+11117,M));
end
plot(x/M);
xlabel('n');
ylabel('x(n)');
axis([0 200 0 1])
```

结果如图 2.6 所示。

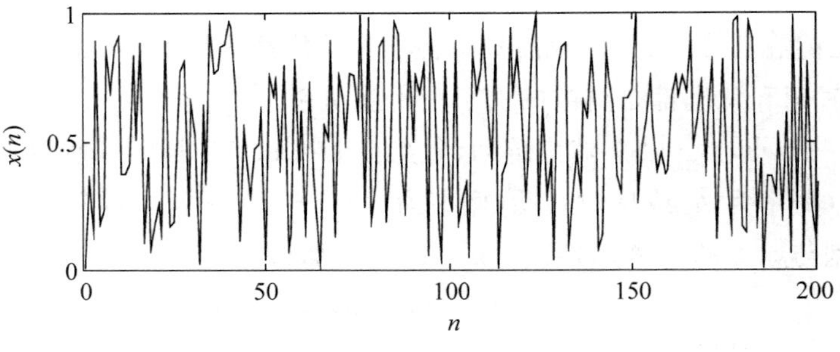

图 2.6　伪随机序列

仔细考察前面的几个例子会注意到，这几个随机过程的随机试验特征也是不同的。例 2.1 中的随机相位信号、随机变量 Φ 在整个时间的演变过程中是不变的。例 2.3 的二元传输信号，在每个时间周期，状态都由投掷硬币的随机试验结果来确定，不同的时间周期，随机试验的结果不同，因此，随机试验的结果是随时间的演变而变化的。

进一步考察例 2.1 和例 2.2，发现这两种随机过程是有区别的，例 2.2 所述的接收机噪声电压信号不能用有限的参数来加以描述，或者说样本函数 $x_i(t,e_i)$ 的未来值不能根据它的过去值来确定，即对于任意一条样本函数，知道它的过去值，并不能确定它的未来值，这样的随机过程称为不可预测过程。而例 2.1 所描述的随机相位信号，是由一簇正弦信号构成的，它的样本函数是由随机变量 Φ 的样本值完全确定。也就是说，如果 $x_i(n,e_i)$ 对于 $n\leqslant n_0$ 是已知的，那么对于 $n>n_0$，$x_i(n,e_i)$ 是完全确定的，这样的过程称为可预测过程。

2.2 随机过程的统计描述

虽然随机过程的变化过程是不确定的，但在这不确定的变化过程中仍包含规律性的因素，这种规律性通过统计大量的样本后呈现出来，也就是说随机过程是存在某些统计规律的，这些统计规律的数学描述有概率分布（密度）、数字特征等。

2.2.1 随机过程的概率分布

根据随机过程的定义，随机过程实际上是一组随时间变化的随机变量，因此可以用多维随机变量的理论来描述随机过程的统计特性。

1. 一维概率分布

对于某个特定的时刻 t，$X(t)$ 是一个随机变量，设 x 为任意实数，定义

$$F_X(x,t)=P\{X(t)\leqslant x\} \tag{2.2.1}$$

为 $X(t)$ 的一维概率分布。

很显然，由于对不同的时刻 t，随机变量 $X(t)$ 是不同的，因而相应地也有不同的分布函数，因此，随机过程的一维概率分布不仅是实数 x 的函数，而且也是时间 t 的函数。

如果 $F_X(x,t)$ 的一阶导数存在，则定义

$$f_X(x,t)=\frac{\partial F_X(x,t)}{\partial x} \tag{2.2.2}$$

为随机过程 $X(t)$ 的一维概率密度。如果知道了随机过程的一维概率密度，那么也就知道了随机过程在所有时刻上随机变量的概率密度。

随机过程的一维概率分布具有普通随机变量分布的性质，如

$$0\leqslant F_X(x,t)\leqslant 1,\quad F_X(-\infty,t)=0,\quad F(+\infty,t)=1$$

$$F_X(x,t)=\int_{-\infty}^{x} f_X(u,t)\mathrm{d}u,\quad \int_{-\infty}^{+\infty} f_X(x,t)\mathrm{d}x=1$$

等等，在此不一一重复。

对于随机序列 $X(n)$，它的分布函数定义为

$$F_X(x,n)=P\{X(n)\leqslant x\} \tag{2.2.3}$$

如果 $F_X(x,n)$ 的一阶导数存在，则定义

$$f_X(x,n)=\frac{\partial F_X(x,n)}{\partial x} \tag{2.2.4}$$

为随机过程 $X(n)$的一维概率密度。

例 2.6 设随机振幅信号

$$X(t)=Y\cos\omega_0 t$$

其中 ω_0 是常数，Y 是均值为 0、方差为 1 的正态随机变量，求 $t=0,\frac{2\pi}{3\omega_0},\frac{\pi}{2\omega_0}$时 $X(t)$的概率密度，以及任意时刻 t，$X(t)$的一维概率密度。

解 当 $t=0$ 时，$X(0)=Y$，由于 Y 是均值为 0、方差为 1 的正态随机变量，所以

$$f_X(x,0)=\frac{1}{\sqrt{2\pi}}\exp(-x^2/2)$$

当 $t=\frac{2\pi}{3\omega_0}$时，

$$X\left(\frac{2\pi}{3\omega_0}\right)=-\frac{1}{2}Y$$

根据式(1.6.6)

$$f_X\left(x,\frac{2\pi}{3\omega_0}\right)=f_Y(y)\mid J\mid\Big|_{y=-2x}$$

由于$|J|=2$，所以

$$f_X\left(x,\frac{2\pi}{3\omega_0}\right)=\sqrt{\frac{2}{\pi}}\exp(-2x^2)$$

当 $t=\frac{\pi}{2\omega_0}$时，

$$X\left(\frac{\pi}{2\omega_0}\right)=0,\quad f_X\left(x,\frac{\pi}{2\omega_0}\right)=\delta(x)$$

一般而言，对于任意的时刻 t，随机变量 $X(t)$是随机变量 Y 的函数，所以，如果 $\cos\omega_0 t\neq 0$，则

$$f_X(x,t)=f_Y(y)\mid J\mid\Big|_{y=\frac{x}{\cos\omega_0 t}}$$

由于 $J=\frac{1}{\cos\omega_0 t}$，所以

$$f_X(x,t)=\frac{1}{\sqrt{2\pi}\,|\cos\omega_0 t|}\exp\left[-\frac{1}{2}\left(\frac{x}{\cos\omega_0 t}\right)^2\right]$$

如果 $\cos\omega_0 t=0$，即 $t=\left(\pm k+\frac{1}{2}\right)\frac{\pi}{\omega_0}$，则

$$f_X\left[x,\left(\pm k+\frac{1}{2}\right)\frac{\pi}{\omega_0}\right]=\delta(x)$$

随机过程的一维概率分布是随机过程最简单的统计特性，它只能反映随机过程在各个孤立时刻的统计规律，但不能反映随机过程在不同时刻状态之间的联系，因此要更好

地描述随机过程需要引入更高维的概率分布。

2. 二维概率分布和多维概率分布

由于对任意的两个时刻 t_1 和 t_2,$X(t_1)$和 $X(t_2)$是两个随机变量,因此可以用二维随机变量的概率分布来推广定义随机过程的二维分布。

对于任意的时刻 t_1、t_2 以及任意的两个实数 x_1、x_2,定义

$$F_X(x_1,x_2,t_1,t_2)=P\{X(t_1)\leqslant x_1,X(t_2)\leqslant x_2\} \tag{2.2.5}$$

为随机过程 $X(t)$的二维概率分布。如果 $F_X(x_1,x_2,t_1,t_2)$对 x_1、x_2 的偏导数存在,则定义

$$f_X(x_1,x_2,t_1,t_2)=\frac{\partial^2 F_X(x_1,x_2,t_1,t_2)}{\partial x_1\partial x_2} \tag{2.2.6}$$

为随机过程 $X(t)$的二维概率密度。

同理,对于任意的时刻 $t_1,t_2,\cdots,t_N$,$X(t_1),X(t_2),\cdots,X(t_N)$是一组随机变量,定义这组随机变量的联合分布为随机过程 $X(t)$的 N 维概率分布,即定义

$$F_X(x_1,x_2,\cdots,x_N,t_1,t_2,\cdots,t_N)=P\{X(t_1)\leqslant x_1,X(t_2)\leqslant x_2,\cdots,X(t_N)\leqslant x_N\} \tag{2.2.7}$$

为随机过程 $X(t)$的 N 维概率分布。定义

$$f_X(x_1,x_2,\cdots,x_N,t_1,t_2,\cdots,t_N)=\frac{\partial^N F_X(x_1,x_2,\cdots,x_N,t_1,t_2,\cdots,t_N)}{\partial x_1\partial x_2\cdots\partial x_N} \tag{2.2.8}$$

为随机过程 $X(t)$的 N 维概率密度。

N 维概率分布可以描述任意 N 个时刻状态之间的统计规律,比一维、二维含有更多的 $X(t)$的统计信息,对随机过程的描述也更趋完善,一般说来,要完全描述一个过程的统计特性应该 $N\to\infty$,但实际上是无法获得随机过程的无穷维的概率分布的,在工程应用上,通常只考虑它的二维概率分布就够了。

对于离散时间随机过程 $X(n)$,它的二维和 N 维概率分布分别定义为

$$F_X(x_1,x_2,n_1,n_2)=P\{X(n_1)\leqslant x_1,X(n_2)\leqslant x_2\} \tag{2.2.9}$$

$$F_X(x_1,x_2,\cdots,x_N,n_1,n_2,\cdots,n_N)=P\{X(n_1)\leqslant x_1,X(n_2)\leqslant x_2,\cdots,X(n_N)\leqslant x_N\} \tag{2.2.10}$$

二维和 N 维概率密度定义为

$$f_X(x_1,x_2,n_1,n_2)=\frac{\partial^2 F_X(x_1,x_2,n_1,n_2)}{\partial x_1\partial x_2} \tag{2.2.11}$$

$$f_X(x_1,x_2,\cdots,x_N,n_1,n_2,\cdots,n_N)=\frac{\partial^N F_X(x_1,x_2,\cdots,x_N,n_1,n_2,\cdots,n_N)}{\partial x_1\partial x_2\cdots\partial x_N} \tag{2.2.12}$$

例 2.7 设随机相位信号 $X(n)=\cos(\pi n/10+\Phi)$,其中 $\Phi=\{0,-\pi/2\}$,且取 0 和 $-\pi/2$ 时概率各为 1/2,求 $n_1=0,n_2=10$ 时的一维和二维概率分布。

解 本题的随机过程只有两个样本函数,且两个样本函数都具有确定的形式,是一种可预测的随机过程。它的两个样本函数为

$$x_1(n)=\cos(\pi n/10),\quad x_2(n)=\cos(\pi n/10-\pi/2)$$

当 $n_1=0$ 时,$x_1(0)=1$,$x_2(0)=0$,即 $X(0)$的取值为 1 或 0,而当 $n_2=10$ 时,$X(10)$的取值为-1 或 0。$X(n_1)$和 $X(n_2)$是两个离散随机变量,它们的概率分布列如表 2.1 所示。

表 2.1 X(0)和 X(10)的概率分布列

$X(0)$	1	0	$X(10)$	-1	0
$P(x_1,0)$	1/2	1/2	$P(x_2,10)$	1/2	1/2

根据分布列,可以写出概率密度:

$$f_X(x,0)=0.5\delta(x-1)+0.5\delta(x)$$

$$f_X(x,10)=0.5\delta(x+1)+0.5\delta(x)$$

图 2.7(c)和图 2.7(d)画出了 $n_1=0,n_2=10$ 时的一维概率密度。因为

$$P\{X(n_1)=1,X(n_2)=-1\}=P\{X(n_1)=1\}P\{X(n_2)=-1\mid X(n_1)=1\}$$

而

$$P\{X(n_1)=1\}=1/2,\quad P\{X(n_2)=-1\mid X(n_1)=1\}=1$$

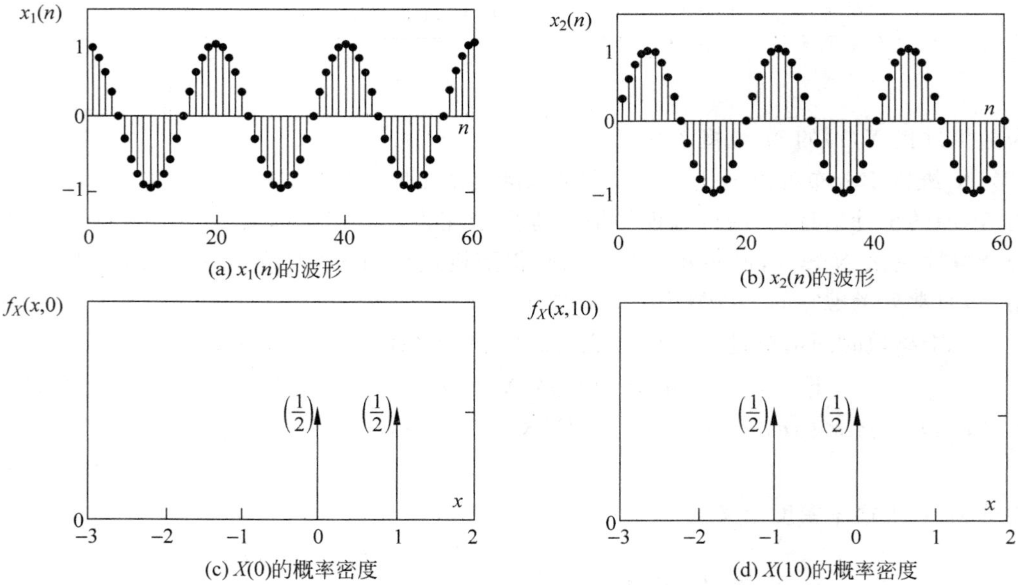

图 2.7 随机过程 $X(n)$的样本函数及其概率密度

后一个等式是由于本例的随机相位信号是一个可预测的随机过程,当 n_1 时刻随机过程的取值为 1 时,也就意味着在本次随机试验中取的是样本函数 $x_1(n)$,那么由图 2.7(a)可以看出,$x_1(n_2)=-1$,即在 n_2 时刻随机过程的取值必定为-1,取其他值的概率为 0。所以

$$P\{X(n_1)=1,X(n_2)=-1\}=1/2$$

同理

$$P\{X(n_1)=0,X(n_2)=0\}=1/2$$

$$P\{X(n_2)=0,X(n_1)=1\}=0$$

$$P\{X(n_2)=-1,X(n_1)=0\}=0$$

由此可以列出二维概率分布列如表 2.2 所示。

表 2.2 $X(n_1)$和 $X(n_2)$的二维概率分布列

$X(n_2)$ \ $X(n_1)$	1	0
−1	1/2	0
0	0	1/2

根据二维分布列可写出二维概率密度：

$$f_X(x_1,x_2,0,10)=0.5\delta(x_1-1,x_2+1)+0.5\delta(x_1,x_2)$$

图 2.8 画出了 $n_1=0,n_2=10$ 时的二维概率密度。相应地，其二维概率分布为

$$F_X(x_1,x_2,0,10)=P\{x(0)\leqslant x_1,x(10)\leqslant x_2\}$$

上式可以采用图形法来计算，如图 2.9 所示，对 x_1-x_2 平面上的任意点 $A=(x_1,x_2)$，由 A 点向 $x_1\to-\infty$和 $x_2\to-\infty$作扇形，这个扇形区域用 S_A 表示，将 S_A 内所包含的冲激函数的强度值相加，即可得到对应点的概率分布函数值，即

$$F_X(x_1,x_2,0,10)=\sum_{(x_1,x_2)\in S_A}P\{X(0)\leqslant x_1,X(10)\leqslant x_2\}$$

据此原理，可以画出二维概率分布函数。

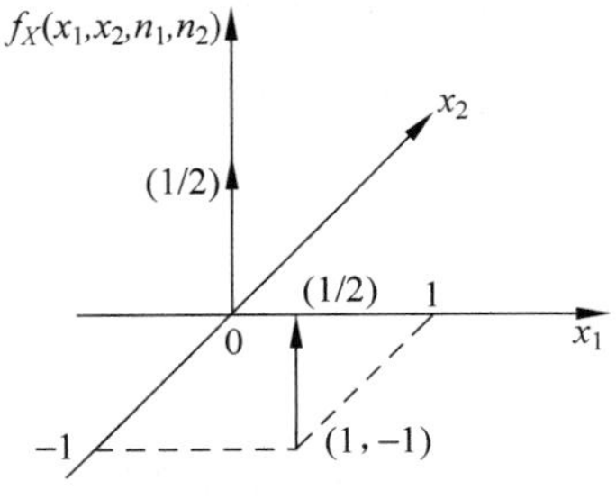

图 2.8 $X(n)$的二维概率密度

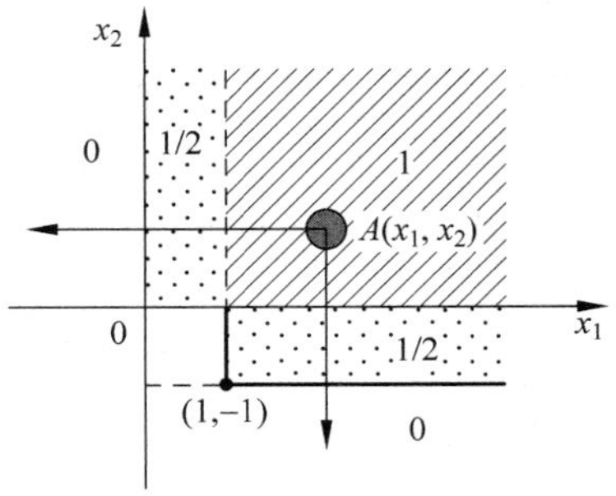

图 2.9 $X(n)$的二维概率分布平面

2.2.2 随机过程的数字特征

随机变量的数字特征有均值、方差、相关系数等，相应地随机过程的数字特征常用的也是均值、方差、相关函数，它们都是从随机变量的数字特征推广而来，所不同的是，随机过程的数字特征一般不是常数，而是时间 t(或 n)的函数，因此随机过程的数字特征也常称为矩函数或示性函数。

1. 均值

对于任意的时刻 t,$X(t)$是一个随机变量,把这个随机变量的均值定义为随机过程的均值,记为 $m_X(t)$,即

$$m_X(t)=E[X(t)]=\int_{-\infty}^{+\infty}xf_X(x,t)\mathrm{d}x \tag{2.2.13}$$

对于离散时间随机过程 $X(n)$,均值定义为

$$m_X(n)=E[X(n)]=\int_{-\infty}^{+\infty}xf_X(x,n)\mathrm{d}x \tag{2.2.14}$$

随机过程 $X(t)$的均值是时间 t 的函数,也称为均值函数,统计均值是对随机过程 $X(t)$中所有样本函数在时间 t 的所有取值进行概率加权平均,所以又称为集合平均,它反映了样本函数统计意义下的平均变化规律。

2. 方差

方差也是随机过程重要的数字特征之一,定义

$$\sigma_X^2(t)=\mathrm{Var}[X(t)]=E\{[X(t)-m_X(t)]^2\} \tag{2.2.15}$$

为随机过程 $X(t)$的方差。随机过程的方差也是时间 t 的函数,由方差的定义可以看出,方差是非负函数。

方差还可以表示为

$$\sigma_X^2(t)=E[X^2(t)]-m_X^2(t) \tag{2.2.16}$$

对于随机序列 $X(n)$,方差定义为

$$\sigma_X^2(n)=\mathrm{Var}[X(n)]=E\{[X(n)-m_X(n)]^2\} \tag{2.2.17}$$

均值与方差的物理意义:假定 $X(t)$表示单位电阻($R=1$)上两端的噪声电压,且假定噪声电压的均值 $m_X(t)=m_X$ 为常数,那么均值 m_X 代表噪声电压中直流分量。$X(t)-m_X$ 代表噪声电压的交流分量,$[X(t)-m_X]^2/1$ 代表消耗在单位电阻上瞬时交流功率,而方差 $\sigma_X^2(t)=E\{[X(t)-m_X]^2\}$表示消耗在单位电阻上瞬时交流功率的统计平均值,$m_X^2/1$ 表示消耗在单位电阻上的直流功率。所以

$$E[X^2(t)]=\sigma_X^2(t)+m_X^2 \tag{2.2.18}$$

表示消耗在单位电阻上的总的平均功率。

3. 相关函数和协方差函数

均值和方差只描述了随机过程在某个特定时刻的统计特性,所用的只是一维概率密度,并不能反映随机过程在两个不同时刻状态之间的联系。图 2.10 所示的两个随机过程 $X(t)$和$Y(t)$大致具有相同的均值和方差,但这两个信号还是有明显的区别的,$Y(t)$随时间 t 的变化较为剧烈,各个不同时刻状态之间的相关性较弱,$X(t)$随时间的变化较为缓慢,不同时刻状态之间的相关性较强。均值函数和方差函数不能全面反映出这些特征,为此引入一个能反映两个不同时刻状态之间相关程度的数字特征——相关函数。

对任意两个时刻 t_1,t_2,定义

$$R_X(t_1,t_2)=E[X(t_1)X(t_2)]=\int_{-\infty}^{+\infty}\int_{-\infty}^{+\infty}x_1x_2f_X(x_1,x_2,t_1,t_2)\mathrm{d}x_1\mathrm{d}x_2 \tag{2.2.19}$$

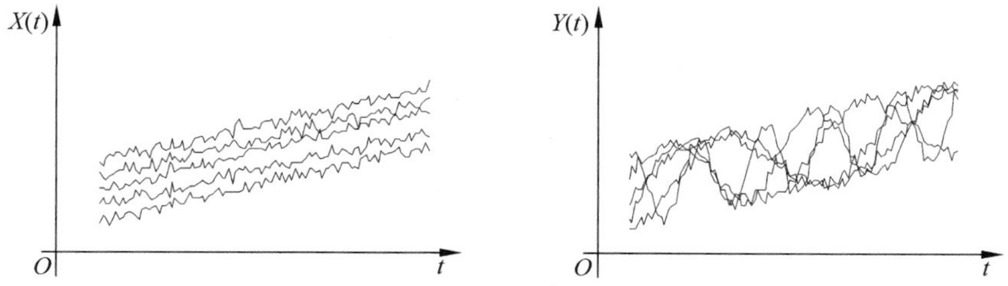

(a) 随机过程$X(t)$　　(b) 随机过程$Y(t)$

图 2.10　两个随机过程示意图

为随机过程 $X(t)$的自相关函数，通常简称为相关函数。

当 $t_1=t_2=t$ 时，$R_X(t,t)=E[X^2(t)]$。由式(2.2.16)可得

$$R_X(t,t)=\sigma_X^2(t)+m_X^2(t) \tag{2.2.20}$$

自相关函数 $R_X(t_1,t_2)$可正可负，其绝对值越大，表示相关性越强。一般说来，t_1、t_2 相隔越远，相关性越弱，$R_X(t_1,t_2)$的绝对值也越小，当 $t_1=t_2=t$ 时，其相关性应是最强的，$R_X(t_1,t_2)$最大。

相关性的描述除了用相关函数外，有时也用协方差函数。定义

$$C_X(t_1,t_2)=E\{[X(t_1)-m_X(t_1)][X(t_2)-m_X(t_2)]\} \tag{2.2.21}$$

为随机过程 $X(t)$的协方差函数。很显然，协方差函数也可表示为

$$\begin{aligned}C_X(t_1,t_2)&=E[X(t_1)X(t_2)]-m_X(t_1)m_X(t_2)\\&=R_X(t_1,t_2)-m_X(t_1)m_X(t_2)\end{aligned} \tag{2.2.22}$$

当 $t_1=t_2=t$ 时，$C_X(t,t)$即为方差函数。

如果 $C_X(t_1,t_2)=0$，则称 $X(t_1)$和 $X(t_2)$是不相关的。如果 $R_X(t_1,t_2)=0$，则称 $X(t_1)$和$X(t_2)$是相互正交的。不相关和正交也是随机过程两个重要的概念。

如果 $f_X(x_1,x_2,t_1,t_2)=f_X(x_1,t_1)f_X(x_2,t_2)$，则称随机过程在 t_1 和 t_2 时刻的状态是相互独立的。

同样，对于离散时间随机过程，自相关函数和自协方差函数分别定义为

$$\begin{aligned}R_X(n_1,n_2)&=E[X(n_1)X(n_2)]\\&=\int_{-\infty}^{+\infty}\int_{-\infty}^{+\infty}x_1x_2f_X(x_1,x_2,n_1,n_2)\mathrm{d}x_1\mathrm{d}x_2\end{aligned} \tag{2.2.23}$$

$$C_X(n_1,n_2)=E\{[X(n_1)-m_X(n_1)][X(n_2)-m_X(n_2)]\} \tag{2.2.24}$$

4. 离散型随机过程的数字特征

如果 $X(t)$是时间连续、状态离散的离散型随机过程，假定它有 N 个离散状态，任意时刻 t 的取值为 $x_1(t),x_2(t),\cdots,x_N(t)$，取这些值的概率分别为 $p_1(t),p_2(t),\cdots,p_N(t)$，则均值为

$$m_X(t)=\sum_{i=1}^{N}x_i(t)p_i(t) \tag{2.2.25}$$

方差为

$$\sigma_X^2(t)=\sum_{i=1}^{N}[x_i(t)-m_X(t)]^2 p_i(t) \tag{2.2.26}$$

自相关函数为

$$R_X(t_1,t_2)=E[X(t_1)X(t_2)]=\sum_{i=1}^{N}\sum_{j=1}^{N}x_i(t_1)x_j(t_2)p_{ij}(t_1,t_2) \tag{2.2.27}$$

其中

$$p_{ij}(t_1,t_2)=P\{X(t_1)=x_i(t_1),X(t_2)=x_j(t_2)\}$$

协方差函数为

$$\begin{aligned}C_X(t_1,t_2)&=E\{[X(t_1)-m_X(t_1)][X(t_2)-m_X(t_2)]\}\\&=\sum_{i=1}^{N}\sum_{j=1}^{N}[x_i(t_1)-m_X(t_1)][x_j(t_2)-m_X(t_2)]p_{ij}(t_1,t_2)\end{aligned} \tag{2.2.28}$$

例 2.8 求例 2.1 所述的随机相位信号的均值、方差和自相关函数。

解 $m_X(n)=E[X(n)]=E[A\cos(\omega_0 n+\Phi)]=A\int_0^{2\pi}\cos(\omega_0 n+\varphi)\frac{1}{2\pi}\mathrm{d}\varphi=0$

$$\begin{aligned}R_X(n_1,n_2)&=E[X(n_1)X(n_2)]=E[A\cos(\omega_0 n_1+\Phi)A\cos(\omega_0 n_2+\Phi)]\\&=\frac{1}{2}A^2E\{\cos\omega_0(n_1-n_2)+\cos[\omega_0(n_1+n_2)+2\Phi]\}\\&=\frac{1}{2}A^2\cos\omega_0(n_1-n_2)+\frac{1}{2}A^2\int_0^{2\pi}\frac{1}{2\pi}\cos[\omega_0(n_1+n_2)+2\varphi]\mathrm{d}\varphi\\&=\frac{1}{2}A^2\cos\omega_0(n_1-n_2)\end{aligned}$$

$$\sigma_X^2(n)=R_X(n,n)-m_X^2(n)=\frac{1}{2}A^2$$

例 2.9 设有一个随机过程 $X(t)$,由 4 条样本函数组成,而且每条样本函数出现的概率相等,$X(t)$在 t_1、t_2 的取值如表 2.3 所示,求 $R_X(t_1,t_2)$。

表 2.3 $X(t)$的 4 条样本函数在 t_1,t_2 时刻的取值

t	$x_1(t)$	$x_2(t)$	$x_3(t)$	$x_4(t)$
t_1	1	2	6	3
t_2	5	4	2	1

解 根据题意可知 $X(t)$是一个离散型随机过程,由式(2.2.27)可得

$$R_X(t_1,t_2)=E[X(t_1)X(t_2)]=\sum_{i=1}^{4}\sum_{j=1}^{4}x_i(t_1)x_j(t_2)p_{ij}(t_1,t_2)$$

关键在于计算 $p_{ij}(t_1,t_2)$,有

$$\begin{aligned}p_{ij}(t_1,t_2)&=P\{X(t_1)=x_i(t_1),X(t_2)=x_j(t_2)\}\\&=P\{X(t_1)=x_i(t_1)\}P\{X(t_2)=x_j(t_2)\mid X(t_1)=x_i(t_1)\}\end{aligned}$$

当 $i\neq j$ 时,后一项概率为零。而当 $i=j$ 时

$$P\{X(t_2)=x_i(t_2)\mid X(t_1)=x_i(t_1)\}=1$$

所以

$$p_{ij}(t_1,t_2)=\begin{cases}0 & (i\neq j)\\ \dfrac{1}{4} & (i=j)\end{cases}$$

因此

$$R_X(t_1,t_2)=\sum_{i=1}^{4}x_i(t_1)x_i(t_2)p_{ii}(t_1,t_2)=\frac{1}{4}(1\times 5+2\times 4+6\times 2+3\times 1)=7$$

例 2.10 求例 2.3 的二元传输信号的均值和自相关函数。

解 先求半二元传输信号的均值和自相关函数。半二元传输信号是一个离散型随机过程，在任意的时刻 t，$X(t)$只有两个取值，即$+1$和-1，由式(2.2.25)得

$$E[X(t)]=1\cdot P[X(t)=1]+(-1)\cdot P[X(t)=-1]=1\cdot\frac{1}{2}+(-1)\cdot\frac{1}{2}=0 \tag{2.2.29}$$

而自相关函数为

$$R_X(t_1,t_2)=E[X(t_1)X(t_2)]$$

如果 t_1 和 t_2 不在同一周期内，则 $X(t_1)$和 $X(t_2)$是统计独立的，有

$$R_X(t_1,t_2)=E\{X(t_1)X(t_2)\}=E\{X(t_1)\}E\{X(t_2)\}=0$$

如果 t_1 和 t_2 在同一周期内，那么 $X(t_1)$和 $X(t_2)$同为$+1$或者同为-1，两者相乘后均为1，所以

$$R_X(t_1,t_2)=E\{X(t_1)X(t_2)\}=1\cdot P\{X(t_1)X(t_2)=1\}=1$$

即

$$R_X(t_1,t_2)=\begin{cases}1 & (t_1\text{ 和 }t_2\text{ 在同一个周期内})\\ 0 & (t_1\text{ 和 }t_2\text{ 不在同一个周期内})\end{cases} \tag{2.2.30}$$

二元传输信号可表示为

$$Y(t)=X(t-t_0)$$

其中 t_0 在$(0,T)$上均匀分布，均值为

$$E[Y(t)]=E[X(t-t_0)]=E\{E[X(t-t_0)\mid_{t_0}]\}=0 \tag{2.2.31}$$

自相关函数为

$$\begin{aligned}R_Y(t_1,t_2)&=E[Y(t_1)Y(t_2)]=E\{E[X(t_1-t_0)X(t_2-t_0)\mid_{t_0}]\}\\&=E[R_X(t_1-t_0,t_2-t_0)\mid_{t_0}]\end{aligned}$$

当$|t_1-t_2|>T$ 时，t_1 和 t_2 肯定不在同一周期内，这时

$$R_X(t_1-t_0,t_2-t_0)\mid_{t_0}=0$$

当$|t_1-t_2|<T$ 时，t_1 和 t_2 可能在同一周期内，也可能不在同一周期内。如果不在同一周期内，则 $R_X(t_1-t_0,t_2-t_0)\mid_{t_0}=0$，如果在同一周期内，则

$$R_X(t_1-t_0,t_2-t_0)\mid_{t_0}=E[X(t_1-t_0)X(t_2-t_0)\mid_{t_0}]=1$$

即当$|t_1-t_2|<T$ 时，有

$$R_X(t_1-t_0,t_2-t_0)\big|_{t_0}=\begin{cases}1 & (t_1 \text{ 和 } t_2 \text{ 在同一周期})\\ 0 & (t_1 \text{ 和 } t_2 \text{ 不在同一周期})\end{cases} \tag{2.2.32}$$

假定 $t_2>t_1$,那么 t_1 和 t_2 在同一周期等价于

$$\begin{cases}(n-1)T+t_0<t_1\\ nT+t_0>t_2\end{cases}$$

或者写成

$$t_2-nT<t_0<t_1-(n-1)T$$

所以

$$R_X(t_1-t_0,t_2-t_0)\big|_{t_0}=\begin{cases}1 & (t_2-nT<t_0<t_1-(n-1)T)\\ 0 & (\text{其他})\end{cases} \tag{2.2.33}$$

因此

$$\begin{aligned}R_Y(t_1,t_2)&=E[R_X(t_1-t_0,t_2-t_0)\big|_{t_0}]\\&=1\cdot P\{t_2-nT<t_0<t_1-(n-1)T\}=\frac{T-(t_2-t_1)}{T}\end{aligned}$$

同理可得,当 $t_2<t_1$ 时,有

$$R_Y(t_1,t_2)=\frac{T-(t_1-t_2)}{T}$$

因此

$$R_Y(t_1,t_2)=\begin{cases}\dfrac{T-|t_1-t_2|}{T} & (|t_1-t_2|<T)\\ 0 & (\text{其他})\end{cases} \tag{2.2.34}$$

2.3 平稳随机过程

随机过程可分为平稳和非平稳两大类,严格地说,所有过程都是非平稳的。但是,平稳过程的分析要容易得多,而且在电子系统中,如果产生一个随机过程的主要物理条件在时间的进程中不改变,或变化极小,可以忽略,则此信号可以认为是平稳的。如接收机的噪声电压信号,刚开机时由于元器件上温度的变化,使得噪声电压在开始时有一段暂态过程,经过一段时间后,温度变化趋于稳定,这时的噪声电压信号可以认为是平稳的。

2.3.1 平稳随机过程的定义

1. 严格平稳随机过程

定义 如果随机过程 $X(t)$的任意 N 维分布不随时间起点的不同而变化,即当时间平移 c 时,其任意的 N 维概率密度不变化,则称 $X(t)$是严格平稳的随机过程或称为狭义平稳随机过程。

根据定义，狭义平稳随机过程的任意 N 维概率密度应满足

$$f_X(x_1,\cdots,x_N,t_1+c,\cdots,t_N+c)=f_X(x_1,\cdots,x_N,t_1,\cdots,t_N) \tag{2.3.1}$$

特别是一维概率密度

$$f_X(x,t)=f_X(x) \tag{2.3.2}$$

与时间 t 无关，而二维概率密度

$$f_X(x_1,x_2,t_1,t_2)=f_X(x_1,x_2,\tau) \quad (\tau=t_1-t_2) \tag{2.3.3}$$

由此可见，对于严格平稳的随机过程，它的均值和方差是与时间无关的常数，而自相关函数只与 t_1 和 t_2 的差值有关。严格平稳最基本的特征是时间起点的平移不影响它的统计特性，即 $X(t)$与 $X(t+c)$具有相同的统计特性。同样，对于随机序列，严格平稳的定义是相同的，即如果 $X(n)$与 $X(n+c)$具有相同的统计特性，那么称 $X(n)$为严格平稳的随机序列。可以证明，独立同分布(Independent and Identical Distribution，IID)的随机序列是严格平稳随机序列。

2. 广义平稳随机过程

定义 如果随机过程 $X(t)$的均值为常数，自相关函数只与 $\tau=t_1-t_2$ 有关，即

$$m_X(t)=m_X \tag{2.3.4}$$

$$R_X(t_1,t_2)=R_X(\tau) \quad (\tau=t_1-t_2) \tag{2.3.5}$$

则称随机过程 $X(t)$是广义平稳的。

对于随机序列 $X(n)$，如果

$$m_X(n)=m_X \tag{2.3.6}$$

$$R_X(n_1,n_2)=R_X(m) \quad (m=n_1-n_2) \tag{2.3.7}$$

则称 $X(n)$为广义平稳过程。

很显然，严格平稳的随机过程必定是广义平稳的，但广义平稳的随机过程不一定是严格平稳的。

由于在许多工程技术问题中，常常仅在相关理论(一、二阶矩)的范围内讨论问题，因此划分出广义平稳随机过程来。而相关理论之所以重要，是因为在实际中，一、二阶矩能给出有关平稳随机过程平均功率的几个主要指标。例如，如果随机过程 $X(t)$代表噪声电压信号，那么在相关理论范围内就可以给出直流分量、交流分量、平均功率及功率在频域上的分布(将在后面讨论功率谱密度)等。另外，在电子系统中遇到最多的是正态随机过程，对于正态随机过程而言，它的任意维分布都只由它的一、二阶矩来确定，广义平稳的正态随机过程必定是严格平稳的。因此，在实际中，通常只考虑广义平稳性，今后除特别声明外，平稳性指的是广义平稳。

在例 2.8 中，计算了随机相位信号的均值和相关函数，它的均值为零，相关函数为

$$R_X(n_1,n_2)=\frac{1}{2}A^2\cos\omega_0(n_1-n_2)$$

所以随机相位信号是平稳的。

在例 2.10 中，计算了二元传输信号的均值和自相关函数，由式(2.2.30)可以看出，半二元传输信号的自相关函数与时间 t_1 和 t_2 有关，所以它是非平稳随机过程，而由式(2.2.31)

和式(2.2.34)可以看出,二元传输信号是平稳随机过程。

例 2.11 设随机过程 $X(t)=A\cos\omega_0 t+B\sin\omega_0 t$,其中 ω_0 为已知常数,A、B 为统计独立的随机变量,且分别以概率 2/3、1/3 取值−1 和 2,试讨论 $X(t)$的平稳性。

解 先确定随机变量 A 和 B 的一、二阶矩的特性,由题意知

$$E(A)=E(B)=(-1)\times\frac{2}{3}+2\times\frac{1}{3}=0$$

$$E(A^2)=E(B^2)=(-1)^2\times\frac{2}{3}+2^2\times\frac{1}{3}=2$$

$$E(A^3)=E(B^3)=(-1)^3\times\frac{2}{3}+2^3\times\frac{1}{3}=2$$

$$E(AB)=0$$

那么

$$E[X(t)]=E(A)\cos\omega_0 t+E(B)\sin\omega_0 t=0$$

$$\begin{aligned}R_X(t_1,t_2)&=E[X(t_1)X(t_2)]\\&=E[(A\cos\omega_0 t_1+B\sin\omega_0 t_1)(A\cos\omega_0 t_2+B\sin\omega_0 t_2)]\\&=E[A^2\cos\omega_0 t_1\cos\omega_0 t_2+B^2\sin\omega_0 t_1\sin\omega_0 t_2+AB\cos\omega_0 t_1\sin\omega_0 t_2+\\&\quad AB\sin\omega_0 t_1\cos\omega_0 t_2]\\&=E(A^2)\cos\omega_0 t_1\cos\omega_0 t_2+E(B^2)\sin\omega_0 t_1\sin\omega_0 t_2\\&=2\cos\omega_0(t_1-t_2)\end{aligned}$$

由于 $X(t)$的均值为零,自相关函数只与 t_1-t_2 有关,所以,$X(t)$是平稳随机过程。又由于

$$\begin{aligned}E[X^3(t)]&=E[(A\cos\omega_0 t+B\sin\omega_0 t)^3]\\&=E(A^3)\cos^3\omega_0 t+E(B^3)\sin^3\omega_0 t+3E(A^2)E(B)\cos^2\omega_0 t\sin\omega_0 t+\\&\quad 3E(A)E(B^2)\cos\omega_0 t\sin\omega_0 t\\&=2(\cos^3\omega_0 t+\sin^3\omega_0 t)\end{aligned}$$

$X(t)$的三阶矩与时间 t 有关,可见其一维概率密度与时间 t 有关,$X(t)$不是严格平稳的随机过程。

例 2.12 设有谐波过程

$$X(n)=\sum_{i=1}^{N}a_i\cos(\omega_i n+\Phi_i)$$

式中,a_i 和 $\omega_i(i=1,2,\cdots,N)$是常数,$\Phi_i(i=1,2,\cdots,N)$是在$(0,2\pi)$上均匀分布的相互独立的随机变量,试求 $X(n)$的均值和自相关函数,并判断它的平稳性。

解 $X(n)$的均值为

$$\begin{aligned}E[X(n)]&=\sum_{i=1}^{N}a_iE[\cos(\omega_i n+\Phi_i)]\\&=\sum_{i=1}^{N}a_i\int_0^{2\pi}\frac{1}{2\pi}\cos(\omega_i n+\varphi_i)\mathrm{d}\varphi_i=0\end{aligned}$$

另外,$X(n)$可写成

$$X(n)=\sum_{i=1}^{N}(A_i\cos\omega_i n+B_i\sin\omega_i n)$$

其中
$$A_i=a_i\cos\Phi_i,\quad B_i=-a_i\sin\Phi_i$$

$$\begin{aligned}R_X(n+m,n)&=E[X(n+m)X(n)]\\&=\sum_{i=1}^{N}\sum_{j=1}^{N}E\{[A_i\cos(n+m)\omega_i+B_i\sin(n+m)\omega_i][A_j\cos n\omega_j+B_j\sin n\omega_j]\}\\&=\sum_{i=1}^{N}\sum_{j=1}^{N}E\{[A_iA_j\cos(n+m)\omega_i\cos n\omega_j+B_iB_j\sin(n+m)\omega_i\sin n\omega_j\\&\quad+A_iB_j\cos(n+m)\omega_i\sin n\omega_j+B_iA_j\sin(n+m)\omega_i\cos n\omega_j]\}\end{aligned}$$

因为
$$E(A_iA_j)=E(a_ia_j\cos\Phi_i\cos\Phi_j)$$

当 $i\neq j$ 时，由于 Φ_i 与 Φ_j 相互独立，所以
$$E(A_iA_j)=a_ia_jE(\cos\Phi_i)E(\cos\Phi_j)=0$$

当 $i=j$ 时，有
$$E(A_i^2)=a_i^2E(\cos^2\Phi_i)=a_i^2E[(1+\cos2\Phi_i)/2]=a_i^2/2$$

所以
$$E(A_iA_j)=\begin{cases}a_i^2/2 & (j=i)\\0 & (j\neq i)\end{cases}$$

同理可得
$$E(B_iB_j)=\begin{cases}a_i^2/2 & (j=i)\\0 & (j\neq i)\end{cases}$$

以及对任意的 i 和 j，有
$$E(A_iB_j)=0$$

因此
$$\begin{aligned}R_X(n+m,n)&=\sum_{i=1}^{N}[(a_i^2/2)\cos(n+m)\omega_i\cos n\omega_i+(a_i^2/2)\sin(n+m)\omega_i\sin n\omega_i]\\&=\sum_{i=1}^{N}\frac{a_i^2}{2}\cos m\omega_i\end{aligned}$$

可见 $X(n)$ 是平稳随机过程。

2.3.2 平稳随机过程自相关函数的特性

对于平稳随机过程而言，它的均值为常数，自相关函数只与时间的差值有关，平稳随机过程的自相关函数具有如下特性。

(1) 相关函数是偶函数，即
$$R_X(-\tau)=R_X(\tau) \tag{2.3.8}$$

(2) $R_X(\tau)$在 $\tau=0$ 时有最大值,即

$$R_X(0) \geqslant |R_X(\tau)| \tag{2.3.9}$$

证明留作习题,参见习题 2.7,同理

$$C_X(0) \geqslant |C_X(\tau)| \tag{2.3.10}$$

(3) 如果随机过程 $X(t)$中含有周期分量,那么自相关函数中也含有周期分量。例如对于

$$X(t)=A\cos(\omega_0 t+\Phi)+W(t)$$

其中 A 和 ω_0 为常数,Φ 在$(0,2\pi)$上均匀分布,$W(t)$是与 Φ 统计独立的平稳随机过程,则

$$R_X(\tau)=\frac{A^2}{2}\cos\omega_0\tau+R_W(\tau)$$

可见自相关函数中也包含周期分量。

(4) 一般说来,若随机过程 $X(t)$中不含周期分量,那么

$$\lim_{\tau\to\infty} R_X(\tau)=m_X^2 \tag{2.3.11}$$

如果 $X(t)$含有周期分量,自相关函数也必含有周期分量,将周期分量去掉后,式(2.3.11)仍成立。

从物理概念上理解,随着 τ 的增大,$X(t)$与 $X(t+\tau)$的相关性逐渐减弱,当 $\tau\to\infty$ 时,$X(t)$与 $X(t+\tau)$变为两个相互独立的随机变量,所以

$$\lim_{\tau\to\infty} R_X(\tau)=\lim_{\tau\to\infty} E\{X(t)X(t+\tau)\}=\lim_{\tau\to\infty} E\{X(t)\}E\{X(t+\tau)\}=m_X^2$$

也有该特性不成立的特例。设 $X(t)=A$,A 为随机变量,概率密度为 $f_A(a)$,很显然,该过程是严格平稳的,因为 $X(t+\Delta t)$的概率密度与 Δt 无关。另外,$E[X(t)]=E(A)=m_A$,$R_X(\tau)=E[X(t+\tau)X(t)]=E(A^2)=\sigma_A^2+m_A^2\neq m_A^2$,可见式(2.3.11)并不成立。

(5) $R_X(0)=\sigma_X^2+m_X^2$ (2.3.12)

根据以上特性,可以画出一条典型的自相关函数的曲线,如图 2.11 所示。

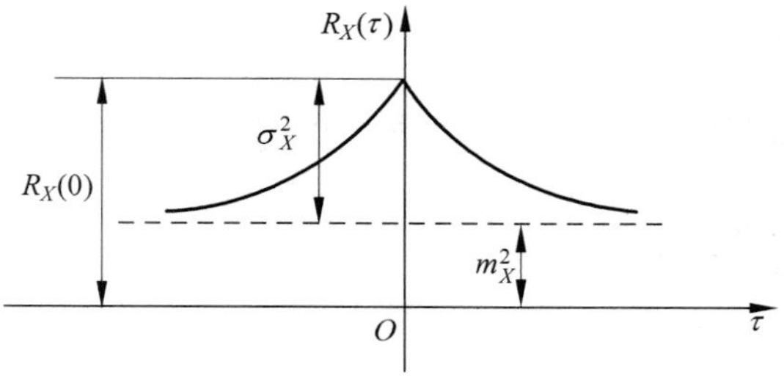

图 2.11 一般相关函数示意图

(6) 相关函数具有非负定性,即对于任意 N 个复数 $\alpha_1,\alpha_2,\cdots,\alpha_N$,有

$$\sum_{i=1}^{N}\sum_{j=1}^{N}\alpha_i\alpha_j^* R_X(t_i-t_j)\geqslant 0 \tag{2.3.13}$$

式中的 * 号代表取复共轭,证明从略。

例 2.13 设平稳随机过程 $X(t)$的自相关函数为

$$R_X(\tau)=100\mathrm{e}^{-10|\tau|}+10\cos 10\tau+50$$

求 $X(t)$的均值、方差和平均功率。

解 因为 $X(t)$的平均功率为 $P=E[X^2(t)]=R_X(0)$，所以很容易得出 $P=R_X(0)=100+10+50=160$。由于本例中包含周期分量，为了计算均值，先必须把周期分量去掉，然后取极限。即

$$m_X^2=\lim_{\tau\to\infty}[R_X(\tau)-10\cos 10\tau]=\lim_{\tau\to\infty}[100\mathrm{e}^{-10|\tau|}+50]=50$$

所以 $m_X=\pm\sqrt{50}$。$X(t)$的方差为

$$\sigma_X^2=R_X(0)-m_X^2=160-50=110$$

2.3.3 平稳随机过程的相关系数和相关时间

1. 相关系数

为了比较随机过程的相关特性，引用相关系数的概念。相关系数实际上是对平稳随机过程的协方差函数作归一化处理，即

$$r_X(\tau)=\frac{C_X(\tau)}{\sigma_X^2}=\frac{R_X(\tau)-m_X^2}{\sigma_X^2} \tag{2.3.14}$$

$r_X(\tau)$有时也叫归一化相关函数或标准协方差函数。显然

$$|r_X(\tau)|\leqslant 1 \tag{2.3.15}$$

相关系数具有与协方差函数类似的性质。

2. 相关时间

相关系数描述了随机过程在两个不同时刻状态之间的相关性，一般而言，只有当 $\tau\to\infty$ 时，$r_X(\infty)=0$，$X(t+\tau)$与 $X(t)$才是不相关的。但实际上，当 τ 大到一定程度时，$r_X(\tau)$的值已经很小，可以把 $X(t+\tau)$与 $X(t)$近似看作不相关的。因此，在工程技术上，通常定义一个叫作相关时间 τ_0 的参量，当 $\tau>\tau_0$ 时，就认为 $X(t+\tau)$与 $X(t)$是不相关的。一般用图 2.12 中高为 $r_X(0)=1$、底为 τ_0 的矩形面积等于 $r_X(\tau)$与 τ 的正轴围成的面积来定义 τ_0，即

$$\tau_0=\int_0^{+\infty}r_X(\tau)\mathrm{d}\tau \tag{2.3.16}$$

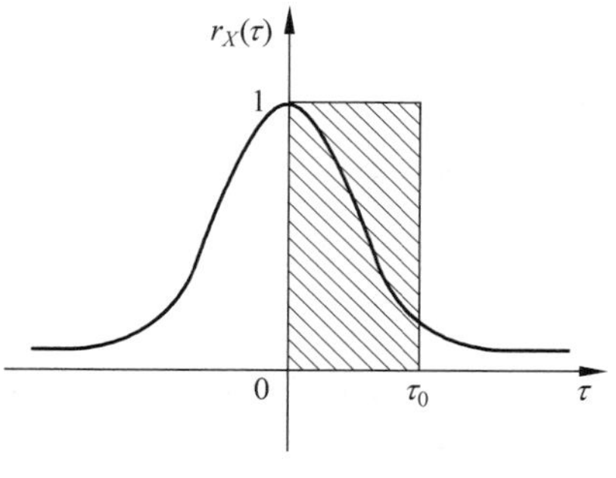

图 2.12 相关时间示意图

在工程上也常用下式来定义 τ_0：

$$|r_X(\tau_0)|\leqslant 0.05 \tag{2.3.17}$$

相关时间 τ_0 小，意味着相关系数 $r_X(\tau)$随着 τ 的增大而迅速减小，说明随机过程随时间变化快；反之，相关时间 τ_0 大，则说明随机过程随时间变化缓慢。图 2.13 给出两个不同相关时间随机过程的样本函数，可以看出，相关时间越小，随机过程的取值变化越剧烈，反之则越缓慢。

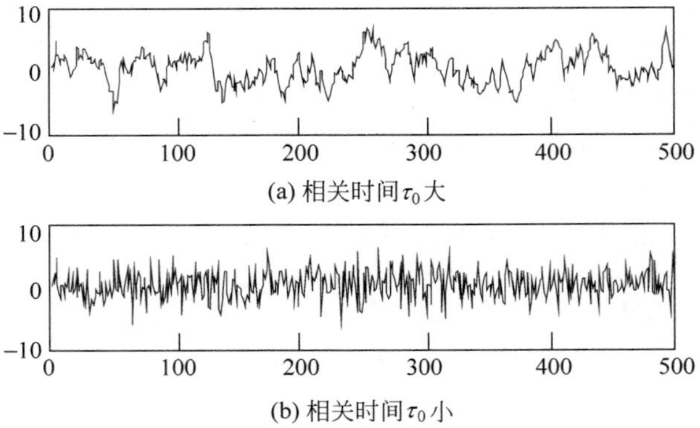

图 2.13　两个不同相关时间随机过程的样本函数

2.3.4　其他平稳的概念

前面分别定义了严格平稳和广义平稳，随着近代信号处理技术的发展，还广泛采用了其他的一些平稳的概念。

1. k 阶严格平稳

对于严格平稳而言，是指 $X(t)$和 $X(t+c)$(c 为常数)具有完全相同的统计特性，即对于任意的 N，有

$$f_X(x_1,x_2,\cdots,x_N,t_1,t_2,\cdots,t_N)$$
$$=f_X(x_1,x_2,\cdots,x_N,t_1+c,t_2+c,\cdots,t_N+c) \tag{2.3.18}$$

如果式(2.3.18)只对 $N\leqslant k$ 成立，则称随机过程 $X(t)$是 k 阶严格平稳的。如果 $k=2$，则称 $X(t)$是二阶严格平稳的。若式(2.3.18)对 $N=k$ 成立，则对 $N<k$ 也是成立的，这是因为第 k 阶概率密度确定了它的低阶概率密度。

2. 渐近平稳

当 $c\to\infty$时，$X(t+c)$的任意 N 维概率密度与 c 无关，即

$$\lim_{c\to\infty} f_X(x_1,x_2,\cdots,x_N,t_1+c,t_2+c,\cdots,t_N+c)$$

存在，且与 c 无关，则称 $X(t)$是渐近平稳的。

3. 循环平稳

如果随机过程 $X(t)$的分布函数满足如下关系：

$$F_X(x_1,\cdots,x_N,t_1+MT,\cdots,t_N+MT)=F_X(x_1,\cdots,x_N,t_1,\cdots,t_N) \tag{2.3.19}$$

其中 M 为整数，T 为常数，则称 $X(t)$是严格循环平稳的。需要注意的是，严格循环平稳过程不一定是严格平稳过程，因为式(2.3.1)是对任意的 c 都要成立，而严格循环平稳只在 $c=MT$ 时满足式(2.3.1)。

如果随机过程 $X(t)$的均值和自相关函数满足下列关系：

$$m_X(t+MT)=m_X(t) \tag{2.3.20}$$

$$R_X(t+MT+\tau,t+MT)=R_X(t+\tau,t) \tag{2.3.21}$$

则称 $X(t)$为广义循环平稳。从定义可以看出,广义循环平稳不一定是广义平稳的。

如果 $X(t)$是严格循环平稳的,则

$$f_X(x,t+MT)=f_X(x,t) \tag{2.3.22}$$

$$f_X(x_1,x_2,t_1+MT,t_2+MT)=f_X(x_1,x_2,t_1,t_2) \tag{2.3.23}$$

所以 $X(t)$也必定是广义循环平稳的,但反之不一定成立。

循环平稳信号在近代信号处理中有广泛应用,基于循环统计量的处理方法在性能上一般优于传统的方法。另外,二阶循环统计量能保留相位信息。例如雷达信号是一种复杂的调幅-调频信号,是典型的广义循环平稳信号,在阵列信号处理、波达方向估计、时延估计等方面有着很好的应用。

定理 1 设 $X(t)$是严格循环平稳的,而随机变量 Θ 在区间$(0,T)$上均匀分布,Θ 与 $X(t)$统计独立,定义新的随机过程

$$\overline{X}(t)=X(t-\Theta) \tag{2.3.24}$$

则 $\overline{X}(t)$是严格平稳随机过程,其 N 维分布函数为

$$F_{\overline{X}}(x_1,\cdots,x_N,t_1,\cdots,t_N)=\frac{1}{T}\int_0^T F_X(x_1,\cdots,x_N,t_1-\alpha,\cdots,t_N-\alpha)\mathrm{d}\alpha \tag{2.3.25}$$

证明留作习题,参见习题 2.27。

定理 2 设 $X(t)$是广义循环平稳的,而随机变量 Θ 在区间$(0,T)$上均匀分布,Θ 与 $X(t)$统计独立,定义新的随机过程

$$\overline{X}(t)=X(t-\Theta)$$

则 $\overline{X}(t)$是广义平稳随机过程,其均值和自相关函数分别为

$$m_{\overline{X}}=\frac{1}{T}\int_0^T m_X(t)\mathrm{d}t \tag{2.3.26}$$

$$R_X(\tau)=\frac{1}{T}\int_0^T R_X(t+\tau,t)\mathrm{d}t \tag{2.3.27}$$

证明留作习题,参见习题 2.28。

例 2.14 回到例 2.3 描述的半二元传输信号,可重新表示为

$$X(t)=\sum_{n=-\infty}^{+\infty}A_n p(t-nT)$$

其中,$p(t)$为宽度 T 的矩形脉冲信号,A_n 为随机变量序列,可表示为

$$A_n=\begin{cases}1 & (\text{投掷硬币出现正面})\\ -1 & (\text{投掷硬币出现反面})\end{cases} \quad nT\leqslant t<(n+1)T$$

图 2.14 画出了半二元传输信号的一个样本函数,试判断该信号是否为循环平稳信号。

解 $X(t)$的均值为

$$m_X(t)=E[X(t)]=\sum_{n=-\infty}^{+\infty}E(A_n)p(t-nT)=0$$

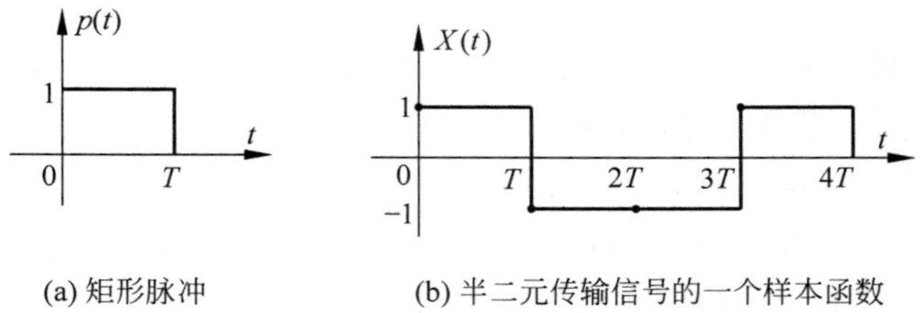

图 2.14　半二元传输信号

很显然,对任意的正整数 M,$X(t)$的均值满足 $m_X(t+MT)=m_X(t)$。而 $X(t)$的自相关函数为

$$R_X(t_1,t_2)=E[X(t_1)X(t_2)]=\begin{cases}1 & (\text{如果 } nT\leqslant t_1,t_2<(n+1)T)\\ 0 & (\text{其他})\end{cases}$$

半二元传输信号的自相关函数如图 2.15 所示。

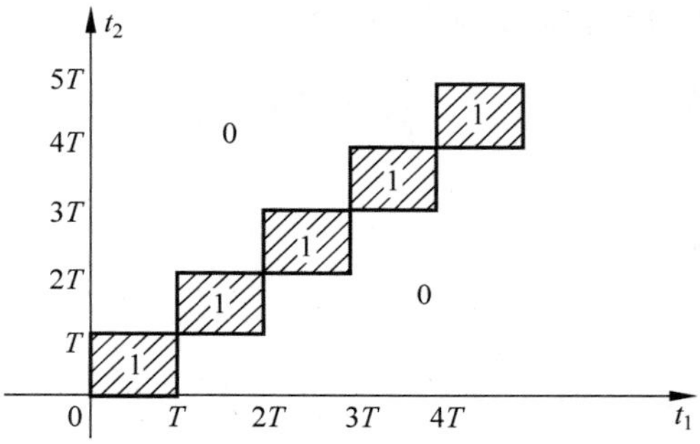

图 2.15　半二元传输信号的自相关函数

很显然,对任意整数 M,半二元传输自相关函数的自相关函数满足

$$R_X(t_1+MT,t_2+MT)=R_X(t_1,t_2)$$

所以,半二元传输信号是广义循环平稳信号。

2.3.5　随机过程的各态历经性

对于平稳随机过程,它的均值、方差都是常数,相关函数只与 $\tau=t_1-t_2$ 有关,这些数字特征都是集合平均的概念,也就是说,如果要得到这些数字特征的准确值,需要观测到所有样本函数,这在实际中是很难做到的。如果只通过随机过程的一个样本函数,就可以解决随机过程数字特征的估计问题,那是很有实际意义的。各态历经的随机过程就具有这一特征。

设平稳随机过程 $X(t)$,它的时间平均定义为

$$\overline{m_X}=\lim_{T\to\infty}\frac{1}{2T}\int_{-T}^{T}X(t)\mathrm{d}t \tag{2.3.28}$$

其中 lim 为均方极限①,式中的积分也是均方定义下的积分,为了简化符号仍用一般意义的极限符号和积分符号表示。

时间相关函数定义为

$$\overline{R_X(\tau)} = \lim_{T\to\infty} \frac{1}{2T}\int_{-T}^{T} X(t+\tau)X(t)\mathrm{d}t \tag{2.3.29}$$

一般说来,$\overline{m_X}$ 和 $\overline{R_X(\tau)}$都是随机变量。对于随机序列,时间平均和时间相关函数分别定义为

$$\overline{m_X} = \lim_{N\to\infty} \frac{1}{2N+1}\sum_{n=-N}^{N} X(n) \tag{2.3.30}$$

$$\overline{R_X(m)} = \lim_{N\to\infty} \frac{1}{2N+1}\sum_{n=-N}^{N} X(n+m)X(n) \tag{2.3.31}$$

对于平稳随机过程 $X(t)$,如果时间平均依概率 1 等于集合平均,即

$$\overline{m_X} \overset{P}{=} m_X \tag{2.3.32}$$

则称 $X(t)$具有均值遍历性。

如果时间相关函数依概率 1 等于集合相关函数,即

$$\overline{R_X(\tau)} \overset{P}{=} R_X(\tau) \tag{2.3.33}$$

则称 $X(t)$具有相关函数遍历性。

如果平稳随机过程 $X(t)$的均值和自相关函数都具有遍历性,则称 $X(t)$为各态历经过程。

可以证明,平稳随机过程 $X(t)$具有均值遍历性的充要条件是

$$\lim_{T\to\infty} \frac{1}{T}\int_{0}^{2T} \left(1-\frac{\tau}{2T}\right)[R_X(\tau)-m_X^2]\mathrm{d}\tau = 0 \tag{2.3.34}$$

具有相关函数遍历性的充要条件是

$$\lim_{T\to\infty} \frac{1}{T}\int_{0}^{2T} \left(1-\frac{\tau}{2T}\right)[R_\Phi(\tau)-R_X^2(\tau)]\mathrm{d}\tau = 0,$$
$$\Phi(t) = X(t+\tau)X(t) \tag{2.3.35}$$

对于零均值的平稳正态随机信号,如果 $R_X(\tau)$连续,则具有各态历经性的充要条件可简化为

$$\int_{0}^{+\infty} |R_X(\tau)|\mathrm{d}\tau < \infty \tag{2.3.36}$$

例 2.15 判断连续时间随机相位信号的各态历经性。

解 设有随机相位信号

$$X(t) = A\cos(\omega_0 t + \Phi)$$

$X(t)$的均值为

$$E[X(t)] = \frac{1}{2\pi}\int_{0}^{2\pi} A\cos(\omega_0 t + \varphi)\mathrm{d}\varphi = 0$$

① 随机变量 X 是随机变量序列$\{X_n\}$的均方极限是指

$$\lim_{n\to\infty} E\{[X_n - X]^2\} = 0$$

$X(t)$的自相关函数为

$$\begin{aligned}R_X(t+\tau,t)&=E[X(t+\tau)X(t)]\\&=A^2E\{\cos[\omega_0(t+\tau)+\Phi]\cos(\omega_0t+\Phi)\}\\&=\frac{A^2}{2}\{E[\cos(2\omega_0t+\omega_0\tau+2\Phi)]+E[\cos\omega_0\tau]\}\\&=\frac{A^2}{2}\cos\omega_0\tau+\frac{A^2}{2}\frac{1}{2\pi}\int_0^{2\pi}\cos(2\omega_0t+\omega_0\tau+2\varphi)\mathrm{d}\varphi\\&=\frac{A^2}{2}\cos\omega_0\tau\end{aligned}$$

$$\overline{m_X}=\lim_{T\to\infty}\frac{1}{2T}\int_{-T}^{T}A\cos(\omega_0t+\Phi)\mathrm{d}t=0$$

$$\begin{aligned}\overline{R_X(\tau)}&=\lim_{T\to\infty}\frac{1}{2T}\int_{-T}^{T}A\cos[\omega_0(t+\tau)+\Phi]A\cos(\omega_0t+\Phi)\mathrm{d}t\\&=\frac{A^2}{2}\lim_{T\to\infty}\frac{1}{2T}\int_{-T}^{T}[\cos(2\omega_0t+\omega_0\tau+2\Phi)+\cos\omega_0\tau]\,\mathrm{d}t\\&=\frac{A^2}{2}\cos\omega_0\tau\end{aligned}$$

可见,时间平均等于统计平均,时间相关函数等于统计相关函数,随机相位信号是各态历经过程。

由式(2.3.28)可以看出,不同的样本函数,时间平均的结果不同,所以,一般说来时间平均是随机变量,但对于各态历经的随机过程而言,时间平均趋于一个常数,这就表明,各态历经随机过程的各个样本函数的时间平均可以认为是相同的,因此随机过程的均值可以用它的任意的一个样本函数的时间均值来代替。同样,相关函数亦可以用任意的一个样本函数的时间相关函数来代替,也就是说,各态历经随机过程一个样本函数经历了随机过程所有可能的状态。这一性质,在实际应用中是很有用的,因为可以通过对一个样本函数的观测,就可以估计出随机过程均值、方差和相关函数。

图2.16(a)所示的连续时间随机相位信号 $X(t)=A\cos(\omega_0t+\Phi)$ 具有各态历经性,因为它的每一个样本都经历过程各种可能的状态,而图2.16(b)所示的随机信号就不是各态历经过程。

在实际应用中,要根据式(2.3.32)和式(2.3.33)来判断随机过程是否具有各态历经性是很困难的,对大多数的平稳随机过程而言,它们都是具有各态历经性的,因此在实际分析一个平稳随机信号的时候,不管它是否具有各态历经性,都按各态历经随机过程处理;因为如果不是这样,就无法对随机过程进行数值分析。在这样一种假定的前提下,可以按照下列两式来估计均值和自相关函数:

$$\hat{m}_X=\frac{1}{2T}\int_{-T}^{T}x(t)\mathrm{d}t \tag{2.3.37}$$

$$\hat{R}_X(\tau)=\frac{1}{2T}\int_{-T}^{T}x(t+\tau)x(t)\mathrm{d}t \tag{2.3.38}$$

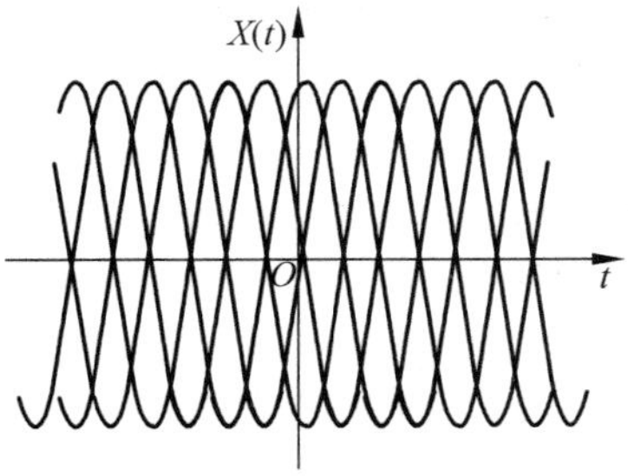

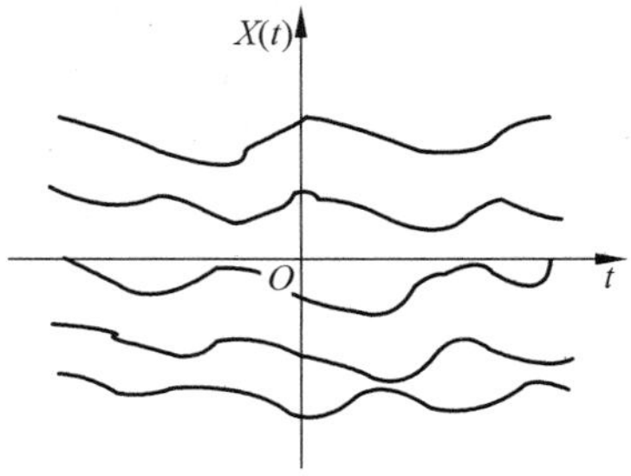

图 2.16　各态历经过程与非各态历经过程示意

其中 $x(t)$为平稳随机信号 $X(t)$的一个样本函数。

对于随机序列,各态历经性的定义是类似的。设 $X(n)$为各态历经的随机序列,它的一个样本函数为 $x(n)$,那么,$X(n)$的均值、方差和自相关函数的估计为

$$\hat{m}_X = \frac{1}{N}\sum_{n=0}^{N-1} x(n) \tag{2.3.39}$$

$$\hat{\sigma}_X^2 = \frac{1}{N-1}\sum_{n=0}^{N-1} [x(n) - \hat{m}_X]^2 \tag{2.3.40}$$

$$\hat{R}_X(m) = \frac{1}{N-|m|}\sum_{n=0}^{N-|m|-1} x(n)x(n+m) \quad (m=0,\pm 1,\pm 2,\cdots) \tag{2.3.41}$$

2.4 随机过程的联合分布和互相关函数

前面只讨论了单个随机过程的统计特性,在实际中经常要处理两个或两个以上的信号,如雷达信号的检测问题。雷达接收机输出端一般包含两个信号,即目标回波信号和噪声信号,且回波信号往往也是随机的,要有效地抑制噪声,检测信号,不仅要了解回波信号和噪声各自的统计特性,而且也需要了解它们之间的联合统计特性。

2.4.1 联合分布函数和联合概率密度

设有随机过程 $X(t)$的 N 维分布函数为 $F_X(x_1,\cdots,x_N,t_1\cdots,t_N)$,$Y(t)$的 M 维分布函数为 $F_Y(y_1,\cdots,y_M,t'_1,\cdots,t'_M)$,定义 $X(t)$和 $Y(t)$的 $N+M$ 维联合概率分布函数为

$$\begin{aligned}&F_{XY}(x_1,\cdots,x_N,t_1\cdots,t_N,y_1,\cdots,y_M,t'_1,\cdots,t'_M)\\&=P\{X(t_1)\leqslant x_1,\cdots,X(t_N)\leqslant x_N,Y(t'_1)\leqslant y_1,\cdots,Y(t'_M)\leqslant y_M\}\end{aligned} \tag{2.4.1}$$

$N+M$ 维联合概率密度为

$$\begin{aligned}&f_{XY}(x_1,\cdots,x_N,t_1\cdots,t_N,y_1,\cdots,y_M,t'_1,\cdots,t'_M)\\&=\frac{\partial^{N+M}F_{XY}(x_1,\cdots,x_N,t_1\cdots,t_N,y_1,\cdots,y_M,t'_1,\cdots,t'_M)}{\partial x_1\cdots\partial x_N\partial y_1\cdots\partial y_M}\end{aligned} \tag{2.4.2}$$

如果
$$f_{XY}(x_1,\cdots,x_N,t_1\cdots,t_N,y_1,\cdots,y_M,t'_1,\cdots,t'_M)$$
$$=f_X(x_1,\cdots,x_N,t_1\cdots,t_N)f_Y(y_1,\cdots,y_M,t'_1,\cdots,t'_M) \tag{2.4.3}$$
则称 $X(t)$与 $Y(t)$是相互独立的。

如果 $X(t)$与 $Y(t)$的联合统计特性不随时间起点的平移而变化,则称 $X(t)$与 $Y(t)$是严格联合平稳的,也称为平稳相依。这时,它们任意的 $N+M$ 维联合概率密度与时间起点无关,即
$$f_{XY}(x_1,\cdots,x_N,t_1\cdots,t_N,y_1,\cdots,y_M,t'_1,\cdots,t'_M)$$
$$=f_{XY}(x_1,\cdots,x_N,t_1+c,\cdots,t_N+c,y_1,\cdots,y_M,t'_1+c,\cdots,t'_M+c) \tag{2.4.4}$$
其中 c 为任意常数。随机序列的联合分布函数有类似的定义,在此不重复述说。

2.4.2 互相关函数及其性质

互相关函数是两个随机过程联合统计特性中重要的数字特征,它的定义为
$$R_{XY}(t_1,t_2)=E[X(t_1)Y(t_2)]=\int_{-\infty}^{+\infty}\int_{-\infty}^{+\infty}xyf_{XY}(x,t_1,y,t_2)\mathrm{d}x\mathrm{d}y \tag{2.4.5}$$
类似地,可定义互协方差函数为
$$C_{XY}(t_1,t_2)=E\{[X(t_1)-m_X(t_1)][Y(t_2)-m_Y(t_2)]\} \tag{2.4.6}$$
互协方差函数与互相关函数之间的关系为
$$C_{XY}(t_1,t_2)=R_{XY}(t_1,t_2)-m_X(t_1)m_Y(t_2) \tag{2.4.7}$$
对于任意的 t_1 和 t_2,如果 $R_{XY}(t_1,t_2)=0$,则称 $X(t)$与 $Y(t)$是相互正交的,如果 $C_{XY}(t_1,t_2)=0$,则称 $X(t)$与 $Y(t)$是不相关的。可以证明,如果 $X(t)$与 $Y(t)$是相互独立的,则一定是不相关的,但反之不一定成立。

如果 $X(t)$和 $Y(t)$是广义平稳随机过程,且互相关函数满足
$$R_{XY}(t_1,t_2)=R_{XY}(\tau),\quad \tau=t_1-t_2 \tag{2.4.8}$$
则称 $X(t)$与 $Y(t)$是广义联合平稳的。除特别声明外,今后联合平稳是指广义联合平稳。

联合平稳随机过程互相关函数有如下性质。

(1)
$$R_{XY}(-\tau)=R_{YX}(\tau) \tag{2.4.9}$$
$$C_{XY}(-\tau)=C_{YX}(\tau) \tag{2.4.10}$$
这是因为
$$R_{XY}(-\tau)=E[X(t-\tau)Y(t)]=E[Y(t)X(t-\tau)]=R_{YX}(\tau)$$
类似地可以得到式(2.4.10)。由此可见,互相关函数不是偶函数。

(2)
$$|R_{XY}(\tau)|^2\leqslant R_X(0)R_Y(0) \tag{2.4.11}$$
$$2R_{XY}(\tau)\leqslant R_X(0)+R_Y(0) \tag{2.4.12}$$
$$|C_{XY}(\tau)|^2\leqslant \sigma_X^2\sigma_Y^2 \tag{2.4.13}$$
证明留作习题,参见习题2.21。

(3) 若 $X(t)$与 $Y(t)$是联合平稳的,则 $Z(t)=X(t)+Y(t)$是平稳的,且
$$R_Z(\tau)=R_X(\tau)+R_Y(\tau)+R_{XY}(\tau)+R_{YX}(\tau) \tag{2.4.14}$$
如果 $X(t)$与 $Y(t)$不相关,则

$$R_Z(\tau)=R_X(\tau)+R_Y(\tau)+2m_Xm_Y \tag{2.4.15}$$

如果 $X(t)$与 $Y(t)$相互正交,则

$$R_Z(\tau)=R_X(\tau)+R_Y(\tau) \tag{2.4.16}$$

对于随机序列只需要把时间 t 换成 n 就可以。

例 2.16 设两个连续时间的随机相位信号 $X(t)=\sin(\omega_0 t+\Phi)$,$Y(t)=\cos(\omega_0 t+\Phi)$。其中 ω_0 为常数,Φ 在$(0,2\pi)$上均匀分布,求互协方差函数。

解 $E[X(t)]=E[\sin(\omega_0 t+\Phi)]=\dfrac{1}{2\pi}\displaystyle\int_0^{2\pi}\sin(\omega_0 t+\varphi)\mathrm{d}\varphi=0$

同理

$$E[Y(t)]=E[\cos(\omega_0 t+\Phi)]=\frac{1}{2\pi}\int_0^{2\pi}\cos(\omega_0 t+\varphi)\mathrm{d}\varphi=0$$

$$\begin{aligned}C_{XY}(t_1,t_2)&=R_{XY}(t_1,t_2)-m_Xm_Y\\&=E[\sin(\omega_0 t_1+\Phi)\cos(\omega_0 t_2+\Phi)]\\&=\frac{1}{2}E[\sin(\omega_0 t_1+\omega_0 t_2+2\Phi)+\sin\omega_0(t_1-t_2)]\\&=\frac{1}{2}\sin\omega_0\tau,\quad \tau=t_1-t_2\end{aligned}$$

可见 $X(t)$与 $Y(t)$是联合平稳的,当 $\omega_0\tau=k\pi(k=0,\pm1,\cdots)$时,有

$$C_{XY}(t_1,t_2)=R_{XY}(t_1,t_2)=0$$

即 $X(t)$与 $Y(t)$在某些时刻是正交的、不相关的,但很显然,$X(t)$与 $Y(t)$并非独立。

例 2.17 相关测距。相关法是信号处理中常用的一种测距技术。设有图 2.17 所示系统。信号源产生一个平稳随机信号 $X(t)$,信号加到发射机上产生一个声波或电磁波,发射波打到目标上后会形成反射,反射波到达测量设备的位置,由接收机接收的反射波信号用 $Y(t)$表示,$Y(t)=\alpha X(t-T)+W(t)$,其中 α 为信号衰减因子,T 为反射信号相对于发射信号的延迟时间,它反映了测量设备与目标间的距离,$W(t)$为接收机噪声,通常为白噪声,与发射信号统计独立。将发射信号与接收信号同时加到一个相关器,相关器的输出为

$$R_{YX}(\tau)=E[Y(t+\tau)X(t)]=E\{[\alpha X(t+\tau-T)+W(t+\tau)]X(t)\}=\alpha R_X(\tau-T)$$

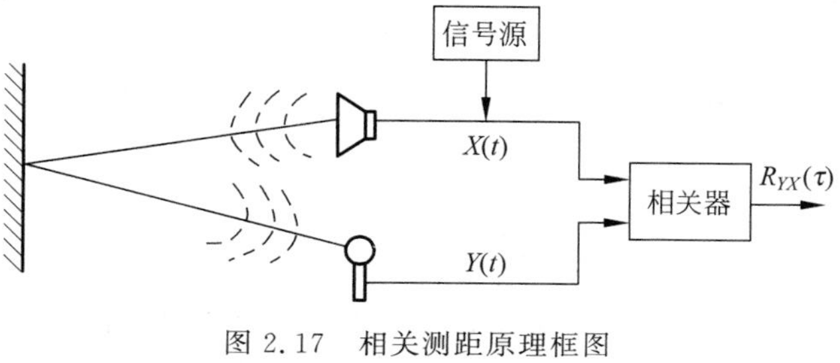

图 2.17 相关测距原理框图

根据相关函数的性质,相关器的输出在 $\tau=T$ 时达到最大,如图 2.18 所示。由于波的传播速度是固定的,因此,如果检测到相关器输出的峰值的位置,就可以估计出目标的距离。

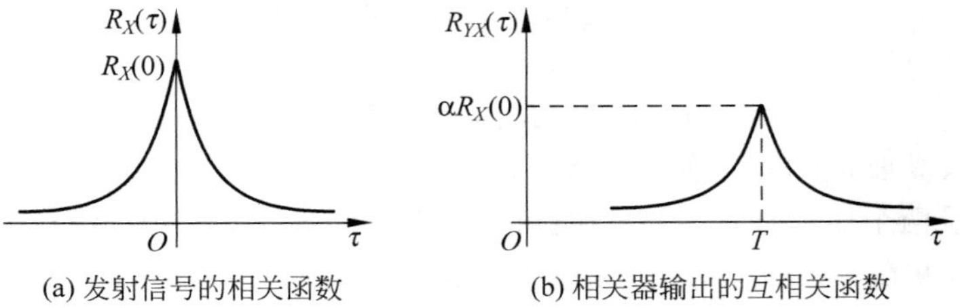

图 2.18 相关测距系统输出的相关函数

例 2.18 减少多径效应引起的回波失真。在实际中常常因为多径传播引起接收信号的失真,如城市中的电视信号、通信信号由建筑物引起反射,接收器除了接收到直达波外,还有经不同路径反射过来的反射波,如图 2.19 所示,图中 T 是反射波与直达波到达接收器的时间差,接收信号为

$$Y(t)=X(t)+\alpha X(t-T)$$

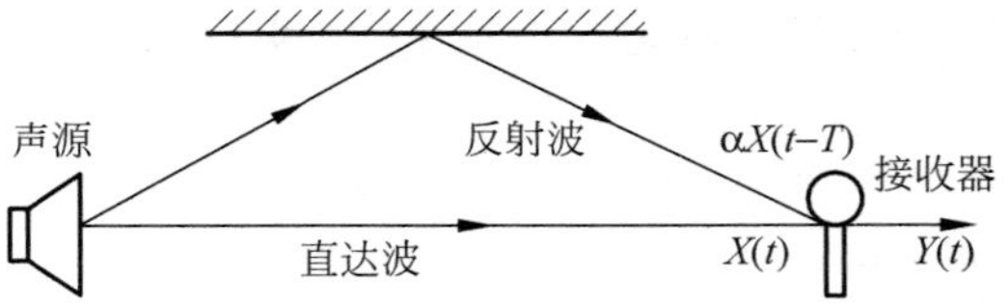

图 2.19 多径传播效应

$Y(t)$的自相关函数为

$$\begin{aligned}R_Y(\tau)&=E\{Y(t+\tau)Y(t)\}=E\{[X(t+\tau)+\alpha X(t+\tau-T)][X(t)+\alpha X(t-T)]\}\\&=E[X(t+\tau)X(t)+\alpha X(t+\tau-T)X(t)+\alpha X(t+\tau)X(t-T)+\\&\quad\alpha^2X(t+\tau-T)X(t-T)]\\&=(1+\alpha^2)R_X(\tau)+\alpha R_X(\tau-T)+\alpha R_X(\tau+T)\end{aligned}$$

$R_Y(\tau)$如图 2.20 所示。

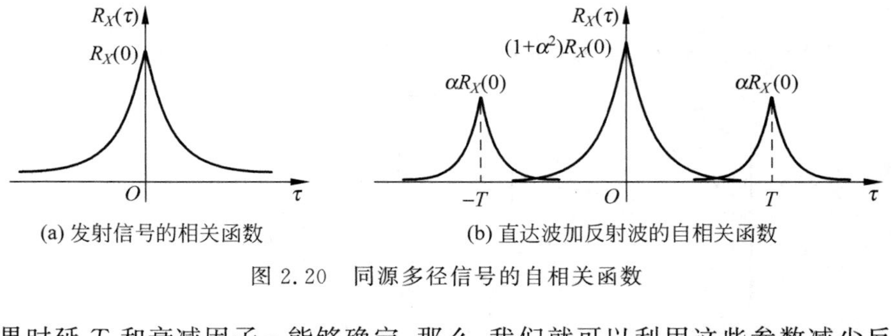

图 2.20 同源多径信号的自相关函数

如果时延 T 和衰减因子 α 能够确定,那么,我们就可以利用这些参数减少反射信号引起的信号失真。方法就是将接收信号延迟时间 T 并乘以衰减因子 α,即

$$\begin{aligned}Z(t)&=Y(t)-\alpha Y(t-T)\\&=X(t)+\alpha X(t-T)-\alpha X(t-T)-\alpha^2X(t-2T)\end{aligned}$$

$$=X(t)-\alpha^2 X(t-2T)$$

通常 α 是小于 1 的,因此,后一项将变小,减少了反射波对直射波的影响。如果还需要进一步减少反射项的影响,还可以再加上 $\alpha^2 Y(t-2T)$,即

$$Z(t)=Y(t)-\alpha Y(t-T)+\alpha^2 Y(t-2T)=X(t)+\alpha^3 X(t-3T)$$

可见,后一项将更小。以此类推,可以将反射项减少到很小的程度。在实际中,α 和 T 都是未知的,在这种情况下需要采用自适应的处理方法,先估计参数 α 和 T,然后在上述处理中用估计值代替真值,有关参数估计问题参见第 7 章。

2.5 随机过程的功率谱密度

前面研究了随机过程的统计特性,包括分布函数、概率密度、均值、方差和相关函数等,这些统计特性都是从时域的角度进行分析的。对于确知信号,如果在时域分析较复杂,可以利用傅里叶变换转到频域进行分析。同样,对于随机过程,也可以利用傅里叶变换来分析随机过程的频谱结构。不过,随机过程的样本函数一般不满足傅里叶变换的绝对可积条件,而且,随机过程的样本函数往往并不具有确定的形状,因此不能直接对随机过程进行谱分解。但随机过程的平均功率一般总是有限的,因此可以分析它的功率谱。

2.5.1 连续时间随机过程的功率谱

1. 频谱密度的概念

首先回顾一下信号频谱的概念。对于确知信号,既可以用时域分析,又可以用频域分析,两者之间存在确定的关系,周期信号可以表示成傅里叶级数,非周期信号可以表示成傅里叶积分。

对信号 $s(t)$,它的频谱密度为

$$S(\omega)=\int_{-\infty}^{+\infty} s(t)\mathrm{e}^{-\mathrm{j}\omega t}\,\mathrm{d}t \tag{2.5.1}$$

频谱密度也简称为频谱。频谱存在的条件是

$$\int_{-\infty}^{+\infty} |s(t)|\,\mathrm{d}t<\infty \tag{2.5.2}$$

信号 $s(t)$ 可以用频谱表示为

$$s(t)=\frac{1}{2\pi}\int_{-\infty}^{+\infty} S(\omega)\mathrm{e}^{\mathrm{j}\omega t}\,\mathrm{d}t \tag{2.5.3}$$

信号的总能量可表示为

$$E=\int_{-\infty}^{+\infty} s^2(t)\,\mathrm{d}t \tag{2.5.4}$$

根据 Parseval 定理,时域的总能量应等于频域的总能量,即

$$E=\int_{-\infty}^{+\infty} s^2(t)\,\mathrm{d}t=\frac{1}{2\pi}\int_{-\infty}^{+\infty} |S(\omega)|^2\,\mathrm{d}\omega \tag{2.5.5}$$

从式(2.5.5)可以看出,总能量等于 $|S(\omega)|^2$ 在整个频域上的积分,$|S(\omega)|^2$ 也称为

$s(t)$的能量频谱密度(能谱密度),代表单位频带内信号分量的能量。

能谱密度存在的条件是

$$\int_{-\infty}^{+\infty} s^2(t)\mathrm{d}t < \infty \tag{2.5.6}$$

即总能量有限,$s(t)$也称为有限能量信号。

对于随机过程而言,一般不满足式(2.5.2)和式(2.5.6)两个条件,所以其频谱密度和能谱密度均不存在。但在实际中,随机过程的各个样本函数,其平均功率总是有限的,即

$$P = \lim_{T\to\infty} \frac{1}{2T}\int_{-\infty}^{+\infty} |x(t)|^2 \mathrm{d}t < \infty \tag{2.5.7}$$

因此可以利用推广的频谱分析法,引入功率谱的概念。

2. 功率谱的定义

设随机过程 $X(t)$的某个样本函数为 $x_i(t)$(见图 2.21),$x_i(t)$一般不满足式(2.5.2)的绝对可积条件。但可以定义一个截尾函数 $x_{Ti}(t)$:

$$x_{Ti}(t) = \begin{cases} x_i(t) & (|t| < T) \\ 0 & (|t| \geqslant T) \end{cases} \tag{2.5.8}$$

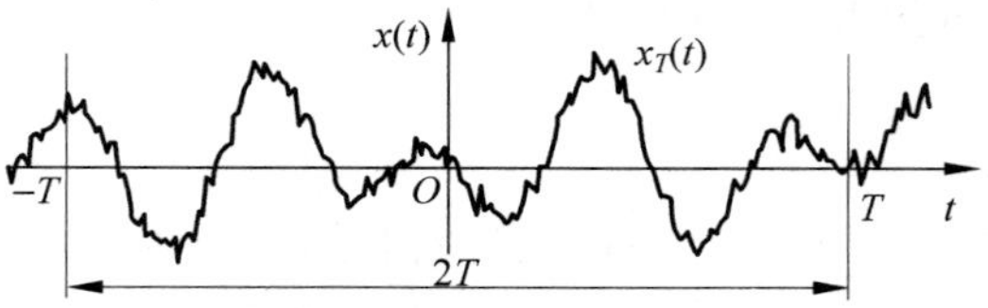

图 2.21　随机过程的样本函数及其截尾函数

显然 $x_{Ti}(t)$的傅里叶变换是存在的,其傅里叶变换为

$$X_{Ti}(\omega) = \int_{-\infty}^{+\infty} x_{Ti}(t)\mathrm{e}^{-\mathrm{j}\omega t}\mathrm{d}t = \int_{-T}^{T} x_{Ti}(t)\mathrm{e}^{-\mathrm{j}\omega t}\mathrm{d}t = \int_{-T}^{T} x_i(t)\mathrm{e}^{-\mathrm{j}\omega t}\mathrm{d}t \tag{2.5.9}$$

$$x_{Ti}(t) = \frac{1}{2\pi}\int_{-\infty}^{+\infty} X_{Ti}(\omega)\mathrm{e}^{\mathrm{j}\omega t}\mathrm{d}\omega \tag{2.5.10}$$

样本函数的平均功率为

$$\begin{aligned} P_i &= \lim_{T\to\infty} \frac{1}{2T}\int_{-T}^{T} x_i^2(t)\mathrm{d}t = \lim_{T\to\infty} \frac{1}{2T}\int_{-T}^{T} x_{Ti}^2(t)\mathrm{d}t \\ &= \lim_{T\to\infty} \frac{1}{2T}\int_{-\infty}^{\infty} \frac{1}{2\pi}|X_{Ti}(\omega)|^2\mathrm{d}\omega \\ &= \frac{1}{2\pi}\int_{-\infty}^{+\infty} \lim_{T\to\infty} \frac{1}{2T}|X_{Ti}(\omega)|^2\mathrm{d}\omega \end{aligned} \tag{2.5.11}$$

令

$$G_i(\omega) = \lim_{T\to\infty} \frac{1}{2T}|X_{Ti}(\omega)|^2 \tag{2.5.12}$$

则

$$P_i=\frac{1}{2\pi}\int_{-\infty}^{+\infty}G_i(\omega)\mathrm{d}\omega \tag{2.5.13}$$

P_i 是样本函数 $x_i(t)$ 的平均功率，而 $G_i(\omega)$ 在整个频域上积分刚好等于平均功率，故 $G_i(\omega)$ 可看作是 $x_i(t)$ 的功率谱密度。

$x_i(t)$ 是过程 $X(t)$ 的一个样本函数，不同的试验结果对应于不同的样本函数，相应地 P_i 与 $G_i(\omega)$ 也是不同的，可见平均功率和功率谱密度也是随机的。对于所有的样本函数，即对应于随机过程，令

$$X_T(\omega,e)=\int_{-T}^{T}X(t,e)\mathrm{e}^{-\mathrm{j}\omega t}\mathrm{d}t \tag{2.5.14}$$

相应地，平均功率

$$P(e)=\frac{1}{2\pi}\int_{-\infty}^{+\infty}\lim_{T\to\infty}\frac{1}{2T}|X_T(\omega,e)|^2\mathrm{d}\omega \tag{2.5.15}$$

上式两边取数学期望，则

$$\begin{aligned}P=E[P(e)]&=\frac{1}{2\pi}\int_{-\infty}^{+\infty}E\left[\lim_{T\to\infty}\frac{1}{2T}|X_T(\omega,e)|^2\right]\mathrm{d}\omega\\&=\frac{1}{2\pi}\int_{-\infty}^{+\infty}G_X(\omega)\mathrm{d}\omega\end{aligned} \tag{2.5.16}$$

其中

$$G_X(\omega)=E\left[\lim_{T\to\infty}\frac{1}{2T}|X_T(\omega,e)|^2\right] \tag{2.5.17}$$

这时，P 和 $G_X(\omega)$ 都是确定的，与随机过程 $X(t,e)$ 简写为 $X(t)$ 一样，在 $X_T(\omega,e)$ 中也省略 e，因此随机过程的功率谱密度定义为

$$G_X(\omega)=E\left[\lim_{T\to\infty}\frac{1}{2T}|X_T(\omega)|^2\right] \tag{2.5.18}$$

其中

$$X_T(\omega)=\int_{-T}^{T}X(t)\mathrm{e}^{-\mathrm{j}\omega t}\mathrm{d}t \tag{2.5.19}$$

随机过程的功率谱密度表示单位频带内信号的频谱分量消耗在单位电阻上的平均功率的统计平均值。功率谱密度也简称为功率谱。

$G_X(\omega)$ 是从频域的角度描述 $X(t)$ 的统计特性的重要数字特征，但是 $G_X(\omega)$ 仅表示 $X(t)$ 的平均功率在频域上的分布情况，不包含 $X(t)$ 的相位信息。

可以证明，对于平稳随机过程 $X(t)$，如果相关函数满足

$$\int_{-\infty}^{+\infty}|\tau R_X(\tau)|\mathrm{d}\tau<+\infty \tag{2.5.20}$$

那么

$$G_X(\omega)=\int_{-\infty}^{+\infty}R_X(\tau)\mathrm{e}^{-\mathrm{j}\omega\tau}\mathrm{d}\tau \tag{2.5.21}$$

即，功率谱密度为相关函数的傅里叶变换。如果随机过程的平均功率是有限的，即

$$\int_{-\infty}^{+\infty}G_X(\omega)\mathrm{d}\omega<+\infty \tag{2.5.22}$$

那么

$$R_X(\tau)=\frac{1}{2\pi}\int_{-\infty}^{+\infty}G_X(\omega)\mathrm{e}^{\mathrm{j}\omega\tau}\mathrm{d}\omega \tag{2.5.23}$$

因此,在满足式(2.5.20)和式(2.5.22)的条件下,平稳随机过程的相关函数和功率谱之间是傅里叶变换对的关系,即

$$R_X(\tau)\leftrightarrow G_X(\omega) \tag{2.5.24}$$

这一结果称为维纳-辛钦定理。

式(2.5.22)的条件一般都是满足的,而式(2.5.20)的条件要求随机过程的均值为零,且 $R_X(\tau)$ 中不能含周期分量,含有直流分量和周期分量的随机过程是很多的,这就限制了定理的应用;但如果引入 δ 函数,那么就可不受此条件的限制,即对于平稳随机过程,认为式(2.5.24)总是成立的。如果随机过程含有非零均值,那么功率谱在原点处有一 δ 函数;如果含有周期分量,那么在相应频率处有 δ 函数,表 2.4 给出了典型随机过程的相关函数和功率谱。

表 2.4 典型随机过程的相关函数和功率谱

$R_X(\tau)$	$G_X(\omega)$
1	$2\pi\delta(\omega)$
$\delta(\tau)$	1
$\mathrm{e}^{-\alpha\|\tau\|}$	$\dfrac{2\alpha}{\alpha^2+\omega^2}$
$\mathrm{e}^{-\alpha\|\tau\|}\cos\omega_0\tau$	$\dfrac{\alpha}{\alpha^2+(\omega-\omega_0)^2}+\dfrac{\alpha}{\alpha^2+(\omega+\omega_0)^2}$
$\Delta(\tau/T)$	$\dfrac{T}{2}\cdot\dfrac{\sin^2(\omega T/4)}{(\omega T/4)^2}$
$\dfrac{\Omega}{\pi}\mathrm{sinc}(\Omega\tau)$	$\mathrm{rect}(\omega/2\Omega)$
$\dfrac{\Omega}{2\pi}\mathrm{sinc}^2(\Omega\tau/2)$	$\Delta(\omega/2\Omega)$
$\mathrm{e}^{-\tau^2/2\sigma^2}$	$\sigma\sqrt{2\pi}\mathrm{e}^{-\sigma^2\omega^2/2}$

由于平稳随机过程的相关函数是偶函数,因此,有

$$G_X(\omega)=2\int_0^{+\infty}R_X(\tau)\cos\omega\tau\mathrm{d}\tau \tag{2.5.25}$$

由此可以看出,功率谱是实函数,而且是偶函数,从功率谱的定义式(2.5.18)可知功率谱是非负的。也就是说,对于实的平稳随机过程,它的功率谱是一个实的、非负的偶函数,这是功率谱非常重要的性质。

在式(2.5.23)中令 $\tau=0$,则

$$R_X(0)=\frac{1}{2\pi}\int_{-\infty}^{+\infty}G_X(\omega)\mathrm{d}\omega \tag{2.5.26}$$

这是用功率谱来表示随机过程的总的平均功率,总的平均功率等于功率谱密度在整个频

率轴上的积分。

功率谱是在整个频率轴上定义的，但负频率实际上是不存在的，因此也可以只在正频率范围内定义一个物理功率谱 $F_X(\omega)$，简称为物理谱：

$$F_X(\omega)=\begin{cases}2G_X(\omega) & (\omega\geqslant 0)\\ 0 & (\omega<0)\end{cases} \tag{2.5.27}$$

那么

$$F_X(\omega)=4\int_0^{+\infty}R_X(\tau)\cos\omega\tau\,\mathrm{d}\tau \tag{2.5.28}$$

$$R_X(\tau)=\frac{1}{2\pi}\int_0^{+\infty}F_X(\omega)\cos\omega\tau\,\mathrm{d}\omega \tag{2.5.29}$$

3. 功率谱计算举例

例 2.19 计算连续时间随机相位信号的功率谱。

解 连续时间随机相位信号为

$$X(t)=A\cos(\omega_0 t+\Phi)$$

其中 A、ω_0 为常数，Φ 在 $(-\pi,\pi)$ 上均匀分布，在例 2.15 中已经计算出 $X(t)$ 的均值为零，它的自相关函数为

$$R_X(\tau)=\frac{A^2}{2}\cos\omega_0\tau$$

可见 $X(t)$ 是平稳随机过程，功率谱为自相关函数的傅里叶变换，即

$$G_X(\omega)=\frac{1}{2}\pi A^2[\delta(\omega-\omega_0)+\delta(\omega+\omega_0)]$$

例 2.20 线谱。假定 $\{a_i\}$ 是均值为零、方差为 σ_i^2 的不相关随机变量序列，令 $X(t)=\sum_i a_i \mathrm{e}^{\mathrm{j}\omega_i t}$，求 $X(t)$ 的功率谱。

解 $X(t)$ 的自相关函数为

$$\begin{aligned}R_X(\tau)&=E[X(t+\tau)X^*(t)]\\&=\sum_i\sum_k E(a_i a_k^*)\mathrm{e}^{\mathrm{j}\omega_i(t+\tau)-\mathrm{j}\omega_k t}\\&=\sum_i\sigma_i^2\mathrm{e}^{\mathrm{j}\omega_i\tau}\end{aligned}$$

所以，$X(t)$ 的功率谱为

$$G_X(\omega)=2\pi\sum_i\sigma_i^2\delta(\omega-\omega_i)$$

线谱图如图 2.22 所示。

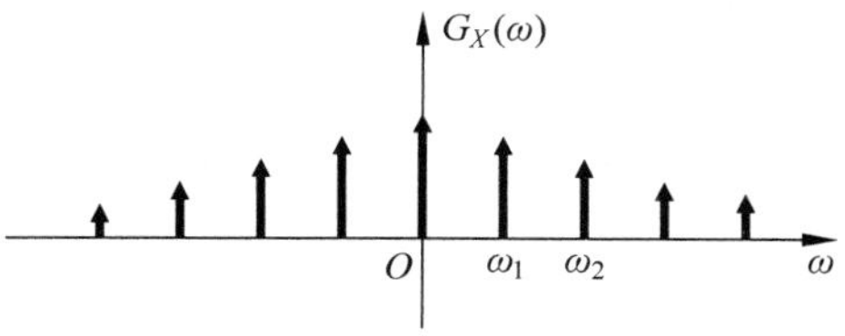

图 2.22 线谱图

例 2.21 已知平稳随机过程的功率谱为

$$G_X(\omega)=\frac{\omega^2+4}{\omega^4+10\omega^2+9}$$

求自相关函数。

解法一 采用因式分解法,然后再利用常见的傅里叶变换对求解。

$$G_X(\omega)=\frac{\omega^2+4}{(\omega^2+9)(\omega^2+1)}=\frac{1}{8}\left(\frac{3}{\omega^2+1}+\frac{5}{\omega^2+9}\right)=\frac{1}{8}\left(\frac{3}{2}\cdot\frac{2\cdot 1}{\omega^2+1^2}+\frac{5}{6}\cdot\frac{2\cdot 3}{\omega^2+3^2}\right)$$

利用如下关系:

$$\mathrm{e}^{-\alpha|\tau|}\leftrightarrow\frac{2\alpha}{\omega^2+\alpha^2}$$

可得

$$R_X(\tau)=\frac{1}{48}(9\mathrm{e}^{-|\tau|}+5\mathrm{e}^{-3|\tau|})$$

解法二 利用 MATLAB 的符号计算功能求傅里叶反变换。计算程序为

```
syms w t;
Fw=(w^2+4)/(w^4+10*w^2+9);
ft=ifourier(Fw,w,t);
pretty(ft);
```

运行结果为

```
5/48 exp(-3t) Heaviside(t)+5/48 exp(3t) Heaviside(-t)
+ 3/16 exp(-t) Heaviside(t)+3/16 exp(t) Heaviside(-t)
```

其中 Heaviside(t)为单位阶跃函数,将上面的结果整理得到相关函数为

$$R_X(\tau)=\frac{1}{48}(9\mathrm{e}^{-|\tau|}+5\mathrm{e}^{-3|\tau|})$$

在例 2.21 中,平稳随机过程的功率谱为有理函数的形式,在实际中,许多平稳随机过程的功率谱都具有有理谱的形式,即

$$G_X(\omega)=c_0^2\frac{\omega^{2M}+a_{2(M-1)}\omega^{2(M-1)}+\cdots+a_2\omega^2+a_0}{\omega^{2N}+b_{2(N-1)}\omega^{2(N-1)}+\cdots+b_2\omega^2+b_0}\tag{2.5.30}$$

注意到上式中自变量都是以 ω^2 项出现的。由于平均功率总是有限的,所以分母的阶数要高于分子的阶数,即 $N>M$。根据平稳随机过程功率谱具有非负和实偶函数的特性可知,c_0^2 是实数,且分母多项式无实根。由于 $G_X(\omega)$是实函数,即 $G_X^*(\omega)=G_X(\omega)$,综合以上特性,具有有理谱的功率谱可以分解为

$$G_X(\omega)=c_0\frac{(\mathrm{j}\omega+\alpha_1)\cdots(\mathrm{j}\omega+\alpha_M)}{(\mathrm{j}\omega+\beta_1)\cdots(\mathrm{j}\omega+\beta_N)}\cdot c_0\frac{(-\mathrm{j}\omega+\alpha_1)\cdots(-\mathrm{j}\omega+\alpha_M)}{(-\mathrm{j}\omega+\beta_1)\cdots(-\mathrm{j}\omega+\beta_N)}=G_X^+(\omega)G_X^-(\omega)\tag{2.5.31}$$

其中

$$G_X^+(\omega)=c_0\frac{(\mathrm{j}\omega+\alpha_1)\cdots(\mathrm{j}\omega+\alpha_M)}{(\mathrm{j}\omega+\beta_1)\cdots(\mathrm{j}\omega+\beta_N)} \tag{2.5.32}$$

$$G_X^-(\omega)=c_0\frac{(-\mathrm{j}\omega+\alpha_1)\cdots(-\mathrm{j}\omega+\alpha_M)}{(-\mathrm{j}\omega+\beta_1)\cdots(-\mathrm{j}\omega+\beta_N)} \tag{2.5.33}$$

并且$[G_X^-(\omega)]^*=G_X^+(\omega)$。如果用拉普拉斯变换表示，则

$$G_X(s)=G_X^+(s)G_X^-(s) \tag{2.5.34}$$

其中

$$G_X^+(s)=c_0\frac{(s+\alpha_1)\cdots(s+\alpha_M)}{(s+\beta_1)\cdots(s+\beta_N)} \tag{2.5.35}$$

$$G_X^-(s)=c_0\frac{(-s+\alpha_1)\cdots(-s+\alpha_M)}{(-s+\beta_1)\cdots(-s+\beta_N)} \tag{2.5.36}$$

α_k,β_k 分别代表功率谱在复平面的零点和极点，$G_X^+(s)$表示所有零极点在复平面的左半平面的那一部分，$G_X^-(s)$表示所有零极点在复平面的右半平面的那一部分。

2.5.2 随机序列的功率谱

可以用类似式(2.5.18)、式(2.5.19)的方法定义随机序列的功率谱。设有随机序列$X(n)$，功率谱密度定义为

$$G_X(\omega)=E\left\{\lim_{N\to\infty}\frac{1}{2N+1}\mid X_N(\omega)\mid^2\right\} \tag{2.5.37}$$

其中

$$X_N(\omega)=\sum_{n=-N}^{N}X(n)\mathrm{e}^{-\mathrm{j}n\omega} \tag{2.5.38}$$

对于平稳随机序列，如果它的相关函数满足

$$\sum_{m=-\infty}^{+\infty}\mid R_X(m)\mid<\infty \tag{2.5.39}$$

根据维纳-辛钦定理，平稳随机序列的自相关函数与功率谱密度是离散傅里叶变换对的关系，即

$$G_X(\omega)=\sum_{m=-\infty}^{+\infty}R_X(m)\mathrm{e}^{-\mathrm{j}m\omega} \tag{2.5.40}$$

$$R_X(m)=\frac{1}{2\pi}\int_{-\pi}^{\pi}G_X(\omega)\mathrm{e}^{\mathrm{j}m\omega}\mathrm{d}\omega \tag{2.5.41}$$

很显然，功率谱密度$G_X(\omega)$是周期为2π的周期函数。

当$m=0$时，

$$R_X(0)=E[X^2(n)]=\frac{1}{2\pi}\int_{-\pi}^{\pi}G_X(\omega)\mathrm{d}\omega \tag{2.5.42}$$

平稳随机序列的功率谱通常也用z变换表示，即

$$G_X(z)=\sum_{m=-\infty}^{+\infty}R_X(m)z^{-m} \tag{2.5.43}$$

由于自相关函数为偶函数,所以有

$$G_X(z)=G_X(z^{-1}) \tag{2.5.44}$$

自相关函数 z 变换的收敛域是一个包含单位圆的环形区域,即收敛域为

$$a<|z|<\frac{1}{a},\quad 0<a<1 \tag{2.5.45}$$

很显然有

$$G_X(\omega)=G_X(z)\Big|_{z=e^{j\omega}} \tag{2.5.46}$$

自相关函数也可用功率谱的 z 反变换表示为

$$R_X(m)=\frac{1}{2\pi j}\oint_C G_X(z)z^{m-1}dz \tag{2.5.47}$$

其中 C 是收敛域内包含 z 平面原点逆时针的闭合围线。

平稳随机序列功率谱有如下性质。

(1) 功率谱密度是实的偶函数,即

$$G_X(\omega)=G_X(-\omega),\quad G_X^*(\omega)=G_X(\omega) \tag{2.5.48}$$

由于自相关函数是偶函数,对于用 z 变换表示的功率谱满足

$$G_X(z)=G_X(z^{-1}) \tag{2.5.49}$$

(2) 功率谱密度是非负的函数,即

$$G_X(\omega)\geqslant 0 \tag{2.5.50}$$

(3) 如果随机序列的功率谱具有有理谱的形式,那么,功率谱可以进行谱分解:

$$G_X(z)=G_X^+(z)G_X^-(z) \tag{2.5.51}$$

其中 $G_X^+(z)$表示功率谱中所有零极点在单位圆内的那一部分,而 $G_X^-(z)$表示功率谱中所有零极点在单位圆外的那一部分,且

$$G_X^+(z^{-1})=G_X^-(z),\quad G_X^-(z^{-1})=G_X^+(z) \tag{2.5.52}$$

根据以上性质,功率谱中 z 和 z^{-1} 总是成对出现的,即 $G_X(z)$可表示为 $G_X(z+z^{-1})$。由于 $G_X(z+z^{-1})\big|_{z=e^{j\omega}}=G_X(2\cos\omega)$,所以,用离散傅里叶变换表示的功率谱是 $\cos\omega$ 的函数,即功率谱可表示为 $G_X(\cos\omega)$。

例 2.22 设随机序列 $X(n)$为 $X(n)=W(n)+W(n-1)$,其中 $W(n)$是高斯随机序列,均值为零,自相关函数为 $R_W(m)=\sigma^2\delta(m)$,求 $X(n)$的自相关函数和功率谱。其中 $\delta(m)$为单位样值函数

$$\delta(m)=\begin{cases}1 & (m=0)\\ 0 & (m\neq 0)\end{cases}$$

解 $X(n)$的均值为

$$E[X(n)]=E[W(n)+W(n-1)]=0$$

$X(n)$的自相关函数为

$$R_X(m)=E[X(n+m)X(n)]$$
$$=E\{[W(n+m)+W(n+m-1)][W(n)+W(n-1)]\}$$
$$=\sigma^2[2\delta(m)+\delta(m+1)+\delta(m-1)]$$

$$G_X(z)=\sum_{m=-\infty}^{+\infty}R_X(m)z^{-m}=\sigma^2(2+z+z^{-1})$$

$$G_X(\omega)=G_X(z)\big|_{z=e^{j\omega}}=\sigma^2(2+e^{j\omega}+e^{-j\omega})=2\sigma^2(1+\cos\omega)$$

例 2.23 设 $X(n)$为一个平稳随机序列,在许多信号处理系统中常做抽取和内插的处理,分析对它做抽取后,它的平稳性和功率谱密度的变化情况。

分析 令$Y(n)=X(2n)$,$Y(n)$称为抽取因数为 2 的抽取,即舍去奇数序号的数据,如图 2.23 所示。很容易计算 $Y(n)$的均值和相关函数:

$$m_Y(n)=E[Y(n)]=E[X(2n)]=m_X(2n)=m_X$$
$$R_Y(n+m,n)=E[X(2n+2m)X(2n)]=R_X(2n+2m,2n)=R_X(2m)$$

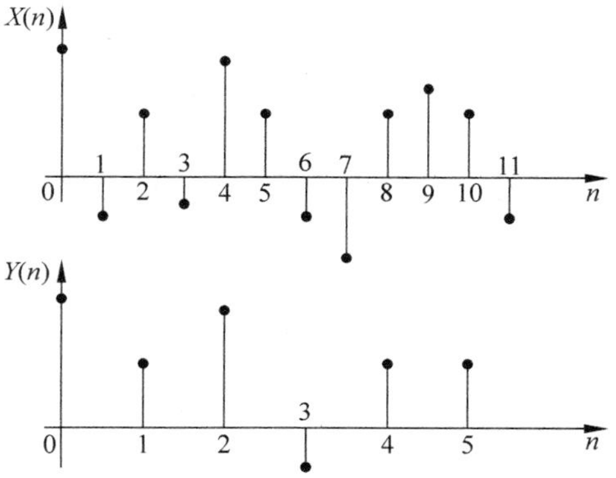

图 2.23 随机序列的抽取

可见对 $X(n)$抽取后的序列 $Y(n)$是平稳随机序列,它的功率谱为

$$G_Y(\omega)=\sum_{m=-\infty}^{+\infty}R_Y(m)e^{-jm\omega}=\sum_{m=-\infty}^{+\infty}R_X(2m)e^{-jm\omega}=\sum_{m\ \text{even}}R_X(m)e^{-jm\omega/2}$$

令 $A_e=G_Y(\omega)$,$A_o=\sum_{m\ \text{odd}}R_X(m)e^{-jm\omega/2}$,那么有

$$A_e+A_o=G_X(\omega/2),\quad A_e-A_o=G_X[(\omega-2\pi)/2]$$

在上面的式子中,m even 表示 m 取偶数,m odd 表示 m 取奇数,于是,

$$G_Y(\omega)=\frac{1}{2}\left[G_X\left(\frac{\omega}{2}\right)+G_X\left(\frac{\omega-2\pi}{2}\right)\right]$$

上式表明,高频项功率谱出现混叠现象。

2.5.3 互功率谱

用类似于功率谱的定义方法,可以定义两个随机过程的互功率谱。设有两个随机过

程 $X(t)$和 $Y(t)$,它们的互功率谱定义为

$$G_{XY}(\omega)=E\left[\lim_{T\to\infty}\frac{1}{2T}X_T(\omega)Y_T^*(\omega)\right] \tag{2.5.53}$$

其中

$$X_T(\omega)=\int_{-T}^{T}X(t)\mathrm{e}^{-\mathrm{j}\omega t}\mathrm{d}t$$

$$Y_T(\omega)=\int_{-T}^{T}Y(t)\mathrm{e}^{-\mathrm{j}\omega t}\mathrm{d}t$$

可以证明,如果 $X(t)$与 $Y(t)$是联合平稳的,$R_{XY}(\tau)$绝对可积,则

$$G_{XY}(\omega)=\int_{-\infty}^{+\infty}R_{XY}(\tau)\mathrm{e}^{-\mathrm{j}\omega\tau}\mathrm{d}\tau \tag{2.5.54}$$

$$R_{XY}(\tau)=\frac{1}{2\pi}\int_{-\infty}^{+\infty}G_{XY}(\omega)\mathrm{e}^{\mathrm{j}\omega\tau}\mathrm{d}\omega \tag{2.5.55}$$

即

$$R_{XY}(\tau)\leftrightarrow G_{XY}(\omega) \tag{2.5.56}$$

互功率谱具有如下性质:

(1)
$$G_{XY}(\omega)=G_{YX}^*(\omega) \tag{2.5.57}$$

可见互功率谱并非是非负的实偶函数。

(2) $\mathrm{Re}[G_{XY}(\omega)]$和 $\mathrm{Re}[G_{YX}(\omega)]$是 ω 的偶函数,$\mathrm{Im}[G_{XY}(\omega)]$和 $\mathrm{Im}[G_{YX}(\omega)]$是 ω 的奇函数。

(3)
$$|G_{XY}(\omega)|^2\leqslant G_X(\omega)G_Y(\omega) \tag{2.5.58}$$

互功率谱从频域上描述了两个随机过程的互相关特性。

2.5.4 非平稳随机过程的功率谱

功率谱的定义式(2.5.18)对平稳和非平稳随机过程都是适用的,对于平稳过程,功率谱与相关函数之间是一对傅里叶变换,然而对于非平稳随机过程并没有像平稳随机过程那样的功率谱,而实际中又很难根据式(2.5.18)来计算功率谱,因此有必要重新定义非平稳随机过程的功率谱。

1. 广义功率谱密度

非平稳随机过程 $X(t)$的自相关函数 $R_X(t_1,t_2)$是时间 t_1 和 t_2 的函数,定义 $R_X(t_1,t_2)$的二维傅里叶变换

$$G_X(\omega_1,\omega_2)=\int_{-\infty}^{+\infty}\int_{-\infty}^{+\infty}R_X(t_1,t_2)\mathrm{e}^{-\mathrm{j}(\omega_1t_1-\omega_2t_2)}\mathrm{d}t_1\mathrm{d}t_2 \tag{2.5.59}$$

为 $X(t)$的广义功率谱密度,其逆变换为

$$R_X(t_1,t_2)=\frac{1}{4\pi^2}\int_{-\infty}^{+\infty}\int_{-\infty}^{+\infty}G_X(\omega_1,\omega_2)\mathrm{e}^{\mathrm{j}(\omega_1t_1-\omega_2t_2)}\mathrm{d}\omega_1\mathrm{d}\omega_2 \tag{2.5.60}$$

广义谱的定义在数学上与平稳随机过程的情况是相通的。因为如果 $G_X(\omega_1,\omega_2)$只在 $\omega_1=\omega_2$时有值,$\omega_1\neq\omega_2$时均等于零,即

$$G_X(\omega_1,\omega_2)=G_X(\omega_1)\delta(\omega_1-\omega_2) \tag{2.5.61}$$

这时广义谱就退化为平稳情况的功率谱。广义谱的定义缺乏明确的物理意义，且在谱的性质上存在明显的缺陷，由于 $R_X(t_1,t_2)$ 不是偶函数，因此广义谱不是实函数，在实际中较少采用。

2. 时变功率谱

假定 $t_1=t,t_2=t+\tau$，则非平稳随机过程的自相关函数

$$R_X(t+\tau,t)=R_X(t,\tau)=E[X(t+\tau)X(t)] \tag{2.5.62}$$

是 t 和 τ 的函数，时变谱的定义为

$$G_X(t,\omega)=\int_{-\infty}^{+\infty}R_X(t,\tau)\mathrm{e}^{-\mathrm{j}\omega\tau}\mathrm{d}\tau \tag{2.5.63}$$

如果式(2.5.63)中采用对称相关函数，即

$$R_X(t,\tau)=E[X(t+\tau/2)X(t-\tau/2)] \tag{2.5.64}$$

那么式(2.5.63)定义的时变谱称为维格纳-威利(Wigner-Ville)谱，简称为 W-V 谱，由于式(2.5.64)定义的相关函数对 τ 而言是偶函数，故 W-V 谱是实偶函数。

式(2.5.63)也可以写成

$$\begin{aligned}G_X(t,\omega)&=\int_{-\infty}^{+\infty}E[X(t+\tau/2)X(t-\tau/2)]\mathrm{e}^{-\mathrm{j}\omega\tau}\mathrm{d}\tau\\&=E\left[\int_{-\infty}^{+\infty}X(t+\tau/2)X(t-\tau/2)\mathrm{e}^{-\mathrm{j}\omega\tau}\mathrm{d}\tau\right]\\&=E[W_X(t,\omega)]\end{aligned} \tag{2.5.65}$$

其中

$$W_X(t,\omega)=\int_{-\infty}^{+\infty}X(t+\tau/2)X(t-\tau/2)\mathrm{e}^{-\mathrm{j}\omega\tau}\mathrm{d}\tau \tag{2.5.66}$$

$W_X(t,\omega)$ 称为维格纳分布，从式(2.5.65)可以看出，非平稳随机过程 $X(t)$ 的 W-V 时变谱是该过程维格纳分布的数学期望。

在实际中，非平稳过程的功率谱还采用时变功率谱做时间平均来得到。对式(2.5.63)的时变功率谱求时间平均，得

$$G_X(\omega)=\lim_{T\to\infty}\frac{1}{2T}\int_{-T}^{T}G_X(\omega,t)\mathrm{d}t \tag{2.5.67}$$

不难证明，先对式(2.5.62)中的即时相关函数求时间平均，然后进行傅里叶变换得到的功率谱与式(2.5.67)得到的功率谱是相同的，即

$$\overline{R_X(\tau)}=\lim_{T\to\infty}\frac{1}{2T}\int_{-T}^{T}R_X(\tau,t)\mathrm{d}t \tag{2.5.68}$$

$$G_X(\omega)=\int_{-\infty}^{+\infty}\overline{R_X(\tau)}\mathrm{e}^{-\mathrm{j}\omega\tau}\mathrm{d}\tau \tag{2.5.69}$$

例 2.24 设噪声调制的振荡信号为 $X(t)=N(t)\cos\omega_0 t$，其中 $N(t)$ 是平稳噪声，求 $X(t)$ 的功率谱。

解 很容易证明，$X(t)$ 是非平稳随机过程，它的相关函数为

$$R_X(\tau,t)=E\left\{\frac{1}{2}N(t)N(t+\tau)[\cos\omega_0(2t+\tau)+\cos\omega_0\tau]\right\}$$
$$=\frac{1}{2}R_N(\tau)[\cos\omega_0(2t+\tau)+\cos\omega_0\tau]$$

由式(2.5.68)得

$$\overline{R_X(\tau)}=\lim_{T\to\infty}\frac{1}{2T}\int_{-T}^{T}\frac{1}{2}R_N(\tau)[\cos\omega_0(2t+\tau)+\cos\omega_0\tau]\mathrm{d}t$$
$$=\frac{1}{2}R_N(\tau)\cos\omega_0\tau$$

将上式代入式(2.5.69),得

$$G_X(\omega)=\frac{1}{4}[G_N(\omega+\omega_0)+G_N(\omega-\omega_0)]$$

2.6 典型的随机过程

在实际中经常遇到一些典型的随机过程,如白噪声、正态随机过程、马尔可夫过程和泊松过程等,后面两种过程将在第 6 章中介绍,本节介绍白噪声和正态随机过程。

2.6.1 白噪声

随机过程的功率谱密度从频域反映了随机过程的统计特性,它表示过程的平均功率在整个频率轴上的分布情况,在实际中经常遇到这样的随机过程,它的功率谱在很宽的频率范围内为常数,这就是下面要介绍的白噪声。

设随机过程 $X(t)$的均值为零,自相关函数为

$$R_X(t_1,t_2)=V(t_1)\delta(t_1-t_2) \tag{2.6.1}$$

其中 $V(t_1)$为大于零的任意函数,则称 $X(t)$为白噪声,如果 $V(t_1)=N_0/2$ 为常数,则 $X(t)$是平稳白噪声,这时,它的功率谱密度为

$$G_X(\omega)=\frac{N_0}{2} \tag{2.6.2}$$

即平稳白噪声的功率谱在整个频率轴上的分布是均匀的。在光学里,白光的频谱包含了所有的可见光,具有均匀的光谱,白噪声也因此而得名,今后除特别声明外,白噪声指的是平稳白噪声。

图 2.24 给出了白噪声的功率谱密度与自相关函数的示意图。

由于白噪声的相关系数为

$$r_X(\tau)=\frac{R_X(\tau)}{R_X(0)}=\begin{cases}1 & (\tau=0)\\ 0 & (\tau\neq 0)\end{cases} \tag{2.6.3}$$

可见白噪声在任意两个相邻时刻的状态是不相关的,即白噪声随时间的起伏变化极快。

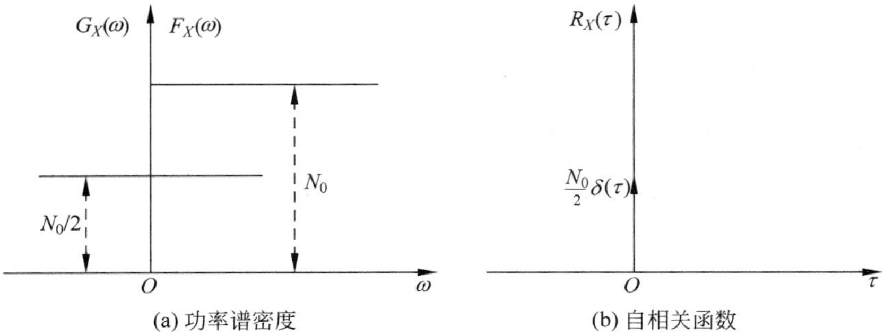

图 2.24　白噪声的功率谱密度和自相关函数

白噪声的平均功率是无限的，这在实际中是不存在的，因此白噪声是一种理想化的数学模型。实际中，如果噪声的功率谱密度在所关心的频带内是均匀的或变化较小，就可以把它近似看作白噪声来处理，这样可以使问题得到简化。在电子设备中，器件的热噪声与散弹噪声起伏都非常快，具有极宽的功率谱，可以认为是白噪声。

白噪声是从功率谱的角度定义的，并未涉及概率分布，因此可以有各种不同分布的白噪声，最常见的是正态分布的白噪声。

对于随机序列 $X(n)$，如果 $X(n)$的均值为零，自相关函数为

$$R_X(n_1,n_2)=\begin{cases}\sigma_X^2(n_1) & (n_1=n_2)\\ 0 & (n_1\neq n_2)\end{cases} \tag{2.6.4}$$

$$=\sigma_X^2(n_1)\delta(n_1-n_2)$$

则称 $X(n)$为白噪声，其中 $\delta(n)$为单位样值函数。如果 $\sigma_X^2(n_1)=\sigma_X^2$，则 $X(n)$称为平稳白噪声。与连续时间的平稳白噪声类似，离散时间平稳白噪声的功率谱为常数。图 2.25 给出了一个平稳白噪声的样本函数，从图中可以看出，白噪声随时间变化非常快。产生平稳白噪声的 MATLAB 程序如下：

```
x=randn(500,1);
plot(x);
xlabel('n');
ylabel('x(n)');
```

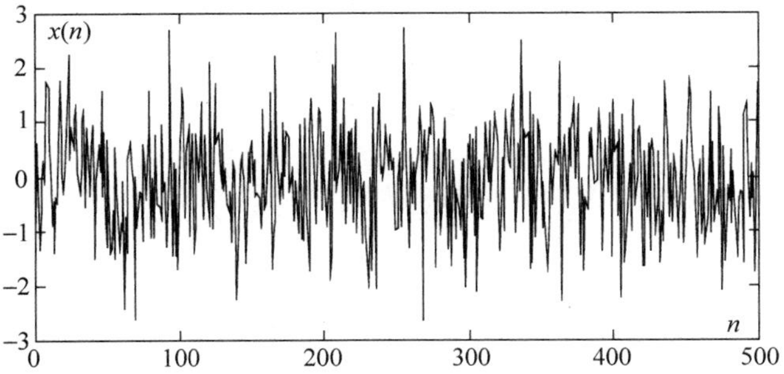

图 2.25　平稳白噪声 500 个样本点的波形

2.6.2 正态随机过程

1. 正态随机过程的定义及其分布

定义 如果一个随机过程 $X(t)$的任意 N 维分布都服从正态分布,则称该随机过程为正态随机过程。

(1) 一维分布。

设 $X(t)$为正态随机过程,对于任意的时刻 t,$X(t)$是一个正态随机变量,它的概率分布密度为

$$f_X(x,t)=\frac{1}{\sqrt{2\pi}\sigma(t)}\exp\left\{-\frac{[x-m(t)]^2}{2\sigma^2(t)}\right\} \tag{2.6.5}$$

式中 $m(t)$和 $\sigma^2(t)$分别为 $X(t)$的均值和方差。

(2) N 维分布。

$X(t)$的 $N(N\geqslant 2)$维分布为

$$f_X(\boldsymbol{x})=\frac{1}{(2\pi)^{\frac{N}{2}}\det^{\frac{1}{2}}(\boldsymbol{C})}\exp\left[-\frac{1}{2}(\boldsymbol{x}-\boldsymbol{m})^{\mathrm{T}}\boldsymbol{C}^{-1}(\boldsymbol{x}-\boldsymbol{m})\right] \tag{2.6.6}$$

式中

$$\boldsymbol{x}=\begin{bmatrix} x_1 \\ x_2 \\ \vdots \\ x_N \end{bmatrix},\quad \boldsymbol{m}=\begin{bmatrix} m(t_1) \\ m(t_2) \\ \vdots \\ m(t_N) \end{bmatrix},\quad \boldsymbol{C}=\begin{bmatrix} \mathrm{Cov}[X(t_1),X(t_1)] & \cdots & \mathrm{Cov}[X(t_1),X(t_N)] \\ \vdots & & \vdots \\ \mathrm{Cov}[X(t_N),X(t_1)] & \cdots & \mathrm{Cov}[X(t_N),X(t_N)] \end{bmatrix} \tag{2.6.7}$$

2. 平稳正态过程

对于广义平稳正态随机过程,它的均值和自相关函数满足

$$m_X(t)=m_X,\quad R_X(t_1,t_2)=R_X(\tau),\quad \tau=t_1-t_2$$

这时,其协方差矩阵为

$$\boldsymbol{C}=\begin{bmatrix} C_X(0) & \cdots & C_X(t_1-t_N) \\ \vdots & & \vdots \\ C_X(t_N-t_1) & \cdots & C_X(0) \end{bmatrix} \tag{2.6.8}$$

当时间轴平移 ε 时,如平移后的协方差矩阵记为 $\boldsymbol{C}_\varepsilon$,则

$$\begin{aligned}\boldsymbol{C}_\varepsilon &= \begin{bmatrix} \mathrm{Cov}[X(t_1+\varepsilon),X(t_1+\varepsilon)] & \cdots & \mathrm{Cov}[X(t_1+\varepsilon),X(t_N+\varepsilon)] \\ \vdots & & \vdots \\ \mathrm{Cov}[X(t_N+\varepsilon),X(t_1+\varepsilon)] & \cdots & \mathrm{Cov}[X(t_N+\varepsilon),X(t_N+\varepsilon)] \end{bmatrix} \\ &= \begin{bmatrix} C_X(0) & \cdots & C_X(t_1-t_N) \\ \vdots & & \vdots \\ C_X(t_N-t_1) & \cdots & C_X(0) \end{bmatrix}=\boldsymbol{C}\end{aligned} \tag{2.6.9}$$

由于正态随机过程的 N 维概率密度完全由 $\boldsymbol{m}$ 和 $\boldsymbol{C}$ 确定，当 $X(t)$ 为广义平稳随机过程时，$\boldsymbol{m}$ 和 $\boldsymbol{C}$ 不随时间轴的平移而变化，故 $X(t)$ 也是严格平稳的。因此，对于正态随机过程而言，广义平稳和严格平稳是等价的。

如果 $X(t)$ 在不同时刻状态不相关，即

$$\mathrm{Cov}[X(t_i),X(t_j)]=\begin{cases}\sigma^2 & (i=j)\\ 0 & (i\neq j)\end{cases}\qquad (i,j=1,2,\cdots,N)$$

这时 $X(t_1),X(t_2),\cdots,X(t_N)$ 是相互独立的。

若平稳正态过程具有均匀的功率频谱密度，则称此过程为平稳正态白噪声。

假定 $X(t)$ 是零均值、方差为 σ^2 的平稳正态白噪声。根据白噪声的特性，其相关函数为

$$R_X(\tau)=\frac{N_0}{2}\delta(\tau)$$

其中 N_0 为常数。因此，对于任意两个不同的时刻 t_i、t_k，$X(t_i)$ 与 $X(t_k)$ 是不相关的，对于正态随机变量而言，不相关即等于独立，所以，$X(t)$ 的 N 维概率密度为

$$f_X(x_1,x_2,\cdots,x_N,t_1,t_2,\cdots,t_N)=\prod_{i=1}^{N}f_X(x_i,t_i)=\prod_{i=1}^{N}\frac{1}{(2\pi\sigma^2)^{1/2}}\exp\left[-\frac{x_i^2}{2\sigma^2}\right] \tag{2.6.10}$$

最后需要指出，在实际应用中常会遇到平稳正态噪声 $N(t)$ 与确定性信号 $S(t)$ 之和的随机过程 $X(t)$，即

$$X(t)=W(t)+S(t)$$

设 $W(t)$ 的均值为零，方差为 σ^2，则 $X(t)$ 的一维概率密度为

$$f_X(x,t)=\frac{1}{(2\pi\sigma^2)^{1/2}}\exp\left\{-\frac{[x-S(t)^2]}{2\sigma^2}\right\}$$

从上式可以看出，$X(t)$ 仍为正态过程，但此时一维概率密度依赖于时间 t。因此一般平稳正态噪声与信号之和是非平稳的正态过程。

例 2.25 设平稳正态随机过程的均值为 0，自相关函数为 $R_X(\tau)=\sin(\pi\tau)/(\pi\tau)$。求 $t_1=0,t_2=1/2,t_3=1$ 时的三维概率密度。

解 $X(t)$ 的协方差矩阵为

$$\boldsymbol{C}=\begin{bmatrix}C(0) & C(t_1-t_2) & C(t_1-t_3)\\ C(t_2-t_1) & C(0) & C(t_2-t_3)\\ C(t_3-t_1) & C(t_3-t_2) & C(0)\end{bmatrix}$$

$$=\begin{bmatrix}1 & \sin(\pi/2)/(\pi/2) & \sin\pi/\pi\\ \sin(\pi/2)/(\pi/2) & 1 & \sin(\pi/2)/(\pi/2)\\ \sin\pi/\pi & \sin(\pi/2)/(\pi/2) & 1\end{bmatrix}$$

$$
=\begin{bmatrix} 1 & 2/\pi & 0 \\ 2/\pi & 1 & 2/\pi \\ 0 & 2/\pi & 1 \end{bmatrix}
$$

$$
\det(\boldsymbol{C})=\begin{vmatrix} 1 & 2/\pi & 0 \\ 2/\pi & 1 & 2/\pi \\ 0 & 2/\pi & 1 \end{vmatrix}=1-8/\pi^2,\quad \boldsymbol{C}^{-1}=\frac{1}{\pi^2-8}\begin{bmatrix} \pi^2-4 & -2\pi & 4 \\ -2\pi & \pi^2 & -2\pi \\ 4 & -2\pi & \pi^2-4 \end{bmatrix}
$$

令 $\boldsymbol{x}=[x_1,x_2,x_3]^{\mathrm{T}}$,则三维概率密度为

$$
\begin{aligned}
f_X(\boldsymbol{x}) &= \frac{1}{(2\pi)^{\frac{3}{2}}\det^{\frac{1}{2}}(\boldsymbol{C})}\exp\left[-\frac{1}{2}\boldsymbol{x}^{\mathrm{T}}\boldsymbol{C}^{-1}\boldsymbol{x}\right] \\
&= \frac{1}{2\sqrt{2\pi(\pi^2-8)}}\exp\left\{-\frac{1}{2(\pi^2-8)}[(\pi^2-4)(x_1^2+x_3^2)+\right. \\
&\qquad \left.\pi^2x_2^2-4\pi(x_1x_2+x_2x_3)+8x_1x_3]\right\}
\end{aligned}
$$

2.7 基于 MATLAB 的随机过程分析方法

MATLAB 的统计工具箱包含有许多随机过程分析的函数,本节介绍这些函数的使用方法,通过本节的学习,使大家能够利用 MATLAB 模拟产生随机过程、分析随机过程的统计特性。

2.7.1 随机序列的产生

信号处理仿真分析中都需要模拟产生各种随机序列,通常都是先产生白噪声序列,然后经过变换得到相关的随机序列,MATLAB 有许多产生各种分布白噪声序列的函数。

1. 独立同分布白噪声序列的产生

(1) (0,1)均匀分布的白噪声序列。

用法:x=rand(m,n)

功能:产生 $m\times n$ 的均匀分布随机数矩阵,例如 x=rand(100,1),产生一个 100 个样本的均匀分布白噪声列矢量。

(2) 正态分布白噪声序列。

用法:x=randn(m,n)

功能:产生 $m\times n$ 的标准正态分布随机数矩阵,例如 x=randn(100,1),产生一个 100 个样本的正态分布白噪声列矢量。如果要产生服从 $\mathcal{N}(\mu,\sigma^2)$ 分布的随机矢量,则可以通过标准正态随机矢量来产生,MATLAB 的语句为 x=μ+σ. * randn(100,1)。

(3) 韦伯分布白噪声序列。

用法:x=weibrnd(A,B,m,n)

功能：产生 $m\times n$ 的韦伯分布随机数矩阵，其中 A、B 是韦伯分布的两个参数。例如，x= weibrnd(1,1.5,100,1)，产生一个 100 个样本的韦伯分布白噪声列矢量，韦伯分布参数 $A=1,B=1.5$。

还有瑞利分布、伽马分布、指数分布等随机数产生函数，在此不一一列举。

2. 相关正态随机矢量的产生

假定有一 N 维的正态随机矢量 $\boldsymbol{X}=[X_1,X_2,\cdots,X_N]^{\mathrm{T}}$，其联合概率密度为

$$f_X(\boldsymbol{x})=\frac{1}{(2\pi)^{N/2}\det^{\frac{1}{2}}(\boldsymbol{C})}\exp\left\{-\frac{1}{2}(\boldsymbol{x}-\boldsymbol{\mu})^{\mathrm{T}}\boldsymbol{C}^{-1}(\boldsymbol{x}-\boldsymbol{\mu})\right\}$$

其中 $\boldsymbol{x}=[x_1,x_2,\cdots,x_N]^{\mathrm{T}}$，$\boldsymbol{\mu}=[\mu_1,\mu_2,\cdots,\mu_N]^{\mathrm{T}}$ 为 X 的均值矢量：

$$\boldsymbol{C}=\begin{bmatrix} c_{11} & c_{12} & \cdots & c_{1N} \\ c_{21} & c_{22} & \cdots & c_{2N} \\ \vdots & \vdots & \ddots & \vdots \\ c_{N1} & c_{N2} & \cdots & c_{NN} \end{bmatrix}$$

为协方差矩阵。

对于上述正态随机矢量的模拟，首先可以先模拟产生一个零均值、单位方差且各个分量相互独立的标准正态随机矢量 $\boldsymbol{U}$，然后做如下变换：

$$\boldsymbol{X}=\boldsymbol{A}\boldsymbol{U}+\boldsymbol{\mu} \tag{2.7.1}$$

其中矩阵 $\boldsymbol{A}$ 由协方差矩阵 $\boldsymbol{C}$ 给出。由于 $\boldsymbol{C}$ 是对称的正定矩阵，根据矩阵理论可分解为

$$\boldsymbol{C}=\boldsymbol{A}\boldsymbol{A}^{\mathrm{T}} \tag{2.7.2}$$

其中 $\boldsymbol{A}$ 是下三角矩阵：

$$\boldsymbol{A}=\begin{bmatrix} a_{11} & 0 & 0 & \cdots & 0 \\ a_{21} & a_{22} & 0 & \cdots & 0 \\ a_{31} & a_{32} & a_{33} & \cdots & 0 \\ \vdots & \vdots & \vdots & \ddots & \vdots \\ a_{N1} & a_{N2} & a_{N3} & \cdots & a_{NN} \end{bmatrix} \tag{2.7.3}$$

元素 a_{ij} 可按列依次算出，第一列元素为

$$a_{11}=\sqrt{c_{11}},\quad a_{i1}=c_{i1}/a_{11} \tag{2.7.4}$$

算出第 $1,2,\cdots,j-1$ 列元素后，第 j 列的主对角元素为

$$a_{jj}=\left[c_{jj}-\sum_{k=1}^{j-1}a_{jk}^2\right]^{1/2} \tag{2.7.5}$$

当 $j<N$ 时，主对角线以下各元素为

$$a_{ij}=a_{jj}^{-1}\left[c_{jj}-\sum_{k=1}^{j-1}a_{ik}a_{jk}\right]\quad(i=j+1,\cdots,N) \tag{2.7.6}$$

例 2.26 产生两个零均值的正态随机矢量，其协方差矩阵为

$$\boldsymbol{C}=\begin{bmatrix} 1 & \rho \\ \rho & 1 \end{bmatrix}\sigma^2$$

解 协方差矩阵可以分解为

$$\boldsymbol{C}=\begin{bmatrix}1 & \rho\\ \rho & 1\end{bmatrix}\sigma^2=\sigma\begin{bmatrix}a & 0\\ c & b\end{bmatrix}\begin{bmatrix}a & c\\ 0 & b\end{bmatrix}\sigma=\sigma^2\begin{bmatrix}a^2 & ac\\ ac & c^2+b^2\end{bmatrix}$$

解出 a、b、c，得到

$$\boldsymbol{A}=\sigma\begin{bmatrix}1 & 0\\ \rho & \sqrt{1-\rho^2}\end{bmatrix}$$

于是

$$\begin{aligned}x_1&=\sigma u_1\\ x_2&=\sigma\rho u_1+\sigma\sqrt{1-\rho^2}\,u_2\end{aligned}\tag{2.7.7}$$

其中 u_1 与 u_2 是相互独立的标准正态随机数。

例 2.27 产生相关正态随机序列。

解 在实际中经常要模拟产生一个正态随机序列 $X(n)$，要求它的自相关函数满足

$$R_X(m)=\frac{\sigma^2}{1-a^2}a^{|m|}\tag{2.7.8}$$

其中 a、σ 为常数，且 $|a|<1$。那么，$X(n)$的协方差矩阵为

$$\boldsymbol{C}=\begin{bmatrix}R_X(0) & R_X(1) & \cdots & R_X(N-1)\\ R_X(1) & R_X(0) & \cdots & R_X(N-2)\\ \vdots & \vdots & \ddots & \vdots\\ R_X(N-1) & R_X(N-2) & \cdots & R_X(0)\end{bmatrix}=\frac{\sigma^2}{1-a^2}\begin{bmatrix}1 & a & \cdots & a^{N-1}\\ a & 1 & \cdots & a^{N-2}\\ \vdots & \vdots & \ddots & \vdots\\ a^{N-1} & a^{N-2} & \cdots & 1\end{bmatrix}$$

例如，当 $N=3$ 时，有

$$\boldsymbol{C}=\frac{\sigma^2}{1-a^2}\begin{bmatrix}1 & a & a^2\\ a & 1 & a\\ a^2 & a & 1\end{bmatrix}$$

根据式(2.7.2)～式(2.7.6)对 $\boldsymbol{C}$ 做分解，得

$$\boldsymbol{A}=\frac{\sigma}{\sqrt{1-a^2}}\begin{bmatrix}1 & 0 & 0\\ a & \sqrt{1-a^2} & 0\\ a^2 & a\sqrt{1-a^2} & \sqrt{1-a^2}\end{bmatrix}$$

由式(2.7.1)可得

$$\boldsymbol{X}=\boldsymbol{AU}$$

或者

$$\begin{aligned}x_1&=\frac{\sigma}{\sqrt{1-a^2}}u_1\\ x_2&=\frac{a\sigma}{\sqrt{1-a^2}}u_1+\sigma u_2\\ x_3&=\frac{a^2\sigma}{\sqrt{1-a^2}}u_1+a\sigma u_2+\sigma u_3\end{aligned}$$

上式可以整理成

$$x_i = a x_{i-1} + \sigma u_i \tag{2.7.9}$$

初始条件为

$$x_1 = \frac{\sigma}{\sqrt{1-a^2}} u_1 \tag{2.7.10}$$

很容易证明，对任意的 N，按式(2.7.9)、式(2.7.10)产生的随机序列也满足式(2.7.8)给定的相关函数。下面是产生相关正态随机序列的 MATLAB 程序：

```
% 相关正态随机序列的产生
a=0.8;
sigma=2;
N=500;
u=randn(N,1);
x(1)=sigma * u(1)/sqrt(1-a^2);
for i=2:N
    x(i)=a * x(i-1)+sigma * u(i);
end
plot(x);
```

产生的相关正态随机序列如图 2.26 所示。

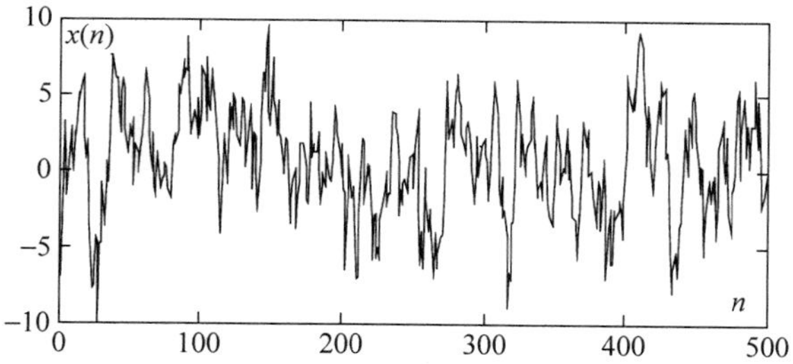

图 2.26　相关正态随机序列

如果要求产生任意相关函数的相关正态随机序列，那么可以首先根据相关函数确定协方差矩阵，然后对协方差矩阵按式(2.7.2)进行矩阵分解，在进行矩阵分解时可以利用 MATLAB 的 Cholesky 矩阵分解函数 chol()，利用 chol()函数可以直接得到式(2.7.2)的 **A** 矩阵。

2.7.2　随机序列的数字特征估计

对于各态历经过程，可以通过对随机序列的一个样本函数来获得该过程的统计特性，利用 MATLAB 的统计分析函数可以分析随机序列的统计特性。在以下的介绍中，假定随机序列 $X(n)$和 $Y(n)$是各态历经过程，样本函数分别为 $x(n)$和 $y(n)$，其中 $n=0,1,2,\cdots,N-1$。

1. 均值函数 mean()

用法：m=mean(x)

功能：返回 $X(n)$按式(2.3.39)估计的均值，其中 x 为样本序列 $x(n)(n=1,2,\cdots,$

$N-1$)构成的数据矢量。

2. 方差函数 var()

用法：sigma2＝var(x)

功能：返回 $X(n)$按式(2.3.40)估计的方差，这一估计是无偏估计。在实际中也经常采用下式估计方差：

$$\hat{\sigma}_X^2=\frac{1}{N}\sum_{n=0}^{N-1}[x(n)-\hat{m}_X]^2$$

其中 $\hat{m}_X$ 按式(2.3.39)估计。上式方差估计的用法是 sigma2＝var(x,1)。

例 2.28 随机序列的均值与方差估计。

解 下面的程序首先产生一个参数为 B 的瑞利分布随机序列的 N 个样本 x，然后估计 x 的均值和方差。

```
B=1;
N=200;
x=raylrnd(B,200,1);
m=mean(x);
sigma2=var(x);
```

3. 互相关函数估计 xcorr()

用法：

```
c=xcorr(x,y)
c=xcorr(x)
c=xcorr(x,y,'option')
c=xcorr(x,'option')
[c,lags]=xcorr(x,maxlags)
```

xcorr(x,y)计算 $X(n)$与 $Y(n)$的互相关，其中 x 表示序列 $x(n)$构成的矢量，y 表示序列 $y(n)$构成的矢量。xcorr(x)计算 $X(n)$的自相关。option 选项是：

'biased' 有偏估计，$\hat{R}_X(m)=\frac{1}{N}\sum_{n=0}^{N-|m|-1}x(n+m)x(n)$。

'unbiased' 无偏估计，$\hat{R}_X(m)=\frac{1}{N-|m|}\sum_{n=0}^{N-|m|-1}x(n+m)x(n)$。

'coeff' $m=0$ 的相关函数值归一化为 1。

'none' 不作归一化处理。

例 2.29 利用例 2.27 产生的相关正态随机序列，估计该序列的自相关函数。

解 MATLAB 程序如下：

```
% 首先产生相关正态随机序列
a=0.8;
sigma=2;
N=500;
u=randn(N,1);
x(1)=sigma*u(1)/sqrt(1-a^2);
```

```
for i=2:N
      x(i)=a * x(i-1)+sigma * u(i);
end
%计算相关函数
maxlags=500;
      [r,lags]=xcorr(x,maxlags,'coeff');
      plot(lags, r);
      xlabel('m')
      ylabel('r_X(m)')
```

运行该程序得到的自相关函数估计如图 2.27 所示。

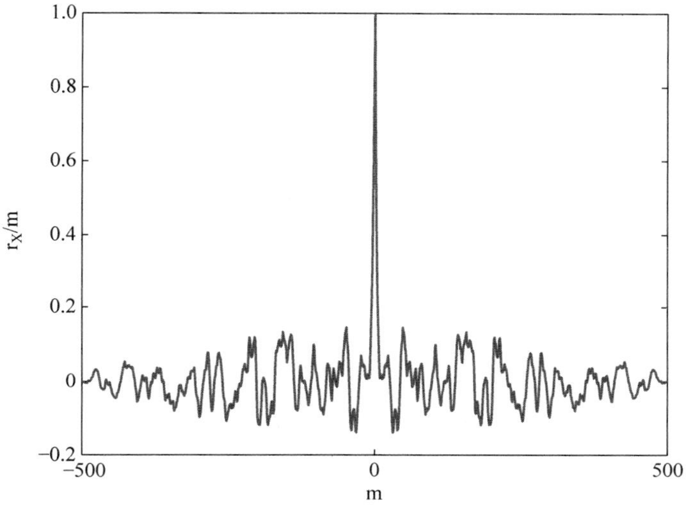

图 2.27 相关正态随机序列相关函数估计

4. 功率谱的估计

功率谱的估计有几种方法。

(1) 自相关法。

先求相关函数的估计

$$\hat{R}_X(m)=\frac{1}{N-|m|}\sum_{n=0}^{N-|m|-1}x(n+m)x(n) \tag{2.7.11}$$

然后对估计的相关函数做傅里叶变换

$$\hat{G}_X(\omega)=\sum_{m=-(N-1)}^{N-1}\hat{R}_X(m)\mathrm{e}^{-\mathrm{j}m\omega} \tag{2.7.12}$$

(2) 周期图法。

先对序列 $x(n)$做傅里叶变换

$$X(\omega)=\sum_{n=0}^{N-1}x(n)\mathrm{e}^{-\mathrm{j}n\omega} \tag{2.7.13}$$

则功率谱估计为

$$\hat{G}_X(\omega)=\frac{1}{N}|X(\omega)|^2 \tag{2.7.14}$$

MATLAB 函数为 periodogram(),用法为[Pxx,w] = periodogram(x),其中 Pxx 为对应频率 w 的功率谱密度值。在实际中数据长度是有限的,即谱估计所利用的数据是无限长度的随机序列截取的一段数据,数据的截断会使功率谱估计产生一定的截断误差,为了减少截断效应,通常需要对数据加窗。periodogram()提供了一种数据加窗的使用方法,用法为[Pxx,w] = periodogram(x,window),window 代表与 x 等长度的窗序列,窗口包括三角窗、巴特利窗、汉宁窗、哈明窗等,窗序列可由窗函数产生。

功率谱估计有着丰富的内容,这些内容将在信号处理的研究生课程中加以学习,在此不做深入的介绍,感兴趣的读者可阅读相关教材。

例 2.30 估计两个正弦信号加正态白噪声的功率谱,信号为 $s(t)=\cos 2\pi f_1 t+\cos 2\pi f_2 t$,其中 $f_1=300\text{Hz}$,$f_2=310\text{Hz}$。

解 估计的 MATLAB 程序如下:

```
clearvars; clc; close all
set(0, 'DefaultFigureWindowStyle', 'docked')
f1 = 300;
f2 = 310;
fs = 1000;                    % 采样率
dt = 1/fs ;
Td = 0.3;                     % 信号时间长度
t = 0:dt:Td;
x = cos(2 * pi * t * f1) + cos(2 * pi * t * f2) + randn(size(t));
nx = length(x);
nfft = 2^11;
% 周期图功率谱估计
[Pwd1, ff1] = periodogram(x, [], nfft, fs);
Pwd1 = Pwd1/2;                % 单边谱转双边谱
% 周期图功率谱估计(加窗)
window = hann(nx);
[Pwd2, ff2] = periodogram(x, window, nfft, fs);
Pwd2 = Pwd2/2;                % 单边谱转双边谱
% 自相关功率谱估计
R = xcorr(x, 'biased');
Pw3 = fft(R, nfft);
Pwd3 = abs(Pw3)/fs;
ff3 = (0:length(Pwd3)-1)/length(Pwd3) * fs;
% Welch 功率谱估计
overlap = 256;
[Pwd4, ff4] = pwelch(x, [], overlap, nfft, fs);
Pwd4 = Pwd4/2;                % 单边谱转双边谱
% 画图
fUB = fs/2;
fLB = 0;
upperB = -5;
lowerB = -50;
```

```
figure
subplot(2, 2, 1)
plot(ff1, 10 * log10(Pwd1), 'k')
title('周期图功率谱估计')
subplot(2, 2, 2)
plot(ff2, 10 * log10(Pwd2), 'k')
title('周期图功率谱估计(加窗)')
subplot(2, 2, 3);
plot(ff3, 10 * log10(Pwd3), 'k')
title('自相关功率谱估计')
subplot(2, 2, 4)
plot(ff4, 10 * log10(Pwd4), 'k')
title('Welch 功率谱估计')
for i = 1:4
    subplot(2, 2, i)
    xlim([fLB fUB])
    ylim([lowerB upperB])
    grid on
    xlabel('频率 (Hz)')
    ylabel('功率/频率 (dB/Hz)')
end
% 验证周期图功率谱估计
10 * log10(periodogram(x, [], [300 310], fs))
% 验证 Welch 功率谱估计
10 * log10(pwelch(x, [], 256, [300 310], fs))
```

结果如图 2.28 所示。

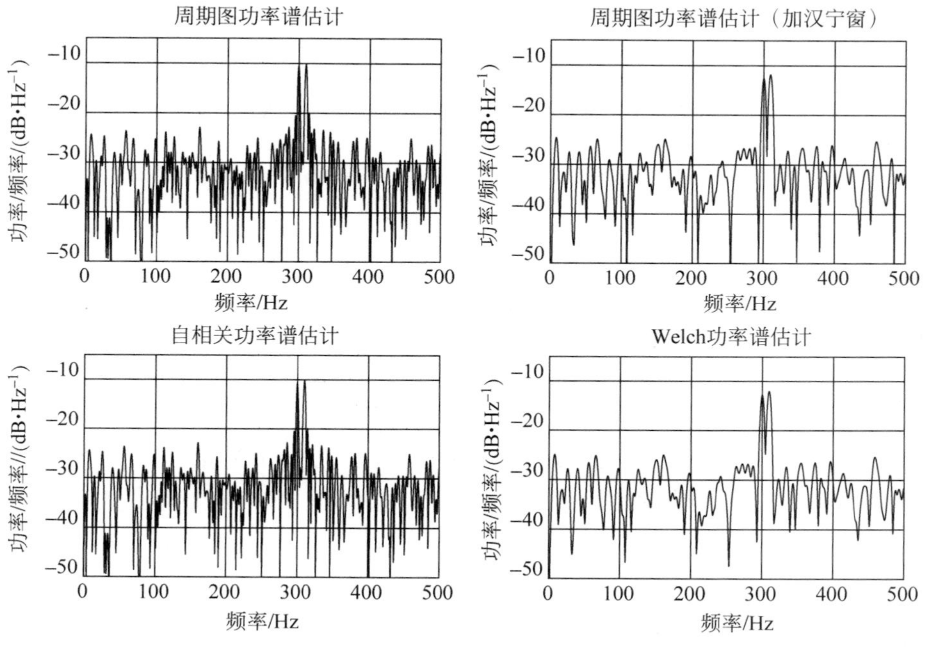

图 2.28 功率谱估计

2.7.3 概率密度估计

概率密度估计函数 ksdensity(),它的用法是

```
[f,xi] = ksdensity(x)
```

它的功能是估计用矢量 x 表示的随机序列在 xi 处的概率密度 f。也可以指定 xi,估计对应点的概率密度值,用法为

```
f = ksdensity(x,xi)
```

例 2.31 估计由例 2.27 产生的随机序列的概率密度。

解 MATLAB 程序如下:

```
a=0.8;
sigma=2;
N=200;
u=randn(N,1);
x(1)=sigma*u(1)/sqrt(1-a^2);
for i=2:N
    x(i)=a*x(i-1)+sigma*u(i);
end
[f,xi] = ksdensity(x);
plot(xi,f);
xlabel('x');
ylabel('f(x)');
axis([-15  15  0  0.13]);
```

还可以用另外一种方法估计概率密度。设有随机变量 X 以及任意两个实数 a 和 b,考虑如下概率的计算:

$$P\{a < X < b\} = \int_a^b f_X(x)\mathrm{d}x$$

令 $a=x-\Delta x/2, b=x+\Delta x/2$,其中 Δx 为非常小的正数,则

$$P\{a < X < b\} = P\{x-\Delta x/2 < X < x+\Delta x/2\} \approx f_X(x)\Delta x$$

根据频数估计概率的式(1.1.2),概率可以用 N 次试验结果来估计,即

$$P\{x-\Delta x/2 < X < x+\Delta x/2\} \approx f_X(x)\Delta x = \frac{N(x-\Delta x/2, x+\Delta x/2)}{N}$$

其中 $N(x-\Delta x/2, x+\Delta x/2)$ 表示在 N 次试验中,随机变量 X 的样本值落在区间 $(x-\Delta x/2, x+\Delta x/2)$ 上的个数,由此可得

$$\hat{f}_X(x) = \frac{N(x-\Delta x/2, x+\Delta x/2)}{N\Delta x}$$

在实际中可以利用 MATLAB 的 hist 函数来求得 $N(x-\Delta x/2, x+\Delta x/2)$ 和 Δx。hist 函数的句法为

[elements, centers]=hist(x,nbins)

表达式中的含义为：

x　数据序列。

nbins　将数据 x 的[xMIN,xMAX]划分为 nbins 个单元数。

elements　落在单元里的样本个数(行向量)。

centers　每个单元的中心位置(行向量)。

Δx 可以根据 centers 的前两个值的差值确定，即 Δx = centers(2) − centers(1)。下面给出了一段概率密度估计的程序，程序运行结果如图 2.29 所示。

```
clear all;
a=0.8; sigma=2; N=50000; nbins=50;
% generate dada sequence x(n)
  u=randn(N,1);
x(1)=sigma * u(1)/sqrt(1-a^2);
for i=2:N
    x(i)=a * x(i-1)+sigma * u(i);
end
[y,xxx]=hist(x,nbins);%compute histgram
xx=xxx';                    % convert to column vector
detax=xx(2)-xx(1);
pdfest=y'/(N * detax); % compute PDF estimate
plot(xx,pdfest,'k','Linewidth',2);
xlabel('x'); ylabel('f_X(x)');
```

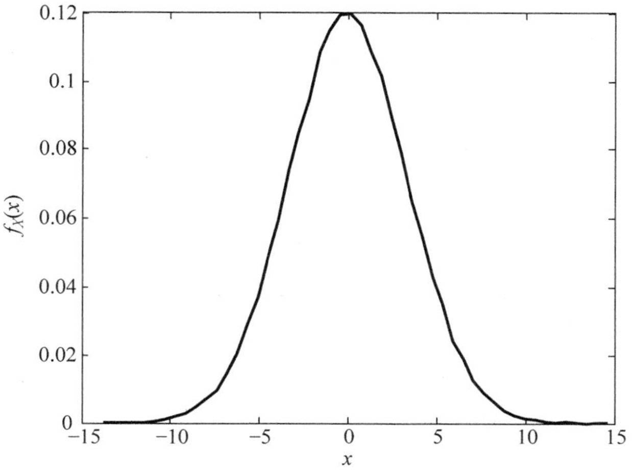

图 2.29　概率密度估计结果

上面的方法采用 hist 进行估计，所以也称为直方图法。需要注意的是，nbins 并非是取得越大越好，nbins 越大，数据序列划分的单元数越多，有可能导致估计的概率密度值为零,这显然是不对的,但太小的 nbins 会导致估计的概率密度不够光滑,因此在实际中,nbins 要折中选择。

2.8 信号处理实例

2.8.1 脉冲幅度调制信号的功率谱

下面分析一种数字通信系统中常用的一类信号的功率谱。假定有数字符号序列 $\{B(k)\}$ 需要在通信媒介(如双绞线或光缆)中传输,对于二进制传输,$B(k)\in\{-1,1\}$,用这串数字符号去确定脉冲串信号的幅度 $\{A(k)\}$,脉冲串信号将发射到通信媒介,待发射的信号为

$$S(t)=\sum_{k=-\infty}^{+\infty}A(k)p(t-kT-\Theta) \tag{2.8.1}$$

其中,$p(t)$ 为基脉冲信号,T 为符号间隔(即每隔 Ts 发射一个脉冲),Θ 为均匀分布于区间 $(0,T)$ 上的随机变量,且与脉冲幅度统计独立。$S(t)$ 称为脉冲幅度调制(Pulse Amplitude Modulation,PAM)信号,加入随机延迟将使信号 $S(t)$ 成为广义平稳随机过程。

如果数据符号取自一个大小为 2^n 的字符集,那么,每个符号可用 n 位字表示,因此,数字通信系统的数据率为 $r=n/T$(bit/s),用来表示这一数据的信号有一定的频谱内容,这就要求具有一定带宽的通信信道能够传递相应的频谱内容。我们感兴趣的是带宽与数据率之间有着怎样的关系,为此需要确定 PAM 信号的频谱。

根据相关函数的定义,PAM 信号的自相关函数为

$$\begin{aligned}R_S(\tau)&=E[S(t+\tau)S(t)]\\&=E\left\{\sum_{k=-\infty}^{+\infty}\sum_{i=-\infty}^{+\infty}A(k)A(i)p(t+\tau-iT-\Theta)p(t-kT-\Theta)\right\}\\&=\sum_{k=-\infty}^{+\infty}\sum_{i=-\infty}^{+\infty}E[A(k)A(i)]E[p(t+\tau-iT-\Theta)p(t-kT-\Theta)]\\&=\sum_{k=-\infty}^{+\infty}\sum_{i=-\infty}^{+\infty}R_A(k-i)\frac{1}{T}\int_0^T p(t+\tau-iT-\theta)p(t-kT-\theta)\mathrm{d}\theta\end{aligned}$$

其中 $R_A(k-i)$ 为脉冲幅度序列 $A(n)$ 的自相关函数,做变量替换 $v=t-kT-\theta$,得

$$R_S(\tau)=\frac{1}{T}\sum_{k=-\infty}^{+\infty}\sum_{i=-\infty}^{+\infty}R_A(k-i)\int_{t-(k+1)T}^{t-kT}p(v+\tau+(k-i)T)p(v)\mathrm{d}v$$

上式中再做变量替换,令 $m=i-k$,得

$$\begin{aligned}R_S(\tau)&=\frac{1}{T}\sum_{m=-\infty}^{+\infty}R_A(-m)\sum_{k=-\infty}^{+\infty}\int_{t-(k+1)T}^{t-kT}p(v+\tau-mT)p(v)\mathrm{d}v\\&=\frac{1}{T}\sum_{m=-\infty}^{+\infty}R_A(m)\int_{-\infty}^{+\infty}p(v+\tau-mT)p(v)\mathrm{d}v\end{aligned}$$

上式中的积分可以写成卷积形式,即

$$\int_{-\infty}^{+\infty} p(v+\tau-mT)p(v)\mathrm{d}v = p(t) * p(-t)\mid_{t=\tau-mT}$$

时域卷积在频域是相乘关系，所以该卷积的傅里叶变换为

$$\mathcal{F}\{p(t) * p(-t)\mid_{t=\tau-mT}\} = \mid P(f)\mid^2 \mathrm{e}^{-\mathrm{j}mT2\pi f}$$

其中 $P(f)$为 $p(t)$的傅里叶变换。因此，PAM 信号的功率谱为

$$G_S(f) = \frac{1}{T}\sum_{m=-\infty}^{+\infty} R_A(m)\mid P(f)\mid^2 \mathrm{e}^{-\mathrm{j}mT2\pi f} = \frac{\mid P(f)\mid^2}{T}\sum_{m=-\infty}^{+\infty} R_A(m)\mathrm{e}^{-\mathrm{j}mT2\pi f} \tag{2.8.2}$$

可见，PAM 信号的功率谱由两部分组成，前一部分是基脉冲信号 $p(t)$的频谱，后一部分是脉冲幅度序列$\{A(n)\}$的功率谱。因此，要控制 PAM 信号的频谱内容，只需要设计具有紧凑频谱的基脉冲信号，或者在脉冲幅度序列中加入存储器。

例 2.32 考虑二元通信系统，脉冲幅度序列是独立同分布的随机序列，且幅度取$+1$和-1是等可能的。那么，$A(n)$的自相关函数为 $R_A(m)=\delta(m)$，假定基脉冲为高度为 a，宽度为 T 的矩形脉冲，求 PAM 信号的功率谱。

解 脉冲幅度序列的功率谱为 $\sum\limits_{m=-\infty}^{+\infty} R_A(m)\mathrm{e}^{-\mathrm{j}mT2\pi f}=1$，PAM 信号的功率谱为

$$G_S(f) = \frac{\mid P(f)\mid^2}{T}$$

可见，在脉冲幅度序列为白噪声序列的情况下，PAM 信号的频谱完全由基脉冲信号的频谱确定。$p(t)$的傅里叶变换为

$$P(f) = \int_0^T a\mathrm{e}^{-\mathrm{j}2\pi ft}\mathrm{d}t = \frac{a}{2\pi f\mathrm{j}}(1-\mathrm{e}^{-\mathrm{j}2\pi fT}) = \frac{a}{\pi f}\sin(\pi fT)\mathrm{e}^{-\mathrm{j}\pi fT}$$

那么，PAM 信号的频谱为

$$G_S(f) = \frac{a^2}{T(\pi f)^2}\sin^2 \pi fT \tag{2.8.3}$$

PAM 信号的一个样本及频谱如图 2.30 所示，由图可见，PAM 信号的频谱大部分都集中在主瓣内，信号带宽为 $1/T$。但也有一部分在旁瓣内衰减较慢，高频谱将引起过程的一些瞬间跳变，这些旁瓣可以通过对基脉冲信号加一个平滑脉冲加以抑制，如用半周期的正弦信号进行平滑，即

$$p(t) = a\sin(\pi t/T) \quad (0 \leqslant t < T) \tag{2.8.4}$$

$p(t)$的频谱为

$$\begin{aligned} P(f) &= \frac{\mathrm{j}}{2}\frac{a}{\pi(f+1/2T)}\sin\left(\pi\left(f+\frac{1}{2T}\right)T\right)\mathrm{e}^{-\mathrm{j}\pi(f+1/2T)T} - \\ &\quad \frac{\mathrm{j}}{2}\frac{a}{\pi(f-1/2T)}\sin\left(\pi\left(f-\frac{1}{2T}\right)T\right)\mathrm{e}^{-\mathrm{j}\pi(f-1/2T)T} \\ &= \frac{aT}{2\pi}\frac{\cos\pi fT}{\frac{1}{4}-(fT)^2}\mathrm{e}^{-\mathrm{j}\pi fT} \end{aligned}$$

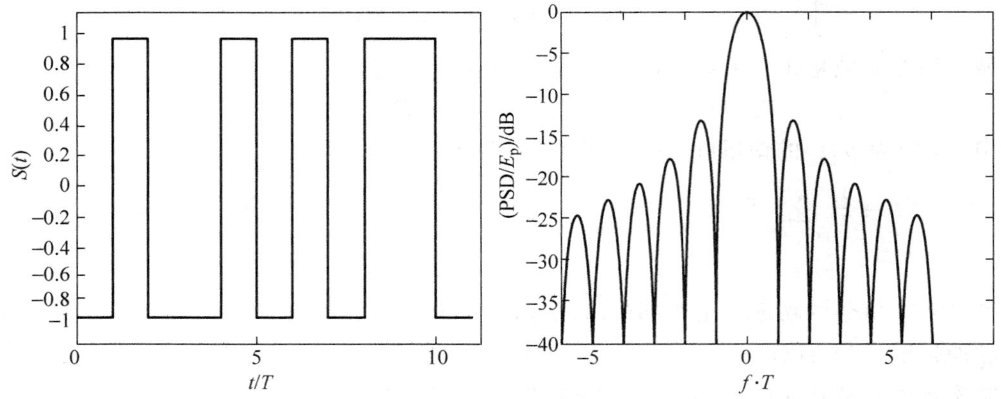

图 2.30 PAM 信号的一个样本函数和具有矩形基脉冲的 PAM 信号的功率谱

那么,半波正弦信号为基脉冲的 PAM 信号的功率谱为

$$G_S(f)=\frac{a^2T}{4\pi^2}\frac{\cos^2\pi fT}{\left[\frac{1}{4}-(fT)^2\right]^2} \tag{2.8.5}$$

PAM 信号的一个样本及频谱如图 2.31 所示,由图可见,PAM 信号的频谱的主瓣要比单个矩形基脉冲时宽 50%,而旁瓣要衰减得更快。

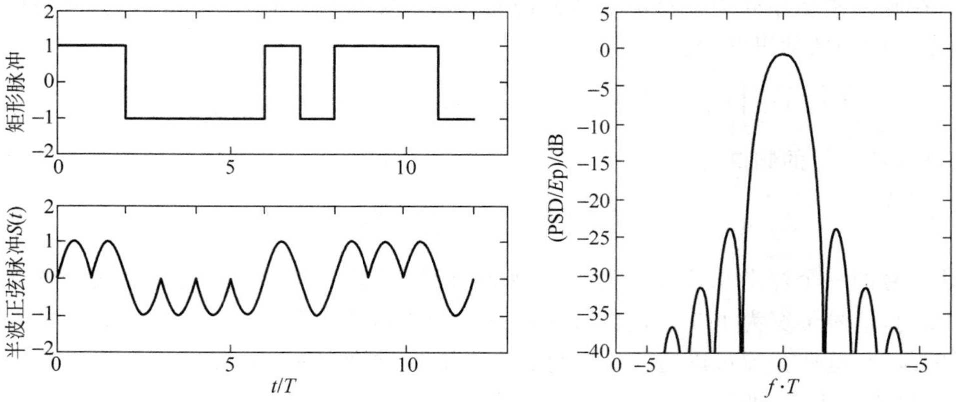

图 2.31 具有半波正弦脉冲的 PAM 信号的一个样本和功率谱

2.8.2 数字图像的直方图均衡

随机过程既可以是随时间变化的过程,也可以是随空间位置变化的过程。一幅图像可以定义为一个二维函数 $g(x,y)$,其中 x,y 为平面坐标,在平面上一点 (x,y) 处,函数 g 的值称为该点图像的强度或灰度级,当 x,y 以及 g 的值都是有限的离散数据时,称此图像为数字图像。数字图像是由有限个元素组成,每个元素都有特定的位置和值,这些元素称为图像元素或像素。平面上某一点的灰度可以视为一个随机变量,因此,一幅图

像可以视为随位置变化的随机序列。

什么是数字图像灰度级的直方图呢？简单地说，灰度级的直方图就是反映一幅图像中灰度级与出现这种灰度概率之间的关系的图形。

设变量 R 代表图像中像素灰度级，R 的取值范围为 $[0,L-1]$，L 为总的灰度级数，具有 L 个灰度级的数字图像直方图是一个离散函数：

$$h(r_k)=n_k \quad (k=0,1,\cdots,L-1) \tag{2.8.6}$$

其中 r_k 是第 k 个灰度级，$r_k=0$ 代表黑色，$r_k=L-1$ 代表白色。n_k 是在图像中具有灰度级 r_k 的像素数。在实际中，通常对直方图的每个值除以图像中总的像素数 n 做归一化处理。因此，归一化的直方图为

$$f(r_k)=\frac{n_k}{n} \quad (k=0,1,\cdots,L-1) \tag{2.8.7}$$

$f(r_k)$ 可以看作灰度级 r_k 出现概率的估计。很显然，对于任意的 k，有

$$0\leqslant f(r_k)\leqslant 1 \tag{2.8.8}$$

以及

$$\sum_{k=0}^{L-1} f(r_k)=1 \tag{2.8.9}$$

直方图提供了图像的统计信息，它可以用于图像压缩、图像增强等图像处理技术中。对比图 2.32 的 4 幅图像，这 4 幅图像分别代表黑的、亮的、低对比度和高对比度图像。

我们注意到，在黑图像中，直方图分量集中在灰度级的低端(暗端)，而亮图像的直方图分量主要集中在灰度级的高端；低对比度图像的直方图分量集中在比较窄的灰度级上，而高对比度的灰度级则比较均匀。

设随机变量 R 的概率密度和分布函数分别为 $f_R(r)$ 和 $F_R(r)$，对 R 做变换得到新的变量 S

$$S=\int_0^R f_R(r)\mathrm{d}r=F_R(R) \tag{2.8.10}$$

可以证明(参见习题 2.40)，随机变量 S 在 $[0,1]$ 区间上服从均匀分布，即

$$f_S(s)=1 \quad (0\leqslant s\leqslant 1) \tag{2.8.11}$$

由于数字图像的像素灰度级是离散值，因此，需要用概率和求和取代概率密度和积分。设 R 代表图像的灰度级，图像中的灰度级 $R=r_k$ 的概率为

$$P\{R=r_k\}=f_R(r_k)=\frac{n_k}{n} \quad (k=0,1,2,\cdots,L-1) \tag{2.8.12}$$

其中 n 是图像的总的像素数，n_k 是灰度级为 r_k 的像素数，做如下变换：

$$S=T(R) \tag{2.8.13}$$

上式变换意味着对 R 的每一个灰度级都做变换，即

$$s_k=T(r_k) \quad (k=0,1,2,\cdots,L-1) \tag{2.8.14}$$

对于离散形式，式(2.8.10)为

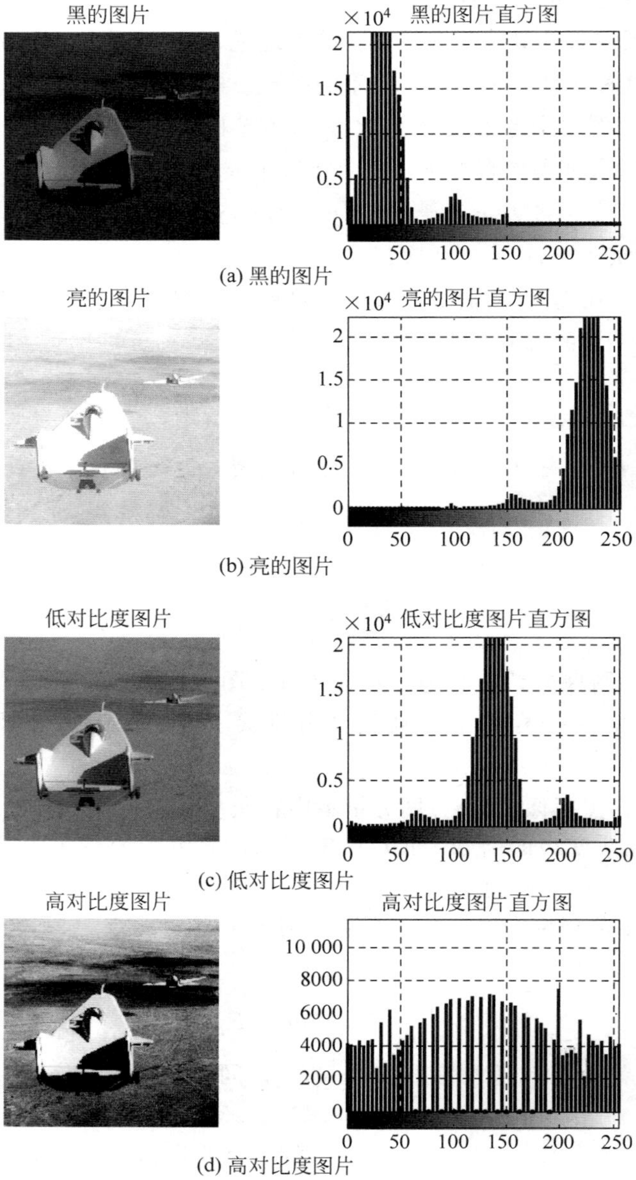

图 2.32　不同亮度和对比度图像及其直方图

$$s_k = T(r_k) = \sum_{j=0}^{k} f_R(r_j) = \sum_{j=0}^{k} \frac{n_j}{n} \quad (k = 0,1,\cdots,L-1) \tag{2.8.15}$$

通过上面的变换,被处理图像的像素 r_k 变换成了 s_k,由于 S 服从均匀分布,所以式(2.8.15)称为图像的直方图均衡。图 2.33 给出了原始图像和经过均衡后的图像,原始图像灰度集中在 100～200,经过均衡后,灰度在 0～256 分布比较均匀。

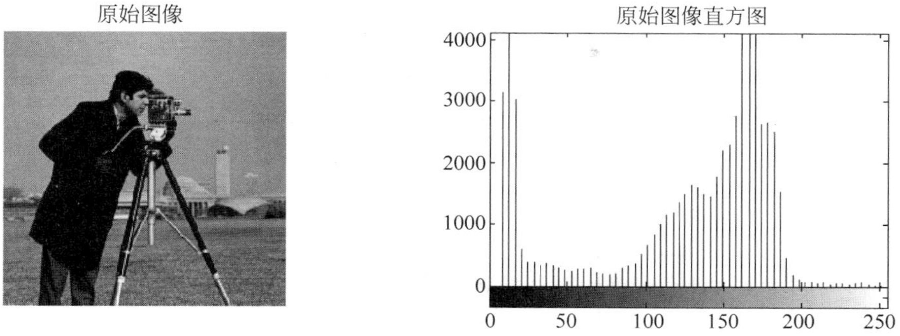

(a) 均衡前

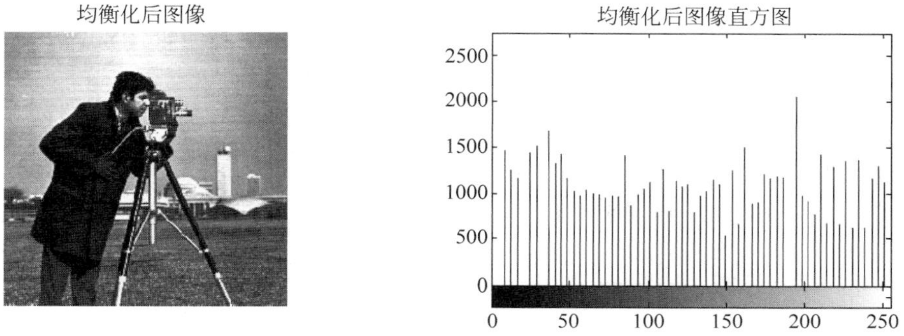

(b) 均衡后

图 2.33 均衡前后图像和直方图对比

习 题

2.1 设有正弦波随机过程 $X(t)=V\cos\omega_0 t$，其中 $0\leqslant t<\infty$，ω_0 为常数，V 是均匀分布于$[0,1]$区间的随机变量。

(1) 画出该过程两条样本函数；

(2) 确定随机变量 $X(t_i)$的概率密度，画出 $t_i=0,\dfrac{\pi}{4\omega_0},\dfrac{3\pi}{4\omega_0},\dfrac{\pi}{\omega_0}$时概率密度的图形；

(3) 当 $t_i'=\dfrac{\pi}{2\omega_0}$时，求 $X(t_i)$的概率密度。

2.2 用一枚硬币掷一次试验定义一个随机过程：

$$X(t)=\begin{cases}\cos\pi t & (\text{出现正面})\\ 2t & (\text{出现反面})\end{cases}$$

设“出现正面”和“出现反面”的概率均为 1/2。

(1) 确定 $X(t)$的一维分布函数 $F_X(x,1/2)$，$F_X(x,1)$；

(2) 确定 $X(t)$的二维分布函数 $F_X(x_1,x_2;1/2,1)$；

(3) 画出上述分布函数的图形。

2.3 设某信号源每 T 秒产生一个幅度为 A 的方波脉冲,其脉冲宽度 X 为均匀分布于 $[0,T]$ 中的随机变量。这样构成一个随机过程 $Y(t)$,$0\leqslant t<\infty$,其中一个样本函数示于图 2.34。设不同间隔中的脉冲是统计独立的,求 $Y(t)$ 的概率密度 $f_Y(y)$。

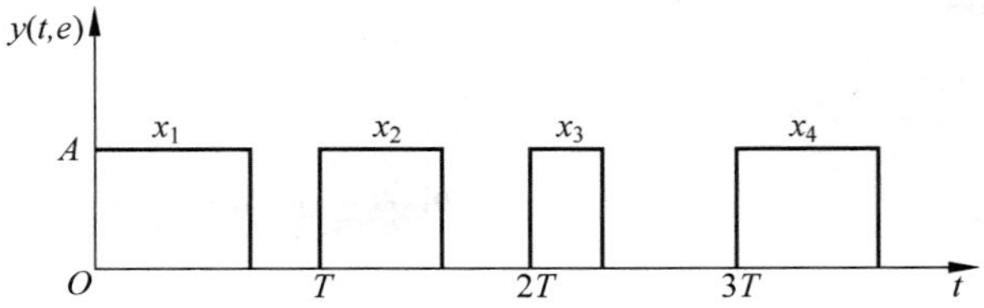

图 2.34 样本函数示意图

2.4 设随机过程 $X(t)=b+Nt$,已知 b 为常量,N 为正态随机变量,其均值为 m,方差为 σ^2。试求随机过程 $X(t)$ 的一维概率密度及其均值和方差。

2.5 考虑一个正弦振荡器,由于器件的热噪声和分布参数变化的影响,振荡器输出的正弦波可看作一个随机过程 $X(t)=A\cos(\Omega t+\Theta)$,其中 A,Ω,Θ 是相互独立的随机变量,且已知

$$f_A(a)=\begin{cases}\dfrac{2a}{A_0^2} & (a\in(0,A_0))\\ 0 & (\text{其他})\end{cases},\quad f_\Omega(\omega)=\begin{cases}\dfrac{1}{100} & (\omega\in(250,350))\\ 0 & (\text{其他})\end{cases}$$

$$f_\Theta(\theta)=\begin{cases}\dfrac{1}{2\pi} & (\theta\in(0,2\pi))\\ 0 & (\text{其他})\end{cases}$$

求随机过程 $X(t)$ 的一维概率密度。

2.6 设随机过程 $X(t)=A\cos\omega_0 t+B\sin\omega_0 t$,其中 ω_0 为常数,A 和 B 是两个相互独立的高斯随机变量。已知 $E[A]=E[B]=0$,$E[A^2]=E[B^2]=\sigma^2$,求 $X(t)$ 的一维和二维概率密度函数。

2.7 设随机过程 $X(t)$ 的相关函数为 $R_X(\tau)$,试证明:$R_X(0)\geqslant|R_X(\tau)|$。

2.8 设随机过程 $X(t)$ 的均值为 $m_X(t)$,协方差函数为 $C_X(t_1,t_2)$,$\varphi(t)$ 为普通确知函数。试求随机过程 $Y(t)=X(t)+\varphi(t)$ 的均值和协方差函数。

2.9 设有复随机过程 $Z(t)=\sum\limits_{k=1}^{N}A_K\mathrm{e}^{\mathrm{j}\theta_k t}$,其中 $A_k(k=1,2,\cdots,N)$ 分别服从 $N(0,\sigma_k^2)$,且相互独立,$\theta_k(k=1,2,\cdots,N)$ 是常数,试求该过程的均值和相关函数。

2.10 给定随机过程 $X(t)$ 和常数 a,试以 $X(t)$ 的自相关函数来表示随机过程 $Y(t)=X(t+a)-X(t)$ 的自相关函数。

2.11 设随机过程 $X(t)=X+Yt$,$t\in\mathbf{R}$,而随机矢量 $(X,Y)^{\mathrm{T}}$ 的协方差阵为 $\begin{bmatrix}\sigma_1^2 & \gamma\\ \gamma & \sigma_2^2\end{bmatrix}$,试求随机过程 $X(t)$ 的协方差函数。

2.12 考虑一随机序列 $X(n)$，它由下式构成，

$$X(n)=X(n-1)+W(n)$$

其中 $W(n)$ 是独立同分布的高斯随机序列，且均值为零，方差为 σ_W^2，起始条件 $X(0)=0$，求 $X(n)$ 的均值和自相关函数。

2.13 已知随机过程 $X(t)=\cos\Omega t$，其中 Ω 为均匀分布于 (ω_1,ω_2) 中的随机变量。试求：

(1) 均值 $m_X(t)$；

(2) 自相关函数 $R_X(t_1,t_2)$。

2.14 广义平稳随机过程 $Y(t)$ 的自相关矩阵如下，试确定矩阵中用××表示的元素。

$$\boldsymbol{R}_Y=\begin{bmatrix}2 & 1.3 & 0.4 & \times\times \\ \times\times & 2 & 1.2 & 0.8 \\ 0.4 & 1.2 & \times\times & 1.1 \\ 0.9 & \times\times & \times\times & 2\end{bmatrix}$$

2.15 根据掷骰子试验，定义随机过程为

$$X(t)=\cos\left(\frac{K\pi}{3}\right)t$$

其中 K 为描述掷骰子试验结果的随机变量，等概率取 1,2,3,4,5,6。

(1) 求 $X(1)$、$X(2)$ 的概率密度；

(2) $X(t)$ 是否为平稳随机过程？

2.16 随机过程 $X(t)$ 示于图 2.35，该过程仅由 3 个样本函数组成，而且每个样本函数均等概率发生。试计算

(1) $E[X(2)]$，$E[X(6)]$，$R_X(2,6)$；

(2) $F_X(x,2)$，$F_X(x,6)$ 及 $F_X(x_1,x_2,2,6)$，分别画出它们的图形。

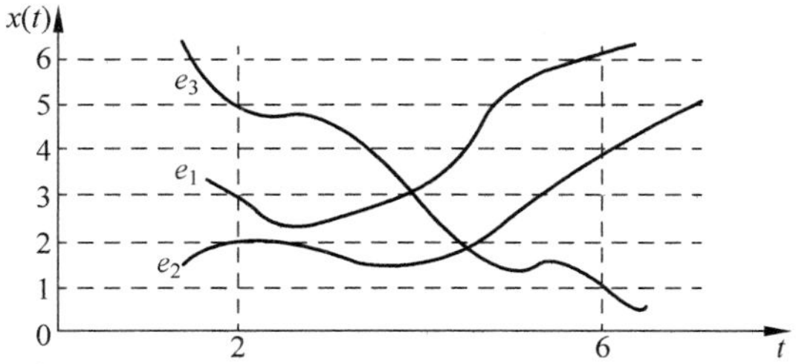

图 2.35 样本函数示意图

2.17 随机过程由下述 3 个样本函数组成，且等概率发生：

$$X(t,e_1)=1,\quad X(t,e_2)=\sin t,\quad X(t,e_3)=\cos t$$

(1) 计算均值 $m_X(t)$ 和自相关函数 $R_X(t_1,t_2)$；

(2) 该过程是否为平稳随机过程？

2.18 设随机过程 $X(t)=A\cos(\omega_0 t+\Theta)$，其中 A 是具有瑞利分布的随机变量，其

概率密度为

$$f_A(a)=\begin{cases}\dfrac{a}{\sigma^2}\exp\left[-\dfrac{a^2}{2\sigma^2}\right] & (a>0)\\ 0 & (a\leqslant 0)\end{cases}$$

Θ 是在 $[0,2\pi]$ 中均匀分布的随机变量，且与 A 统计独立，ω_0 为常量。试问 $X(t)$ 是否为平稳随机过程？

2.19 设平稳随机过程 $X(t)$ 的自相关函数为

$$R_X(\tau)=49+\frac{9}{1+5\tau}$$

求 $X(t)$ 的均值、方差和平均功率。

2.20 若两个随机过程 $X(t)$、$Y(t)$ 均不是平稳随机过程，且 $X(t)=A(t)\cos t$，$Y(t)=B(t)\sin t$。式中随机过程 $A(t)$、$B(t)$ 是相互独立的零均值平稳随机过程，并有相同的相关函数。证明：$Z(t)=X(t)+Y(t)$ 是广义平稳随机过程。

2.21 设 $X(t)$ 和 $Y(t)$ 是两个联合平稳的随机过程，证明：

(1) $|R_{XY}(\tau)|^2\leqslant R_X(0)R_Y(0)$；

(2) $2R_{XY}(\tau)\leqslant R_X(0)+R_Y(0)$；

(3) $|C_{XY}(\tau)|^2\leqslant \sigma_X^2\sigma_Y^2$。

2.22 已知平稳随机过程的相关函数为 $R_X(\tau)=\sigma_X^2\mathrm{e}^{-\alpha|\tau|}$ 和 $R_X(\tau)=\sigma_X^2(1-\alpha|\tau|)$，$|\tau|\leqslant 1/\alpha$ 试求其相关时间 τ_0。

2.23 设随机过程 $Z(t)=X(t)\cos\omega_0 t-Y(t)\sin\omega_0 t$，其中 ω_0 为常量，$X(t)$、$Y(t)$ 为平稳随机过程，且相关函数分别为 $R_X(\tau)$ 和 $R_Y(\tau)$。试求：

(1) $Z(t)$ 的自相关函数 $R_Z(t_1,t_2)$；

(2) 如果 $R_X(\tau)=R_Y(\tau)$，$R_{XY}(\tau)=0$，求 $R_Z(t_1,t_2)$。

2.24 两个统计独立的平稳随机过程 $X(t)$ 和 $Y(t)$，其均值都为 0，自相关函数分别为 $R_X(\tau)=\mathrm{e}^{-|\tau|}$，$R_Y(\tau)=\cos 2\pi\tau$，试求：

(1) $Z(t)=X(t)+Y(t)$ 的自相关函数；

(2) $W(t)=X(t)-Y(t)$ 的自相关函数；

(3) 互相关函数 $R_{ZW}(\tau)$。

2.25 设 $X(t)$ 是雷达发射信号，遇到目标后返回接收机的微弱信号为 $\alpha X(t-\tau_1)$，其中 $\alpha\leqslant 1$，τ_1 是信号返回时间。由于接收到的信号总是伴随有噪声 $W(t)$，于是接收到的信号为 $Y(t)=\alpha X(t-\tau_1)+W(t)$。

(1) 如果 $X(t)$ 和 $Y(t)$ 是联合平稳过程，求互相关函数 $R_{YX}(\tau)$；

(2) 在(1)的条件下，假如 $W(t)$ 为零均值，且与 $X(t)$ 统计独立，求 $R_{YX}(\tau)$。

2.26 在 2.4.2 节中给出了两个随机过程广义联合平稳的定义，这个定义同样可以推广到随机序列。假定 $X(n)$ 和 $Y(n)$ 是广义平稳随机序列，如果互相关序列满足

$R_{XY}(n+m,n)=E[X(n+m)Y(n)]=R_{XY}(m)$，则称 $X(n)$ 和 $Y(n)$ 是广义联合平稳随机序列。如果 $X(n)=\cos(\omega_0 n+\Phi_1)$，$Y(n)=\cos(\omega_0 n+\Phi_2)$，其中 ω_0 是常数，Φ_1 和 Φ_2 为 $(0,2\pi)$ 上均匀分布的随机变量，且相互独立，证明 $X(n)$ 和 $Y(n)$ 是广义联合平稳随机序列。

2.27　证明严格循环平稳的定理1。

2.28　证明广义循环平稳的定理2。

2.29　已知平稳随机过程 $X(t)$ 的功率谱密度为

$$G_X(\omega)=\frac{\omega^2}{\omega^4+3\omega^2+2}$$

试求 $X(t)$ 的均方值 $E[X^2(t)]$。

2.30　已知平稳随机过程 $X(t)$ 的自相关函数为 $R_X(\tau)=4\mathrm{e}^{-|\tau|}\cos\pi\tau+\cos3\pi\tau$，试求功率谱密度 $G_X(\omega)$。

2.31　随机序列 $X[n]$ 的相关函数为 $R_X(m)=a^{|m|}$，$|a|<1$，试求其功率谱密度。

2.32　已知离散时间随机信号

$$X(n)=W(n)+\sum_{k=1}^{p}a_k\cos(\omega_k n+\theta_k)$$

式中 $W(n)$ 是均值为零、方差为 σ_W^2 的白噪声，a_k 为实常数，$\theta_k(k=1,2,\cdots,p)$ 是在 $(0,2\pi)$ 上均匀分布的相互独立的随机变量，$W(n)$ 与 θ_k 统计独立。试求 $X(n)$ 的功率谱密度 $G_X(\omega)$。

2.33　如图2.36所示的系统中，若 $X(t)$ 为平稳过程。证明 $Y(t)$ 的功率谱密度为 $G_Y(\omega)=2G_X(\omega)(1-\cos\omega T)$。

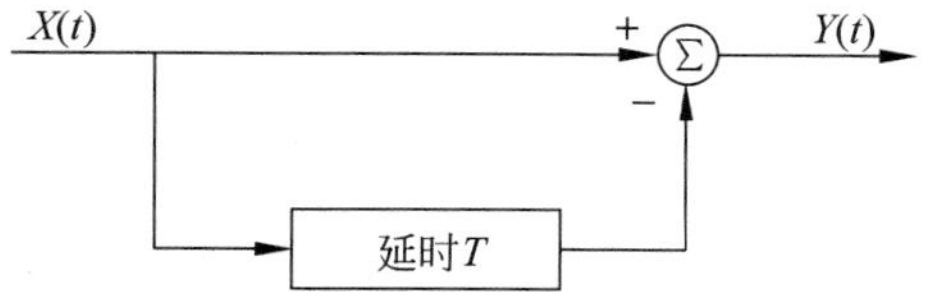

图2.36　系统示意图

2.34　已知平稳随机过程 $X(t)$ 的功率谱密度为

$$G_X(\omega)=\begin{cases}8\delta(\omega)+20\left(1-\dfrac{|\omega|}{10}\right) & (|\omega|\leqslant 10)\\ 0 & (\text{其他})\end{cases}$$

试求 $X(t)$ 的自相关函数。

2.35　设 $X(t)$ 和 $Y(t)$ 是两个统计独立的平稳随机过程，均值分别为常量 m_X 和 m_Y，且 $X(t)$ 的功率谱密度为 $G_X(\omega)$，定义 $Z(t)=X(t)+Y(t)$，试计算 $G_{XY}(\omega)$，$G_{XZ}(\omega)$。

2.36　设随机过程 $X(t)=a\cos(\Omega t+\Theta)$，其中 a 为常量，Ω 和 Θ 为相互独立的随机变量，且 Θ 均匀分布于 $(0,2\pi)$ 中，Ω 的一维概率密度为偶函数，即 $f_\Omega(\Omega)=f_\Omega(-\Omega)$。

求证 $X(t)$的功率谱密度为 $G_X(\omega)=\pi a^2 f_\Omega(\omega)$。

2.37 设 $X(t)$为广义平稳随机过程,其自相关函数 $R_X(\tau)$如图 2.37 所示。试求该过程的功率谱密度,并将其图形画出来。

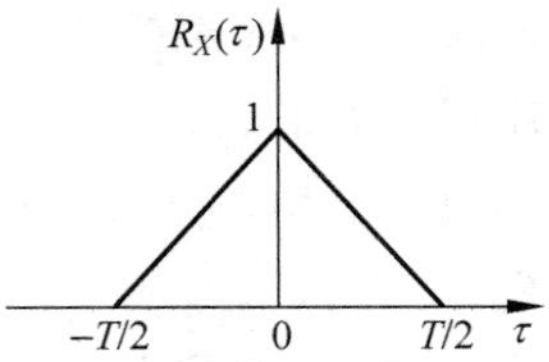

图 2.37 相关函数示意图

2.38 设有零均值的正态随机过程 $X(t)$,令 $X_1=X(t_1)$,$X_2=X(t_2)$,$X_3=X(t_3)$和 $X_4=X(t_4)$,证明:$E[X_1X_2X_3X_4]=E[X_1X_2]E[X_3X_4]+E[X_1X_3]E[X_2X_4]+E[X_1X_4]E[X_2X_3]$。

提示:首先求出四维特征函数 $\Phi_X(\boldsymbol{\mu})=\exp\left[-\frac{1}{2}\boldsymbol{\mu}^{\mathrm{T}}\boldsymbol{C}\boldsymbol{\mu}\right]=\exp\left[-\frac{1}{2}\sum_{n=1}^{4}\sum_{m=1}^{4}\mu_n C_{nm}\mu_m\right]$,根据特征函数与矩的关系求解。

2.39 一正态随机过程的均值 $m_X(t)=2$,协方差 $C_X(t_1,t_2)=8\cos\pi(t_1-t_2)$,写出当 $t_1=0,t_2=1/2$ 时的二维概率密度。

2.40 反函数法、变换法是任意分布随机数产生的常用方法,其中反函数法利用随机变量的分布函数求解其反函数获得任意分布随机数,变换法则利用随机变量的函数变换获得任意分布随机数。下面证明反函数法定理:

若随机变量 X 具有连续分布函数 $F_X(x)$,而 R 是(0,1)均匀分布的随机变量,则有

$$X=F_X^{-1}(R)$$

这一定理告诉了我们产生服从分布 $F_X(x)$的随机数的方法,即先产生(0,1)均匀分布的随机数,然后按上式做变换得到随机数 X。

计算机作业

2.41 试根据习题 2.40 所述的反函数法用(0,1)均匀分布随机变量 r 产生瑞利分布的随机数,其概率密度为

$$f_X(x)=\frac{x}{\sigma^2}\exp\left\{-\frac{x^2}{2\sigma^2}\right\}\quad(x>0)$$

2.42 试根据习题 2.40 所述的反函数法,产生指数分布的随机数。指数分布的概率密度为

$$f_X(x)=\begin{cases}\lambda \mathrm{e}^{-\lambda x} & (x\geqslant 0)\\ 0 & (x<0)\end{cases}$$

其中参数 λ 为非零常数。估计所产生随机数的均值、方差和概率密度。

2.43 按如下线性概率密度产生随机数的 1000 个样本值。

$$f(x)=\begin{cases}x/2 & (0\leqslant x\leqslant 2)\\ 0 & (\text{其他})\end{cases}$$

(1) 计算该序列均值、方差与理想均值、方差的误差大小,改变序列个数重新计算;

(2) 绘出该序列的直方图和概率密度函数。

2.44 用 MATLAB 产生例 2.3 的半二元传输信号的二条样本函数。

2.45 产生一组均值为 1、方差为 4 的正态分布的随机序列(1000 个样本),画出该序列的一条样本函数,并估计该序列的均值与方差。

2.46 模拟产生一个正态随机序列 $X(n)$,要求自相关函数满足

$$R_X(m)=\frac{1}{1-0.64}0.8^{|m|}$$

画出产生的随机序列波形。

2.47 在 2.7.3 节中讨论了概率密度的估计,本题讨论独立同分布随机序列的概率分布函数的估计。假定独立同分布随机序列 $X(n)$,对于任意的实数 x,定义随机序列 $Y(n)$,

$$Y(n)=\begin{cases}1 & (X(n)\leqslant x)\\ 0 & (X(n)>x)\end{cases}$$

很显然,$Y(n)$ 也是独立同分布的随机序列,$Y(n)$ 的均值为 $E[Y(n)]=P\{X(n)\leqslant x\}=F_X(x)$,可见 $X(n)$ 的分布函数估计等价于 $Y(n)$ 的均值估计,即

$$\hat{F}_X(x)=E\widehat{[Y(n)]}=\frac{1}{N}\sum_{n=1}^{N}Y(n)=\frac{1}{N}\sum_{n=1}^{N}[1-U(X(n)-x)]$$

其中 U 为单位阶跃函数。为了说明概率分布函数估计的过程,假定 $X(n)$ 在 (0,1) 区间上均匀分布,对于 N 分别为 $N=10$, $N=100$ 和 $N=1000$,使用 N 个独立同分布随机变量估计 $X(n)$ 的概率分布函数,并对不同的 N 进行比较。

研讨题

2.48 2.8.1 节讨论了 PAM 信号的功率谱特性,采用半波正弦脉冲信号可以使功率谱更为集中在主瓣内,如果对脉冲幅度加入存储器,同样也可以控制功率谱。对于二进制传输问题,$B(k)\in\{-1,1\}$,在前面的分析中,脉冲串信号的幅度 $\{A(k)\}$ 与数字符号序列 $\{B(k)\}$ 的关系为 $A(k)=B(k)$。现在假定 $A(k)=B(k)+B(k-1)$,那么脉冲幅度将取三个值,$A(k)\in\{-2,0,2\}$,称为双二进制预编码。

(1) 求脉冲串信号的幅度 $\{A(k)\}$ 的自相关函数;

(2) 求 PAM 信号的功率谱;

(3) 画出 PAM 信号的一个样本函数及功率谱密度的图形;

(4) 与具有半波正弦基脉冲的 PAM 信号相比有何优点?

2.49 在通信系统中广泛采用同步解调器,如图 2.38(a) 所示。

设 $X(t)=S(t)+W(t)$,其中 $S(t)=3\cos(108t-\Phi)$, $Y(t)=2\cos(108t-\Theta)$, Φ 和 Θ 均在 $(0,2\pi)$ 上均匀分布,且统计独立,$W(t)$ 为平稳噪声,功率谱密度如图 2.38(b) 所示,$W(t)$ 与 Φ 和 Θ 统计独立。(1) 求 $V(t)$ 的自相关函数;(2) 求 $Z(t)$ 的功率谱,并计算平均功率。

2.50 假定一固定平台发射一正弦信号 $S(t)=a\cos(2\pi f_0t+\Phi)$,其中 a 和 f_0 为常数,Φ 为 $(0,2\pi)$ 区间上均匀分布的随机变量,信号被某移动平台接收,移动平台相对于发

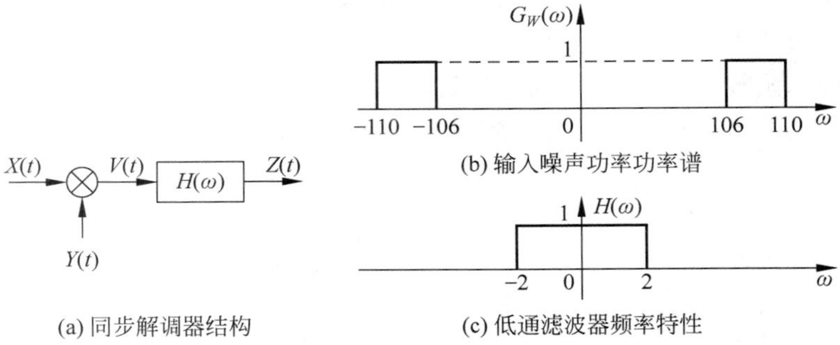

图 2.38　同步解调器结构及系统特性

射平台的运动速度为 V,因此,移动平台的接收信号为 $X(t)=a\cos[2\pi f_0(1+V/c)t+\Phi]$,其中 c 为光速。如果 V 为区间$(-v_0,v_0)$上均匀分布的随机变量,求接收信号的功率谱,并解释由于运动引起的多普勒效应对正弦信号的功率谱产生什么样的影响。

实验

实验 2.1　随机过程的模拟与特征估计

随机过程的特征估计是信号处理最基本的内容,通过本实验熟悉和掌握特征估计的基本方法及其 MATLAB 实现。实验原理参见 2.7 节,实验内容如下:

(1) 按如下模型产生一组随机序列 $x(n)=0.8x(n-1)+w(n)$,其中 $w(n)$为均值为 1,方差为 4 的正态分布白噪声序列。估计过程的自相关函数与功率谱。

(2) 设信号为 $x(n)=\sin(2\pi f_1 n)+2\cos(2\pi f_2 n)+w(n)$,$n=1,2,\cdots,N$,其中 $f_1=0.05$,$f_2=0.12$,$w(n)$为正态白噪声,试在 $N=256$ 和 1024 点时,分别产生随机序列 $x(n)$,画出 $x(n)$的波形并估计 $x(n)$的相关函数和功率谱。

实验 2.2　数字图像直方图均衡

2.8.2 节介绍了一个信号处理应用实例——图像直方图均衡,本实验用 MATLAB 实现均衡算法,请自己找一幅图像(可以从 MATLAB 图像工具箱找一幅例子图像),画出原始图像的直方图和经过均衡处理后的直方图。

第3章 随机过程的线性变换

在电子技术中，通常需要将信号经过一系列的变换，才能提取到有用的信息。变换可以看作为信号通过系统，所以随机过程的变换就是分析随机过程通过系统后的响应。系统一般分为线性系统和非线性系统两大类，因此随机过程的变换也分为线性变换和非线性变换两大类。本章介绍随机过程的线性变换，随机过程的非线性变换将在第4章介绍。

3.1 变换的基本概念和基本定理

3.1.1 变换的基本概念

1. 变换的定义

首先回顾普通函数变换的概念。

给定一个函数 $x(t)$，按照某种法则 T，指定一个新的函数 $y(t)$，那么，就说 $y(t)$ 是 $x(t)$ 经过变换 T 后的结果。记为

$$y(t)=T[x(t)] \tag{3.1.1}$$

T 称为从 $x(t)$ 到 $y(t)$ 的变换。类似地，随机过程的变换也可以这样来定义。

定义 给定一个随机过程 $X(t)$，按照某种法则 T，对它的每一个样本函数 $x(t)$，都指定一个对应函数 $y(t)$，于是就得到了一个新的随机过程 $Y(t)$，记为

$$Y(t)=T[X(t)] \tag{3.1.2}$$

T 就叫作从随机过程 $X(t)$ 到 $Y(t)$ 的变换，$Y(t)$ 是随机过程 $X(t)$ 经过变换后的结果。

需要说明的是式(3.1.2)的变换关系，如果要用普通函数的变换关系来理解的话是一簇变换关系，也就是说，对 $X(t)$ 和 $Y(t)$ 的每一个样本函数都有一个变换等式。

随机过程的变换也可以用系统的观点来加以解释。如图3.1所示，假定系统是按照法则 T 来定义的，那么 $Y(t)$ 就可以看作随机过程 $X(t)$ 通过系统后的响应。

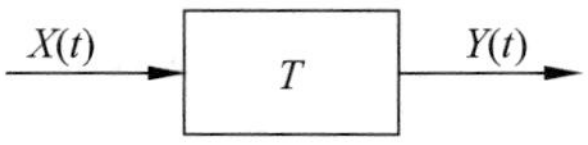

图3.1 随机过程的变换示意图

变换有确定性变换和随机性变换两种。对于某个试验结果 e_i，对应一个特定的时间函数 $x(t,e_i)$，用这个信号作为系统的输入，可以得到一个特定的输出函数 $y(t,e_i)$，这个函数是 $Y(t)$ 对应于 e_i 的一个样本。于是，系统对随机输入的响应与确定性信号的响应是相同的，所谓随机性主要表现在输入上，而不是变换本身。按这种方式解释的变换称为确定性变换。即如果 e_1 和 e_2 是两个实验结果，且 $x(t,e_1)=x(t,e_2)$，则 $y(t,e_1)=y(t,e_2)$，则称 T 是确定性变换，否则称为随机性变换。本章只介绍确定性变换。

2. 线性变换

定义 设有任意两个随机变量 A_1 和 A_2 及任意两个随机过程 $X_1(t)$ 和 $X_2(t)$，如果满足

$$L[A_1X_1(t)+A_2X_2(t)]=A_1L[X_1(t)]+A_2L[X_2(t)] \tag{3.1.3}$$

则称 L 是线性变换。

对于线性变换 L,$Y(t)=L[X(t)]$,如果

$$Y(t+\varepsilon)=L[X(t+\varepsilon)] \tag{3.1.4}$$

其中 ε 为任意常数,即输入的时延对输出也只产生一个相应的时延,则称 L 是线性时不变的。

3.1.2 线性变换的基本定理

下面针对线性变换给出两个基本定理,这两个定理描述了随机过程经过线性变换后数字特征的变化。

定理 1 设 $Y(t)=L[X(t)]$,其中 L 是线性变换,则

$$E[Y(t)]=L\{E[X(t)]\} \tag{3.1.5}$$

即随机过程经过线性变换后,其输出的数学期望等于输入的数学期望通过线性变换后的结果。

由于

$$E[Y(t)]=E\{L[X(t)]\}=L\{E[X(t)]\} \tag{3.1.6}$$

可见,如果把 L 和 E 看作为算子,那么 L 和 E 这两个算子是可以交换次序的。

定理 1 可以用大数定理加以证明。设第 i 次试验时,得到样本函数 $x_i(t)$,将其加到系统的输入端,而在输出端得到一个样本函数 $y_i(t)$:

$$y_i(t)=L[x_i(t)] \tag{3.1.7}$$

在 n 次重复试验后,可以得到 n 个样本函数 $y_1(t),y_2(t),\cdots,y_n(t)$,那么 $Y(t)$的样本均值为

$$\begin{aligned}\overline{Y(t)}&=\frac{1}{n}[y_1(t)+y_2(t)+\cdots+y_n(t)]\\&=\frac{1}{n}\{L[x_1(t)]+L[x_2(t)]+\cdots+L[x_n(t)]\}\\&=L\left\{\frac{1}{n}[x_1(t)+x_2(t)+\cdots+x_n(t)]\right\}\\&=L\{\overline{X(t)}\}\end{aligned} \tag{3.1.8}$$

当 $X(t)$与 $Y(t)$的方差有限时,根据大数定理,当 $n\to\infty$时,有

$$\overline{X(t)}\to E[X(t)],\quad \overline{Y(t)}\to E[Y(t)]$$

所以

$$E[Y(t)]=L\{E[X(t)]\}$$

定理 2 设 $Y(t)=L[X(t)]$,其中 L 是线性变换,则

$$R_{XY}(t_1,t_2)=L_{t_2}[R_X(t_1,t_2)] \tag{3.1.9}$$

$$R_Y(t_1,t_2)=L_{t_1}[R_{XY}(t_1,t_2)]=L_{t_1}\cdot L_{t_2}[R_X(t_1,t_2)] \tag{3.1.10}$$

其中 L_{t_1} 表示对 t_1 做 L 变换,L_{t_2} 表示对 t_2 做 L 变换。

证明 因为

$$X(t_1)Y(t)=X(t_1)L[X(t)]=L[X(t_1)X(t)]$$

$$E[X(t_1)Y(t)]=E\{L[X(t_1)X(t)]\}=L\{E[X(t_1)X(t)]\}$$

令 $t=t_2$,可得

$$R_{XY}(t_1,t_2)=L_{t_2}[R_X(t_1,t_2)]$$

同理可证

$$R_Y(t_1,t_2)=L_{t_1}[R_{XY}(t_1,t_2)]$$

联合上面两式,得

$$R_Y(t_1,t_2)=L_{t_1}\cdot L_{t_2}[R_X(t_1,t_2)]$$

以上两个定理是线性变换的两个基本定理,它给出了随机过程经过线性变换后,输出的均值和相关函数的计算方法。

从两个定理可知,对于线性变换,输出的均值和相关函数可以分别由输入的均值和相关函数确定。推广而言,对于线性变换,输出的 k 阶矩可以由输入的相应阶矩来确定。如

$$E[Y(t_1)Y(t_2)Y(t_3)]=L_{t_1}\cdot L_{t_2}\cdot L_{t_3}\{E[X(t_1)X(t_2)X(t_3)]\} \tag{3.1.11}$$

假定系统是线性时不变的,由线性时不变的基本特性和两个基本定理可以看出,如果 $X(t)$是严平稳的,则 $Y(t)$也是严平稳的。如果 $X(t)$是广义平稳的,则 $Y(t)$也是广义平稳的。

例 3.1 随机过程导数的统计特性。设 $\dot{X}(t)=\mathrm{d}X(t)/\mathrm{d}t$,$L=\dfrac{\mathrm{d}}{\mathrm{d}t}$,很容易证明,导数是一种线性变换,$\dot{X}(t)$可以看作 $X(t)$经过微分变换后的输出,如图 3.2 所示。

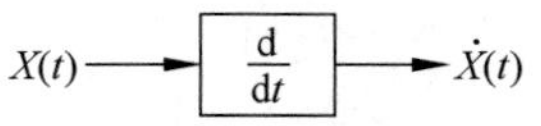

图 3.2 随机过程的导数变换示意图

根据线性变换的基本定理 1,导数过程 $\dot{X}(t)$的均值为

$$E[\dot{X}(t)]=E\{L[X(t)]\}=L\{E[X(t)]\} \tag{3.1.12}$$

即

$$m_{\dot{X}}(t)=\frac{\mathrm{d}m_X(t)}{\mathrm{d}t} \tag{3.1.13}$$

根据线性变换的定理 2,$X(t)$和 $\dot{X}(t)$的互相关函数为

$$R_{X\dot{X}}(t_1,t_2)=L_{t_2}[R_X(t_1,t_2)]=\frac{\partial R_X(t_1,t_2)}{\partial t_2} \tag{3.1.14}$$

自相关函数为

$$R_{\dot{X}}(t_1,t_2)=L_{t_1}[R_{X\dot{X}}(t_1,t_2)]=\frac{\partial R_{X\dot{X}}(t_1,t_2)}{\partial t_1}=\frac{\partial^2 R_X(t_1,t_2)}{\partial t_1\partial t_2} \tag{3.1.15}$$

如果 $X(t)$ 为平稳随机过程，则

$$m_{\dot{X}}(t)=0 \tag{3.1.16}$$

$$R_{X\dot{X}}(\tau)=-\frac{\mathrm{d}R_X(\tau)}{\mathrm{d}\tau},\quad R_{\dot{X}}(\tau)=\frac{\mathrm{d}R_{X\dot{X}}(\tau)}{\mathrm{d}\tau}=-\frac{\mathrm{d}^2R_X(\tau)}{\mathrm{d}\tau^2} \tag{3.1.17}$$

$$G_{X\dot{X}}(\omega)=-\mathrm{j}\omega G_X(\omega)\quad G_{\dot{X}}(\omega)=\mathrm{j}\omega G_{X\dot{X}}(\omega)=\omega^2G_X(\omega) \tag{3.1.18}$$

导数过程的相关函数可用图 3.3 来表示。

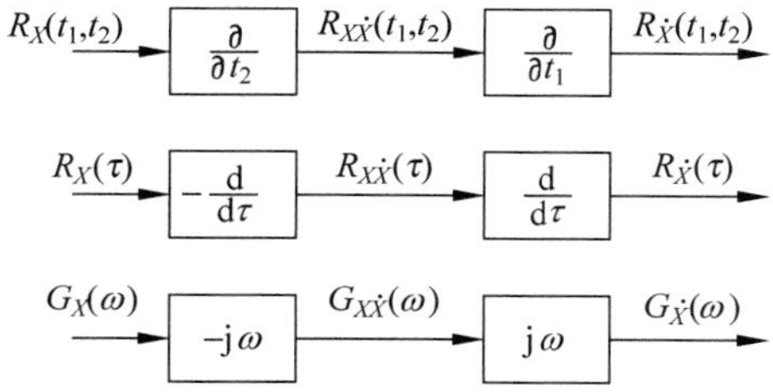

图 3.3　随机过程及其导数相关函数示意图

另外，$R_{X\dot{X}}(-\tau)=R_{\dot{X}X}(\tau)=\frac{\mathrm{d}R_X(\tau)}{\mathrm{d}\tau}$，综合式(3.1.17)，可得 $R_{X\dot{X}}(-\tau)=-R_{X\dot{X}}(\tau)$，$R_{X\dot{X}}(\tau)$ 是奇函数，$R_{X\dot{X}}(0)=0$。因此，平稳随机过程 $X(t)$ 与它的导数 $\dot{X}(t)$ 在同一时刻是正交的和不相关的，如果 $X(t)$ 服从正态分布，则它们还是相互独立的。

3.2　随机过程通过线性系统分析

随机过程通过线性系统分析的中心问题是：给定系统的输入函数和线性系统的特性，求输出函数，由于输入是随机过程，所以输出也是随机过程；对于随机过程，一般很难给出确切的函数形式，因此，通常只分析随机过程通过线性系统后输出的概率分布特性和某些数字特征。线性系统既可以用冲激响应描述，也可以用系统传递函数描述，因此，随机过程通过线性系统的常用分析方法也有两种：冲激响应法和频谱法。

3.2.1　冲激响应法

设有如图 3.4 所示的线性系统，其中 $h(t)$ 为系统的冲激响应。

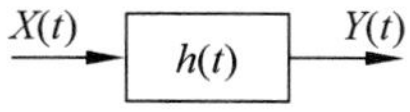

图 3.4　线性系统示意图

根据线性系统的理论，输出 $Y(t)$ 为

$$Y(t)=\int_{-\infty}^{+\infty}X(t-\tau)h(\tau)\mathrm{d}\tau=\int_{-\infty}^{+\infty}X(\tau)h(t-\tau)\mathrm{d}\tau=h(t)*X(t) \tag{3.2.1}$$

如果用 $L=h(t)*$ 表示与冲激响应的卷积,即 $Y(t)=L[X(t)]$,很容易证明,L 是一种线性变换,由定理 1,输出的均值为

$$m_Y(t)=L[m_X(t)]=h(t)*m_X(t)=\int_{-\infty}^{+\infty}m_X(t-\tau)h(\tau)\mathrm{d}\tau \tag{3.2.2}$$

如果 $X(t)$ 为平稳随机过程,则

$$m_Y=\int_{-\infty}^{+\infty}m_Xh(\tau)\mathrm{d}\tau=m_X\int_{-\infty}^{+\infty}h(\tau)\mathrm{d}\tau=m_XH(0) \tag{3.2.3}$$

其中 $H(0)$ 为系统的传递函数在 $\omega=0$ 时的值。

由定理 2,输入和输出的互相关函数为

$$\begin{aligned}R_{XY}(t_1,t_2)&=L_{t_2}[R_X(t_1,t_2)]=h(t_2)*R_X(t_1,t_2)\\&=\int_{-\infty}^{+\infty}R_X(t_1,t_2-u)h(u)\mathrm{d}u\end{aligned} \tag{3.2.4}$$

输出的自相关函数为

$$\begin{aligned}R_Y(t_1,t_2)&=L_{t_1}[R_{XY}(t_1,t_2)]=h(t_1)*R_{XY}(t_1,t_2)\\&=\int_{-\infty}^{+\infty}R_{XY}(t_1-u,t_2)h(u)\mathrm{d}u\end{aligned} \tag{3.2.5}$$

综合式(3.2.4)与式(3.2.5),得

$$R_Y(t_1,t_2)=h(t_1)*R_{XY}(t_1,t_2)=h(t_1)*h(t_2)*R_X(t_1,t_2) \tag{3.2.6}$$

同理可证

$$R_{YX}(t_1,t_2)=h(t_1)*R_X(t_1,t_2) \tag{3.2.7}$$

$$R_Y(t_1,t_2)=h(t_2)*R_{YX}(t_1,t_2) \tag{3.2.8}$$

输入输出相关函数的关系如图 3.5 所示。

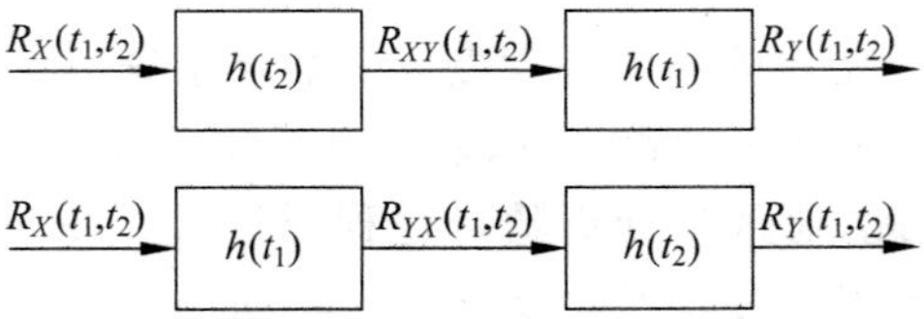

图 3.5 随机过程通过线性系统输入输出相关函数之间的关系

如果 $X(t)$ 是平稳随机过程,则

$$\begin{aligned}R_{XY}(t_1,t_2)&=\int_{-\infty}^{+\infty}R_X(t_1,t_2-u)h(u)\mathrm{d}u=\int_{-\infty}^{+\infty}R_X(t_1-t_2+u)h(u)\mathrm{d}u\\&=\int_{-\infty}^{+\infty}R_X(\tau+u)h(u)\mathrm{d}u\end{aligned}$$

其中,$\tau=t_1-t_2$,即

$$R_{XY}(\tau)=h(-\tau)*R_X(\tau) \tag{3.2.9}$$

同理

$$R_Y(t_1,t_2)=\int_{-\infty}^{+\infty}R_{XY}(t_1-u,t_2)h(u)\mathrm{d}u=\int_{-\infty}^{+\infty}R_{XY}(t_1-t_2-u)h(u)\mathrm{d}u$$

$$=\int_{-\infty}^{+\infty} R_{XY}(\tau-u)h(u)\mathrm{d}u$$

即

$$R_Y(\tau)=h(\tau)*R_{XY}(\tau) \tag{3.2.10}$$

所以

$$R_Y(\tau)=h(-\tau)*h(\tau)*R_X(\tau) \tag{3.2.11}$$

类似地，

$$R_{YX}(\tau)=h(\tau)*R_X(\tau) \tag{3.2.12}$$

$$R_Y(\tau)=h(-\tau)*R_{YX}(\tau) \tag{3.2.13}$$

平稳随机过程通过线性系统输入输出相关函数之间的关系如图 3.6 所示。

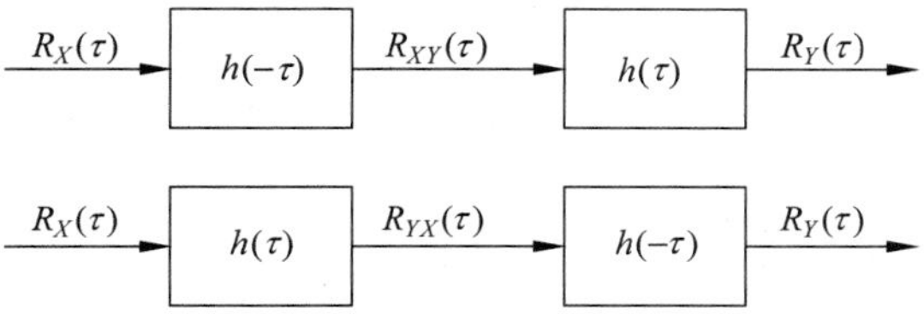

图 3.6 平稳随机过程通过线性系统输入输出相关函数之间的关系

例 3.2 设有微分方程描述的线性系统：

$$\frac{\mathrm{d}Y(t)}{\mathrm{d}t}+\alpha Y(t)=X(t)$$

其中 α 为常数，系统的起始状态为 $Y(0)=0$，输入 $X(t)$ 为平稳随机过程，且 $E[X(t)]=\lambda$，$R_X(\tau)=\lambda^2+\lambda\delta(\tau)$，求输出 $Y(t)$ 的统计特性。

解 首先确定系统的冲激响应，令输入为 $\delta(t)$，则冲激响应为

$$\frac{\mathrm{d}h(t)}{\mathrm{d}t}+\alpha h(t)=\delta(t)$$

由此可解得

$$h(t)=\mathrm{e}^{-\alpha t}U(t)$$

由于系统是因果系统，系统的响应只有在 $t\geqslant 0$ 时才存在，因此，其输入也只有在 $t\geqslant 0$ 时才对系统起作用，即实际加到系统的输入为 $X(t)U(t)$，那么，输出 $Y(t)$ 的均值为

$$m_Y(t)=h(t)*[m_X(t)U(t)]=\int_0^t \lambda\mathrm{e}^{-\alpha\tau}\mathrm{d}\tau=\frac{\lambda}{\alpha}(1-\mathrm{e}^{-\alpha t}) \quad (t\geqslant 0)$$

由式(3.2.4)，输入与输出的互相关函数为

$$R_{XY}(t_1,t_2)=\int_0^{t_2} R_X(t_1,t_2-u)h(u)\mathrm{d}u=\int_0^{t_2}[\lambda^2+\lambda\delta(t_1-t_2+u)]\mathrm{e}^{-\alpha u}\mathrm{d}u$$

$$=\frac{\lambda^2}{\alpha}(1-\mathrm{e}^{-\alpha t_2})+\lambda\mathrm{e}^{-\alpha(t_2-t_1)}U(t_2-t_1) \quad (t_2>t_1)$$

由式(3.2.5)，输出的自相关函数为

$$R_Y(t_1,t_2)=\int_0^{t_1} R_{XY}(t_1-u,t_2)h(u)\mathrm{d}u$$

$$=\int_0^{t_1}\left[\frac{\lambda^2}{\alpha}(1-e^{-\alpha t_2})+\lambda e^{-\alpha(t_2-t_1+u)}U(t_2-t_1+u)\right]e^{-\alpha u}du$$

$$=\frac{\lambda^2}{\alpha^2}(1-e^{-\alpha t_2})(1-e^{-\alpha t_1})+\frac{\lambda}{2\alpha}e^{-\alpha(t_2-t_1)}(1-e^{-2\alpha t_1})\quad (t_2>t_1)$$

由于自相关函数满足 $R_X(t_1,t_2)=R_X(t_2,t_1)$，所以，只需将上式 t_1 和 t_2 的位置互换，就可以得到 $t_1>t_2$ 情况的 $R_Y(t_1,t_2)$，即

$$R_Y(t_1,t_2)=\frac{\lambda^2}{\alpha^2}(1-e^{-\alpha t_1})(1-e^{-\alpha t_2})+\frac{\lambda}{2\alpha}e^{-\alpha(t_1-t_2)}(1-e^{-2\alpha t_2})\quad (t_1>t_2)$$

可见，输出过程是非平稳的随机过程，当 $t_1\to\infty,t_2\to\infty$ 时，输出 $Y(t)$ 进入稳态，这时

$$m_Y=\frac{\lambda}{\alpha}$$

$$R_Y(t_1,t_2)=\frac{\lambda^2}{\alpha^2}+\frac{\lambda}{2\alpha}e^{-\alpha|\tau|},\quad \tau=t_1-t_2$$

所以，稳态情况下，输出是平稳随机过程。

例 3.3 设有图 3.7 所示的 RC 电路。假定输入为零均值的平稳随机过程，且相关函数为 $R_X(\tau)=e^{-\beta|\tau|}$，求稳态时输出 $Y(t)$ 的自相关函数。

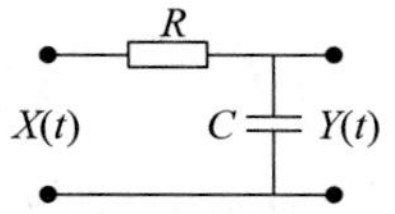

图 3.7 RC 电路

解 RC 电路的冲激响应为

$$h(t)=\alpha e^{-\alpha t}U(t)\quad \left(\alpha=\frac{1}{RC}\right)$$

输入与输出的自相关函数为

$$R_{XY}(\tau)=h(-\tau)*R_X(\tau)=\int_0^{+\infty}R_X(\tau+u)h(u)du=\int_0^{+\infty}e^{-\beta|\tau+u|}\alpha e^{-\alpha u}du$$

当 $\tau\geqslant 0$ 时，$R_{XY}(\tau)=\int_0^{+\infty}e^{-\beta(\tau+u)}\alpha e^{-\alpha u}du=\frac{\alpha}{\alpha+\beta}e^{-\beta\tau}$

当 $\tau<0$ 时，$R_{XY}(\tau)=\int_0^{-\tau}e^{\beta(\tau+u)}\alpha e^{-\alpha u}du+\int_{-\tau}^{+\infty}e^{-\beta(\tau+u)}\alpha e^{-\alpha u}du$

$$=\frac{\alpha}{\alpha-\beta}e^{\beta\tau}-\frac{2\alpha\beta}{\alpha^2-\beta^2}e^{\alpha\tau}$$

当 $\tau<0$ 时，$R_Y(\tau)=R_{XY}(\tau)*h(\tau)=\int_{-\infty}^{+\infty}h(\tau-u)R_{XY}(u)du$

$$=\int_{-\infty}^{\tau}\left(\frac{\alpha}{\alpha-\beta}e^{\beta u}-\frac{2\alpha\beta}{\alpha^2-\beta^2}e^{\alpha u}\right)\alpha e^{-\alpha(\tau-u)}du$$

$$=\frac{\alpha}{\alpha^2-\beta^2}(\alpha e^{\beta\tau}-\beta e^{\alpha\tau})$$

由于 $R_Y(\tau)$ 是偶函数，所以

$$R_Y(\tau)=\frac{\alpha}{\alpha^2-\beta^2}(\alpha e^{-\beta|\tau|}-\beta e^{-\alpha|\tau|})$$

3.2.2 频谱法

所谓频谱法，就是利用系统的传递函数来分析输出的统计特性。对于平稳随机过程，对式(3.2.9)和式(3.2.10)两边同时做傅里叶变换，可得

$$G_{XY}(\omega)=H^*(\omega)G_X(\omega) \tag{3.2.14}$$

$$G_Y(\omega)=H(\omega)G_{XY}(\omega) \tag{3.2.15}$$

$$G_Y(\omega)=H^*(\omega)H(\omega)G_X(\omega)=|H(\omega)|^2G_X(\omega) \tag{3.2.16}$$

同理

$$G_{YX}(\omega)=H(\omega)G_X(\omega) \tag{3.2.17}$$

$$G_Y(\omega)=H^*(\omega)G_{YX}(\omega) \tag{3.2.18}$$

例 3.4 如例 3.2 所述，运用频谱法求输出的功率谱和自相关函数。

解 由于系统是物理可实现的，系统的起始状态为零，意味着输入 $X(t)$ 是从 $t=0$ 才起作用，故输出有一段瞬态过程，输出信号是非平稳的，这时不能应用频谱法进行分析。只有当 $t_1\to\infty, t_2\to\infty$ 时，输出 $Y(t)$ 进入稳态，输出信号为平稳信号，这时才能采用频谱法，即频谱法只适合稳态分析。

对例 3.2 所求的冲激响应做傅里叶变换，可得系统的传递函数为

$$H(\omega)=\int_0^{+\infty}\mathrm{e}^{-\alpha t}\mathrm{e}^{-\mathrm{j}\omega t}\mathrm{d}t=\frac{1}{\alpha+\mathrm{j}\omega}$$

输入的功率谱密度为

$$G_X(\omega)=\int_{-\infty}^{+\infty}R_X(\tau)\mathrm{e}^{-\mathrm{j}\omega\tau}\mathrm{d}\tau=2\pi\lambda^2\delta(\omega)+\lambda$$

由式(3.2.16)，得

$$G_Y(\omega)=|H(\omega)|^2G_X(\omega)=\frac{2\pi\lambda^2}{\alpha^2+\omega^2}\delta(\omega)+\frac{\lambda}{\alpha^2+\omega^2}=\frac{2\pi\lambda^2}{\alpha^2}\delta(\omega)+\frac{\lambda}{\alpha^2+\omega^2}$$

求上述功率谱的傅里叶反变换即可得输出的自相关函数为

$$R_Y(\tau)=\frac{1}{2\pi}\int_{-\infty}^{+\infty}G_Y(\omega)\mathrm{e}^{\mathrm{j}\omega\tau}\mathrm{d}\omega=\frac{\lambda^2}{\alpha^2}+\frac{\lambda}{2\alpha}\mathrm{e}^{-\alpha|\tau|}$$

例 3.5 如例 3.3 所述，运用频谱法求输出的功率谱和自相关函数。

解 系统的传递函数为

$$H(\omega)=\frac{\alpha}{\alpha+\mathrm{j}\omega}\quad \alpha=\frac{1}{RC}$$

输入 $X(t)$ 的功率谱为

$$G_X(\omega)=\int_{-\infty}^{+\infty}R_X(\tau)\mathrm{e}^{-\mathrm{j}\omega\tau}\mathrm{d}\tau=\frac{2\beta}{\beta^2+\omega^2}$$

由式(3.2.16)，可得

$$G_Y(\omega)=G_X(\omega)|H(\omega)|^2=\frac{2\beta}{\beta^2+\omega^2}\cdot\frac{\alpha^2}{\alpha^2+\omega^2}=\frac{\alpha}{\alpha^2-\beta^2}\left(\alpha\cdot\frac{2\beta}{\beta^2+\omega^2}-\beta\cdot\frac{2\alpha}{\alpha^2+\omega^2}\right)$$

求上式的傅里叶反变换，可得

$$R_Y(\tau)=\frac{\alpha}{\alpha^2-\beta^2}(\alpha e^{-\beta|\tau|}-\beta e^{-\alpha|\tau|})$$

与例3.3比较可见,对于本例,采用频谱法更为简单。

例3.6 求随机相位信号通过线性系统后的自相关函数。设有图3.8所示线性系统,信号 $S(t)=a\cos(\omega_0 t+\Phi)$,其中 a 和 ω_0 均为常数,Φ 为 $(0,2\pi)$ 区间上均匀分布的随机变量,求输出信号的自相关函数。

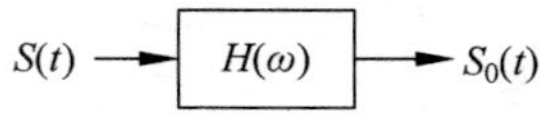

图3.8 信号通过线性系统示意图

解 根据线性系统的理论,输出信号可以表示为 $S_0(t)=a|H(\omega_0)|\cos[\omega_0 t+\Phi+\arg H(\omega_0)]$,其中 $|H(\omega_0)|$ 表示系统传递函数在 ω_0 处的幅度值,$\arg H(\omega_0)$ 表示系统传递函数在 ω_0 处的相角。输出的自相关函数为

$$\begin{aligned}R_{S_0}(\tau)&=E[S_0(t+\tau)S_0(t)]\\&=E\{a^2|H(\omega_0)|^2\cos[\omega_0(t+\tau)+\Phi+\arg H(\omega_0)]\cos[\omega_0 t+\Phi+\arg H(\omega_0)]\}\\&=\frac{1}{2}a^2|H(\omega_0)|^2E\{\cos[\omega_0(t+\tau)+\omega_0 t+2\Phi+2\arg H(\omega_0)]+\cos\omega_0\tau\}\\&=\frac{1}{2}a^2|H(\omega_0)|^2\cos\omega_0\tau\end{aligned}$$

输出信号的平均功率为 $R_{S_0}(0)=\frac{1}{2}a^2|H(\omega_0)|^2$。

3.2.3 平稳性的讨论

如果输入 $X(t)$ 是平稳的, $h(t)$ 在 $(-\infty,+\infty)$ 中都存在(即系统是物理不可实现的), 那么由式(3.2.3)、式(3.2.9)和式(3.2.11)可以看出,输出 $Y(t)$ 也是平稳的, 且输入与输出是联合平稳的。

对于物理可实现系统,即当 $t<0$ 时,$h(t)=0$,假定输入 $X(t)$ 是平稳的,且从 $-\infty$ 时加入,则

$$Y(t)=\int_{-\infty}^{+\infty}X(t-u)h(u)\mathrm{d}u=\int_0^{+\infty}X(t-u)h(u)\mathrm{d}u \tag{3.2.19}$$

$$m_Y=m_X\int_0^{+\infty}h(u)\mathrm{d}u \tag{3.2.20}$$

可见输出的均值仍为常数。

$$\begin{aligned}R_{XY}(t+\tau,t)&=E\{X(t+\tau)Y(t)\}=E\left\{X(t+\tau)\int_0^{+\infty}X(t-u)h(u)\mathrm{d}u\right\}\\&=\int_0^{+\infty}R_X(\tau+u)h(u)\mathrm{d}u\end{aligned} \tag{3.2.21}$$

$$R_Y(t+\tau,t)=E[Y(t+\tau)Y(t)]=E\left\{\int_0^{+\infty}X(t+\tau-u)h(u)\mathrm{d}uY(t)\right\}$$

$$=\int_{0}^{+\infty} R_{XY}(\tau-u)h(u)\mathrm{d}u \tag{3.2.22}$$

$$R_Y(t+\tau,t)=\int_{0}^{+\infty}\int_{0}^{+\infty} R_X(\tau+v-u)h(u)h(v)\mathrm{d}u\mathrm{d}v \tag{3.2.23}$$

从式(3.2.23)可以看出，相关函数只与 τ 有关，所以 $Y(t)$ 仍是平稳的。

如果 $X(t)$ 是从 $t=0$ 加入，则

$$Y(t)=\int_{0}^{t} X(t-u)h(u)\mathrm{d}u \tag{3.2.24}$$

$$m_Y(t)=m_X\int_{0}^{t} h(u)\mathrm{d}u \tag{3.2.25}$$

$$\begin{aligned}R_{XY}(t_1,t_2)&=E[X(t_1)Y(t_2)]=E\left[X(t_1)\int_{0}^{t_2} X(t_2-u)h(u)\mathrm{d}u\right]\\&=\int_{0}^{t_2} R_X(t_1,t_2-u)h(u)\mathrm{d}u\\&=\int_{0}^{t_2} R_X(\tau+u)h(u)\mathrm{d}u\quad(\tau=t_1-t_2)\end{aligned} \tag{3.2.26}$$

$$\begin{aligned}R_Y(t_1,t_2)&=E[Y(t_1)Y(t_2)]=E\left[\int_{0}^{t_1} X(t_1-u)h(u)\mathrm{d}uY(t_2)\right]\\&=\int_{0}^{t_1} R_{XY}(t_1-u,t_2)h(u)\mathrm{d}u\\&=\int_{0}^{t_1} R_{XY}(\tau-u)h(u)\mathrm{d}u\end{aligned} \tag{3.2.27}$$

$$\begin{aligned}R_Y(t_1,t_2)&=\int_{0}^{t_1}\int_{0}^{t_2} R_X(t_1-u,t_2-v)h(v)h(u)\mathrm{d}v\mathrm{d}u\\&=\int_{0}^{t_1}\int_{0}^{t_2} R_X(\tau-u+v)h(v)h(u)\mathrm{d}v\mathrm{d}u\end{aligned} \tag{3.2.28}$$

冲激响应法是随机过程通过线性系统分析的基本方法，对于平稳和非平稳情况都是适应的。表3.1列出了常用线性电路的系统传递函数和冲激响应，供大家参考。

表3.1 常用线性电路的系统传递函数和冲激响应对照表

电　路	$H(\omega)$	$h(t)$
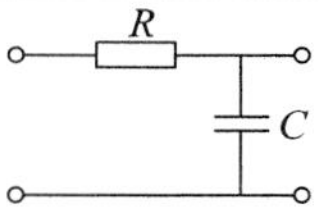	$\frac{1}{1+\mathrm{j}\omega RC}$	$\frac{1}{RC}\mathrm{e}^{-t/RC}U(t)$
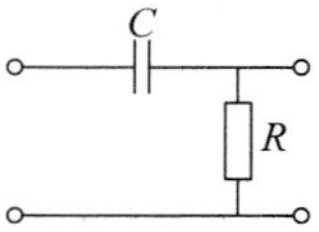	$\frac{\mathrm{j}\omega RC}{1+\mathrm{j}\omega RC}$	$\delta(t)-\frac{1}{RC}\mathrm{e}^{-t/RC}U(t)$
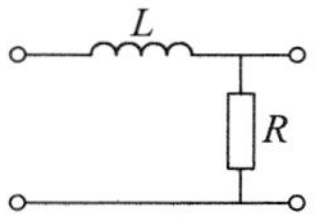	$\frac{R}{R+\mathrm{j}\omega L}$	$\frac{R}{L}\mathrm{e}^{-Rt/L}U(t)$

续表

电　　路	$H(\omega)$	$h(t)$
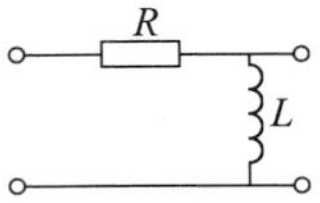	$\dfrac{\mathrm{j}\omega L}{R+\mathrm{j}\omega L}$	$\delta(t)-\dfrac{R}{L}\mathrm{e}^{-Rt/L}U(t)$

例 3.7　干扰抑制滤波器。假定 $Y(t)=X(t)-X(t-T)$，$X(t)=S(t)+I(t)$，其中 $S(t)$ 为输入的有用信号，$I(t)$ 为输入的干扰信号，可表示为 $I(t)=a\cos(2\pi f_0 t+\Phi)$，式中 a 为常数，$f_0=50\mathrm{Hz}$，Φ 为 $(0,2\pi)$ 区间上均匀分布的随机变量，试分析系统对干扰信号 $I(t)$ 的抑制作用。

解　干扰信号是一个随机相位信号，它的自相关函数为 $R_I(\tau)=\dfrac{1}{2}a\cos 2\pi f_0\tau$，功率谱密度为 $G_I(f)=\dfrac{a^2}{4}[\delta(f+f_0)+\delta(f-f_0)]$。

干扰抑制器的冲激响应为 $h(t)=\delta(t)-\delta(t-T)$，对应的传递函数为 $H(f)=1-\mathrm{e}^{-\mathrm{j}2\pi fT}$，干扰抑制器输出的功率谱密度为

$$
\begin{aligned}
G_Y(f)=G_X(f)\mid H(f)\mid^2 &= \left\{G_S(f)+\frac{a^2}{4}[\delta(f+f_0)+\delta(f-f_0)]\right\}\mid 1-\mathrm{e}^{-\mathrm{j}2\pi fT}\mid^2 \\
&= \left\{G_S(f)+\frac{a^2}{4}[\delta(f+f_0)+\delta(f-f_0)]\right\}2(1-\cos 2\pi fT)
\end{aligned}
$$

当 $f=1/T=1/50$ 时，$(1-\cos 2\pi fT)|_{f=1/T}=0$，这时，干扰抑制滤波器在 $f=1/T$ 处形成一个零点，干扰信号刚好滤除。输出信号的功率谱为 $G_Y(f)=2(1-\cos 2\pi fT)G_S(f)$，输出信号得以保留。

3.3　限带过程

在 2.6.1 节中介绍了白噪声，白噪声的功率谱在整个频率轴上是一个常数，若随机过程在一个有限的频带内具有非零的功率谱，而在频带之外为零，则称其为限带随机过程，或限带过程。很显然，白噪声通过一个限带系统，输出就是一个限带随机过程，常见的限带随机过程有低通随机过程和带通随机过程。

3.3.1　低通过程

如果随机过程的功率谱 $G_X(\omega)$ 在 $|\omega|<\omega_c$ 内不为零，而在其外为零，这样的随机过程称为低通随机过程，见图 3.9。很显然，白噪声通过低通滤波器后，其输出就是这种低通随机过程。

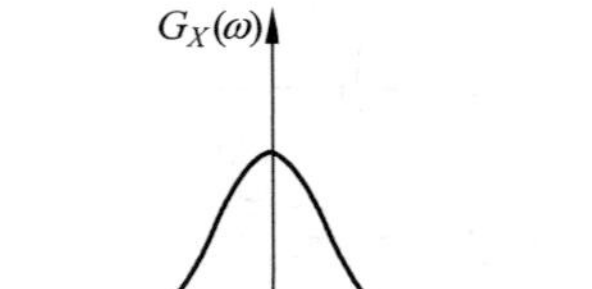

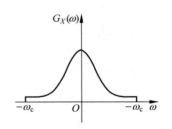

图 3.9　低通随机过程的功率谱

低通随机过程的自相关函数为

$$R_X(\tau)=\frac{1}{2\pi}\int_{-\omega_c}^{\omega_c} G_X(\omega)\mathrm{e}^{\mathrm{j}\omega\tau}\mathrm{d}\omega \tag{3.3.1}$$

对于低通随机过程，它的自相关函数的任意 n 阶导数都是存在的，即

$$R_X^{(n)}(\tau)=\frac{1}{2\pi}\int_{-\omega_c}^{\omega_c}(\mathrm{j}\omega)^n G_X(\omega)\mathrm{e}^{\mathrm{j}\omega\tau}\mathrm{d}\omega<\infty \tag{3.3.2}$$

如果低通随机过程在频带内功率谱密度为常数，即

$$G_X(\omega)=\begin{cases}N_0/2 & (|\omega|<\omega_c, N_0 \text{ 为常数})\\ 0 & (\text{其他})\end{cases} \tag{3.3.3}$$

则称 $X(t)$ 为理想低通随机过程或理想低通白噪声，其自相关函数为

$$R_X(\tau)=\frac{N_0\omega_c}{2\pi}\cdot\frac{\sin\omega_c\tau}{\omega_c\tau} \tag{3.3.4}$$

总的平均功率为

$$R_X(0)=\frac{N_0\omega_c}{2\pi} \tag{3.3.5}$$

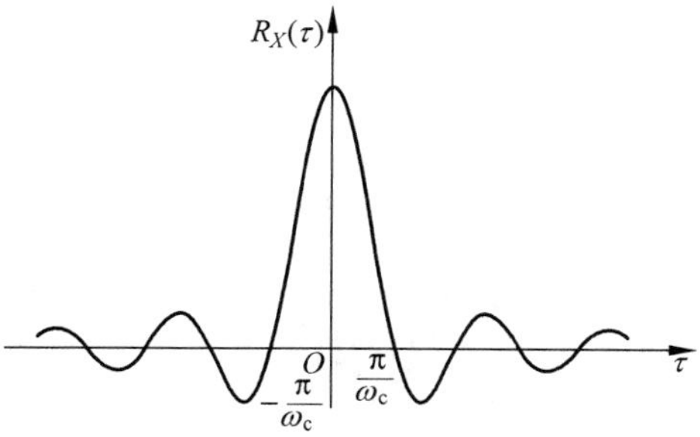

图 3.10 理想低通随机过程的自相关函数

从图 3.10 中可以看出，当 $\tau=k\pi/\omega_c(k=\pm1,\pm2,\cdots)$ 时，有

$$R_X(k\pi/\omega_c)=0 \tag{3.3.6}$$

所以理想低通白噪声 $X(t)$ 与 $X(t+k\pi/\omega_c)(k=\pm1,\pm2,\cdots)$ 是正交的。对于理想低通白噪声，如果以 $\Delta t=\pi/\omega_c$ 的时间间隔对它进行采样，那么，采样后得到的这组离散数据 $\{X(n),n=0,\pm1,\pm2,\cdots\}$ 是相互正交的。

3.3.2 带通过程

如果随机过程 $X(t)$ 的功率谱 $G_X(\omega)$ 集中在 ω_0 为中心的频带内，则称 $X(t)$ 为带通随机过程，白噪声通过一个带通滤波器后，其输出为带通随机过程。如果在频带内，功率谱密度为常数，则称其为理想带通随机过程，见图 3.11。

设理想带通随机过程的功率谱密度为

$$G_X(\omega)=\begin{cases}N_0/2 & (\omega_0-\omega_c<\omega<\omega_0+\omega_c \text{ 或 } -\omega_0-\omega_c<\omega<-\omega_0+\omega_c)\\ 0 & (\text{其他})\end{cases} \tag{3.3.7}$$

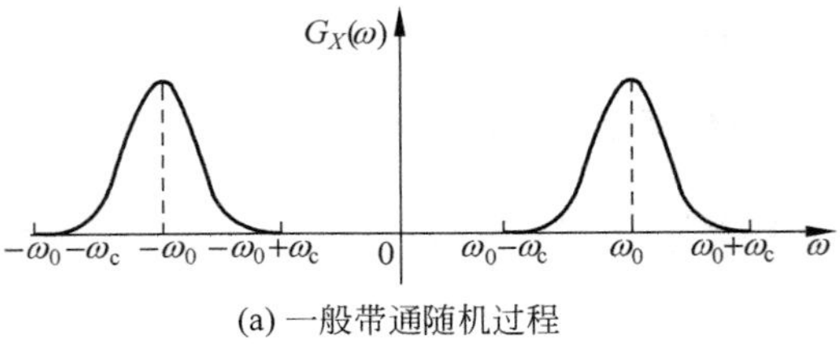

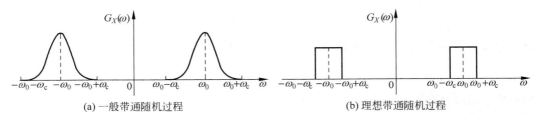

图 3.11　一般带通随机过程和理想带通随机过程示意图

对应的自相关函数为

$$R_X(\tau)=\frac{1}{\pi}\int_0^{+\infty}G_X(\omega)\cos\omega\tau\,d\omega=\frac{1}{\pi}\int_{\omega_0-\omega_c}^{\omega_0+\omega_c}\frac{N_0}{2}\cos\omega\tau\,d\omega$$

$$=\frac{N_0\omega_c}{\pi}\cdot\frac{\sin\omega_c\tau}{\omega_c\tau}\cdot\cos\omega_0\tau \tag{3.3.8}$$

理想带通随机过程自相关函数的图形如图 3.12 所示，其总的平均功率为

$$R_X(0)=\frac{N_0\omega_c}{\pi} \tag{3.3.9}$$

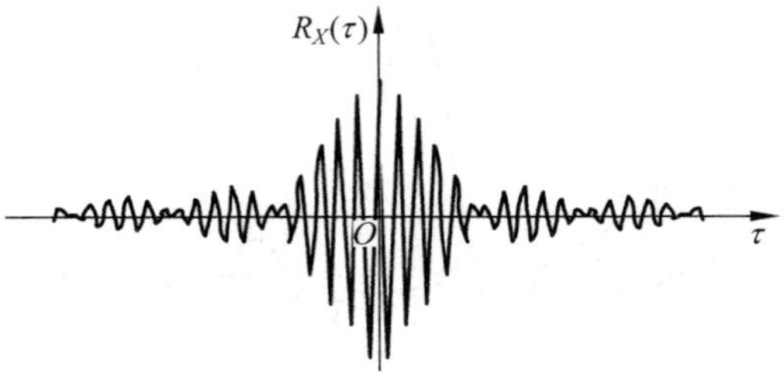

图 3.12　理想带通随机过程自相关函数

3.3.3　噪声等效通能带

在实际中，噪声等效通能带也是一个常用的概念。把白噪声通过线性系统后的非均匀物理谱密度等效成在一定频带内均匀的物理谱密度，这个频带称为噪声等效通能带，记为 Δf_e，它表示了系统对噪声功率谱的选择性，图 3.13 给出了噪声等效通能带的示意图。

由图 3.13 可以看出，

$$F_Y(\omega_0)\Delta\omega_e=\int_0^{+\infty}F_Y(\omega)\,d\omega$$

因此噪声等效通能带为

$$\Delta f_e=\frac{1}{2\pi}\cdot\frac{\int_0^{+\infty}F_Y(\omega)\,d\omega}{F_Y(\omega_0)}=\frac{\int_0^{+\infty}|H(\omega)|^2\,d\omega}{2\pi|H(\omega_0)|^2} \tag{3.3.10}$$

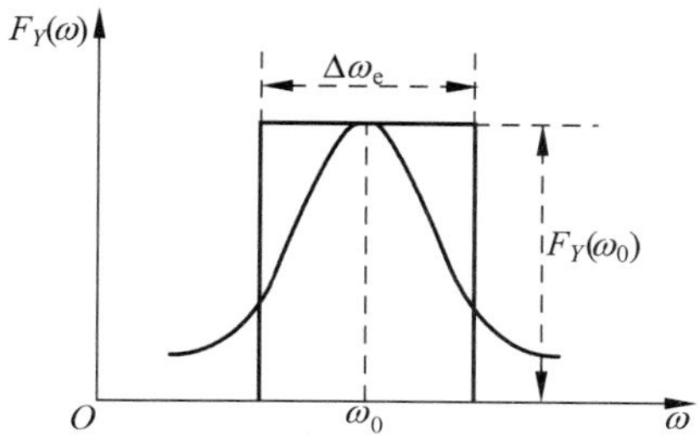

图 3.13 噪声等效通能带示意图

图 3.13 给出的是带通网络的情况，对于低通网络，等效通能带为

$$\Delta f_e = \frac{1}{2\pi} \cdot \frac{\int_0^{+\infty} F_Y(\omega)\,d\omega}{F_Y(0)} = \frac{\int_0^{+\infty} |H(\omega)|^2 d\omega}{2\pi |H(0)|^2} \tag{3.3.11}$$

由此可见，噪声等效通能带只由线性系统特性来确定。根据噪声等效通能带，可以写出输出平均功率的表达式，对于带通网络，输出的平均功率为

$$R_Y(0) = \frac{1}{2\pi}\int_0^{+\infty} F_Y(\omega)\,d\omega = \frac{1}{2\pi}\Delta\omega_e F_Y(\omega_0) = N_0 \Delta f_e |H(\omega_0)|^2 \tag{3.3.12}$$

对于低通网络，输出的平均功率为

$$R_Y(0) = N_0 \Delta f_e |H(0)|^2 \tag{3.3.13}$$

例 3.8 设有 n 阶巴特沃斯滤波器

$$|H_n(f)|^2 = \frac{1}{1+(f/\Delta f)^{2n}}$$

其中 Δf 是滤波器 3dB 带宽，求噪声等效通能带。

解 由式(3.3.11)得

$$\Delta f_e = \int_0^{+\infty} |H_n(f)|^2 df = \int_0^{+\infty} \frac{1}{1+(f/\Delta f)^{2n}} df = \Delta f \int_0^{+\infty} \frac{1}{1+x^{2n}} dx$$

$$= \frac{\pi \Delta f/(2n)}{\sin(\pi/(2n))}$$

$n=1$ 时，$\Delta f_e = (\pi/2)\Delta f = 1.57\Delta f$；$n=2$ 时，$\Delta f_e = 1.11\Delta f$；$n$ 越大，滤波器的带沿变得越陡峭，它的噪声等效通能带也越趋近于它的 3dB 带宽，当 $n\to\infty$ 时，$\Delta f_e \to \Delta f$。

例 3.9 白噪声通过图 3.7 所示的 RC 电路，分析输出的统计特性。

解 RC 电路为一低通网络，系统的传递函数为

$$H(\omega) = \frac{\alpha}{\alpha + j\omega}, \quad \alpha = \frac{1}{RC}$$

输出的功率谱密度为

$$G_Y(\omega) = \frac{N_0}{2}|H(\omega)|^2 = \frac{N_0}{2} \cdot \frac{\alpha^2}{\alpha^2 + \omega^2}$$

输出的自相关函数为

$$R_Y(\tau)=\frac{\alpha N_0}{4}\mathrm{e}^{-\alpha|\tau|}$$

相关系数为

$$r_Y(\tau)=\frac{R_Y(\tau)}{R_Y(0)}=\mathrm{e}^{-\alpha|\tau|}$$

由式(3.3.11),可得噪声等效通能带为

$$\Delta f_{\mathrm{e}}=\frac{1}{2\pi}\int_0^{+\infty}\frac{\alpha^2}{\alpha^2+\omega^2}\mathrm{d}\omega=\frac{1}{4}\alpha$$

由式(2.3.16),可得输出随机过程的相关时间为

$$\tau_0=\int_0^{+\infty}r_X(\tau)\mathrm{d}\tau=\int_0^{+\infty}\mathrm{e}^{-\alpha|\tau|}\,\mathrm{d}\tau=\frac{1}{\alpha}$$

所以

$$\tau_0=\frac{1}{4\Delta f_{\mathrm{e}}}$$

即相关时间与系统的噪声等效通能带是成反比的,白噪声通过 RC 电路时,如果 $\alpha\to\infty$,则 $\Delta f_{\mathrm{e}}\to\infty$,$\tau_0\to 0$,这时 RC 电路为全通网络,输出仍为白噪声;反之,如果 α 很小,则 Δf_{e} 也很小,τ_0 很大,这时白噪声只有低频部分通过,输出噪声变化缓慢。

图 3.14 给出了白噪声通过 RC 电路 MATLAB 的 Simulink 仿真模块,图 3.14(a)中的参数 a 为电路参数 $\alpha=\frac{1}{RC}$,在实际仿真过程中需要给出具体值;图 3.14(b)中给出的 a 值为 1,图 3.14(c)中给出的 a 值为 0.1。从仿真结果可以看出,大的 α 相关时间少,输出噪声波形变化很快,小的 α 相关时间大,输出噪声波形变化很缓慢。

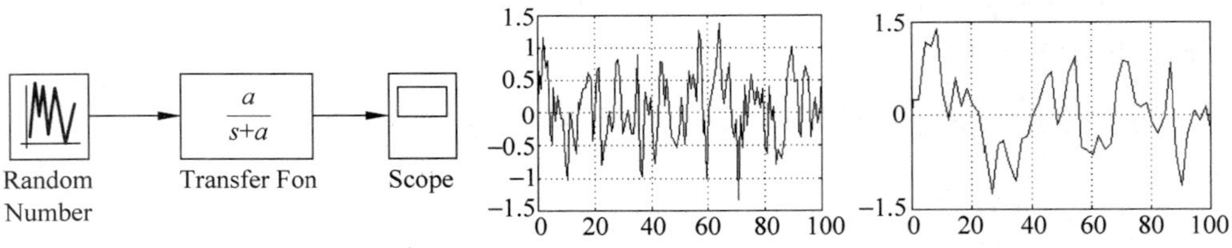

(a) Simulink仿真模型 $\alpha=\frac{1}{RC}$　(b) 输出噪声波形(α=1)　(c) 输出噪声波形(α=0.1)

图 3.14　白噪声通过 RC 电路 MATLAB 的 Simulink 仿真模块

3.4　随机序列通过离散线性系统分析

设有图 3.15 所示的离散线性系统,线性系统的单位样值响应为 $h(n)$,系统传递函数 $H(\omega)$ 与单位样值响应之间是离散傅里叶变换对的关系,即

$$H(\omega)=\sum_{n=-\infty}^{+\infty}h(n)\mathrm{e}^{-\mathrm{j}n\omega}\tag{3.4.1}$$

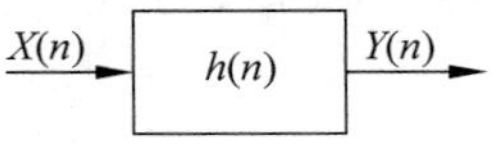

图 3.15　离散线性系统

或者用 z 变换可表示为

$$H(z)=\sum_{n=-\infty}^{+\infty}h(n)z^{-n} \tag{3.4.2}$$

随机序列 $X(n)$通过线性系统后,输出 $Y(n)$为

$$Y(n)=\sum_{k=-\infty}^{+\infty}h(k)X(n-k)=\sum_{k=-\infty}^{+\infty}h(n-k)X(k)=h(n)*X(n) \tag{3.4.3}$$

那么,输出的均值为

$$m_Y(n)=E[Y(n)]=\sum_{k=-\infty}^{+\infty}h(k)m_X(n-k)$$

即

$$m_Y(n)=h(n)*m_X(n) \tag{3.4.4}$$

输入与输出的互相关函数为

$$\begin{aligned}R_{XY}(n_1,n_2)&=E[X(n_1)Y(n_2)]=E\left[X(n_1)\sum_{k=-\infty}^{+\infty}h(k)X(n_2-k)\right]\\&=\sum_{k=-\infty}^{+\infty}h(k)E[X(n_1)X(n_2-k)]\\&=\sum_{k=-\infty}^{+\infty}h(k)R_X(n_1,n_2-k)\end{aligned}$$

即

$$R_{XY}(n_1,n_2)=h(n_2)*R_X(n_1,n_2) \tag{3.4.5}$$

输出的自相关函数为

$$\begin{aligned}R_Y(n_1,n_2)&=E[Y(n_1)Y(n_2)]\\&=E\left[\sum_{k=-\infty}^{+\infty}h(k)X(n_1-k)Y(n_2)\right]\\&=\sum_{k=-\infty}^{+\infty}h(k)R_{XY}(n_1-k,n_2)\\&=h(n_1)*R_{XY}(n_1,n_2)\end{aligned}$$

将式(3.4.5)代入上式可得

$$R_Y(n_1,n_2)=h(n_1)*h(n_2)*R_X(n_1,n_2) \tag{3.4.6}$$

如果输入 $X(n)$为平稳随机序列,则

$$m_Y=m_X\sum_{k=-\infty}^{+\infty}h(k)=m_XH(0) \tag{3.4.7}$$

其中 $H(0)$是系统传递函数 $H(\omega)$在 $\omega=0$ 的值。

$$R_{XY}(m)=h(-m)*R_X(m) \tag{3.4.8}$$

$$R_Y(m)=h(m)*R_{XY}(m)=h(-m)*h(m)*R_X(m) \tag{3.4.9}$$

$$G_{XY}(\omega)=H(-\omega)G_X(\omega) \tag{3.4.10}$$

$$G_Y(\omega)=H(\omega)G_{XY}(\omega)=|H(\omega)|^2G_X(\omega) \tag{3.4.11}$$

如果用 z 变换表示,则

$$G_{XY}(z)=H(z^{-1})G_X(z) \tag{3.4.12}$$

$$G_Y(z)=H(z)G_{XY}(z)=H(z)H(z^{-1})G_X(z) \tag{3.4.13}$$

例 3.10 设有如下差分方程描述的离散线性系统：

$$X(n)=aX(n-1)+W(n) \tag{3.4.14}$$

系统如图 3.16 所示，其中 $W(n)$ 为平稳白噪声，方差为 σ^2，式(3.4.14)也称为一阶 AR(autoregressive)模型，由 AR 模型所产生的随机过程称为 AR 过程，求一阶 AR 过程的自相关函数和功率谱。

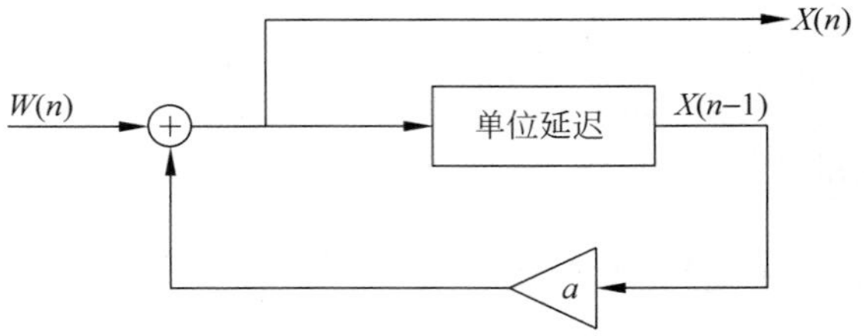

图 3.16　一阶 AR 模型

解　首先求系统的单位样值响应 $h(n)$，单位样值响应是当输入 $W(n)=\delta(n)$ 时系统的输出，即

$$\begin{aligned}h(n)&=ah(n-1)+\delta(n)=a^2h(n-2)+a\delta(n-1)+\delta(n)\\&=\delta(n)+a\delta(n-1)+a^2\delta(n-2)+\cdots\end{aligned}$$

或者写成

$$h(n)=\begin{cases}a^n & (n\geqslant 0)\\ 0 & (n<0)\end{cases} \tag{3.4.15}$$

系统稳定的条件是 $|a|<1$。系统的传递函数为

$$H(\omega)=\sum_{n=-\infty}^{+\infty}h(n)\mathrm{e}^{-\mathrm{j}n\omega}=\sum_{n=0}^{+\infty}a^n\mathrm{e}^{-\mathrm{j}n\omega}=\frac{1}{1-a\mathrm{e}^{-\mathrm{j}\omega}} \tag{3.4.16}$$

首先用冲激响应法求输出的均值和自相关函数，假定 $|a|<1$，由于输入 $W(n)$ 的均值为零，所以，$X(n)$ 的均值亦为零。由式(3.4.9)，$X(n)$ 的自相关函数为

$$\begin{aligned}R_X(m)&=h(-m)*h(m)*R_W(m)=h(-m)*h(m)*\sigma^2\delta(m)\\&=\sigma^2h(-m)*h(m)=\sigma^2\sum_{k=-\infty}^{+\infty}h(m+k)h(k)\end{aligned}$$

由于自相关函数是偶函数，所以可以先考虑 $m\geqslant 0$ 的情况，有

$$R_X(m)=\sigma^2\sum_{k=0}^{+\infty}a^{m+k}a^k=\frac{\sigma^2a^m}{1-a^2}$$

综合 $m<0$ 的情况，有

$$R_X(m)=\frac{\sigma^2a^{|m|}}{1-a^2} \tag{3.4.17}$$

可见一阶 AR 过程的自相关函数是无限长度的。

下面再用频谱法求解，由式(3.4.11)，有

$$G_X(\omega)=|H(\omega)|^2G_W(\omega)=\frac{\sigma^2}{|1-a\mathrm{e}^{-\mathrm{j}\omega}|^2}=\frac{\sigma^2}{1+a^2-2a\cos\omega} \tag{3.4.18}$$

式(3.4.14)可以推广到 N 阶差分方程：

$$X(n)=a_1X(n-1)+a_2X(n-2)+a_NX(n-N)+W(n) \tag{3.4.19}$$

称为 N 阶 AR 模型，对应的 $X(n)$ 称为 N 阶 AR 过程，N 阶 AR 过程的功率谱为

$$G_X(\omega)=|H(\omega)|^2G_W(\omega)=\frac{\sigma^2}{\left|1-\sum_{k=1}^{N}a_k\mathrm{e}^{-\mathrm{j}\omega k}\right|^2} \tag{3.4.20}$$

在实际中，可以利用观测到的数据，估计模型的参数，用一个 AR 模型对一个时间序列建模。

例 3.11 设有如下差分方程描述的离散线性系统：

$$X(n)=b_0W(n)+b_1W(n-1) \tag{3.4.21}$$

系统如图 3.17 所示，其中 $W(n)$ 为平稳白噪声，方差为 σ^2，式(3.4.21)也称为一阶 MA(moving average)模型，由 MA 模型所产生的随机过程称为 MA 过程，求一阶 MA 过程的自相关函数和功率谱。

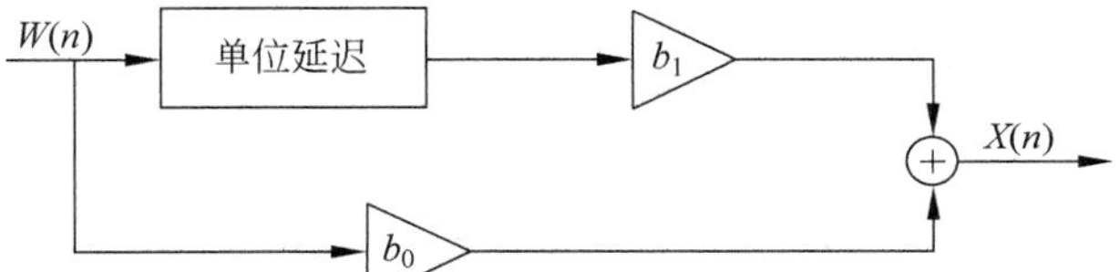

图 3.17 一阶 MA 模型

解 首先确定系统的单位样值响应和系统传递函数，单位样值响应是输入为 $W(n)=\delta(n)$ 时的响应，即

$$h(n)=b_0\delta(n)+b_1\delta(n-1) \tag{3.4.22}$$

可见系统的单位样值响应是有限长度的，系统的传递函数为

$$H(\omega)=b_0+b_1\mathrm{e}^{-\mathrm{j}\omega} \tag{3.4.23}$$

输出的均值为

$$E[X(n)]=b_0E[W(n)]+b_1E[W(n-1)]=0$$

由式(3.4.9)可得一阶 MA 过程的自相关函数为

$$\begin{aligned}R_X(m)&=h(-m)*h(m)*R_W(m)\\&=[b_0\delta(-m)+b_1\delta(-m-1)]*[b_0\delta(m)+b_1\delta(m-1)]*\sigma^2\delta(m)\\&=\sigma^2[b_0b_1\delta(m+1)+(b_0^2+b_1^2)\delta(m)+b_0b_1\delta(m-1)]\end{aligned} \tag{3.4.24}$$

一阶 MA 过程的功率谱为

$$\begin{aligned}G_X(\omega)&=\sigma^2[b_0b_1\mathrm{e}^{\mathrm{j}\omega}+b_0^2+b_1^2+b_0b_1\mathrm{e}^{-\mathrm{j}\omega}]\\&=\sigma^2[2b_0b_1\cos\omega+b_0^2+b_1^2]\end{aligned} \tag{3.4.25}$$

式(3.4.21)可以推广到 M 阶 MA 过程:

$$X(n)=b_0W(n)+b_1W(n-1)+\cdots+b_MW(n-M) \tag{3.4.26}$$

很显然,M 阶 MA 过程的均值仍为零,可以证明,当 $m\geqslant 0$ 时,MA 过程的自相关函数为

$$R_X(m)=\begin{cases}\sigma^2\sum_{k=m}^{M}b_kb_{k-m} & (0\leqslant m\leqslant M)\\ 0 & (m>M)\end{cases} \tag{3.4.27}$$

由自相关函数的性质,可得当 $m<0$ 时,$R_X(m)=R_X(-m)$。

组合 AR 模型和 MA 模型可以构成 ARMA 模型如下:

$$\begin{aligned}&a_0X(n)+a_1X(n-1)+a_2X(n-2)+a_NX(n-N)\\&=b_0W(n)+b_1W(n-1)+\cdots+b_MW(n-M)\end{aligned}$$

称 $X(n)$ 为 ARMA(N,M)(autoregressive/moving average)过程。ARMA 系统的传递函数为

$$H(\omega)=\frac{\sum_{k=0}^{M}b_k\mathrm{e}^{-\mathrm{j}k\omega}}{\sum_{k=0}^{N}a_k\mathrm{e}^{-\mathrm{j}k\omega}} \tag{3.4.28}$$

ARMA 过程的功率谱密度为

$$G_X(\omega)=\sigma^2\left|\frac{\sum_{k=0}^{M}b_k\mathrm{e}^{-\mathrm{j}k\omega}}{\sum_{k=0}^{N}a_k\mathrm{e}^{-\mathrm{j}k\omega}}\right|^2 \tag{3.4.29}$$

例 3.12 设有 ARMA(2,2)模型如下:

$$X(n)+1.4X(n-1)+0.5X(n-2)=W(n)-0.2W(n-1)-0.1W(n-2)$$

其中 $W(n)$ 是零均值单位方差的平稳白噪声,求该过程的功率谱。

解 系统的传递函数为

$$H(\omega)=\frac{1-0.2\mathrm{e}^{-\mathrm{j}\omega}-0.1\mathrm{e}^{-\mathrm{j}2\omega}}{1+1.4\mathrm{e}^{-\mathrm{j}\omega}+0.5\mathrm{e}^{-\mathrm{j}2\omega}}$$

由式(3.4.11)可得功率谱为

$$G_X(\omega)=\left|\frac{1-0.2\mathrm{e}^{-\mathrm{j}\omega}-0.1\mathrm{e}^{-\mathrm{j}2\omega}}{1+1.4\mathrm{e}^{-\mathrm{j}\omega}+0.5\mathrm{e}^{-\mathrm{j}2\omega}}\right|^2$$

例 3.13 图像边缘检测。边缘检测在图像处理中具有重要作用,例如,机场与机场周边的环境、公路路面与公路两边的区域具有不同的灰度等级,一阶差分运算是边缘检测简单实用的方法。一阶差分运算定义为 $Y(n)=X(n)-X(n-1)$,求输出 $Y(n)$ 的均值和自相关函数。

解 定义差分算子 $L[X(n)]=X(n)-X(n-1)$,很显然,L 是线性变换。$Y(n)$ 的均值为

$$E[Y(n)]=E\{L[X(n)]\}=L[m_X(n)]=m_X(n)-m_X(n-1)$$

输入与输出的互相关函数为

$$R_{XY}(n_1,n_2)=L_{n_2}[R_X(n_1,n_2)]=R_X(n_1,n_2)-R_X(n_1,n_2-1)$$

输出的自相关函数为

$$\begin{aligned}R_Y(n_1,n_2)&=L_{n_1}[R_{XY}(n_1,n_2)]=R_{XY}(n_1,n_2)-R_{XY}(n_1-1,n_2)\\&=R_X(n_1,n_2)-R_X(n_1,n_2-1)-R_X(n_1-1,n_2)+R_X(n_1-1,n_2-1)\end{aligned}$$

如果 $X(n)$ 为平稳随机序列，且自相关函数为 $R_X(n_1,n_2)=a^{|n_1-n_2|}$，$0<a<1$，则

$$E[Y(n)]=0$$

$$R_{XY}(n_1,n_2)=R_X(n_1-n_2)-R_X(n_1-n_2+1)=a^{|n_1-n_2|}-a^{|n_1-n_2+1|}$$

$$\begin{aligned}R_Y(n_1,n_2)&=R_{XY}(n_1,n_2)-R_{XY}(n_1-1,n_2)\\&=a^{|n_1-n_2|}-a^{|n_1-n_2+1|}-a^{|n_1-1-n_2|}+a^{|n_1-n_2|}\\&=2a^{|n_1-n_2|}-a^{|n_1-n_2+1|}-a^{|n_1-n_2-1|}\end{aligned}$$

即 $Y(n)$ 的自相关函数为

$$R_Y(m)=2a^{|m|}-a^{|m+1|}-a^{|m-1|}$$

输入和输出的自相关函数如图 3.18 所示，从图中还可以看出，输入序列 $X(n)$ 有相关性，经过差分变换后，输出的相关性减弱了，因此，差分器有去相关的作用。

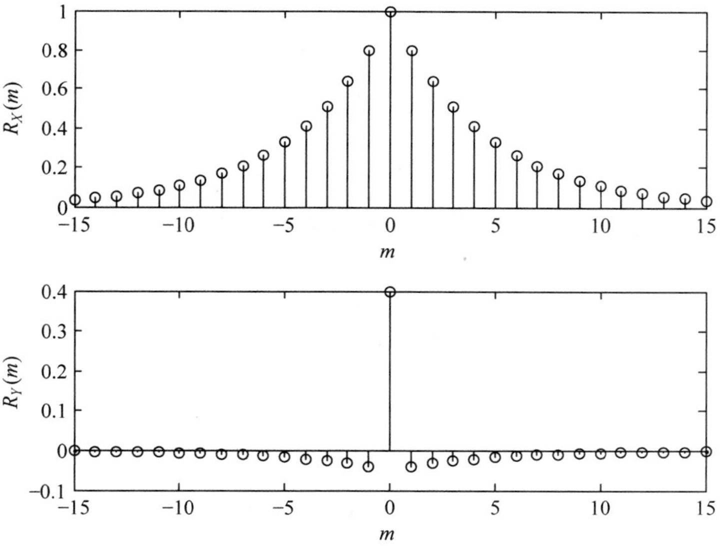

图 3.18　边缘检测器输入和输出的自相关函数

3.5　最佳线性滤波器

在许多回波探测型的电子系统（如雷达、声呐、红外探测等）中，一个基本的问题是如何在噪声背景中检测微弱信号，接收机输出的信噪比越高，越容易发现目标。同样，信噪

比在通信系统中是系统有效性的一个度量,信噪比越大,信息传输发生错误的概率越小。因此我们很自然会想到以输出信噪比最大作为准则来设计接收机。一般说来,能给出最大信噪比的接收机,其系统的性能也是最好的,因此,本节介绍的最佳线性滤波器是许多接收机的重要组成部分。

3.5.1 输出信噪比最大的最佳线性滤波器

如图3.19所示线性系统,假定系统的传递函数为 $H(\omega)$,输入波形为

$$X(t)=s(t)+w(t) \tag{3.5.1}$$

其中 $s(t)$ 是确知信号,$w(t)$ 是零均值平稳随机过程,功率谱密度为 $G_w(\omega)$。

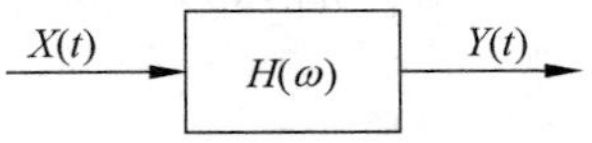

图3.19 线性系统示意图

根据线性系统的理论,输出 $Y(t)$ 可表示为

$$Y(t)=s_0(t)+w_0(t) \tag{3.5.2}$$

其中

$$s_0(t)=\frac{1}{2\pi}\int_{-\infty}^{+\infty}S(\omega)H(\omega)\mathrm{e}^{\mathrm{j}\omega t}\mathrm{d}\omega \tag{3.5.3}$$

式中 $S(\omega)$ 是输入信号 $s(t)$ 的频谱,$H(\omega)$ 是系统的传递函数,$w_0(t)$ 是输出的噪声,它的功率谱密度为

$$G_{w_0}(\omega)=G_w(\omega)|H(\omega)|^2 \tag{3.5.4}$$

输出噪声的平均功率为

$$E[w_0^2(t)]=\frac{1}{2\pi}\int_{-\infty}^{+\infty}G_w(\omega)|H(\omega)|^2\mathrm{d}\omega \tag{3.5.5}$$

定义在某个时刻 $t=t_0$ 时滤波器输出端信号的瞬时功率与噪声的平均功率之比(简称信噪比)为

$$d_0=\frac{s_0^2(t_0)}{E[w_0^2(t)]} \tag{3.5.6}$$

将式(3.5.3)和式(3.5.5)代入式(3.5.6),得

$$d_0=\frac{1}{2\pi}\frac{\left|\int_{-\infty}^{+\infty}S(\omega)H(\omega)\mathrm{e}^{\mathrm{j}\omega t_0}\mathrm{d}\omega\right|^2}{\int_{-\infty}^{+\infty}G_w(\omega)|H(\omega)|^2\mathrm{d}\omega} \tag{3.5.7}$$

我们的任务是要设计一个线性系统,使得输出的信噪比达到最大。可以证明(证明留作习题3.29),当

$$H(\omega)=cS^*(\omega)\mathrm{e}^{-\mathrm{j}\omega t_0}/G_w(\omega) \tag{3.5.8}$$

时,输出信噪比 d_0 达到最大,把这个最大的信噪比记为 d_m。将式(3.5.8)代入式(3.5.7)可得最大的信噪比为

$$d_\mathrm{m}=\frac{1}{2\pi}\int_{-\infty}^{+\infty}\frac{|S(\omega)|^2}{G_w(\omega)}\mathrm{d}\omega \tag{3.5.9}$$

将式(3.5.8)代入式(3.5.3)得到输出信号为

$$s_0(t)=\frac{c}{2\pi}\int_{-\infty}^{+\infty}\frac{|S(\omega)|^2}{G_w(\omega)}\mathrm{e}^{\mathrm{j}\omega(t-t_0)}\mathrm{d}\omega \tag{3.5.10}$$

由式(3.5.10)可以看出,当 $t=t_0$ 时,输出信号达到最大。

下面从物理意义上解释上面的几个公式。滤波器的幅频特性为

$$|H(\omega)|=c|S(\omega)|/G_w(\omega) \tag{3.5.11}$$

$|H(\omega)|$实际上是对输入信号的频谱进行加权,由滤波器的幅频特性可以看出,最佳线性滤波器幅频特性与信号频谱的幅度成正比,与噪声的功率谱密度成反比;对于某个频率点,信号越强,该频率点的加权系数越大,噪声越强,加权越小。可见,最佳线性滤波器的幅频特性有抑制噪声的作用。

再考察一下滤波器的相频特性。由式(3.5.8)得

$$\arg H(\omega)=-\arg S(\omega)-\omega t_0 \tag{3.5.12}$$

相频特性由两项组成,第一项与信号的相频特性反相,第二项与频率呈线性关系,为一时间延迟项,由式(3.5.3)得

$$\begin{aligned}s_0(t)&=\frac{1}{2\pi}\int_{-\infty}^{+\infty}|S(\omega)||H(\omega)|\exp\{\mathrm{j}[\arg S(\omega)+\arg H(\omega)+\omega t]\}\mathrm{d}\omega\\&=\frac{1}{2\pi}\int_{-\infty}^{+\infty}|S(\omega)||H(\omega)|\exp\{\mathrm{j}[\arg S(\omega)-\arg S(\omega)-\omega t_0+\omega t]\}\mathrm{d}\omega\\&=\frac{1}{2\pi}\int_{-\infty}^{+\infty}|S(\omega)||H(\omega)|\exp\{\mathrm{j}\omega(t-t_0)\}\mathrm{d}\omega\end{aligned}$$

由上式可以看出,滤波器的相频特性 $\arg H(\omega)$起到了抵消输入信号相角 $\arg S(\omega)$的作用,并且使输出信号 $s_0(t)$的全部频率分量的相位在 $t=t_0$ 时刻相同,达到了相位相同、幅度相加的目的。而噪声是平稳随机过程,各频率分量的相位是随机的,$\arg H(\omega)$不影响噪声的功率,也就是说,滤波器对信号的各频率分量起到的是幅度同相相加的作用,而对噪声的各频率分量起到的是功率相加的作用。综合而言,信噪比得到提高。

3.5.2 匹配滤波器

式(3.5.8)是针对一般的平稳噪声,如果噪声是白噪声,这时的最佳滤波器称为匹配滤波器。即匹配滤波器是在白噪声环境下以输出信噪比最大作为准则的最佳线性滤波器。由式(3.5.8)可得,匹配滤波器的传递函数为

$$H(\omega)=cS^*(\omega)\mathrm{e}^{-\mathrm{j}\omega t_0} \tag{3.5.13}$$

对式(3.5.13)做傅里叶反变换可得冲激响应为

$$h(t)=cs^*(t_0-t) \tag{3.5.14}$$

即匹配滤波器的冲激响应是输入信号的共轭镜像。对于实信号

$$h(t)=cs(t_0-t) \tag{3.5.15}$$

当 $c=1$ 时,$h(t)$与 $s(t)$关于 $t_0/2$ 呈偶对称关系。

匹配滤波器具有如下一些重要的性质和特点。

1. 输出的最大信噪比与输入信号的波形无关

由于白噪声的功率谱为一个常数,由式(3.5.9)可得

$$d_m = \frac{1}{2\pi}\frac{\int_{-\infty}^{+\infty}|S(\omega)|^2 \mathrm{d}\omega}{N_0/2} = \frac{2E}{N_0} \tag{3.5.16}$$

其中 E 代表信号的能量,由式(3.5.16)可以看出,最大信噪比只与信号的能量和噪声的强度有关,与信号的波形无关。

2. t_0应该选在信号 $s(t)$结束之后

由式(3.5.15)可以看出,如果要求系统是物理可实现的,那么 t_0 必须选择在信号结束之后才能满足 $h(t)=0, t<0$。这从物理概念上也很好理解。对于物理可实现系统,因为只有 t_0 选在信号结束之后,才能把信号的能量全部利用上,信噪比才能达到最大。如果 t_0 不是选在信号结束之后,那么由式(3.5.15)确定的 $h(t)$在 $t<0$ 时不为零,如果将 $h(t)$当 $t<0$ 的部分截断为零,这时的滤波器就不是最佳的。

3. 匹配滤波器对信号幅度和时延具有适应性

在回波探测型系统中,发射信号的波形是已知的,接收信号通常幅度上有一定的衰减,并且时间上有一定的时延,如果发射信号为 $s(t)$,那么接收信号为 $s_1(t)=as(t-\tau)$,$s_1(t)$的频谱为

$$S_1(\omega)=aS(\omega)\mathrm{e}^{-\mathrm{j}\omega\tau}$$

对 $s_1(t)$的匹配滤波器的传递函数 $H_1(\omega)$为

$$\begin{aligned} H_1(\omega) &= cS_1^*(\omega)\mathrm{e}^{-\mathrm{j}\omega t_1} = caS^*(\omega)\mathrm{e}^{-\mathrm{j}\omega(t_1-\tau)} \\ &= caS^*(\omega)\mathrm{e}^{-\mathrm{j}\omega t_0}\mathrm{e}^{-\mathrm{j}\omega(t_1-\tau-t_0)} = aH(\omega)\mathrm{e}^{-\mathrm{j}\omega(t_1-\tau-t_0)} \end{aligned}$$

其中 $H(\omega)=cS^*(\omega)\mathrm{e}^{-\mathrm{j}\omega t_0}$ 是 $s(t)$信号的匹配滤波器,t_0 为 $s(t)$信号结束的时间,如果取 $t_1=t_0+\tau$,即取信号 $s_1(t)$结束的时间,这时 $H_1(\omega)=aH(\omega)$,a 相当于放大系数,它只影响输出信号的相对大小,对信号和噪声的作用是相同的,$H_1(\omega)$也可使输出信噪比达到最大。因此,如果按照发射信号设计匹配滤波器,当接收信号有一定的衰减和时延时,对接收信号同样是匹配的。

需要注意的是,匹配滤波器对信号的频移不具有适应性。也就是说,如果有个信号的频谱为 $S_2(\omega)=S(\omega+\omega_d)$,$\omega_d$ 可以看作目标由于运动产生的多普勒频移,那么,对应的匹配滤波器为

$$H_2(\omega)=cS^*(\omega+\omega_d)\mathrm{e}^{-\mathrm{j}\omega t_0}$$

可见 $H_2(\omega)$与 $H(\omega)$是不同的。

例 3.14 单个矩形脉冲的匹配滤波器设计。设脉冲信号为

$$s(t)=\begin{cases} a & (0\leqslant t\leqslant \tau) \\ 0 & (\text{其他}) \end{cases} \tag{3.5.17}$$

其中 a 是已知常数,求匹配滤波器的传递函数和输出波形。

解 信号的频谱为

$$S(\omega)=\int_{-\infty}^{+\infty}s(t)\mathrm{e}^{-\mathrm{j}\omega t}\mathrm{d}t=\int_{0}^{\tau}a\,\mathrm{e}^{-\mathrm{j}\omega t}\mathrm{d}t=\frac{a}{\mathrm{j}\omega}(1-\mathrm{e}^{-\mathrm{j}\omega\tau}) \tag{3.5.18}$$

取匹配滤波器的时间 $t_0=\tau$，由式(3.5.13)，矩形脉冲信号的匹配滤波器的传递函数为

$$H(\omega)=\frac{ca}{-\mathrm{j}\omega}(1-\mathrm{e}^{\mathrm{j}\omega\tau})\mathrm{e}^{-\mathrm{j}\omega\tau}=\frac{ca}{\mathrm{j}\omega}(1-\mathrm{e}^{-\mathrm{j}\omega\tau}) \tag{3.5.19}$$

它的冲激响应为

$$h(t)=cs(t) \tag{3.5.20}$$

冲激响应与信号只相差一个比例因子。匹配滤波器的输出信号为

$$s_0(t)=s(t)*h(t)=cs(t)*s(t)=\begin{cases}ca^2t & (0<t\leqslant\tau)\\ ca^2(2\tau-t) & (\tau<t\leqslant 2\tau)\\ 0 & (0)\end{cases} \tag{3.5.21}$$

由式(3.5.21)可以看出，输入信号是矩形波，而输出信号变成了三角波(见图3.20)，因此，信号经过匹配滤波器以后出现了变形，对于雷达和声呐系统而言，重要的是要检测到目标，信号波形出现变形并不影响检测目标。滤波器的实现如图3.21所示。

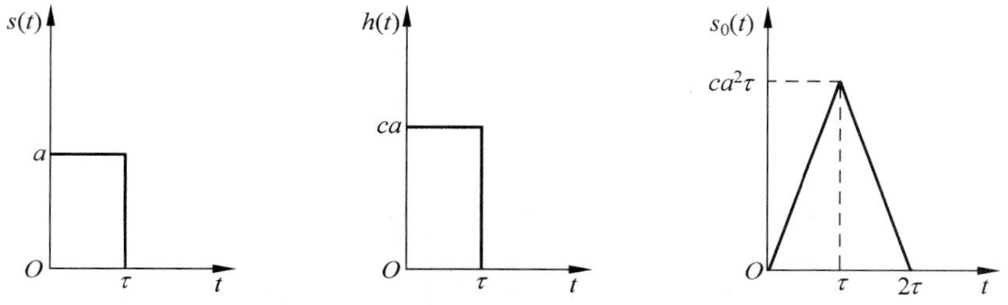

(a) 矩形脉冲信号 (b) 匹配滤波器的冲激响应 (c) 匹配滤波器的输出信号

图3.20 矩形脉冲的匹配滤波器

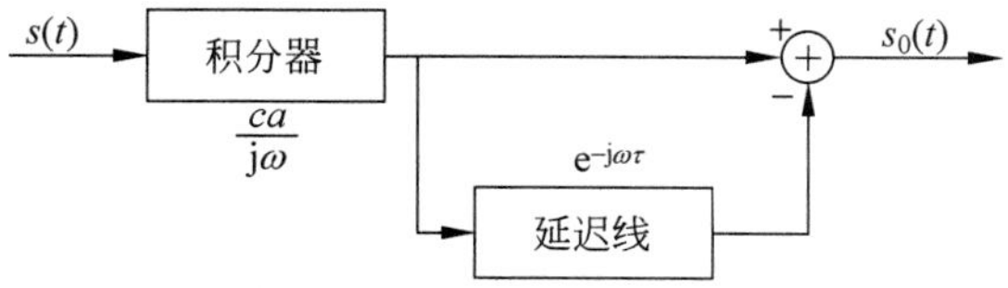

图3.21 矩形脉冲信号匹配滤波器实现框图

例3.15 设计矩形脉冲串信号的匹配滤波器。

解 设矩形脉冲串信号为

$$s(t)=\sum_{k=0}^{M-1}s_1(t-kT) \tag{3.5.22}$$

其中 $s_1(t)$是如式(3.5.17)所示的单个矩形脉冲信号，信号的频谱为

$$S(\omega)=\sum_{k=0}^{M-1}S_1(\omega)\mathrm{e}^{-\mathrm{j}k\omega T} \tag{3.5.23}$$

$s(t)$的匹配滤波器为

$$H(\omega)=cS^*(\omega)e^{-j\omega t_0}=c\sum_{k=0}^{M-1}S_1^*(\omega)e^{jk\omega T}e^{-j\omega t_0}$$

取 $t_0=(M-1)T+\tau$,那么

$$H(\omega)=c\sum_{k=0}^{M-1}S_1^*(\omega)e^{jk\omega T}e^{-j\omega[(M-1)T+\tau]}$$

$$=cS_1^*(\omega)e^{-j\omega\tau}\sum_{k=0}^{M-1}e^{-j\omega(M-1-k)T} \tag{3.5.24}$$

可见匹配滤波器可表示为

$$H(\omega)=H_1(\omega)H_2(\omega) \tag{3.5.25}$$

匹配滤波器的组成如图 3.22 所示,其中

$$H_1(\omega)=cS_1^*(\omega)e^{-j\omega\tau} \tag{3.5.26}$$

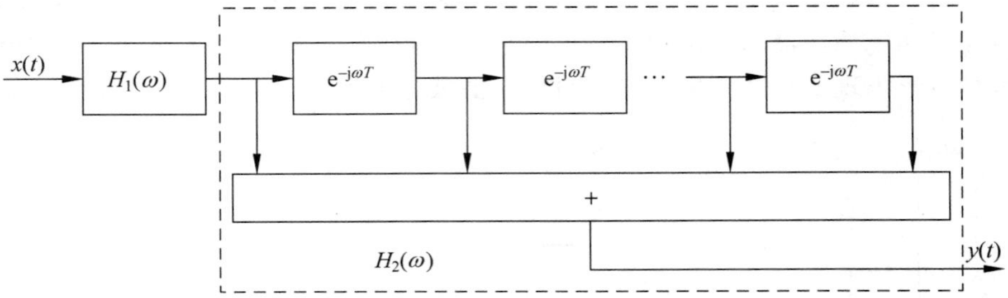

图 3.22 矩形脉冲串信号的匹配滤波器

是单个矩形脉冲信号的匹配滤波器,由于矩形脉冲串信号是由单个矩形信号经周期延拓得到的,将单个矩形脉冲信号称为矩形脉冲串信号的子脉冲,$H_1(\omega)$称为子脉冲匹配滤波器。而 $H_2(\omega)$为

$$H_2(\omega)=\sum_{k=0}^{M-1}e^{-j\omega(M-1-k)T}=1+e^{-j\omega T}+\cdots+e^{-j\omega(M-1)T} \tag{3.5.27}$$

它是由延迟单元和求和器构成,通常称为相参积累器,它的作用是调整脉冲串信号的相位,使其在 $t_0=(M-1)T+\tau$ 实现同相相加。

由于矩形脉冲串信号的能量是单个矩形脉冲信号能量的 M 倍,由式(3.5.16)可得,匹配滤波器输出的最大信噪比为

$$d_m=\frac{2E}{N_0}=\frac{2ME_1}{N_0}=M\cdot\frac{2E_1}{N_0}=Md_1 \tag{3.5.28}$$

式中 E_1 代表单个矩形脉冲信号的能量,d_1 代表子脉冲匹配滤波器输出的最大信噪比。由式(3.5.28)可以看出,矩形脉冲串信号匹配滤波器输出的最大信噪比是单个矩形脉冲信号的 M 倍,即信噪比提高了 M 倍,信噪比的提高是得益于相参积累器的作用。式(3.5.25)和式(3.5.28)可以推广到任意的脉冲串信号。

3.5.3 广义匹配滤波器

匹配滤波器是在白噪声环境下的最佳线性滤波器，而式(3.5.8)是一般平稳噪声环境下的最佳线性滤波器，下面进一步讨论式(3.5.8)。

假定噪声具有有理的功率谱，由式(2.5.31)，它可以分解为

$$G_w(\omega)=G_w^+(\omega)G_w^-(\omega)=G_w^+(\omega)\cdot[G_w^+(\omega)]^* \tag{3.5.29}$$

那么式(3.5.8)可以写成

$$H(\omega)=cS^*(\omega)\mathrm{e}^{-\mathrm{j}\omega t_0}/G_w(\omega)=\frac{1}{G_w^+(\omega)}\cdot c\left[\frac{S(\omega)}{G_w^+(\omega)}\right]^*\mathrm{e}^{-\mathrm{j}\omega t_0}$$

$$=H_1(\omega)H_2(\omega) \tag{3.5.30}$$

其中

$$H_1(\omega)=\frac{1}{G_w^+(\omega)},\quad H_2(\omega)=cS'^*(\omega)\mathrm{e}^{-\mathrm{j}\omega t_0} \tag{3.5.31}$$

式中

$$S'(\omega)=S(\omega)/G_w^+(\omega) \tag{3.5.32}$$

它是 $s(t)$ 信号经过滤波器 $H_1(\omega)$ 后输出的信号。而平稳噪声通过 $H_1(\omega)$ 后变为 $w'(t)$，它的功率谱为

$$G_{w'}(\omega)=G_w(\omega)\cdot|H_1(\omega)|^2=G_w(\omega)\cdot\frac{1}{G_w^+(\omega)}\cdot\frac{1}{[G_w^+(\omega)]^*}=1$$

可见 $w'(t)$ 是白噪声，$H_1(\omega)$ 称为白化滤波器，那么 $H_2(\omega)$ 就可以看作白噪声环境下的匹配滤波器，只不过现在匹配的信号是 $s'(t)$ 而不是 $s(t)$。很显然，$H_1(\omega)$ 是物理可实现的滤波器，而 $H_2(\omega)$ 有可能是物理不可实现的，如果取物理可实现部分 $H_{2c}(\omega)$，那么，滤波器的传递函数为

$$H(\omega)=H_1(\omega)H_{2c}(\omega)=\frac{1}{G_w^+(\omega)}\cdot\left[\frac{cS^*(\omega)\mathrm{e}^{-\mathrm{j}\omega t_0}}{G_w^-(\omega)}\right]^+ \tag{3.5.33}$$

式中$[\ ]^+$表示取物理可实现部分。如果用拉普拉斯变换表示，则式(3.5.33)可表示为

$$H(s)=H_1(s)H_{2c}(s)=\frac{1}{G_w^+(s)}\cdot\left[\frac{cS(-s)\mathrm{e}^{-st_0}}{G_w^-(s)}\right]^+ \tag{3.5.34}$$

式(3.5.33)或式(3.5.34)称为广义匹配滤波器，它的实现结构如图 3.23 所示。

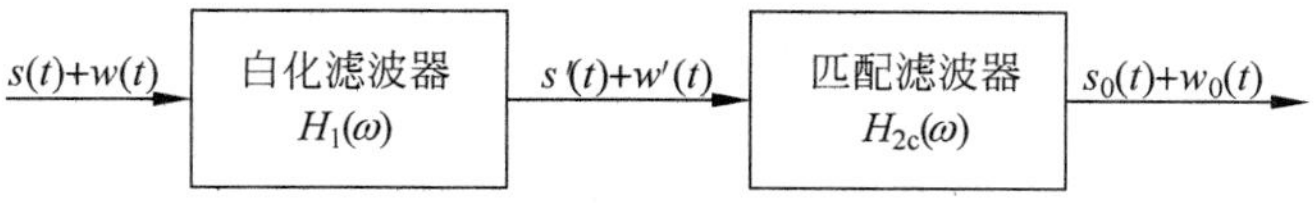

图 3.23 广义匹配滤波器结构

例 3.16 设信号为

$$s(t)=\begin{cases}\mathrm{e}^{-t/2}-\mathrm{e}^{-t} & (t\geqslant 0)\\ 0 & (t<0)\end{cases}$$

噪声的功率谱为 $G_w(\omega)=1/(1+\omega^2)$，求广义匹配滤波器的传递函数。

解 首先将噪声功率谱用拉普拉斯变换表示为

$$G_w(s)=\frac{1}{1-s^2}=\frac{1}{(1+s)(1-s)}$$

所以

$$G_w^+(s)=\frac{1}{1+s},\quad G_w^-(s)=\frac{1}{1-s},\quad H_1(s)=\frac{1}{G_w^+(s)}=1+s$$

信号的拉普拉斯变换为

$$S(s)=\frac{1}{1/2+s}-\frac{1}{1+s}=\frac{1}{(1+2s)(1+s)},\quad H_2(s)=\frac{cS(-s)\mathrm{e}^{-st_0}}{G_w^-(s)}=\frac{c}{1-2s}\mathrm{e}^{-st_0}$$

求 $H_2(s)$ 的拉普拉斯反变换得冲激响应为

$$h_2(t)=\begin{cases}\dfrac{c}{2}\mathrm{e}^{(t-t_0)/2} & (-\infty<t\leqslant t_0)\\ 0 & (t>t_0)\end{cases}$$

很显然，$h_2(t)$ 在 $t<0$ 时不为零，因此 $H_2(s)$ 不是物理可实现的滤波器，如果取物理可实现部分，则

$$h_{2c}(t)=\begin{cases}\dfrac{c}{2}\mathrm{e}^{(t-t_0)/2} & (0<t\leqslant t_0)\\ 0 & (t<0\text{ 或 }t>t_0)\end{cases}$$

对应的传递函数为

$$H_{2c}(s)=\int_0^{t_0}\frac{c}{2}\mathrm{e}^{(t-t_0)/2}\mathrm{e}^{-st}\mathrm{d}t=\frac{c}{1-2s}(\mathrm{e}^{-st_0}-\mathrm{e}^{-t_0/2})$$

那么，$s(t)$ 的广义匹配滤波器为

$$H(s)=H_1(s)H_{2c}(s)=c\cdot\frac{1+s}{1-2s}(\mathrm{e}^{-st_0}-\mathrm{e}^{-t_0/2})$$

3.6 线性系统输出端随机过程的概率分布

在本章的前几节分析了线性系统输出的均值、相关函数和功率谱，本节将分析线性系统输出的概率密度。由于随机过程通过线性系统，就是对输入过程进行变换，即

$$Y(t)=L[X(t)] \tag{3.6.1}$$

对于某个时刻 t 而言，式(3.6.1)是一种函数变换关系，所以 $Y(t)$ 的一维概率密度可以用式(1.6.6)和式(1.6.8)来确定。同样，对于任意两个时刻 t_1 和 t_2，有

$$\begin{aligned}Y(t_1)=L[X(t_1)]\\ Y(t_2)=L[X(t_2)]\end{aligned} \tag{3.6.2}$$

$Y(t_1)$ 和 $Y(t_2)$ 的联合概率密度即为 $Y(t)$ 的二维概率密度，它可以由式(1.6.10)确定，以此类推，$Y(t)$ 的 N 维概率密度可由式(1.6.13)来确定。这是线性系统输出端概率密度

确定的一般方法，但实际上，由于线性系统特性不是一种简单的函数关系，通常都是由系统的冲激响应或传递函数来描述，因此，以上方法并不能直接使用。本节重点分析输出为正态的情况，其他情况通常只能运用概率密度估计的方法。

3.6.1 正态随机过程通过线性系统

设随机过程 $X(t)$ 通过冲激响应为 $h(t)$ 的线性系统，输出过程为 $Y(t)$，那么

$$Y(t)=\int_{-\infty}^{t} X(\tau)h(t-\tau)\mathrm{d}\tau=\lim_{\max\Delta\tau_i\to 0}\sum_{i=1}^{N} X(\tau_i)h(t-\tau_i)\Delta\tau_i \tag{3.6.3}$$

对于任意 N 个时刻 $t_1,t_2,\cdots,t_n$，设 $Y_k=Y(t_k)$，$X_k=X(\tau_k)$，则式(3.6.3)可用线性方程组来表示，即

$$\begin{cases} Y_1=l_{11}X_1+l_{12}X_2+\cdots+l_{1N}X_N \\ Y_2=l_{21}X_1+l_{22}X_2+\cdots+l_{2N}X_N \\ \vdots \\ Y_N=l_{N1}X_1+l_{N2}X_2+\cdots+l_{NN}X_N \end{cases} \tag{3.6.4}$$

可见 $Y_1,Y_2,\cdots,Y_N$ 是 $X_1,X_2,\cdots,X_N$ 经过线性变换后的响应，当 $X(t)$ 是正态随机过程时，$X_1,X_2,\cdots,X_N$ 是 N 维正态随机矢量，N 维正态随机矢量经过线性变换后仍为正态随机矢量，所以正态随机过程通过线性系统后仍然服从正态分布。

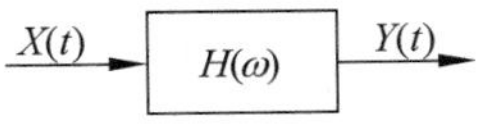

图 3.24 正态随机过程通过线性系统示意图

例 3.17 设有如图 3.24 所示系统，假定输入 $X(t)$ 为零均值平稳正态随机过程，功率谱密度为 $G_X(\omega)$，求输出过程的一、二维概率密度。

解 输出的功率谱为

$$G_Y(\omega)=G_X(\omega)\left|H(\omega)\right|^2$$

那么，输出的方差为

$$\sigma_Y^2=R_Y(0)=\frac{1}{2\pi}\int_{-\infty}^{+\infty}G_X(\omega)\left|H(\omega)\right|^2\mathrm{d}\omega \tag{3.6.5}$$

输出的自相关函数为

$$R_Y(\tau)=\frac{1}{2\pi}\int_{-\infty}^{+\infty}G_X(\omega)\left|H(\omega)\right|^2\mathrm{e}^{\mathrm{j}\omega\tau}\mathrm{d}\omega \tag{3.6.6}$$

所以，$Y(t)$ 的一维概率密度为

$$f_Y(y)=\frac{1}{\sqrt{2\pi R_Y(0)}}\exp\left[-\frac{y^2}{2R_Y(0)}\right] \tag{3.6.7}$$

由式(2.6.7)可知，$Y(t)$ 的二维概率密度为

$$f_Y(\boldsymbol{y})=\frac{1}{2\pi\det^{\frac{1}{2}}(\boldsymbol{C})}\exp\left(-\frac{1}{2}\boldsymbol{y}^{\mathrm{T}}\boldsymbol{C}^{-1}\boldsymbol{y}\right) \tag{3.6.8}$$

其中

$$\boldsymbol{y}=[y_1\ y_2]^{\mathrm{T}},\quad \boldsymbol{C}=\begin{bmatrix} R_Y(0) & R_Y(\tau) \\ R_Y(\tau) & R_Y(0) \end{bmatrix}$$

或者写成

$$f_Y(y_1,y_2)=\frac{1}{2\pi R_Y(0)\sqrt{1-r_Y^2(\tau)}}\exp\left\{-\frac{1}{2[1-r_Y^2(\tau)]R_Y(0)}[y_1^2-2r_Y(\tau)y_1y_2+y_2^2]\right\} \tag{3.6.9}$$

其中 $r_Y(\tau)=R_Y(\tau)/R_Y(0)$。

类似地,根据式(2.6.6),可以写出任意 N 维概率密度。

3.6.2 随机过程的正态化

随机过程的正态化是指非正态随机过程通过线性系统后,变换为正态过程。就随机变量而言,根据中心极限定理,大量独立同分布的随机变量之和,其分布是趋于正态的。因此,即使线性系统的输入过程是非正态的,则根据式(3.6.3)得

$$Y(t)=\lim_{\substack{\max\Delta\tau_i\to 0\\ N\to\infty}}\sum_{i=1}^{N}X(\tau_i)h(t-\tau_i)\Delta\tau_i$$

$Y(t)$是许多随机变量之和,因此输出过程仍有可能逼近正态分布。可以证明,白噪声通过有限带宽的线性系统,输出是服从正态分布的。同样,宽带噪声通过窄带系统,输出也是近似服从正态分布的,这里的宽带噪声是相对于系统带宽而言的。如果噪声带宽与系统带宽之比大于 7～10 倍,就可以看成是宽带噪声通过窄带系统的情况。

在本章最后给出了一个随机过程正态化的实验,利用该实验可验证随机过程正态化的几点结论。

3.7 信号处理实例:有色高斯随机过程的模拟

在电子系统的仿真技术中,经常涉及随机过程的模拟,如雷达地杂波、海杂波的模拟,电子战技术中的电子干扰信号模拟等。在这些模拟中经常遇到需要模拟任意功率谱形状的平稳随机过程。在 2.7 节中初步介绍了给定相关函数的相关高斯随机序列的模拟,本节将介绍具有任意功率谱形状的有色高斯随机过程的模拟。模拟的方法有很多种,本节着重介绍频域法和时域滤波法两种。

3.7.1 频域法

假定需要模拟一个持续时长为 T_{d} 的高斯随机过程的一个样本 $X(t)$,要求功率谱满足 $G_X(f)$。为此,可以先将 $X(t)$进行周期延拓,得到一个周期信号,如图 3.25 所示,然后对周期信号进行傅里叶级数展开,即

$$\widetilde{X}(t)=\sum_{k=-\infty}^{+\infty}X_k e^{j2\pi f_0 k} \quad \left(f_0=\frac{1}{T_d}\right) \tag{3.7.1}$$

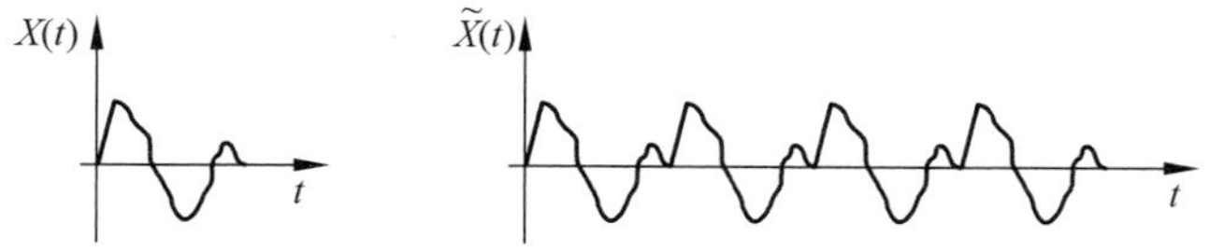

(a) 随机过程X(t)的一条样本函数　　(b) X(t)的周期延拓

图 3.25　随机过程的样本函数及其周期延拓

由于傅里叶级数是 X_k 的线性组合，所以，如果 X_k 是零均值的高斯随机变量，那么 $\widetilde{X}(t)$ 也是零均值高斯过程，如果 $\{X_k\}$ 是两两正交的序列，则周期信号的功率谱为线谱，如图 3.26 所示，即

$$G_{\widetilde{X}}(f)=\sum_{k=-\infty}^{+\infty}g_k^2\delta(f-kf_0) \quad (g_k^2=E(|X_k|^2)) \tag{3.7.2}$$

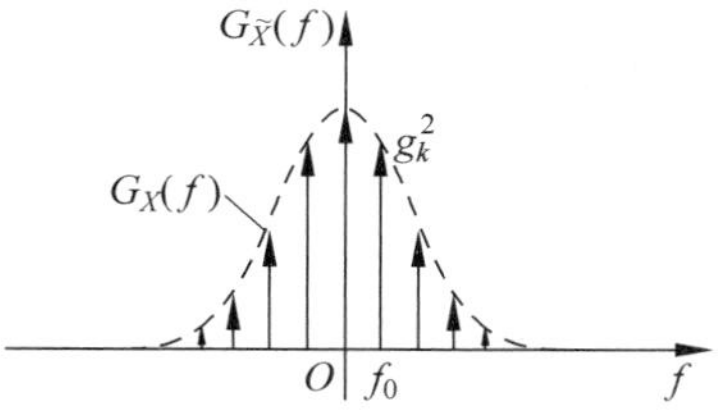

图 3.26　$\widetilde{X}(t)$的功率谱

通过选择 g_k 就可以得到期望的功率谱。

假定 $G_X(f)$是带限的，即

$$G_X(f)=0 \quad (|f|>B) \tag{3.7.3}$$

其中 B 为功率谱的带宽，那么，$\{g_k^2\}$只有有限项，即$\{g_{-M}^2,g_{-M+1}^2,\cdots,g_0^2,\cdots,g_{M-1}^2,g_M^2\}$，其中 $M=[B/f_0]$，$[\cdot]$表示取整，与此对应的傅里叶级数系数$\{X_k\}$也是 $2M+1$ 项。因此，只需产生 $2M+1$ 个相互正交的零均值高斯随机变量$\{X_{-M},X_{-M+1},\cdots,X_0,\cdots,X_{M-1},X_M\}$，其方差 $E(|X_k|^2)=g_k^2$，并在式(3.7.1)中将时间限定为$(0,T_d)$就可以得到模拟过程 $X(t)$。g_k^2 应与$G_X(kf_0)$成比例，即 $g_k^2=\beta G_X(kf_0)$，系数 β 的选择可以通过满足下式来选择：

$$\int_{-B}^{B}G_X(f)\mathrm{d}f=\sum_{k=-M}^{M}E[|X_k|^2]=\sum_{k=-M}^{M}g_k^2=\beta\sum_{k=-M}^{M}G_X(kf_0) \tag{3.7.4}$$

即

$$\beta=\frac{\int_{-B}^{B}G_X(f)\mathrm{d}f}{\sum_{k=-M}^{M}G_X(f_0k)} \tag{3.7.5}$$

下面将频域产生有色高斯随机过程的步骤总结如下：

(1) 根据所需过程的时长 T_d 确定频率 f_0，并由此确定傅里叶级数系数的长度 $M=[B/f_0]$；

(2) 根据式(3.7.5)确定系数 β；

(3) 产生 $2M+1$ 个独立的高斯随机变量，即

$$X_k\sim N(0,\beta G_X(kf_0)), \quad k=-M,-M+1,\cdots,0,\cdots,M-1,M \tag{3.7.6}$$

(4) 构建时域样本函数。

$$X[i]=X(i\Delta t)=\sum_{k=-M}^{M}X_k e^{j2\pi f_0 k(i\Delta t)} \tag{3.7.7}$$

其中 Δt 为任意小的时间间隔。

例 3.18 假定要产生一段 5ms 的零均值高斯随机过程的一个样本,其功率谱密度要求为

$$G_X(f)=\frac{1}{1+(f/\Delta f)^4}$$

其中 $\Delta f=1\text{kHz}$ 是功率谱密度的 3dB 带宽,严格地说,该过程的带宽是无限的,但当频率足够高时,功率谱密度已经很小,取 $B=6\Delta f$,按以上步骤产生的随机过程如图 3.27 所示。

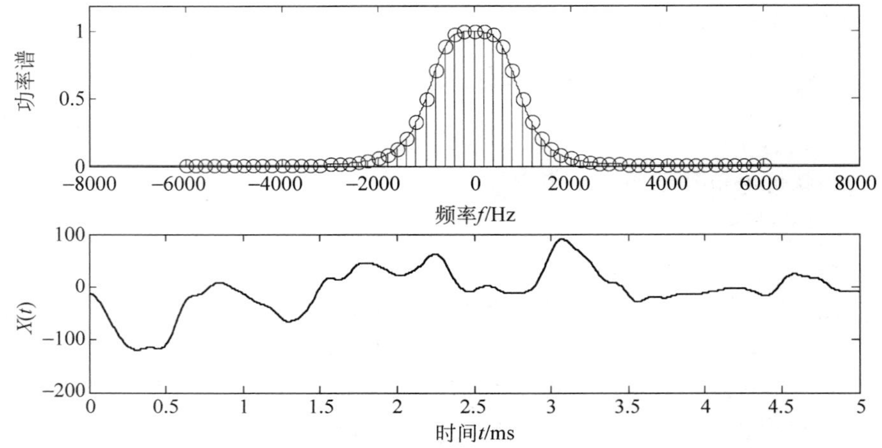

图 3.27 模拟产生的具有给定功率谱的高斯随机过程

3.7.2 时域滤波法

有色高斯随机过程产生的另一种方法是时域滤波法,如图 3.28 所示。

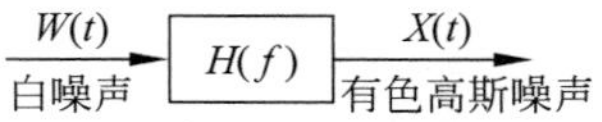

图 3.28 时域滤波法产生有色高斯噪声的示意图

根据 3.2 节和 3.6 节所介绍的理论,功率谱为 1 的白噪声通过线性系统,输出是服从高斯分布的,且输出的功率谱为 $G_X(f)=|H(f)|^2$。因此,要产生功率谱为 $G_X(f)$ 的有色高斯噪声,只需设计一个滤波器即可,该滤波器的传递函数应满足

$$H(f)=\sqrt{G_X(f)} \tag{3.7.8}$$

例 3.19 假定要产生一个例 3.18 所要求的有色高斯随机过程。功率谱密度可分

解为

$$G_X(f)=\frac{1}{1+(f/\Delta f)^4}$$

$$=\frac{(\Delta f)^4}{(f-\Delta f\cdot e^{j\pi/4})(f-\Delta f\cdot e^{j3\pi/4})(f-\Delta f\cdot e^{-j\pi/4})(f-\Delta f\cdot e^{-j3\pi/4})}$$

其中,前两个极点与 $H(f)$ 有关,后两个极点与 $H^*(f)$ 有关。所以,滤波器的传递函数为

$$H(f)=\frac{(\Delta f)^2}{(f-\Delta f\cdot e^{j\pi/4})(f-\Delta f\cdot e^{j3\pi/4})} \tag{3.7.9}$$

对式(3.7.9)做傅里叶反变换可得到系统的冲激响应为

$$h(t)=-2\omega_0 e^{-\omega_0 t}\sin\omega_0 t \quad (t\geqslant 0) \tag{3.7.10}$$

其中 $\omega_0=\sqrt{2}\pi\Delta f$。输出的有色高斯过程为

$$X(t)=W(t)*h(t) \tag{3.7.11}$$

由于计算机产生的是连续时间信号的抽样值,即离散时间的信号,因此,在模拟滤波器设计后要转换成离散时间形式。根据模拟滤波器的原型设计相应的数字滤波器有许多方法,如冲激响应不变法、双线性变换法,有关设计的例子将在研讨题中进行实践。

习　题

3.1 设随机过程 $X(t)$ 是平稳的和可微的,存在导数 $X'(t)$。证明对于给定的 t,随机变量 $X(t)$ 和 $X'(t)$ 是正交的和不相关的。

3.2 设输入随机过程 $X(t)$ 的自相关函数为 $R_X(\tau)=A^2+Be^{-|\tau|}$,系统冲激响应为

$$h(t)=\begin{cases}e^{-at} & (t\geqslant 0)\\ 0 & (\text{其他})\end{cases}$$

A,B,a 均为正实常数。试求输出 $Y(t)$ 的均值。

3.3 已知一个平稳随机过程输入到 RC 低通滤波器,如图 3.29 所示。$X(t)$ 的自相关函数 $R_X(t_1,t_2)=\delta(t_1-t_2)=\delta(\tau)$,求输出的自相关函数 $R_Y(\tau)$。

3.4 如图 3.30 所示 RL 电路,输入随机过程 $X(t)$,其 $E[X(t)]=0$,$R_X(t_1,t_2)=\sigma^2\exp[-\beta|t_1-t_2|]=\sigma^2\exp[-\beta|\tau|]$,$\beta>0$,试求稳态时输出的自相关函数 $R_Y(\tau)$。

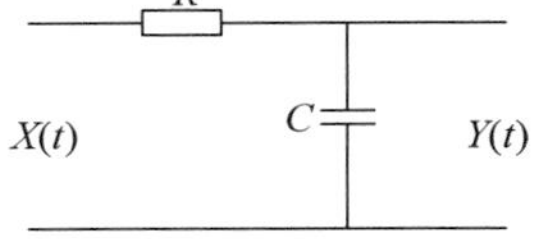

图 3.29 RC 电路

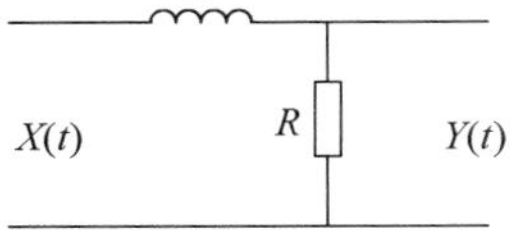

图 3.30 RL 电路

3.5　设线性时不变系统的冲激响应为 $h(t)=\mathrm{e}^{-\beta t}U(t)$，输入平稳随机过程 $X(t)$ 的自相关函数为 $R_X(\tau)=\mathrm{e}^{-\alpha|\tau|}$，其中 $\alpha>0,\beta>0$。

(1) 求输入输出之间的互相关函数 $R_{XY}(\tau)$；

(2) 当令 $\alpha=3,\beta=1$ 时，将所得结果画出来。

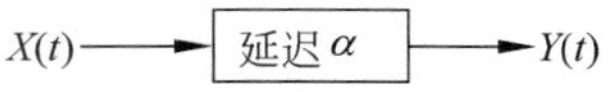

图 3.31　延迟电路

3.6　如图 3.31 所示电路中，输入平稳随机过程 $X(t)$ 的相关函数为 $R_X(\tau)$。试求 $R_Y(\tau)$、$R_{XY}(\tau)$。

3.7　设线性时不变系统的传递函数为

$$H(\omega)=\frac{\mathrm{j}\omega-\alpha}{\mathrm{j}\omega+\beta}$$

输入平稳随机过程 $X(t)$ 的自相关函数为 $R_X(\tau)=\mathrm{e}^{-v|\tau|}\ (v>0)$，试求输入输出之间的互相关函数 $R_{XY}(\tau)$。

3.8　如图 3.29 所示，RC 低通滤波器的输入为白噪声，其物理谱密度 $F_X(\omega)=N_0\ (0<\omega<\infty)$，相应的自相关函数 $R_X(\tau)=\frac{N_0}{2}\delta(\tau)$。试求输出的 $F_Y(\omega)$ 和 $R_Y(\tau)$，并证明(令 $t_3>t_2>t_1$)

$$R_Y(t_3-t_1)=\frac{R_Y(t_3-t_2)R_Y(t_2-t_1)}{R_Y(0)}$$

3.9　假定功率谱密度为 $N_0/2$ 的高斯白噪声通过一个滤波器，其传递函数为

$$H(\omega)=\frac{1}{1+\mathrm{j}\omega/\omega_1}$$

其中 ω_1 为常数，求输出的概率密度函数。

3.10　如图 3.32 所示 RL 系统中，输入 $X(t)$ 是物理谱密度为 N_0 的白噪声，试用频谱法求系统输出的自相关函数 $R_Y(\tau)$。

3.11　如图 3.33 所示，$X(t)$ 是输入随机过程，$G_X(\omega)=N_0/2$，$Z(t)$ 是输出随机过程。试用频谱法求输出 $Z(t)$ 的均方值。

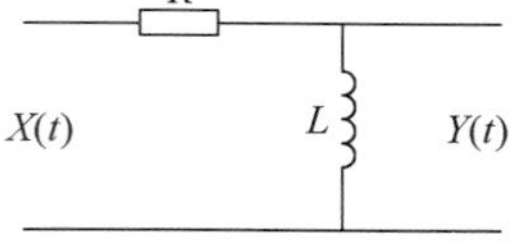

图 3.32　RL 电路

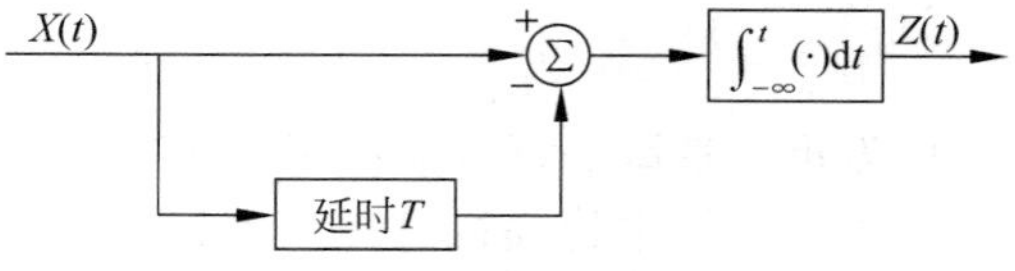

图 3.33　线性系统示意图

3.12　零均值平稳随机过程 $X(t)$ 输入一个线性滤波器，滤波器的冲激响应是指数形式的一段，即

$$h(t)=\begin{cases}\mathrm{e}^{-\alpha t} & (0\leqslant t\leqslant T,\alpha>0)\\ 0 & (\text{其他})\end{cases}$$

证明输出随机过程的功率谱密度为

$$\frac{1}{\alpha^2+\omega^2}(1-2\mathrm{e}^{-\alpha T}\cos\omega T+\mathrm{e}^{-2\alpha T})G_X(\omega)$$

其中 $G_X(\omega)$是输入过程的功率谱密度。

3.13 设积分电路输入输出之间满足下述关系：

$$Y(t)=\int_{t-T}^{t} X(\tau)\mathrm{d}\tau$$

其中 T 为常数，且 $X(t)$和 $Y(t)$均为平稳随机过程。求证 $Y(t)$的功率谱密度

$$G_Y(\omega)=G_X(\omega)\frac{\sin^2(\omega T/2)}{(\omega/2)^2}$$

3.14 图 3.34 为单输入双输出的线性系统。求证：输出 $Y_1(t)$和 $Y_2(t)$的互谱密度

$$G_{Y_1Y_2}(\omega)=H_1(\omega)H_2^*(\omega)G_X(\omega)$$

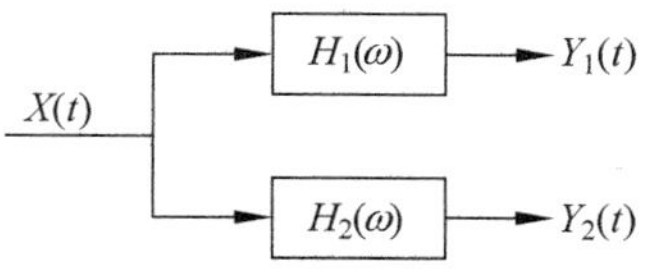

图 3.34 单输入双输出的线性系统

3.15 若线性系统输入随机过程 $X(t)$的功率谱密度为

$$G_X(\omega)=\frac{\omega^2+3}{\omega^2+8}$$

现已知其输出过程 $Y(t)$的功率谱密度 $G_Y(\omega)=1$，求该系统的传递函数。

3.16 假定随机过程 $X(t)$的功率谱为 $G_X(f)=\dfrac{1}{1+f^2}$，该过程加到一个传递函数为 $H(f)$的滤波器，该滤波器的功能是使输出的功率谱为 1，称该滤波器为白化滤波器。求该滤波器的传递函数，并画出它的实现电路。

3.17 证明随机过程的采样定理。设 $X(t)$为限带随机过程，即功率谱密度满足 $G_X(\omega)=0(|\omega|>\omega_c)$，试证明：

$$\hat{X}(t)=\sum_{n=-\infty}^{+\infty} X(nT)\frac{\sin(\omega_c t-n\pi)}{\omega_c t-n\pi}$$

提示：要证明上式，只需证明 $E\{[X(t)-\hat{X}(t)]^2\}=0$。

3.18 已知平稳随机过程的相关函数为

(1) $R_X(\tau)=\sigma_X^2(1-\alpha|\tau|)\left(\tau\leqslant\dfrac{1}{\alpha}\right)$

(2) $R_X(\tau)=\sigma_X^2\mathrm{e}^{-\alpha|\tau|}$

其中 $\alpha>0$，分别求其等效通能带 $\Delta\omega_e$。

3.19 设 $X(t)$为一个零均值高斯过程，其功率谱密度 $G_X(f)$如图 3.35 所示，若每 $1/(2W)$秒对 $X(t)$取样一次，得到样本集合 $X(0), X(1/(2W)), \cdots$，求前 N 个样本的联合概率密度。

3.20 设 $X(n)$是一个均值为零、方差为 σ_X^2 的白噪声，$Y(n)$是单位样值响应为 $h(n)$的线性时不变离散系统的输出，试证：

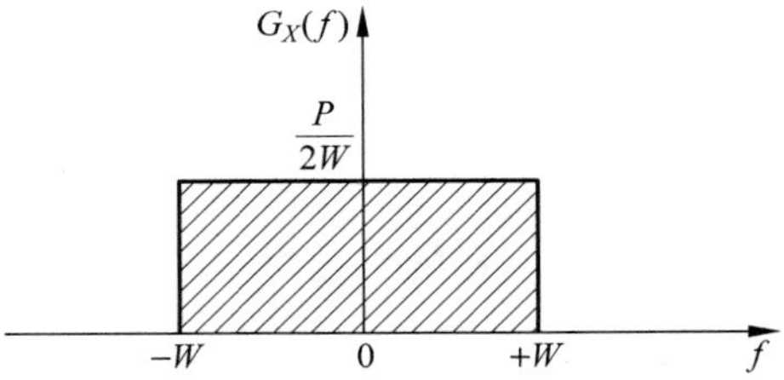

图 3.35　功率谱密度

(1) $E[X(n)Y(n)]=h(0)\sigma_X^2$；

(2) $\sigma_Y^2=\sigma_X^2\sum\limits_{n=-\infty}^{+\infty}h^2(n)$。

3.21　图 3.36 所示系统，输入为均值为零、方差为 σ_X^2 的白噪声序列，其中 $h_1(n)=a^nU(n)$，$h_2(n)=b^nU(n)$，且 $|a|<1$ 和 $|b|<1$。试求 σ_Z^2。

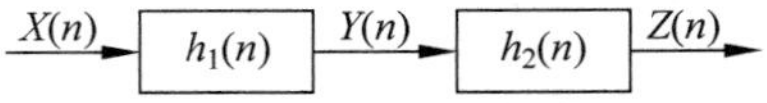

图 3.36　离散线性系统

3.22　设离散系统的单位样值响应 $h(n)=na^{-n}U(n)$，$a>1$，该系统输入为自相关函数为 $R_X(m)=\sigma_X^2\delta(m)$ 的白噪声，试求系统输出 $Y(n)$ 的自相关函数和功率谱密度。

3.23　序列 $Y(n)$ 和 $X(n)$ 满足差分方程 $Y(n)=X(n+a)-X(n-a)$，其中 a 为常数，试用 $X(n)$ 的自相关函数表示 $Y(n)$ 的自相关函数。

3.24　实值一阶自回归过程 $X(n)$ 满足差分方程 $X(n)+a_1X(n-1)=W(n)$，其中 a_1 为常数，$W(n)$ 为独立同分布随机序列。证明：

(1) 若 $W(n)$ 均值非零，则 $X(n)$ 非平稳；

(2) 若 $W(n)$ 均值为零，a_1 满足条件 $|a_1|<1$，则 $X(n)$ 的方差为 $\dfrac{\sigma_w^2}{1-a_1^2}$；

(3) 若 $W(n)$ 均值为零，分别求当 $0<a_1<1$ 和 $-1<a_1<0$ 时 $X(n)$ 的自相关函数。

3.25　假定一广义平稳随机过程由下面的差分方程描述，

$$X(n)-aX(n-1)=W(n)-bW(n-1)$$

其中 $W(n)$ 为白噪声，方差为 $\sigma_W^2=1$，对于参数 a 和 b 取下面两组值，分别画出 $X(n)$ 的功率谱密度，并解释你的结果。(1) $a=0.9, b=0.2$；(2) $a=0.2, b=0.9$。

3.26　假定二阶 AR 过程由如下差分方程描述，

$$X(n)-2r\cos(2\pi f_0)X(n-1)+r^2X(n-2)=W(n)$$

其中 $W(n)$ 为白噪声，方差为 $\sigma_W^2=1$，对于参数 r 和 f_0 取下面两组值，分别画出 $X(n)$ 的功率谱密度，并解释你的结果。(1) $r=0.7, f_0=0.1$；(2) $r=0.95, f_0=0.1$。(提示：确定 $H(z)$ 极点的位置)

3.27　输入过程 $X(n)$ 的功率谱密度为 σ_X^2，二阶 MA 模型为 $Y(n)=X(n)+a_1X(n-1)+a_2X(n-2)$，试求 $Y(n)$ 的自相关函数和功率谱密度。

3.28 平稳随机过程 $X_c(t)$ 的相关函数为

$$R_{X_c}(\tau)=e^{-4|\tau|}$$

若以间隔 20s 为周期对 $X_c(t)$ 采样得到随机序列 $X(n)$，求随机序列 $X(n)$ 的功率谱密度。

3.29 试证明最佳线性滤波器的传递函数为

$$H(\omega)=CS^*(\omega)e^{-j\omega t_0}\Big|G_w(\omega)$$

其中，C 为常数，$S(\omega)$ 是输入信号的频谱（* 表示共轭），$G_w(\omega)$ 是输入噪声功率谱密度，t_0 为信噪比最大的时刻。

3.30 设线性滤波器的输入为 $X(t)=s(t)+w(t)$，其中信号

$$s(t)=\begin{cases}Ae^{\alpha(t-T)} & (t\leqslant T)\\ 0 & (t>T)\end{cases}$$

为指数形式脉冲，$\alpha>0$，$w(t)$ 为平稳白噪声。试求匹配滤波器的传输函数 $H(\omega)$，并画出电路示意图。

3.31 分析单个射频脉冲信号的匹配滤波。信号 $s(t)$ 是矩形包络的射频脉冲，脉冲宽度为 τ，角频率为 ω_0，其表示式为 $s(t)=a\,\mathrm{rect}(t)\cos\omega_0 t$，其中

$$\mathrm{rect}(t)=\begin{cases}1 & (0\leqslant t\leqslant\tau)\\ 0 & (\text{其他})\end{cases}$$

设 τ 时间内有很多个射频振荡周期 T_0，即 $\omega_0\tau=\dfrac{2\pi\tau}{T_0}=2\pi m$，$m\gg1$，$m$ 为整数，相加白噪声的功率谱 $G_w(\omega)=\dfrac{N_0}{2}$。求 $s(t)$ 的匹配滤波器的传递函数、输出信号的波形、输出的信噪比，并画出匹配滤波器的实现框图。

3.32 分析相参射频脉冲串信号的匹配滤波器。设信号 $s(t)$ 为

$$s(t)=\sum_{k=0}^{M-1}s_1(t-kT)$$

其中 $s_1(t)$ 是习题 3.31 所表示的单个射频脉冲信号，求 $s(t)$ 的匹配滤波器的传递函数、输出信号的波形、输出的信噪比，并画出匹配滤波器的实现框图。

3.33 设图 3.29 所示的 RC 低通滤波器的输入信号为 $X(t)=s(t)+w(t)$，其中，$w(t)$ 的功率谱密度为 $G_w(\omega)=N_0/2$，$-\infty<\omega<\infty$，$s(t)$ 为矩形脉冲信号

$$s(t)=\begin{cases}A & (0\leqslant t\leqslant\tau)\\ 0 & (\text{其他})\end{cases}$$

若定义 RC 低通滤波器的等效噪声频带 $\Delta f_e=\dfrac{1}{4RC}$，试求

(1) RC 低通滤波器输出信噪比的表达式；

(2) 最佳等效噪声频带 $\Delta f_{e,opt}$ 与 τ 为什么关系时，RC 低通滤波器输出端有最大信噪比？

3.34　设线性滤波器的输入为 $X(t)=s(t)+w(t)$，已知 $s(t)$ 与 $w(t)$ 之间统计独立，且

$$s(t)=\begin{cases}A & (0\leqslant t\leqslant \tau)\\ 0 & (\text{其他})\end{cases}$$

$w(t)$ 是平稳噪声，其功率谱为

$$G_w(\omega)=\frac{2\alpha\omega^2}{\alpha^2+\omega^2}\quad(-\infty<\omega<\infty)$$

试求输出信噪比最大的最佳线性滤波器的传输函数。

3.35　设信号 $s(t)=1-\cos\omega_0 t\,(0\leqslant t\leqslant 2\pi/\omega_0)$，噪声的物理谱 $F_w(\omega)=N_0\,(0<\omega<\infty)$，且与信号统计独立，试设计匹配滤波器：

(1) 求传输函数和冲激响应；

(2) 求输出波形；

(3) 画出匹配滤波器的结构方框图；

(4) 若噪声功率谱为 $G_w(\omega)=\omega_1^2/(\omega^2+\omega_1^2)\,(-\infty<\omega<\infty)$，其中 ω_1 为常数，试求输出信噪比最大的线性滤波器的传输函数和冲激响应。

计算机作业

3.36　模拟产生一个功率谱为 $G_X(\omega)=1/(1.25+\cos\omega)$ 的正态随机序列，画出随机序列的波形。

3.37　图 3.14 是用 MATLAB 的 Simulink 模拟白噪声通过例 3.3 的 RC 电路，用示波器观察输入和输出的波形，改变 RC 的值，使电路时常数改变，观察输出波形的变化。

研讨题

3.38　在雷达信号处理中，杂波的对消非常重要，用杂波衰减因子来描述杂波对消的效果，它的定义为 $\mathrm{CA}=C_\mathrm{i}/C_\mathrm{o}$，其中 C_i 表示杂波对消器的输入杂波功率，C_o 表示杂波对消器的输出杂波功率。图 2.36 描述的就是一种最简单的二脉冲杂波对消器，假定进入到二脉冲对消器的杂波功率谱密度为 $G_X(f)=\dfrac{P_\mathrm{c}}{\sqrt{2\pi}\sigma_\mathrm{c}}\exp\left(-\dfrac{f^2}{2\sigma_\mathrm{c}^2}\right)$，$P_\mathrm{c}$ 为输入杂波的功率，求二脉冲对消器的杂波衰减因子。(提示：对正弦函数可以采用近似计算：对于小的 x，$\sin x\approx x$，在实际中通常有 $fT\ll 1$)

3.39　设有图 3.29 所示 RC 低通滤波器，输入 $X(t)=s(t)+w(t)$，$s(t)=a\cos(\omega_0 t+\Phi)$，其中 a，ω_0 是已知常数，Φ 是在 $(0,2\pi)$ 上均匀分布的随机变量，$w(t)$ 是功率谱密度为 $N_0/2$ 的白噪声，且与 $s(t)$ 统计独立。

(1) 求输出 $Y(t)$ 的自相关函数；

(2) 如果定义输出的信噪比(SNR)为输出信号的平均功率与输出噪声的平均功率之比，求输出信噪比 SNR 的表达式；

(3) RC 应该如何选择可使输出信噪比达到最大？

3.40　在 3.7.1 节中介绍了频谱法模拟有色高斯随机过程的方法，请根据例 3.18 给出的要求，编写模拟有色高斯过程的 MATLAB 程序，并画出模拟产生的高斯随机过程的一个样本函数。

3.41　在 3.7.2 节中介绍了时域滤波法模拟有色高斯随机过程的方法，请根据例 3.19 给出的要求，按照双线性变换法设计相应的数字滤波器，编写模拟有色高斯过程的 MATLAB 程序，并画出模拟产生的高斯随机过程的一个样本函数。

3.42　设有图 3.37 所示系统。

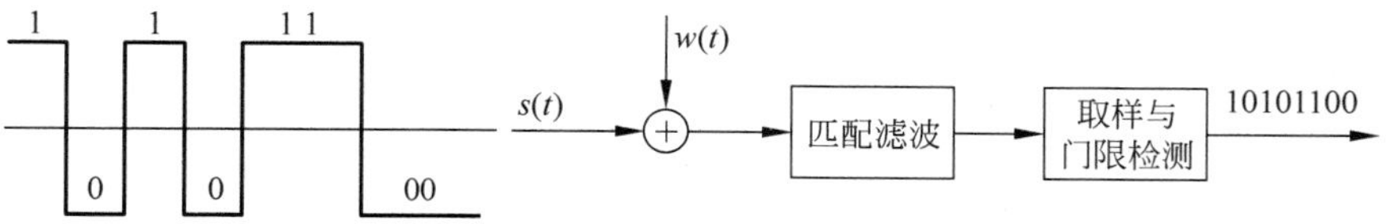

图 3.37　匹配滤波器在二元 PAM 信号传输中的应用

假定信号为脉冲幅度调制(PAM)信号，$s(t)=\sum_{k=0}^{M-1}A_k p(t-kt_s)$，$A_k$ 等概率取 +1 和 −1 两个值，$t_s=1$，信号在信道中传输会受到加性高斯白噪声的污染，在接收端每一个脉冲要判断发射的是“1”还是“0”。

(1) 画出信号、信号加噪声的波形；

(2) 对匹配滤波器输出信号，每隔 t_s 秒进行取样(在每个脉冲结尾时刻取样)，取样值与一门限值(自行确定)进行比较，超过门限判“1”，低于门限判“0”，画出匹配滤波器输出的波形，并标出取样值。

(3) 产生 10000 个二进制数字(随机产生)，统计输出端检测的误码率。

实验

实验 3.1　典型时间序列模型分析

通过本实验熟悉几种常用的时间序列，实验内容如下。

1. 设有 AR(1)模型：

$$X(n)=-0.8X(n-1)+W(n)$$

$W(n)$是零均值正态白噪声，方差为 4。

(1) 用 MATLAB 模拟产生 $X(n)$的 500 观测点的样本函数，并绘出波形；

(2) 用产生的 500 个观测点估计 $X(n)$的均值和方差；

(3) 画出 $X(n)$的理论的自相关函数和功率谱；

(4) 估计 $X(n)$的自相关函数和功率谱。

2. 设有AR(2)模型：

$$X(n) = -0.3X(n-1) - 0.5X(n-2) + W(n)$$

$W(n)$是零均值正态白噪声，方差为4。

(1) 用MATLAB模拟产生$X(n)$的500观测点的样本函数，并绘出波形；

(2) 用产生的500个观测点估计$X(n)$的均值和方差；

(3) 画出理论的功率谱；

(4) 估计$X(n)$的相关函数和功率谱。

3. 设有ARMA(2,2)模型：

$$X(n) + 0.3X(n-1) - 0.2X(n-2) = W(n) + 0.5W(n-1) - 0.2W(n-2)$$

$W(n)$是零均值正态白噪声，方差为4。

(1) 用MATLAB模拟产生$X(n)$的500观测点的样本函数，并绘出波形；

(2) 用产生的500个观测点估计$X(n)$的均值和方差；

(3) 画出理论的功率谱；

(4) 估计$X(n)$的相关函数和功率谱。

实验3.2　随机过程通过线性系统分析

3.6.2节介绍了随机过程的正态化问题，任意分布的白噪声通过线性系统后输出是服从正态分布的；宽带噪声通过窄带系统，输出近似服从正态分布，本实验的目的就是要验证以上结论。

实验内容如下。

假定滤波器为图3.7给出的RC电路(低通滤波器)。

(1) 将低通滤波器转化成数字低通滤波器；

(2) 产生一组均匀分布的白噪声序列，让这组白噪声序列通过数字低通滤波器，画出输出序列的直方图，并与输出的理论分布进行比较；

(3) 产生一组拉普拉斯分布的白噪声序列，让这组白噪声序列通过数字低通滤波器，画出输出序列的直方图，并与输出的理论分布进行比较；

(4) 改变滤波器的参数(电路RC值)，重做(1)～(3)，并与前一次的结果进行比较。

第4章 随机过程的非线性变换

在电子系统中,除了大量的线性系统外,还有许多非线性系统,如检波器、变频器、限幅器、鉴频器等。非线性系统不满足迭加原理,因此不能采用前面介绍的线性系统的分析方法。有关随机过程通过非线性系统的分析一般比较复杂,本章针对无惰性的时不变非线性系统,介绍几种常用的分析方法。

4.1 非线性变换的直接分析法

设某非线性系统的输入和输出的关系式为

$$y=h(x)$$

如果系统的输入过程为 $X(t)$,输出为 $Y(t)$,如图 4.1 所示,则有

$$Y(t)=h[X(t)] \tag{4.1.1}$$

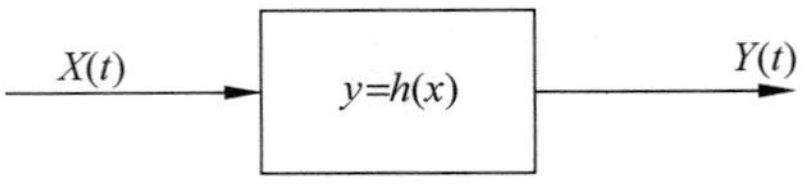

图 4.1 非线性系统示意图

当 $t=t_1$ 时,输出 $Y(t_1)$ 仅由 $X(t_1)$ 来确定,即 $Y(t)$ 在 t_1 时刻的特性完全由 $X(t)$ 在 t_1 时刻的特性所决定,而不取决于 $X(t)$ 在其他时刻的特性,这样的系统称为无惰性系统,它要求系统中不含有惰性元件。但在非线性电路中,通常含有惰性元件(电感器、电容器),这时可将它们归并到输入或输出的线性系统中去。本章讨论无惰性的非线性变换。需要强调指出的是,$h(x)$ 不是时间 t 的函数,因而有

$$Y(t+\varepsilon)=h[X(t+\varepsilon)]$$

其中 ε 为任意正数,此即时不变系统的基本特性,这点和线性系统中的情况是一致的。

4.1.1 概率密度

由式(4.1.1)可以看出,当 t 为确定值时,随机变量 $Y(t)$ 是随机变量 $X(t)$ 的函数。因此,根据 1.6 节介绍的随机变量函数概率密度的确定方法,$Y(t)$ 的概率密度可由 $X(t)$ 的概率密度变换得出,其一维概率密度为

$$f_Y(y,t)=|J|f_X(x,t) \tag{4.1.2}$$

式中雅可比因子 $J=\mathrm{d}x/\mathrm{d}y$,由 $y=h(x)$ 得出 $x=h^{-1}(y)$,并代入式(4.1.2)即可。如果 $y=h(x)$ 不是单调函数,则有

$$f_Y(y,t)=|J_1|f_X(x_1,t)+|J_2|f_X(x_2,t)+\cdots \tag{4.1.3}$$

式中 $J_1=\mathrm{d}x_1/\mathrm{d}y, J_2=\mathrm{d}x_2/\mathrm{d}y,\cdots$。

类似地,对于两个不同时刻 t_1 和 t_2,由于

$$Y(t_1)=h[X(t_1)],\quad Y(t_2)=h[X(t_2)] \tag{4.1.4}$$

随机过程 $Y(t)$ 的二维概率密度 $f_Y(y_1,y_2,t_1,t_2)$ 可由 $X(t)$ 的二维概率密度 $f_X(x_1,x_2,t_1,t_2)$ 得出。其关系式为

$$f_Y(y_1,y_2,t_1,t_2)=|J|f_X(x_1,x_2,t_1,t_2) \tag{4.1.5}$$

式中雅可比因子

$$J=\frac{\partial(x_1,x_2)}{\partial(y_1,y_2)}=\begin{vmatrix}\dfrac{\partial x_1}{\partial y_1} & \dfrac{\partial x_2}{\partial y_1}\\ \dfrac{\partial x_1}{\partial y_2} & \dfrac{\partial x_2}{\partial y_2}\end{vmatrix}$$

同理,可导出$Y(t)$的N维概率密度。

4.1.2 均值和自相关函数

为求得输出过程$Y(t)$的均值和自相关函数,只知道输入$X(t)$的均值和自相关函数是不够的,在非线性变换中还必须给定$X(t)$的一维和二维概率密度。$Y(t)$的均值

$$E[Y(t)]=E\{h[X(t)]\}=\int_{-\infty}^{+\infty}h(x)f_X(x,t)\mathrm{d}x \tag{4.1.6}$$

$Y(t)$的自相关函数为

$$\begin{aligned}E[Y(t_1)Y(t_2)]&=E\{h[X(t_1)]h[X(t_2)]\}\\&=\int_{-\infty}^{+\infty}\int_{-\infty}^{+\infty}h(x_1)h(x_2)f_X(x_1,x_2,t_1,t_2)\mathrm{d}x_1\mathrm{d}x_2\end{aligned} \tag{4.1.7}$$

如果输入$X(t)$是二阶严平稳过程,则其一维和二维概率密度分别为$f_X(x)$和$f_X(x_1,x_2,\tau)$。代入式(4.1.6)和式(4.1.7),则得$Y(t)$的均值

$$E[Y(t)]=\int_{-\infty}^{+\infty}h(x)f_X(x,t)\mathrm{d}x=m_Y \tag{4.1.8}$$

为一常数,而自相关函数为

$$E[Y(t_1)Y(t_2)]=\int_{-\infty}^{+\infty}\int_{-\infty}^{+\infty}h(x_1)h(x_2)f_X(x_1,x_2,\tau)\mathrm{d}x_1\mathrm{d}x_2 \tag{4.1.9}$$

只为τ的函数。由此可见,如果输入过程是二阶严平稳的,则输出$Y(t)$是广义平稳过程。

图4.2给出了三种典型的检波器,它们的无惰性传输特性可分别表示如下。

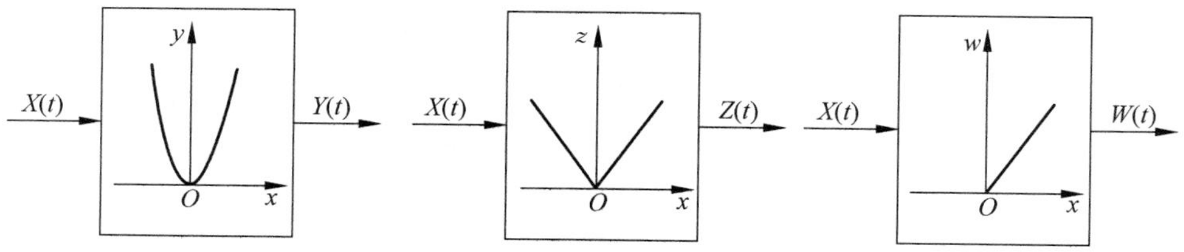

(a) 平方律检波器　(b) 全波线性检波器　(c) 半波线性检波器

图4.2 检波器的传输特性

(1) 平方律检波器 $y=x^2$;

(2) 全波线性检波器 $z=|x|=\begin{cases}x & (x\geqslant 0)\\ -x & (x<0)\end{cases}$

(3) 半波线性检波器 $w=(x+|x|)/2=\begin{cases} x & (x\geqslant 0) \\ 0 & (x<0) \end{cases}$

例 4.1 假定平方律检波器的输入为零均值平稳正态随机过程,其方差为 σ^2,自相关函数为 $R_X(\tau)$,求输出的一维概率密度、均值和自相关函数。

解 由于 $y=x^2$,所以它的反函数有两个,即 $x_1=\sqrt{y}$,$x_2=-\sqrt{y}$,因此,$J_1=\mathrm{d}x_1/\mathrm{d}y=1/(2\sqrt{y})$,$J_2=\mathrm{d}x_2/\mathrm{d}y=-1/(2\sqrt{y})$。当 $y\geqslant 0$ 时,由式(4.1.3)得

$$f_Y(y,t)=\frac{1}{2\sqrt{y}}\left[f_X(\sqrt{y},t)+f_X(-\sqrt{y},t)\right]$$

当 $y<0$ 时,$f_Y(y,t)=0$。所以

$$f_Y(y,t)=\frac{1}{2\sqrt{y}}\left[f_X(\sqrt{y},t)+f_X(-\sqrt{y},t)\right]U(y) \tag{4.1.10}$$

由于 $X(t)$是零均值平稳正态随机过程,它的一维概率密度与 t 无关,且是对称的,那么,$Y(t)$的一维概率密度也与 t 无关,且

$$f_Y(y)=f_X(\sqrt{y})U(y)/\sqrt{y}=\frac{1}{\sqrt{2\pi\sigma^2 y}}\exp\left\{-\frac{y}{2\sigma^2}\right\}U(y) \tag{4.1.11}$$

$Y(t)$的均值为

$$E[Y(t)]=E[X^2(t)]=R_X(0)=\sigma^2$$

$Y(t)$的自相关函数为

$$R_Y(\tau)=E[Y(t)Y(t-\tau)]=E[X^2(t)X^2(t-\tau)]$$

利用习题 2.38 给出的关系可得

$$R_Y(\tau)=R_X^2(0)+2R_X^2(\tau)=\sigma^4+2R_X^2(\tau) \tag{4.1.12}$$

因此,$Y(t)$的功率谱密度为

$$G_Y(\omega)=2\pi\sigma^4\delta(\omega)+\frac{1}{\pi}G_X(\omega)*G_X(\omega) \tag{4.1.13}$$

平方律检波器输出过程的功率谱密度图形如图 4.3 所示。

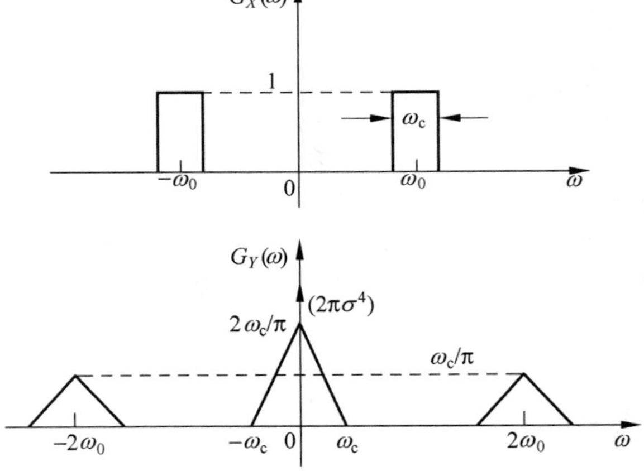

图 4.3 平方律检波器输出的功率谱

例 4.2 假定全波线性检波器的输入为零均值平稳正态随机过程，其方差为 σ^2，求输出的一维概率密度和均值。

解 全波线性检波器的输出为

$$Z(t)=|X(t)|$$

它的一维概率密度为

$$f_Z(z)=f_X(x_1)|J_1|+f_X(x_2)|J_2|$$

式中 $x_1=z, x_2=-z$，因此 $|J_1|=\left|\frac{\mathrm{d}x_1}{\mathrm{d}z}\right|=|J_2|=\left|\frac{\mathrm{d}x_2}{\mathrm{d}z}\right|=1$，代入上式即得

$$f_Z(z)=[f_X(z)+f_X(-z)]U(z)=2f_X(z)U(z) \tag{4.1.14}$$

把 $X(t)$ 的一维概率密度代入式(4.1.14)，得

$$f_Z(z)=\sqrt{\frac{2}{\pi}}\exp\left\{-\frac{z^2}{2\sigma^2}\right\}U(z) \tag{4.1.15}$$

$Z(t)$ 的均值为

$$\begin{aligned}E[Z(t)]&=\int_{-\infty}^{+\infty}|x|f_X(x)\mathrm{d}x\\&=\int_{-\infty}^{+\infty}|x|\frac{1}{\sqrt{2\pi}\sigma}\exp\left\{-\frac{x^2}{2\sigma^2}\right\}\mathrm{d}x=\sqrt{\frac{2}{\pi}}\sigma\end{aligned} \tag{4.1.16}$$

例 4.3 假定半波线性检波器的输入为零均值平稳正态随机过程，其方差为 σ^2，求输出的一维分布函数、一维概率密度和均值。

解 半波线性检波器的输出为

$$W(t)=\begin{cases}X(t) & (X(t)\geqslant 0)\\ 0 & (X(t)<0)\end{cases}$$

先求 $W(t)$ 的分布函数

$$F_W(w,t)=P\{W(t)\leqslant w\}$$

当 $w<0$ 时

$$P\{W(t)\leqslant w\}=0$$

当 $w=0$ 时

$$P\{W(t)\leqslant 0\}=P\{W(t)=0\}=P\{X(t)\leqslant 0\}=1/2$$

当 $w>0$ 时

$$P\{W(t)\leqslant w\}=P\{X(t)\leqslant w\}=F_X(w)$$

综合以上各式，得

$$F_W(w,t)=P\{W(t)\leqslant w\}=\begin{cases}0 & (w<0)\\ 1/2 & (w=0)\\ F_X(w) & (w>0)\end{cases} \tag{4.1.17}$$

式(4.1.17)对 w 求导，可求得概率密度为

$$f_W(w)=\frac{1}{2}\delta(w)+f_X(w)U(w) \tag{4.1.18}$$

由于 $W(t)$ 可表示为

$$W(t)=[X(t)+|X(t)|]/2=[X(t)+Z(t)]/2$$

所以，$W(t)$ 的均值为

$$E[W(t)]=E[Z(t)]/2=E[W(t)]=E[Z(t)]/2=\sigma/\sqrt{2\pi} \tag{4.1.19}$$

4.2 非线性系统分析的变换法

变换法是把非线性变换函数 $h(x)$ 用傅里叶变换或拉普拉斯变换来表示、用特征函数来代替概率密度的一种分析方法，变换法有时也称为特征函数法。

4.2.1 变换法的基本公式

设函数 $h(x)$ 有连续导数，并且满足绝对可积条件

$$\int_{-\infty}^{+\infty}|h(x)|\mathrm{d}x<\infty \tag{4.2.1}$$

则存在傅里叶变换，即

$$H(\omega)=\int_{-\infty}^{+\infty}h(x)\mathrm{e}^{-\mathrm{j}\omega x}\mathrm{d}x \tag{4.2.2}$$

由 $H(\omega)$ 的反变换可得到 $h(x)$ 为

$$h(x)=\frac{1}{2\pi}\int_{-\infty}^{+\infty}H(\omega)\mathrm{e}^{\mathrm{j}\omega x}\mathrm{d}\omega \tag{4.2.3}$$

有许多重要的非线性系统，如半波线性检波器、理想的单边硬限幅器等，$h(x)$ 并不绝对可积，因而不存在傅里叶变换。此时可先求 $h(x)$ 的拉普拉斯变换，再取极限情况 $s=\mathrm{j}\omega$，如果 $h(x)$ 在 $x<0$ 处恒为零，在 $x>0$ 处有连续导数，并且 $h(x)\mathrm{e}^{-\lambda x}$ 满足绝对可积条件，则存在 $h(x)$ 的拉普拉斯变换，即

$$H(s)=\int_{0}^{+\infty}h(x)\mathrm{e}^{-sx}\mathrm{d}x \tag{4.2.4}$$

式中 $s=\lambda+\mathrm{j}\omega$，$\lambda$ 为常数，对式(4.2.4)进行拉普拉斯反变换，则有

$$h(x)=\frac{1}{2\pi\mathrm{j}}\int_{\lambda-\mathrm{j}\infty}^{\lambda+\mathrm{j}\infty}H(s)\mathrm{e}^{sx}\mathrm{d}s=\frac{1}{2\pi\mathrm{j}}\int_{D}H(s)\mathrm{e}^{sx}\mathrm{d}s \tag{4.2.5}$$

式中 D 代表积分路线，$H(\omega)$ 和 $H(s)$ 通常称为非线性系统的转移函数。

当平稳随机过程通过非线性系统后，输出的自相关函数为

$$\begin{aligned}R_Y(\tau)&=E[Y(t+\tau)Y(t)]=E\{h[X(t+\tau)]h[X(t)]\}\\&=\int_{-\infty}^{+\infty}\int_{-\infty}^{+\infty}h(x_1)h(x_2)f_X(x_1,x_2,\tau)\mathrm{d}x_1\mathrm{d}x_2\end{aligned} \tag{4.2.6}$$

根据概率密度与特征函数之间的关系得

$$f_X(x_1,x_2,\tau)=\frac{1}{4\pi^2}\int_{-\infty}^{+\infty}\int_{-\infty}^{+\infty}\Phi_X(\mu_1,\mu_2,\tau)\mathrm{e}^{-\mathrm{j}\mu_1x_1-\mathrm{j}\mu_2x_2}\mathrm{d}\mu_1\mathrm{d}\mu_2 \tag{4.2.7}$$

将式(4.2.7)代入式(4.2.6)，得

$$R_Y(\tau)=\frac{1}{4\pi^2}\int_{-\infty}^{+\infty}\int_{-\infty}^{+\infty}h(x_1)h(x_2)\int_{-\infty}^{+\infty}\int_{-\infty}^{+\infty}\Phi_X(\mu_1,\mu_2,\tau)\mathrm{e}^{-\mathrm{j}\mu_1x_1-\mathrm{j}\mu_2x_2}\mathrm{d}\mu_1\mathrm{d}\mu_2\mathrm{d}x_1\mathrm{d}x_2$$

$$=\frac{1}{4\pi^2}\int_{-\infty}^{+\infty}\int_{-\infty}^{+\infty}\Phi_X(\mu_1,\mu_2,\tau)\int_{-\infty}^{+\infty}h(x_1)\mathrm{e}^{-\mathrm{j}\mu_1x_1}\mathrm{d}x_1\int_{-\infty}^{+\infty}h(x_2)\mathrm{e}^{-\mathrm{j}\mu_2x_2}\mathrm{d}x_2\mathrm{d}\mu_1\mathrm{d}\mu_2$$

$$=\frac{1}{4\pi^2}\int_{-\infty}^{+\infty}\int_{-\infty}^{+\infty}\Phi_X(\mu_1,\mu_2,\tau)H(\mu_1)H(\mu_2)\mathrm{d}\mu_1\mathrm{d}\mu_2 \tag{4.2.8}$$

如果用拉普拉斯变换表示，则为

$$R_Y(\tau)=\frac{1}{(2\pi\mathrm{j})^2}\int_D H(s_1)\int_D H(s_2)\cdot\Phi_X(s_1,s_2,\tau)\mathrm{d}s_1\mathrm{d}s_2 \tag{4.2.9}$$

式中 s_1 和 s_2 是复变量，D 代表在复平面上的积分路线。式(4.2.8)或式(4.2.9)是变换法的基本公式。

4.2.2 Price 定理

式(4.2.8)是计算输出相关函数的一般表达式，当输入是零均值平稳正态随机过程的时候，Price 定理给出了计算输出相关函数的简便方法。

Price 定理 假定输入为零均值平稳正态随机过程，输出过程为 $Y(t)=h[X(t)]$，则输出 $Y(t)$ 的自相关函数满足如下关系：

$$\frac{\mathrm{d}^{(k)}R_Y(\tau)}{\mathrm{d}R_X^{(k)}(\tau)}=\int_{-\infty}^{+\infty}\int_{-\infty}^{+\infty}h^{(k)}(x_1)h^{(k)}(x_2)f_X(x_1,x_2,\tau)\mathrm{d}x_1\mathrm{d}x_2$$

$$=E[h^{(k)}(X_1)h^{(k)}(X_2)] \tag{4.2.10}$$

其中 X_1 代表 $X(t)$ 在 $t+\tau$ 时刻对应的随机变量，X_2 代表在 t 时刻对应的随机变量，$h^{(k)}(X_i)=\dfrac{\mathrm{d}^{(k)}h(X_i)}{\mathrm{d}X_i^{(k)}}(i=1,2)$。定理的证明留作习题，参见习题 4.3。

例 4.4 求全波线性检波器输出过程 $Z(t)$ 的自相关函数。

解 $Z(t)$ 的自相关函数为

$$R_Z(\tau)=E[Z(t+\tau)Z(t)]=E[|X(t+\tau)||X(t)|]$$

由式(4.2.10)得

$$\frac{\mathrm{d}R_Z(\tau)}{\mathrm{d}R_X(\tau)}=E\left[\frac{\mathrm{d}|X(t+\tau)|}{\mathrm{d}X(t+\tau)}\cdot\frac{\mathrm{d}|X(t)|}{\mathrm{d}X(t)}\right]$$

而

$$\frac{\mathrm{d}|X|}{\mathrm{d}X}=\begin{cases}1 & (X>0)\\ -1 & (X<0)\end{cases}$$

所以

$$\frac{\mathrm{d}R_Z(\tau)}{\mathrm{d}R_X(\tau)}=1\cdot P\{X(t+\tau)X(t)>0\}-1\cdot P\{X(t+\tau)X(t)<0\}=\frac{2\alpha}{\pi} \tag{4.2.11}$$

其中

$$\alpha = \arcsin[R_X(\tau)/R_X(0)] = \arcsin[r_X(\tau)] \tag{4.2.12}$$

$r_X(\tau)$为$X(t)$的相关系数。式(4.2.11)的最后一个等号利用了习题1.13的结果。于是有

$$R_Z(\tau) - R_z(\tau)\Big|_{R_X=0} = \int_0^{R_X(\tau)} \frac{2}{\pi}\arcsin\left(\frac{R_X}{\sigma^2}\right)\mathrm{d}R_X$$

由于当$R_X(\tau)=0$时,$X(t+\tau)$与$X(t)$是不相关的,那么

$$R_Z(\tau)\Big|_{R_X=0} = E[|X(t+\tau)||X(t)|] = E[|X(t+\tau)|]E[|X(t)|]$$

将式(4.1.16)代入上式,得

$$R_z(\tau)\Big|_{R_X=0} = 2\sigma^2/\pi \tag{4.2.13}$$

因此

$$R_Z(\tau) = \int_0^{R_X(\tau)} \frac{2}{\pi}\arcsin\left(\frac{R_X}{\sigma^2}\right)\mathrm{d}R_X + \frac{2\sigma^2}{\pi} = \frac{2\sigma^2}{\pi}(\alpha\sin\alpha + \cos\alpha) \tag{4.2.14}$$

全波线性检波器输出过程的平均功率为

$$E[Z^2(t)] = R_Z(0) = \sigma^2 \tag{4.2.15}$$

例 4.5 求半波线性检波器输出过程的自相关函数。

解 由于半波线性检波器的输入输出关系为

$$w = h(x) = \begin{cases} x & (x \geqslant 0) \\ 0 & (x < 0) \end{cases}$$

所以

$$h^{(1)}(x) = U(x),\quad h^{(2)}(x) = \delta(x)$$

那么,由式(4.2.10)得

$$\begin{aligned}
\frac{\mathrm{d}^2 R_W(\tau)}{\mathrm{d}^2 R_X(\tau)} &= \int_{-\infty}^{+\infty}\int_{-\infty}^{+\infty} h^{(2)}(x_1)h^{(2)}(x_2)f_X(x_1,x_2,\tau)\mathrm{d}x_1\mathrm{d}x_2 \\
&= \int_{-\infty}^{+\infty}\int_{-\infty}^{+\infty} \delta(x_1)\delta(x_2)\frac{1}{2\pi\sigma^2\sqrt{1-r_X^2(\tau)}}\exp\left\{-\frac{x_1^2+x_2^2-2r_X(\tau)x_1x_2}{2\sigma^2(1-r_X^2(\tau))}\right\}\mathrm{d}x_1\mathrm{d}x_2 \\
&= \frac{1}{2\pi\sigma^2\sqrt{1-r_X^2(\tau)}}
\end{aligned} \tag{4.2.16}$$

对式(4.2.16)两边积分得

$$\begin{aligned}
\frac{\mathrm{d}R_W(\tau)}{\mathrm{d}R_X(\tau)} &= \int_0^{R_X(\tau)} \frac{1}{2\pi\sigma^2\sqrt{1-(R_X/\sigma^2)^2}}\mathrm{d}R_X + A_1 \\
&= \frac{1}{2\pi}\arcsin(R_X(\tau)/\sigma^2) + A_1
\end{aligned} \tag{4.2.17}$$

其中

$$A_1 = \frac{\mathrm{d}R_W(\tau)}{\mathrm{d}R_X(\tau)}\Big|_{R_X(\tau)=0}$$

而由式(4.2.10)得

$$\frac{\mathrm{d}R_W(\tau)}{\mathrm{d}R_X(\tau)}=\int_{-\infty}^{+\infty}\int_{-\infty}^{+\infty}h^{(1)}(x_1)h^{(1)}(x_2)f_X(x_1,x_2,\tau)\mathrm{d}x_1\mathrm{d}x_2$$

$$=\int_0^{+\infty}\int_0^{+\infty}f_X(x_1,x_2,\tau)\mathrm{d}x_1\mathrm{d}x_2$$

由于 $R_X(\tau)=0$ 时，$f_X(x_1,x_2,\tau)=f_X(x_1)f_X(x_2)$，所以

$$\left.\frac{\mathrm{d}R_W(\tau)}{\mathrm{d}R_X(\tau)}\right|_{R_X(\tau)=0}=\int_0^{+\infty}\int_0^{+\infty}f_X(x_1,x_2,\tau)\mathrm{d}x_1\mathrm{d}x_2$$

$$=\int_0^{+\infty}f_X(x_1)\mathrm{d}x_1\int_0^{+\infty}f_X(x_2)\mathrm{d}x_2=\frac{1}{4}\tag{4.2.18}$$

将式(4.2.18)代入式(4.2.17)，得

$$\frac{\mathrm{d}R_W(\tau)}{\mathrm{d}R_X(\tau)}=\frac{1}{2\pi}\arcsin[R_X(\tau)/\sigma^2]+\frac{1}{4}\tag{4.2.19}$$

对式(4.2.19)两边再次积分，得

$$R_W(\tau)=\int_0^{R_X(\tau)}\frac{1}{2\pi}\arcsin(R_X/\sigma^2)\mathrm{d}R_X+\frac{1}{4}R_X(\tau)+A_2$$

$$=\frac{1}{2\pi}\left[R_X(\tau)\arcsin(R_X(\tau)/\sigma^2)+\sqrt{\sigma^4-R_X^2(\tau)}-\sigma^2\right]+\frac{1}{4}R_X(\tau)+A_2\tag{4.2.20}$$

其中

$$A_2=R_W(\tau)\Big|_{R_X(\tau)=0}$$

而当 $R_X(\tau)=0$ 时

$$A_2=\int_{-\infty}^{+\infty}\int_{-\infty}^{+\infty}h(x_1)h(x_2)f_X(x_1,x_2,\tau)\mathrm{d}x_1\mathrm{d}x_2$$

$$=\int_0^{+\infty}\int_0^{+\infty}x_1x_2f_X(x_1)f_X(x_2)\mathrm{d}x_1\mathrm{d}x_2$$

$$=\left[\int_0^{+\infty}x_1\frac{1}{\sqrt{2\pi}\sigma}\exp\left\{-\frac{x_1^2}{2\sigma^2}\right\}\mathrm{d}x_1\right]^2$$

$$=\frac{\sigma^2}{2\pi}$$

将 A_2 代入式(4.2.20)，得

$$R_W(\tau)=\frac{1}{2\pi}\left[R_X(\tau)\arcsin(R_X(\tau)/\sigma^2)+\sqrt{\sigma^4-R_X^2(\tau)}-\sigma^2\right]+\frac{1}{4}R_X(\tau)+\frac{\sigma^2}{2\pi}$$

$$=\frac{1}{2\pi}\left[R_X(\tau)\arcsin(R_X(\tau)/\sigma^2)+\sqrt{\sigma^4-R_X^2(\tau)}\right]+\frac{1}{4}R_X(\tau)$$

$$=\frac{\sigma^2}{2\pi}\left[r_X(\tau)\arcsin(r_X(\tau))+\sqrt{1-r_X^2(\tau)}\right]+\frac{1}{4}R_X(\tau)$$

$$=\frac{\sigma^2}{2\pi}[\alpha\sin\alpha+\cos\alpha]+\frac{1}{4}R_X(\tau)\tag{4.2.21}$$

由式(4.2.21)可以看出,当 $\tau\to\infty$ 时,即使 $R_X(\tau)\to 0$(意味着输入过程中不含直流分量),$R_W(\tau)$ 并不趋于零,而是 $R_W(\tau)\to\sigma^2/(2\pi)$,这意味着输出中包含直流分量。

习题4.5还给出了理想限幅器输出过程自相关函数的计算,读者可以应用Price定理自行练习。

Price定理为非线性系统输出的统计特性分析提供了一种简便的方法,但这种方法也有其局限性,首先它要求输入过程是正态随机过程;其次,非线性系统特性 $y=h(x)$ 在经过几次求导后能得到 δ 函数,这种方法才比较有效。

4.3 非线性系统分析的级数展开法

无论是直接法还是变换法,都会遇到复杂的积分问题,稍微复杂的非线性系统就可能使积分求解变得复杂。在实际中,通常采用一种级数展开法,这种方法把变换函数用泰勒级数展开。

假定变换函数 $y=h(x)$ 可以在 $x=0$ 处用泰勒级数展开为

$$y=h(x)=a_0+a_1x+a_2x^2+\cdots \tag{4.3.1}$$

其中

$$a_k=\frac{1}{k!}\frac{\mathrm{d}^k h(x)}{\mathrm{d}x^k} \tag{4.3.2}$$

那么平稳随机过程 $X(t)$ 通过非线性系统后,输出 $Y(t)$ 的均值为

$$\begin{aligned}E[Y(t)]&=E\{h[X(t)]\}\\&=\int_{-\infty}^{+\infty}h(x)f_X(x)\mathrm{d}x=\int_{-\infty}^{+\infty}[a_0+a_1x+a_2x^2+\cdots]f_X(x)\mathrm{d}x\\&=a_0+a_1E[X(t)]+a_2E[X^2(t)]+\cdots\\&=a_0+a_1m_1+a_2m_2+\cdots\end{aligned} \tag{4.3.3}$$

其中,$m_k=E[X^k(t)]$ 为 $X(t)$ 的 k 阶矩。

$$\begin{aligned}E[Y^2(t)]&=E\{h^2[X(t)]\}\\&=\int_{-\infty}^{+\infty}h^2(x)f_X(x)\mathrm{d}x=\int_{-\infty}^{+\infty}[a_0+a_1x+a_2x^2+\cdots]^2f_X(x)\mathrm{d}x\\&=\int_{-\infty}^{+\infty}\sum_{k=0}^{+\infty}a_kx^k\sum_{j=0}^{+\infty}a_jx^jf_X(x)\mathrm{d}x\\&=\sum_{k=0}^{+\infty}\sum_{j=0}^{+\infty}a_ka_j\int_{-\infty}^{+\infty}x^{k+j}f_X(x)\mathrm{d}x\\&=\sum_{k=0}^{+\infty}\sum_{j=0}^{+\infty}a_ka_jm_{k+j}\end{aligned} \tag{4.3.4}$$

由式(4.3.3)和式(4.3.4)可以看出,输出 $Y(t)$ 的一、二阶矩可由 $X(t)$ 的矩求得。

同样,对自相关函数有

$$R_Y(\tau)=E[Y(t+\tau)Y(t)]$$

$$
\begin{aligned}
&= \int_{-\infty}^{+\infty}\int_{-\infty}^{+\infty} h(x_1)h(x_2)f_X(x_1,x_2,\tau)\mathrm{d}x_1\mathrm{d}x_2 \\
&= \int_{-\infty}^{+\infty}\int_{-\infty}^{+\infty} \sum_{k=0}^{+\infty} a_k x_1^k \sum_{j=0}^{+\infty} a_j x_2^j f_X(x_1,x_2,\tau)\mathrm{d}x_1\mathrm{d}x_2 \\
&= \sum_{k=0}^{+\infty}\sum_{j=0}^{+\infty} a_k a_j \int_{-\infty}^{+\infty}\int_{-\infty}^{+\infty} x_1^k x_2^j f_X(x_1,x_2,\tau)\mathrm{d}x_1\mathrm{d}x_2 \\
&= \sum_{k=0}^{+\infty}\sum_{j=0}^{+\infty} a_k a_j E[X^k(t+\tau)X^j(t)]
\end{aligned}
\tag{4.3.5}
$$

由式(4.3.3)和式(4.3.4)可以看出,用级数展开法求得的非线性变换后一、二阶矩是用无穷级数形式表示的,在实际中只能近似计算。

4.4 信号处理实例:量化噪声分析

将模拟信号转换成数字信号是信号处理中非常重要的一个变换,转换过程通常包含3个步骤:首先,对模拟信号进行抽样,将连续时间信号转换成离散时间信号;然后对信号的抽样值进行量化,将连续的幅度值与几个离散值对应;最后再将时间和幅度值都离散了的数字信号进行编码。转换过程的3个步骤如图4.4所示。

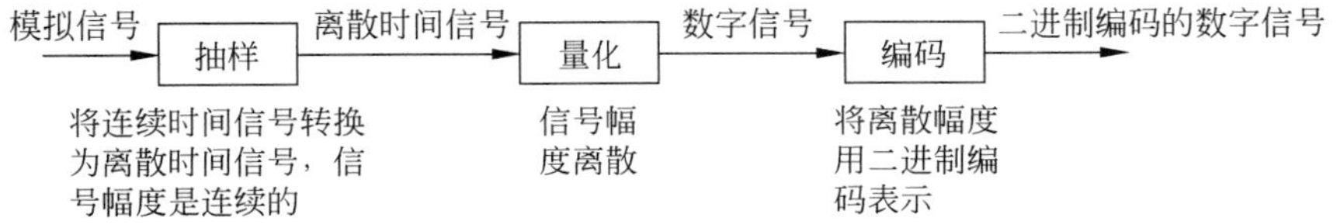

图4.4 模拟信号向数字信号转换的过程

在图4.4中,抽样和编码是可逆,而量化是不可逆的,会引起失真,量化器设计的任务就是要使失真达到最小,即要设计量化函数 $Y=q(X)$,使量化误差的均方值

$$
d = E\{[X-q(X)]^2\} = \int_{-\infty}^{+\infty}(x-q(x))^2 f_X(x)\mathrm{d}x \tag{4.4.1}
$$

达到最小,或者使量化信噪比

$$
\mathrm{SNRQ} = \frac{E(X^2)}{E\{[X-q(X)]^2\}} \tag{4.4.2}
$$

最大。很显然,最佳函数 q 与 X 的分布有关。

通常,量化器将 X 的样本空间映射成 $M=2^n$ 个电平,每个量化电平用一个 n 位的编码表示,通常称其为 n 位量化器。最简单的是 $n=1$,称为二元量化器,将 X 的样本量化成 -1 和 $+1$ 两个电平,如图4.5所示。

量化器的变换关系为

$$
y = \begin{cases} y_0 & (x < x_1) \\ y_i & (x_i \leqslant x < x_{i+1}, i=1,2,\cdots,M-1) \\ y_M & (x \geqslant x_M) \end{cases} \tag{4.4.3}
$$

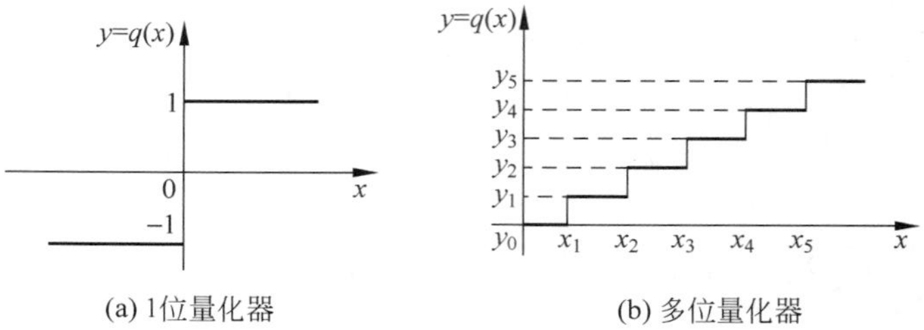

图 4.5 1位、多位量化器

假定随机变量 X 在间隔$(-c/2,c/2)$上均匀分布，将区间$(-c/2,c/2)$划分成 M 个等间距的子区间，每个子区间的长度为 $\Delta=c/M$。对于每个子区间，量化电平的值 $q(x)$ 应取子区间的中点，这样的量化器称为均匀量化器。

例 4.6 考虑一个图 4.6 所示的 3 位均匀量化器。

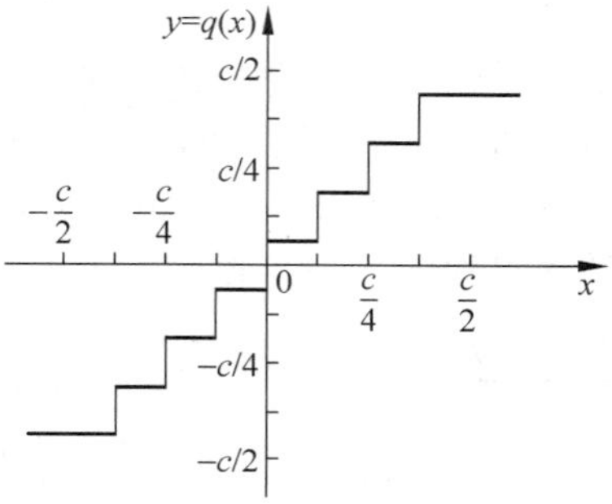

图 4.6 3 位均匀量化器

量化关系为

$$y=\begin{cases}-7c/16 & (-c/2\leqslant x<-3c/8)\\ -5c/16 & (-3c/8\leqslant x<-c/4)\\ -3c/16 & (-c/4\leqslant x<-c/8)\\ -c/16 & (-c/8\leqslant x<0)\\ c/16 & (0\leqslant x<c/8)\\ 3c/16 & (c/8\leqslant x<c/4)\\ 5c/16 & (c/4\leqslant x<3c/8)\\ 7c/16 & (3c/8\leqslant x<c/2)\end{cases}$$

量化的均方误差为

$$d=E\{[X-q(X)]^2\}=\sum_{k=1}^{8}E\{[X-q(X)]^2\mid X\in X_k\}P(X\in X_k)\quad(4.4.4)$$

其中 X_k 表示第 k 个量化子区间，$(-c/2,c/2)$共量化了 8 个子区间。如 $X_5=(0,c/8)$。

$$\begin{aligned}E\{[X-q(X)]^2\mid X\in X_5\}&=E\{[X-q(X)]^2\mid X\in(0,c/8)\}\\&=\int_0^{c/8}(X-c/16)^2f_X(x\mid X\in(0,c/8))\mathrm{d}x\quad(4.4.5)\end{aligned}$$

式中的条件概率密度为

$$f_X(x \mid X \in (0,c/8)) = \frac{f_X(x)}{P\{X \in (0,c/8)\}} = \frac{1/c}{1/8} = 8/c \quad (0 \leqslant x < c/8)$$

将上式代入式(4.4.5)，得

$$E\{[X-q(X)]^2 \mid X \in (0,c/8)\} = \frac{8}{c}\int_0^{c/8}(X-c/16)^2 \mathrm{d}x = \frac{c^2}{768} \tag{4.4.6}$$

很容易证明，对于 X 落在其他区间条件下的量化均方误差与式(4.4.6)相同。因此，总的量化均方误差为

$$d = E\{[X-q(X)]^2\} = 8 \cdot \frac{c^2}{768} \cdot \frac{1}{8} \tag{4.4.7}$$

而随机变量 X 的方差为

$$E(X^2) = \frac{1}{c}\int_{-c/2}^{c/2} x^2 \mathrm{d}x = \frac{c^2}{12} \tag{4.4.8}$$

将式(4.4.7)和式(4.4.8)代入式(4.4.2)，可得出量化信噪比为

$$\mathrm{SNRQ} = \frac{E(X^2)}{E\{[X-q(X)]^2\}} = \frac{c^2/12}{c^2/768} = 64 = 18.06(\mathrm{dB}) \tag{4.4.9}$$

以上对 3 位均匀量化器的结果可以推广到任意 n 位的均匀量化器。假定 X 仍是 $(-c/2, c/2)$ 上均匀分布的随机变量，采用均匀量化，那么，n 位的均匀量化器的量化间隔为 $\Delta = c/M$，其中 $M = 2^n$，在随机变量 X 落在量化子区间 $(0,\Delta)$ 的条件下的量化均方误差为

$$E\{[X-q(X)]^2 \mid X \in (0,\Delta)\} = \frac{1}{\Delta}\int_0^{\Delta}(x-\Delta/2)^2 \mathrm{d}x = \Delta^2/12 \tag{4.4.10}$$

量化信噪比为

$$\mathrm{SNRQ} = \frac{E(X^2)}{E\{[X-q(X)]^2\}} = \frac{c^2/12}{\Delta^2/12} = M^2 = 2^{2n} \tag{4.4.11}$$

或者用分贝表示为

$$\mathrm{SNRQ(dB)} = 2n\log_{10}2 = 6.02n(\mathrm{dB}) \tag{4.4.12}$$

从式(4.4.12)可以看出，量化器每增加一位可以使量化信噪比得到 6.02dB 的改善。

以上分析的量化噪声，输入假定是在对称区间上均匀分布的随机变量，并且采用均匀的量化间隔。对于非均匀分布的随机变量，如果仍采用均匀量化，则量化信噪比将达不到最佳。有关量化噪声的进一步分析将在研讨题中加以讨论。

习　　题

4.1　给定实数 x 和一个严平稳随机过程 $X(t)$，定义理想门限系统的特性为

$$Y(t) = \begin{cases} 1 & (X(t) \leqslant x) \\ 0 & (X(t) > x) \end{cases}$$

证明：(1) $E[Y(t)] = F_X(x)$；　(2) $R_Y(\tau) = F_X(x, x, \tau)$。

4.2　设对称限幅器的特性为

$$Y(t)=\begin{cases}-y_0 & (X(t)<-x_0)\\ (y_0/x_0)X(t) & (-x_0\leqslant X(t)<x_0)\\ y_0 & (X(t)\geqslant x_0)\end{cases}$$

(1) 已知输入过程 $X(t)$ 的一维概率密度,求输出 $Y(t)$ 的一维概率密度。

(2) 当输入 $X(t)$ 为零均值平稳正态随机过程时,自相关函数为 $R_X(\tau)$,求输出 $Y(t)$ 的一维概率密度。

4.3　证明 Price 定理。提示:对联合正态随机变量 $X\sim\mathcal{N}(m_X,\sigma_X^2)$ 和 $Y\sim\mathcal{N}(m_Y,\sigma_Y^2)$,它们的协方差为 $\nu=\mathrm{Cov}(X,Y)$,那么联合特征函数为

$$\Phi_{XY}(\mu_1,\mu_2)=\exp[\mathrm{j}(\mu_1 m_X+\mu_2 m_Y)]\exp\left[-\frac{1}{2}(\sigma_X^2\mu_1^2+\sigma_Y^2\mu_2^2)-2\mu_1\mu_2\nu\right]$$

4.4　设二极管的电压 $X(t)$ 是零均值正态随机过程,其自相关函数为 $R_X(\tau)=c\,\mathrm{e}^{-\alpha|\tau|}$,其中 c 和 α 为常数,求产生的电流 $Y(t)=I\mathrm{e}^{\alpha X(t)}$ 的均值、方差及其功率谱,其中 I 为常数。

4.5　设有理想限幅器

$$Y(t)=\begin{cases}1 & (X(t)\geqslant 0)\\ -1 & (X(t)<0)\end{cases}$$

假定输入为零均值正态随机过程。

(1) 求 $Y(t)$ 的一维概率密度和均值;

(2) 用 Price 定理证明

$$R_Y(\tau)=\frac{2\alpha}{\pi}=\frac{2}{\pi}\arcsin(r_X(\tau))$$

其中,$r_X(\tau)=R_X(\tau)/\sigma^2$。

4.6　设有随机变量 X 和 Y 是联合正态随机变量,且具有边缘概率密度 $f_X(x)$ 和 $f_Y(y)$,$E(X)=E(Y)=0$,$E(X^2)=E(Y^2)=\sigma^2$,$E(XY)=\mu$。证明:

$$E[f_X(X)f_Y(Y)]=\frac{1}{2\pi\sqrt{4\sigma^4-\mu^2}}$$

4.7　假定 $X(n)$ 是零均值平稳正态随机序列,其自相关函数为 $R_X(m)=\frac{1}{2}\delta(m)+\frac{1}{4}\delta(m+1)+\frac{1}{4}\delta(m-1)$,令 $Y(n)=X^2(n)$,求 $Y(n)$ 的自相关函数和功率谱密度。

4.8　如图 4.7 所示非线性系统。该系统输入为零均值,功率谱密度为 $G_X(\omega)=N_0/2$ 的高斯白噪声。不考虑其他因素,试求输出随机过程 $Y(t)$ 的自相关函数和功率谱密度。

4.9　量化编码器由函数 $y=g(x)$ 表示,如图 4.8 所示。假设输入过程 $X(t)$ 是高斯随机过程,均值和自相关函数分别为 $m_X=0$,$R_X(\tau)=d^2\mathrm{e}^{-\alpha|\tau|}$。试求:

(1) 输出过程的均值 $m_Y(t)$;

(2) 输出过程 $Y(t)$ 的一阶概率密度 $f_Y(y,t)$。

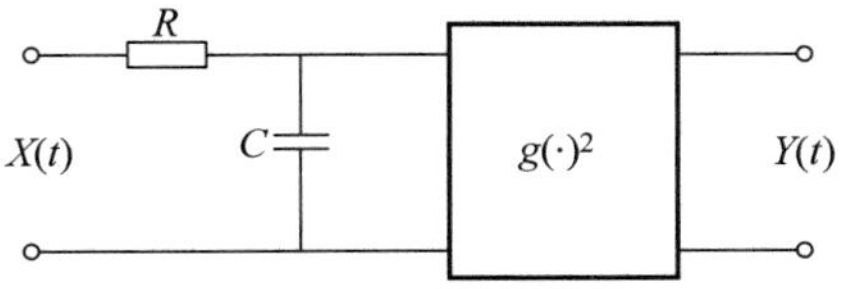

图 4.7　习题 4.8 的非线性系统

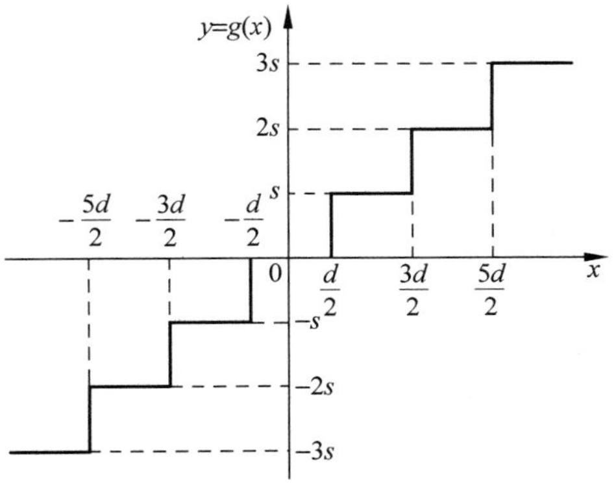

图 4.8　量化器示意图

研讨题

4.10　在 4.4 节讨论的均匀量化器中，如果 X 在 $(0,c)$ 上均匀分布，仍采用 3 位量化器（量化为 8 个电平），量化信噪比 SNRQ 还是 18.06dB 吗？为什么？

4.11　假定 X 服从拉普拉斯分布，$f_X(x)=\frac{1}{2}\exp(-|x|)$，采用 2 位量化器（量化为 4 个电平），量化方法为 $y_i=E[X|x_{i-1}<X\leqslant x_i]$，$i=1,2,3,4$，其中 $x_0=-\infty$，$x_4=\infty$，试确定量化电平和量化间隔的参数（$y_1,y_2,y_3,y_4,x_1,x_2,x_3$），并求出量化信噪比 SNRQ。

4.12　针对研讨题 4.11 的情况，考虑任意的量化电平 M，编写计算各量化参数以及量化信噪比 SNRQ 的 MATLAB 程序。

第5章 窄带随机过程

如果一个随机过程的功率谱集中在某一中心频率附近的一个很窄的频带内，且该频带又远小于其中心频率，这样的随机过程称为窄带随机过程，很显然，白噪声(或宽带噪声)通过窄带系统，其输出就是窄带随机过程。在电子系统中，窄带系统有很多，如一般的无线电接收系统都有的高频和中频放大器就是窄带系统，因此，窄带随机过程是雷达、通信系统中常见的随机过程。

窄带随机过程分析的有力工具是希尔伯特(Hibert)变换。因此，本章首先介绍希尔伯特变换及信号的复信号表示，在此基础上，介绍窄带随机过程的表示形式与统计特性。

5.1 希尔伯特变换

希尔伯特变换是信号处理中常用的一种变换，是分析窄带信号的一种很好的数学工具。

5.1.1 希尔伯特变换的定义

假定有一个实函数 $x(t)$，它的希尔伯特变换定义为

$$\mathcal{H}[x(t)]=\hat{x}(t)=\frac{1}{\pi}\int_{-\infty}^{+\infty}\frac{x(\tau)}{t-\tau}\mathrm{d}\tau \tag{5.1.1}$$

反变换为

$$\mathcal{H}^{-1}[\hat{x}(t)]=x(t)=-\frac{1}{\pi}\int_{-\infty}^{+\infty}\frac{\hat{x}(\tau)}{t-\tau}\mathrm{d}\tau \tag{5.1.2}$$

经过简单的变量替换，式(5.1.1)和式(5.1.2)也可以写成

$$\hat{x}(t)=\frac{1}{\pi}\int_{-\infty}^{+\infty}\frac{x(t-\tau)}{\tau}\mathrm{d}\tau=-\frac{1}{\pi}\int_{-\infty}^{+\infty}\frac{x(t+\tau)}{\tau}\mathrm{d}\tau \tag{5.1.3}$$

$$x(t)=-\frac{1}{\pi}\int_{-\infty}^{+\infty}\frac{\hat{x}(t-\tau)}{\tau}\mathrm{d}\tau=\frac{1}{\pi}\int_{-\infty}^{+\infty}\frac{\hat{x}(t+\tau)}{\tau}\mathrm{d}\tau \tag{5.1.4}$$

由定义可知，$x(t)$的希尔伯特变换为 $x(t)$与 $1/\pi t$ 的卷积，即

$$\hat{x}(t)=x(t)*\frac{1}{\pi t} \tag{5.1.5}$$

因此，对 $x(t)$的希尔伯特变换可以看作 $x(t)$通过一个冲激响应为 $1/\pi t$ 的线性滤波器，如图 5.1 所示。

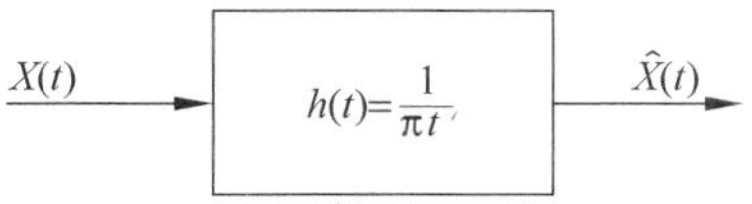

图 5.1　希尔伯特变换

希尔伯特变换器传递函数为

$$H(\omega)=-\mathrm{jsgn}(\omega)=\begin{cases}-\mathrm{j} & (\omega>0)\\ \mathrm{j} & (\omega<0)\end{cases} \tag{5.1.6}$$

其中 sgn(·)为符号函数。从希尔伯特变换器的传递函数可以看出,它的幅频特性为

$$|H(\omega)|=1 \tag{5.1.7}$$

它的相频特性为

$$\varphi(\omega)=\begin{cases}-\pi/2 & (\omega>0)\\ \pi/2 & (\omega<0)\end{cases} \tag{5.1.8}$$

可见,希尔伯特变换器在整个频域上具有恒为 1 的幅频特性,为全通网络,在相位上则引入$-\frac{\pi}{2}$和$\frac{\pi}{2}$的相移,因此,希尔伯特变换器可以看作一个$\frac{\pi}{2}$的理想移相器(或正交滤波器)。

5.1.2 希尔伯特变换的性质

(1)
$$\mathcal{H}[\hat{x}(t)]=-x(t) \tag{5.1.9}$$

连续两次希尔伯特变换相当于做两次$\frac{\pi}{2}$的移相,即 π 的移相,也就是使信号反相。

(2) 设 ω_0 为载波频率,φ 为常数,则

$$\mathcal{H}[\cos(\omega_0 t+\varphi)]=\sin(\omega_0 t+\varphi) \tag{5.1.10}$$

$$\mathcal{H}[\sin(\omega_0 t+\varphi)]=-\cos(\omega_0 t+\varphi) \tag{5.1.11}$$

(3) 设 $a(t)$为低频信号,其傅里叶变换为 $A(\omega)$,且

$$A(\omega)=0 \quad (|\omega|>\Delta\omega/2) \tag{5.1.12}$$

则当 $\omega_0>\Delta\omega/2$ 时,有

$$\mathcal{H}[a(t)\cos\omega_0 t]=a(t)\sin\omega_0 t \tag{5.1.13}$$

$$\mathcal{H}[a(t)\sin\omega_0 t]=-a(t)\cos\omega_0 t \tag{5.1.14}$$

证明 由性质(1)知,若式(5.1.13)成立,则式(5.1.14)必成立,因此只需证明式(5.1.13)就行了。

令 $x(t)=a(t)\cos\omega_0 t$,则

$$X(\omega)=\frac{1}{2}[A(\omega-\omega_0)+A(\omega+\omega_0)]$$

$$\hat{X}(\omega)=-\mathrm{jsgn}(\omega)\left\{\frac{1}{2}[A(\omega-\omega_0)+A(\omega+\omega_0)]\right\}$$

$$=-\frac{\mathrm{j}}{2}A(\omega-\omega_0)+\frac{\mathrm{j}}{2}A(\omega+\omega_0)$$

求上式的傅里叶反变换，得

$$\hat{x}(t)=a(t)\sin\omega_0 t$$

(4) 设 $A(t)$与 $\varphi(t)$为低频信号,则

$$\mathcal{H}\{A(t)\cos[\omega_0 t+\varphi(t)]\}=A(t)\sin[\omega_0 t+\varphi(t)] \tag{5.1.15}$$

$$\mathcal{H}\{A(t)\sin[\omega_0 t+\varphi(t)]\}=-A(t)\cos[\omega_0 t+\varphi(t)] \tag{5.1.16}$$

请读者在习题 5.2 中自行证明。

(5) 设 $y(t)=v(t)*x(t)$,则

$$\hat{y}(t)=\hat{v}(t)*x(t)=v(t)*\hat{x}(t) \tag{5.1.17}$$

根据卷积运算的结合律就可以证明该性质。

(6) 设平稳随机过程 $X(t)$的自相关函数为 $R_X(\tau)$,则

$$R_{\hat{X}}(\tau)=R_X(\tau) \tag{5.1.18}$$

证明 因为$G_{\hat{X}}(\omega)=G_X(\omega)|H(\omega)|^2=G_X(\omega)$

所以 $R_{\hat{X}}(\tau)=R_X(\tau)$

即 $X(t)$经过希尔伯特变换后,其功率谱不变。这比较好理解,因为希尔伯特变换只影响相频特性,不影响幅频特性,而功率谱不含相位信息,经过希尔伯特变换以后,其功率谱是不变的,即相关函数是不变的。由式(5.1.18),得

$$R_{\hat{X}}(0)=R_X(0) \tag{5.1.19}$$

即经过希尔伯特变换以后,其平均功率是不变的。该性质对时间相关函数也是成立的。即

$$\overline{R_{\hat{X}}(\tau)}=\overline{R_X(\tau)} \tag{5.1.20}$$

$$\overline{R_{\hat{X}}(0)}=\overline{R_X(0)} \tag{5.1.21}$$

(7) $X(t)$与它的希尔伯特变换的互相关函数满足如下关系：

$$R_{X\hat{X}}(\tau)=-\hat{R}_X(\tau),\quad R_{\hat{X}X}(\tau)=\hat{R}_X(\tau) \tag{5.1.22}$$

证明留作习题,参见习题 5.3。

(8) $X(t)$与它的希尔伯特变换的互相关函数是奇函数,即

$$R_{X\hat{X}}(-\tau)=-R_{X\hat{X}}(\tau),\quad R_{\hat{X}X}(-\tau)=-R_{\hat{X}X}(\tau) \tag{5.1.23}$$

$$R_{X\hat{X}}(0)=-R_{X\hat{X}}(0)=0 \tag{5.1.24}$$

式(5.1.24)也表明,$X(t)$与 $\hat{X}(t)$在同一时刻是正交的。

(9) 偶函数的希尔伯特变换是奇函数,奇函数的希尔伯特变换是偶函数(证明留作习题,参见习题 5.1)。

例 5.1 单边带调制信号的产生。通信系统中的调制信号是典型的窄带信号,假定线性调制载波为

$$s(t)=A(t)\cos 2\pi f_0 t$$

其中 $A(t)$ 与调制信号 $m(t)$ 成比例关系时产生双边带调制(DSB),如果 $A(t)=A_0 m(t)$,那么 DSB 信号的频谱为

$$S(f)=\frac{1}{2}A_0 M(f+f_0)+\frac{1}{2}A_0 M(f-f_0)$$

图 5.2 给出了 DSB 信号的频谱,高于载波频率的 $M(f-f_0)$ 部分称为上边带 USB,低于载波频率的 $M(f-f_0)$ 部分称为下边带 LSB。上下边带以载波频率为中心,幅度呈现偶对称关系,而相位为奇对称,因此,只需一个边带就可以得到 $m(t)$,没有必要同时传输两个边带。

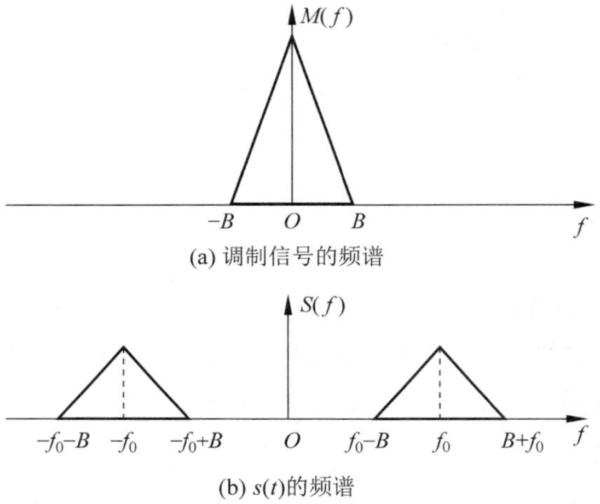

图 5.2　DSB 信号的频谱

保留 DSB 上边带的信号称为上边带(USB)信号,保留 DSB 下边带的信号称为下边带(LSB)信号。图 5.3 给出了 DSB 信号和 LSB 信号的频谱。

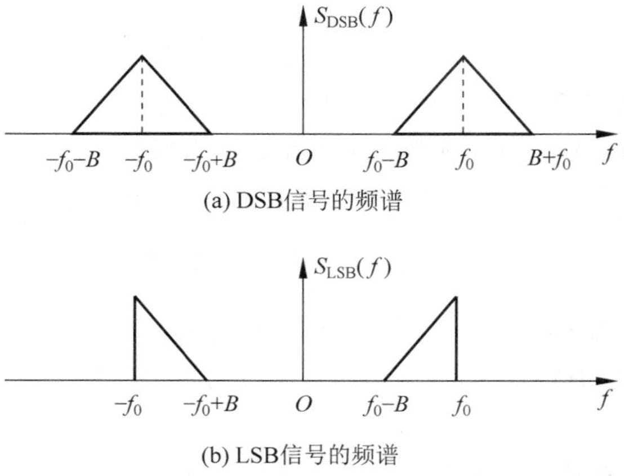

图 5.3　DSB 和 LSB 信号的频谱

DSB 信号通过下边带滤波器，可以获得下边带信号。下边带滤波器可表示为

$$H_{LSB}(f)=\frac{1}{2}[\mathrm{sgn}(f+f_0)-\mathrm{sgn}(f-f_0)]$$

$$\begin{aligned}S_{LSB}(f)&=H_{LSB}(f)S(f)\\&=\frac{1}{2}[\mathrm{sgn}(f+f_0)-\mathrm{sgn}(f-f_0)]\times\frac{1}{2}A_0[M(f+f_0)+M(f-f_0)]\\&=\frac{1}{4}A_0[M(f+f_0)+M(f-f_0)]+\\&\quad\frac{1}{4}A_0[M(f+f_0)\mathrm{sgn}(f+f_0)-M(f-f_0)\mathrm{sgn}(f-f_0)]\end{aligned}$$

很显然，$\frac{1}{2}A_0m(t)\cos2\pi f_0t\leftrightarrow\frac{1}{4}A_0[M(f+f_0)+M(f-f_0)]$。此外，根据希尔伯特变换的性质，

$$\hat{m}(t)\leftrightarrow-\mathrm{j}\,\mathrm{sgn}(f)M(f),\quad \hat{m}(t)\mathrm{e}^{\pm\mathrm{j}2\pi f_0t}\leftrightarrow-\mathrm{j}\,\mathrm{sgn}(f\mp f_0)M(f\mp f_0)$$

$$\frac{1}{4}A_0[M(f+f_0)\mathrm{sgn}(f+f_0)-M(f-f_0)\mathrm{sgn}(f-f_0)]$$

$$\leftrightarrow-\mathrm{j}\,\frac{1}{4}A_0[\hat{m}(t)\mathrm{e}^{\mathrm{j}2\pi f_0t}-\hat{m}(t)\mathrm{e}^{-\mathrm{j}2\pi f_0t}]=\frac{1}{2}A_0\hat{m}(t)\sin2\pi f_0t$$

所以

$$s_{LSB}(t)=\frac{1}{2}A_0m(t)\cos2\pi f_0t+\frac{1}{2}A_0\hat{m}(t)\sin2\pi f_0t$$

同理可得

$$s_{USB}(t)=\frac{1}{2}A_0m(t)\cos2\pi f_0t-\frac{1}{2}A_0\hat{m}(t)\sin2\pi f_0t$$

USB 和 LSB 信号的产生如图 5.4 所示。

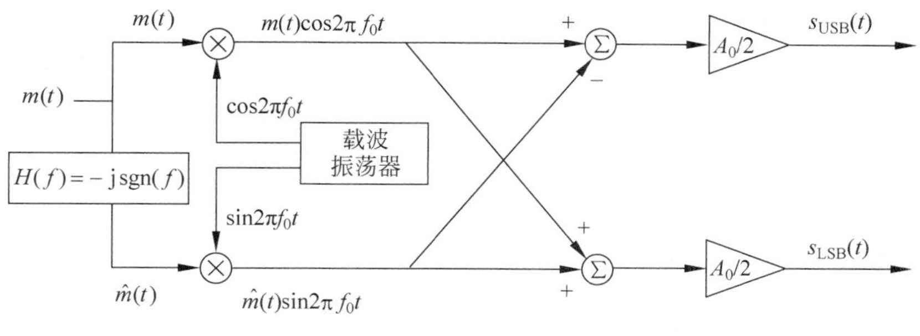

图 5.4 USB 和 LSB 信号的产生

例 5.2 假多普勒干扰。雷达通常是发射一个信号，遇到目标后产生回波信号，通过对回波信号的检测发现目标并确定目标位置。现代雷达常采用复杂的信号形式和先进的信号处理技术，不仅大大提高了探测性能，也显著提高了抗干扰能力，对雷达干扰技术提出了严峻的挑战。数字射频存储雷达干扰技术是对抗现代雷达的一种新型干扰方式，

它可以对接收的雷达信号采样后进行长时间的存储,经调制以后再转发为与雷达发射信号匹配的干扰信号。比如在调制过程中引入假多普勒信息,形成的干扰信号对雷达测速跟踪系统造成一个错误的速度信息,从而降低雷达系统的性能。假多普勒干扰机的组成如图 5.5 所示。

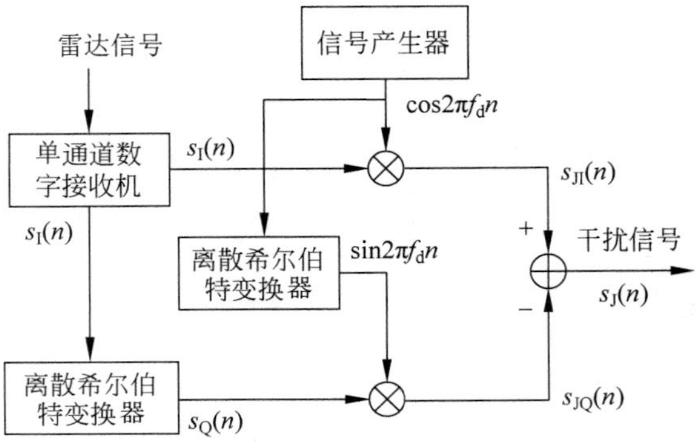

图 5.5　假多普勒干扰信号产生原理框图

考虑到实现的成本,对雷达信号采用单通道接收,即获得雷达信号的同相分量,然后通过希尔伯特变换实时获得雷达信号的正交分量,由于此处是采用数字接收机的方案,因此,希尔伯特变换也是离散希尔伯特变换。离散希尔伯特变换的单位样值响应为

$$h(n)=\begin{cases}\dfrac{2\sin^2(\pi n/2)}{\pi n} & (n\neq 0)\\ 0 & (n=0)\end{cases}$$

假定单通道接收机输出的信号为 $s_I(n)=a(n)\cos(2\pi f_0 n+\varphi(n))$,则

$$s_{JI}(n)=a(n)\cos(2\pi f_0 n+\varphi(n))\cos 2\pi f_d n$$

$$s_{JQ}(n)=a(n)\sin(2\pi f_0 n+\varphi(n))\sin 2\pi f_d n$$

$$\begin{aligned}s_J(n)&=s_{JI}(n)-s_{JQ}(n)\\&=a(n)\cos(2\pi f_0 n+\varphi(n))\cos 2\pi f_d n-a(n)\sin(2\pi f_0 n+\varphi(n))\sin 2\pi f_d n\\&=a(n)\cos[2\pi(f_0+f_d)n+\varphi(n)]\end{aligned}$$

可见,输出的干扰信号产生了一个多普勒频移。

5.2　信号的复信号表示

5.2.1　确知信号的复信号表示

设 $x(t)$为实的确知信号,信号的复信号形式定义为

$$\tilde{x}(t)=x(t)+j\hat{x}(t) \tag{5.2.1}$$

$\tilde{x}(t)$也称为解析信号。

假定 $A(t)$和 $\varphi(t)$都是低频分量,那么

$$x(t)=A(t)\cos[\omega_0 t+\varphi(t)]$$

是窄带确知信号,它的解析信号为

$$\begin{aligned}\tilde{x}(t)&=A(t)\cos[\omega_0 t+\varphi(t)]+\mathrm{j}A(t)\sin[\omega_0 t+\varphi(t)]\\&=A(t)\mathrm{e}^{\mathrm{j}[\omega_0 t+\varphi(t)]}\\&=\widetilde{A}(t)\mathrm{e}^{\mathrm{j}\omega_0 t}\end{aligned}\tag{5.2.2}$$

其中

$$\widetilde{A}(t)=A(t)\mathrm{e}^{\mathrm{j}\varphi(t)}\tag{5.2.3}$$

$\widetilde{A}(t)$称为复包络。

下面讨论一下解析信号的特征。对解析信号取傅里叶变换,得

$$\begin{aligned}\widetilde{X}(\omega)&=X(\omega)+\mathrm{j}\hat{X}(\omega)\\&=X(\omega)+\mathrm{j}[-\mathrm{j}\,\mathrm{sgn}(\omega)X(\omega)]\\&=X(\omega)[1+\mathrm{sgn}(\omega)]\\&=2X(\omega)U(\omega)\\&=\begin{cases}2X(\omega) & (\omega>0)\\ 0 & (\omega<0)\end{cases}\end{aligned}\tag{5.2.4}$$

即,解析信号的频谱在负频率部分为零,而正频率部分是实信号的两倍。对于窄带确知信号,由式(5.2.2)得

$$\widetilde{X}(\omega)=\widetilde{A}(\omega-\omega_0)\tag{5.2.5}$$

或者

$$\widetilde{A}(\omega)=\widetilde{X}(\omega+\omega_0)\tag{5.2.6}$$

即,将解析信号的频谱向左平移 ω_0 就可以得到复包络的频谱。图 5.6 给出了窄带信号及其解析信号频谱之间的关系。

5.2.2 随机信号的复信号表示

对于随机信号,同样可以表示成复信号形式。设有平稳随机信号 $X(t)$,它的复信号形式定义为

$$\widetilde{X}(t)=X(t)+\mathrm{j}\hat{X}(t)\tag{5.2.7}$$

它的自相关函数定义为

$$R_{\widetilde{X}}(\tau)=E[\widetilde{X}(t+\tau)\widetilde{X}^*(t)]\tag{5.2.8}$$

将式(5.2.7)代入式(5.2.8),得

$$\begin{aligned}R_{\widetilde{X}}(\tau)&=E\{[X(t+\tau)+\mathrm{j}\hat{X}(t+\tau)][X(t)-\mathrm{j}\hat{X}(t)]\}\\&=R_X(\tau)+R_{\hat{X}}(\tau)+\mathrm{j}[R_{\hat{X}X}(\tau)-R_{X\hat{X}}(\tau)]\end{aligned}$$

由于 $R_X(\tau)=R_{\hat{X}}(\tau)$,$R_{X\hat{X}}(\tau)=R_{\hat{X}X}(-\tau)=-\hat{R}_X(\tau)$,所以上式可简化为

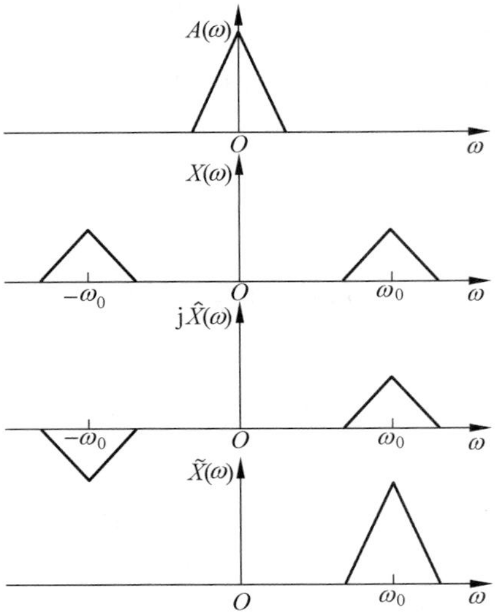

图 5.6　窄带信号及其解析信号频谱关系

$$R_{\tilde{X}}(\tau)=2[R_X(\tau)+\mathrm{j}\hat{R}_X(\tau)] \tag{5.2.9}$$

且

$$R_X(\tau)=\frac{1}{2}\mathrm{Re}[R_{\tilde{X}}(\tau)] \tag{5.2.10}$$

式中,Re(·)表示取实部，对式(5.2.9)两边取傅里叶变换,得

$$G_{\tilde{X}}(\omega)=2[G_X(\omega)+\mathrm{sgn}(\omega)G_X(\omega)]$$

$$=\begin{cases}4G_X(\omega) & (\omega>0)\\ 0 & (\omega<0)\end{cases} \tag{5.2.11}$$

式(5.2.11)表明,随机信号的复信号形式,其功率谱密度在负频率为零,而在正频率为随机信号功率谱的四倍,如图 5.7 所示。

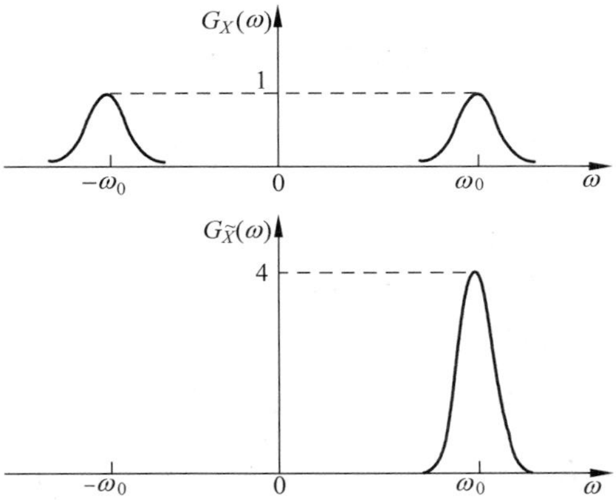

图 5.7　窄带随机信号及其复过程的功率谱

5.3 窄带随机过程的统计特性

5.3.1 窄带随机过程的准正弦振荡表示

在一般无线电接收系统中，通常都有高频或中频放大器，它们的通频带往往远小于中心频率 f_0，即

$$\frac{\Delta f}{f_0} \ll 1 \tag{5.3.1}$$

这样的系统称为窄带系统。

当系统的输入端加入白噪声或宽带噪声时，由于系统的带通特性，输出的功率谱集中在 ω_0 为中心的一个很窄的频带内，其输出噪声的波形如图 5.8(d)所示，这种形状的波形告诉我们，窄带过程表现为具有载波角频率 ω_0、但相对于载波而言幅度和相位是慢变化的正弦振荡形式，可表示为

$$Y(t) = A(t)\cos[\omega_0 t + \Phi(t)] \tag{5.3.2}$$

其中 ω_0 为中心频率，$A(t)$和 $\Phi(t)$是慢变化的随机过程，式(5.3.2)称为窄带随机过程的准正弦振荡表示形式。将式(5.3.2)展开，得

$$\begin{aligned} Y(t) &= A(t)\cos\Phi(t)\cos\omega_0 t - A(t)\sin\Phi(t)\sin\omega_0 t \\ &= A_c(t)\cos\omega_0 t - A_s(t)\sin\omega_0 t \end{aligned} \tag{5.3.3}$$

其中

$$A_c(t) = A(t)\cos\Phi(t), \quad A_s(t) = A(t)\sin\Phi(t) \tag{5.3.4}$$

$A_c(t)$和 $A_s(t)$都是低频慢变化的随机过程，称为窄带随机过程的同相分量和正交分量。窄带随机过程的幅度和相位可以用同相分量和正交分量表示为

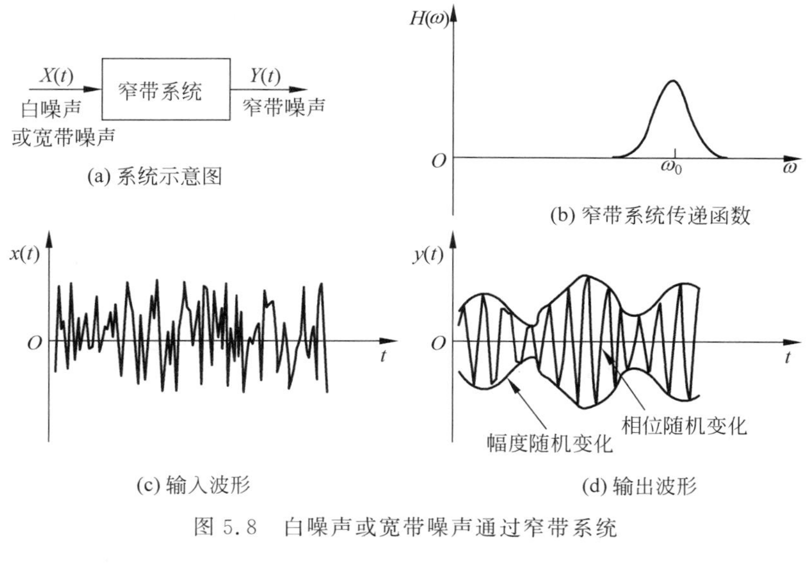

图 5.8 白噪声或宽带噪声通过窄带系统

$$A(t)=\sqrt{A_c^2(t)+A_s^2(t)},\quad \Phi(t)=\arctan\frac{A_s(t)}{A_c(t)} \tag{5.3.5}$$

5.3.2 窄带随机过程的统计特性

1. 窄带随机信号的相关函数

设窄带随机信号 $Y(t)$ 的功率谱如图 5.9(a)所示。

$$R_Y(\tau)=\frac{1}{2\pi}\int_{-\infty}^{+\infty}G_Y(\omega)\mathrm{e}^{\mathrm{j}\omega\tau}\mathrm{d}\omega=\frac{1}{\pi}\int_0^{+\infty}G_Y(\omega)\cos\omega\tau\mathrm{d}\omega \tag{5.3.6}$$

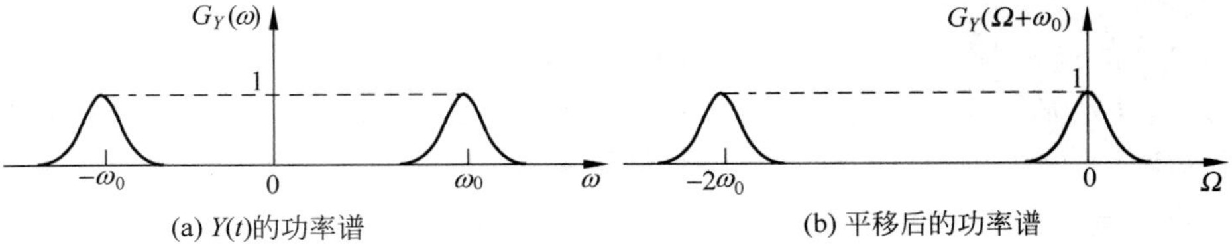

图 5.9 窄带随机信号的功率谱

令 $\omega=\Omega+\omega_0$，则

$$\begin{aligned}R_Y(\tau)&=\frac{1}{\pi}\int_{-\omega_0}^{+\infty}G_Y(\Omega+\omega_0)\cos[(\Omega+\omega_0)\tau]\mathrm{d}\Omega\\&=\frac{1}{\pi}\int_{-\omega_0}^{+\infty}G_Y(\Omega+\omega_0)[\cos\Omega\tau\cos\omega_0\tau-\sin\Omega\tau\sin\omega_0\tau]\mathrm{d}\Omega\\&=\frac{1}{\pi}\int_{-\omega_0}^{+\infty}G_Y(\Omega+\omega_0)\cos\Omega\tau\mathrm{d}\Omega\cos\omega_0\tau-\frac{1}{\pi}\int_{-\omega_0}^{+\infty}G_Y(\Omega+\omega_0)\sin\Omega\tau\mathrm{d}\Omega\sin\omega_0\tau\end{aligned}$$

即

$$R_Y(\tau)=R_a(\tau)\cos\omega_0\tau-R_b(\tau)\sin\omega_0\tau \tag{5.3.7}$$

其中

$$R_a(\tau)=\frac{1}{\pi}\int_{-\omega_0}^{+\infty}G_Y(\Omega+\omega_0)\cos\Omega\tau\mathrm{d}\Omega \tag{5.3.8}$$

$$R_b(\tau)=\frac{1}{\pi}\int_{-\omega_0}^{+\infty}G_Y(\Omega+\omega_0)\sin\Omega\tau\mathrm{d}\Omega \tag{5.3.9}$$

$R_a(\tau)$和 $R_b(\tau)$都是低频慢变化的。如果 $G_Y(\omega)$具有对称形式的功率谱(频带内的功率谱关于中心频率对称)，则 $R_b(\tau)=0$，$R_a(\tau)$是偶函数，自相关函数变为

$$R_Y(\tau)=R_a(\tau)\cos\omega_0\tau \tag{5.3.10}$$

2. $\boldsymbol{A}_c(t)$和 $\boldsymbol{A}_s(t)$的统计特性

根据式(5.3.3)得

$$Y(t)=A_c(t)\cos\omega_0t-A_s(t)\sin\omega_0t$$

所以

$$\hat{Y}(t)=A_c(t)\sin\omega_0t+A_s(t)\cos\omega_0t \tag{5.3.11}$$

$$Y(t)\cos\omega_0 t = A_c(t)\cos^2\omega_0 t - A_s(t)\sin\omega_0 t\cos\omega_0 t$$

$$\hat{Y}(t)\sin\omega_0 t = A_c(t)\sin^2\omega_0 t + A_s(t)\cos\omega_0 t\sin\omega_0 t$$

将上面两式相加，可得

$$A_c(t) = Y(t)\cos\omega_0 t + \hat{Y}(t)\sin\omega_0 t \tag{5.3.12}$$

同理可得

$$A_s(t) = -Y(t)\sin\omega_0 t + \hat{Y}(t)\cos\omega_0 t \tag{5.3.13}$$

可见，$A_c(t)$和$A_s(t)$可以看作$Y(t)$和$\hat{Y}(t)$经过线性变换后的结果。$A_c(t)$的自相关函数为

$$\begin{aligned} R_c(t,t-\tau) &= E[A_c(t)A_c(t-\tau)] \\ &= E\{[Y(t)\cos\omega_0 t + \hat{Y}(t)\sin\omega_0 t][Y(t-\tau)\cos\omega_0(t-\tau) + \\ &\quad \hat{Y}(t-\tau)\sin\omega_0(t-\tau)]\} \\ &= R_Y(\tau)\cos\omega_0 t\cos\omega_0(t-\tau) + R_{\hat{Y}Y}(\tau)\sin\omega_0 t\cos\omega_0(t-\tau) + \\ &\quad R_{Y\hat{Y}}(\tau)\cos\omega_0 t\sin\omega_0(t-\tau) + R_{\hat{Y}}(\tau)\sin\omega_0 t\sin\omega_0(t-\tau) \end{aligned}$$

由于$R_Y(\tau)=R_{\hat{Y}}(\tau)$，$R_{Y\hat{Y}}(\tau)=-\hat{R}_Y(\tau)=-R_{\hat{Y}Y}(\tau)$，所以

$$\begin{aligned} R_c(t,t-\tau) &= R_Y(\tau)[\cos\omega_0 t\cos\omega_0(t-\tau) + \sin\omega_0 t\sin\omega_0(t-\tau)] + \\ &\quad \hat{R}_Y(\tau)[\sin\omega_0 t\cos\omega_0(t-\tau) - \cos\omega_0 t\sin\omega_0(t-\tau)] \end{aligned}$$

即

$$R_c(\tau) = R_Y(\tau)\cos\omega_0\tau + \hat{R}_Y(\tau)\sin\omega_0\tau \tag{5.3.14}$$

同理可证

$$R_s(\tau) = R_Y(\tau)\cos\omega_0\tau + \hat{R}_Y(\tau)\sin\omega_0\tau \tag{5.3.15}$$

可见，$A_c(t)$和$A_s(t)$的自相关函数是相同的，由式(5.3.14)和式(5.3.15)也可以看出，$A_c(t)$和$A_s(t)$的方差是相等的，且都等于$Y(t)$的方差，即$\sigma_c^2=\sigma_s^2=\sigma_Y^2$。

下面再分析一下$A_c(t)$和$A_s(t)$的互相关函数。

$$\begin{aligned} R_{cs}(t,t-\tau) &= E[A_c(t)A_s(t-\tau)] \\ &= E\{[Y(t)\cos\omega_0 t + \hat{Y}(t)\sin\omega_0 t][-Y(t-\tau)\sin\omega_0(t-\tau) + \\ &\quad \hat{Y}(t-\tau)\cos\omega_0(t-\tau)]\} \\ &= -R_Y(\tau)\cos\omega_0 t\sin\omega_0(t-\tau) - R_{\hat{Y}Y}(\tau)\sin\omega_0 t\sin\omega_0(t-\tau) + \\ &\quad R_{Y\hat{Y}}(\tau)\cos\omega_0 t\cos\omega_0(t-\tau) + R_{\hat{Y}}(\tau)\sin\omega_0 t\cos\omega_0(t-\tau) \end{aligned}$$

因为

$$R_Y(\tau) = R_{\hat{Y}}(\tau),\quad R_{Y\hat{Y}}(\tau) = -\hat{R}_Y(\tau) = -R_{\hat{Y}Y}(\tau)$$

所以

$$R_{cs}(t,t-\tau)=R_Y(\tau)[\sin\omega_0 t\cos\omega_0(t-\tau)-\cos\omega_0 t\sin\omega_0(t-\tau)]-\hat{R}_Y(\tau)[\sin\omega_0 t\sin\omega_0(t-\tau)+\cos\omega_0 t\cos\omega_0(t-\tau)]$$

即

$$R_{cs}(\tau)=R_Y(\tau)\sin\omega_0\tau-\hat{R}_Y(\tau)\cos\omega_0\tau \tag{5.3.16}$$

由于

$$\begin{aligned}R_{cs}(-\tau)&=R_Y(-\tau)\sin(-\omega_0\tau)-\hat{R}_Y(-\tau)\cos(-\omega_0\tau)\\&=-R_Y(\tau)\sin\omega_0\tau+\hat{R}_Y(\tau)\cos\omega_0\tau\end{aligned}$$

即

$$R_{cs}(-\tau)=-R_{cs}(\tau) \tag{5.3.17}$$

所以 $R_{cs}(\tau)$是奇函数，奇函数在原点的值为零，即

$$R_{cs}(0)=0 \tag{5.3.18}$$

式(5.3.18)表明,$A_c(t)$和 $A_s(t)$在同一时刻是相互正交的。

对式(5.3.14)和式(5.3.16)做傅里叶变换,可以得到同相分量或正交分量的功率谱及其它们的互功率谱(证明留作习题,参见习题 5.10),即

$$G_c(\omega)=G_s(\omega)=\frac{1}{2}[1+\mathrm{sgn}(\omega+\omega_0)]G_Y(\omega+\omega_0)+\frac{1}{2}[1-\mathrm{sgn}(\omega-\omega_0)]G_Y(\omega-\omega_0) \tag{5.3.19}$$

$$G_{cs}(\omega)=\frac{\mathrm{j}}{2}[1+\mathrm{sgn}(\omega+\omega_0)]G_Y(\omega+\omega_0)-\frac{\mathrm{j}}{2}[1-\mathrm{sgn}(\omega-\omega_0)]G_Y(\omega-\omega_0) \tag{5.3.20}$$

如果 $Y(t)$具有对称形式的功率谱,则

$$R_Y(\tau)=R_a(\tau)\cos\omega_0\tau,\quad \hat{R}_Y(\tau)=R_a(\tau)\sin\omega_0\tau$$

将上面两式代入式(5.3.16),得

$$R_{cs}(\tau)=0$$

即 $A_c(t)$和 $A_s(t)$是相互正交的两个随机过程。这时

$$\begin{aligned}R_c(\tau)&=R_Y(\tau)\cos\omega_0\tau+\hat{R}_Y(\tau)\sin\omega_0\tau\\&=R_a(\tau)\cos\omega_0\tau\cos\omega_0\tau+R_a(\tau)\sin\omega_0\tau\sin\omega_0\tau\\&=R_a(\tau)\end{aligned} \tag{5.3.21}$$

$$R_Y(\tau)=R_c(\tau)\cos\omega_0\tau \tag{5.3.22}$$

5.4 窄带正态随机过程包络和相位的分布

信号处理中,有用信号通常都是调制在载波的幅度或相位上,要提取有用信号通常需要包络检波器和鉴相器检测出信号的包络和相位,而检测前噪声通常都是窄带正态随

机过程，为了获得最佳的检测效果，需要分析窄带正态随机过程包络和相位的分布。本节在5.3节的基础上，讨论窄带正态过程的包络、包络平方和相位的分布特性。在本节的讨论中，除特别声明外，都假定窄带正态过程的均值为零，功率谱密度相对于中心频率ω_0是对称的。

5.4.1 窄带正态噪声的包络和相位的分布

1. 一维分布

已知窄带过程的一般表达式为

$$Y(t)=A(t)\cos[\omega_0 t+\Phi(t)]=A_c(t)\cos\omega_0 t-A_s(t)\sin\omega_0 t$$

设$Y(t)$的相关函数为$R_Y(\tau)$，方差为$R_Y(0)=\sigma^2$，式(5.3.12)和式(5.3.13)表明，$A_c(t)$和$A_s(t)$都可看作是$Y(t)$经过线性变换的结果。因此，如果$Y(t)$为正态过程，则$A_c(t)$和$A_s(t)$也为正态过程，并且也具有零均值和方差σ^2。$Y(t)$的包络和相位分别为

$$A(t)=[A_c^2(t)+A_s^2(t)]^{1/2}$$

$$\Phi(t)=\arctan[A_s(t)/A_c(t)]$$

式(5.3.18)说明，$A_c(t)$和$A_s(t)$在同一时刻是互不相关的，因二者是正态过程，故也是互相独立的。设A_{ct}和A_{st}分别表示$A_c(t)$和$A_s(t)$在t时刻的取值，则其联合概率密度为

$$f_{A_cA_s}(A_{ct},A_{st})=f_{A_c}(A_{ct})f_{A_s}(A_{st})=\frac{1}{2\pi\sigma^2}\exp\left[-\frac{A_{ct}^2+A_{st}^2}{2\sigma^2}\right] \tag{5.4.1}$$

因为

$$A_c(t)=A(t)\cos\Phi(t)$$

$$A_s(t)=A(t)\sin\Phi(t)$$

设A_t和φ_t分别为包络$A(t)$和相位$\Phi(t)$在t时刻的取值，则$A(t)$和$\Phi(t)$的联合概率密度为

$$f_{A\Phi}(A_t,\varphi_t)=|J|f_{A_cA_s}(A_{ct},A_{st})$$

雅可比行列式J为

$$J=\frac{\partial(A_{ct},A_{st})}{\partial(A_t,\varphi_t)}=\begin{vmatrix}\dfrac{\partial A_{ct}}{\partial A_t} & \dfrac{\partial A_{ct}}{\partial \varphi_t}\\ \dfrac{\partial A_{st}}{\partial A_t} & \dfrac{\partial A_{st}}{\partial \varphi_t}\end{vmatrix}=\begin{vmatrix}\cos\varphi_t & -A_t\sin\varphi_t\\ \sin\varphi_t & A_t\cos\varphi_t\end{vmatrix}=A_t$$

代入上式，得

$$\begin{aligned}f_{A\Phi}(A_t,\varphi_t)&=A_t f_{A_cA_s}(A_t\cos\varphi_t,A_t\sin\varphi_t)\\&=\begin{cases}\dfrac{A_t}{2\pi\sigma^2}\exp\left(-\dfrac{A_t^2}{2\sigma^2}\right) & (A_t\geqslant 0,0\leqslant\varphi_t\leqslant 2\pi)\\ 0 & (\text{其他})\end{cases}\end{aligned} \tag{5.4.2}$$

由此得出包络的一维概率密度为

$$f_A(A_t)=\int_0^{2\pi} f_{A\Phi}(A_t,\varphi_t)\mathrm{d}\varphi_t=\begin{cases}\dfrac{A_t}{\sigma^2}\exp\left(-\dfrac{A_t^2}{2\sigma^2}\right) & (A_t\geqslant 0)\\ 0 & (A_t<0)\end{cases} \tag{5.4.3}$$

相位的一维概率密度为

$$f_\Phi(\varphi_t)=\int_0^{+\infty} f_{A\Phi}(A_t,\varphi_t)\mathrm{d}A_t=\begin{cases}\dfrac{1}{2\pi} & (0\leqslant\varphi_t\leqslant 2\pi)\\ 0 & (\text{其他})\end{cases} \tag{5.4.4}$$

从式(5.4.3)和式(5.4.4)可以看出,窄带正态过程的包络服从瑞利分布,而其相位服从均匀分布。另外不难看出有

$$f_{A\Phi}(A_t,\varphi_t)=f_A(A_t)f_\Phi(\varphi_t) \tag{5.4.5}$$

式(5.4.5)表明,在同一时刻 t,随机变量 $A(t)$ 和 $\Phi(t)$ 是相互独立的。但要注意 $A(t)$ 与 $\Phi(t)$ 并不是相互独立的两个随机过程。

2. 二维分布

由于 $A_c(t)$ 和 $A_s(t)$ 可以看作 $Y(t)$ 和 $\hat{Y}(t)$ 经过线性变换后的结果,因此若 $Y(t)$ 为窄带平稳正态过程,则 $A_c(t)$ 和 $A_s(t)$ 也必为平稳正态过程。假定 $Y(t)$ 具有关于中心频率对称的功率谱,令 A_{c1} 和 A_{c2} 分别表示 $A_c(t)$ 和 $A_c(t-\tau)$ 的取值,A_{s1} 和 A_{s2} 分别表示 $A_s(t)$ 和 $A_s(t-\tau)$ 的取值。求包络和相位的二维概率密度步骤如下:先求出四维概率密度 $f_{A_cA_s}(A_{c1},A_{s1},A_{c2},A_{s2})$,然后转换为 $f_{A\Phi}(A_1,\varphi_1,A_2,\varphi_2)$,最后再导出 $f_A(A_1,A_2)$ 和 $f_\Phi(\varphi_1,\varphi_2)$。

(1) 求 $f_{A_cA_s}(A_{c1},A_{s1},A_{c2},A_{s2})$。

对于确定的时刻 t,$A_c(t)$,$A_c(t-\tau)$,$A_s(t)$ 和 $A_s(t-\tau)$ 皆为零均值、方差为 σ^2 的正态随机过程变量。根据式(1.8.11)有

$$f_{A_cA_s}(\boldsymbol{x})=\frac{1}{(2\pi)^2\det^{\frac{1}{2}}(\boldsymbol{C})}\exp\left(-\frac{1}{2}\boldsymbol{x}^{\mathrm{T}}\boldsymbol{C}^{-1}\boldsymbol{x}\right) \tag{5.4.6}$$

式中

$$\boldsymbol{x}=\begin{bmatrix}A_{c1}\\A_{s1}\\A_{c2}\\A_{s2}\end{bmatrix},\quad \boldsymbol{C}=\begin{bmatrix}\sigma^2 & 0 & a(\tau) & 0\\ 0 & \sigma^2 & 0 & a(\tau)\\ a(\tau) & 0 & \sigma^2 & 0\\ 0 & a(\tau) & 0 & \sigma^2\end{bmatrix}$$

其中 $a(\tau)=R_a(\tau)=R_c(\tau)=R_s(\tau)$,由此得出

$$\boldsymbol{C}^{-1}=\frac{1}{D^{\frac{1}{2}}}\begin{bmatrix}\sigma^2 & 0 & -a(\tau) & 0\\ 0 & \sigma^2 & 0 & -a(\tau)\\ -a(\tau) & 0 & \sigma^2 & 0\\ 0 & -a(\tau) & 0 & \sigma^2\end{bmatrix}$$

其中 $D=\det(\boldsymbol{C})=[\sigma^4-a^2(\tau)]^2$，把以上各式代入式(5.4.6)，得

$$
\begin{aligned}
&f_{A_cA_s}(A_{c1},A_{s1},A_{c2},A_{s2})\\
&=\frac{1}{4\pi^2D^{\frac{1}{2}}}\cdot\exp\left\{-\frac{1}{2D^{\frac{1}{2}}}\left[\sigma^2(A_{c1}^2+A_{s1}^2+A_{c2}^2+A_{s2}^2)-2a(\tau)(A_{c1}A_{c2}+A_{s1}A_{s2})\right]\right\}
\end{aligned}
\tag{5.4.7}
$$

(2) 求 $f_{A\Phi}(A_1,\varphi_1,A_2,\varphi_2)$。

在式(5.4.7)中，因为

$$
\begin{cases}
A_{c1}=A_1\cos\varphi_1, & A_{c2}=A_2\cos\varphi_2\\
A_{s1}=A_1\sin\varphi_1, & A_{s2}=A_2\sin\varphi_2
\end{cases}
\tag{5.4.8}
$$

那么

$$
\begin{aligned}
f_{A\Phi}(A_1,\varphi_1,A_2,\varphi_2)&=|J|f_{A_cA_s}(A_{c1},A_{s1},A_{c2},A_{s2})\\
&=|J|f_{A_cA_s}(A_1\cos\varphi_1,A_1\sin\varphi_1,A_2\cos\varphi_2,A_2\sin\varphi_2)
\end{aligned}
$$

其中

$$
J=\frac{\partial(A_{c1},A_{s1},A_{c2},A_{s2})}{\partial(A_1,\varphi_1,A_{2,}\varphi_2)}=A_1A_2
$$

代入上式即可得

$$
\begin{aligned}
&f_{A\Phi}(A_1,\varphi_1,A_2,\varphi_2)\\
&=\begin{cases}
\dfrac{A_1A_2}{4\pi^2D^{\frac{1}{2}}}\exp\left\{-\dfrac{1}{2D^{\frac{1}{2}}}[\sigma^2(A_1^2+A_2^2)-2a(\tau)A_1A_2\cos(\varphi_2-\varphi_1)]\right\} & \begin{pmatrix}A_1,A_2\geqslant 0,0\leqslant\varphi_1,\\ \varphi_2\leqslant 2\pi\end{pmatrix}\\
0 & (\text{其他})
\end{cases}
\end{aligned}
\tag{5.4.9}
$$

(3) 包络的二维概率密度。

运用前面求一维概率密度的方法，由式(5.4.9)对 φ_1 和 φ_2 积分，得

$$
\begin{aligned}
f_A(A_1,A_2)&=\int_0^{2\pi}\int_0^{2\pi}f_{A\Phi}(A_1,\varphi_1,A_2,\varphi_2)\mathrm{d}\varphi_1\mathrm{d}\varphi_2\\
&=\begin{cases}
\dfrac{A_1A_2}{D^{\frac{1}{2}}}\mathrm{I}_0\left(\dfrac{A_1A_2a(\tau)}{D^{\frac{1}{2}}}\right)\exp\left[-\dfrac{\sigma^2(A_1^2+A_2^2)}{2D^{\frac{1}{2}}}\right] & (A_1,A_2\geqslant 0)\\
0 & (\text{其他})
\end{cases}
\end{aligned}
\tag{5.4.10}
$$

式中 $\mathrm{I}_0(x)$ 为第一类零阶修正贝塞尔函数，并有

$$
\mathrm{I}_0(x)=\frac{1}{2\pi}\int_0^{2\pi}\exp(x\cos\varphi)\mathrm{d}\varphi
$$

(4) 相位的分布。

由式(5.4.9)对 A_1 和 A_2 积分，得

$$
f_\Phi(\varphi_1,\varphi_2)=\int_0^{+\infty}\int_0^{+\infty}f_{A\Phi}(A_1,\varphi_1,A_2,\varphi_2)\mathrm{d}A_1\mathrm{d}A_2
$$

$$=\begin{cases}\dfrac{D^{\frac{1}{2}}}{4\pi^2\sigma^4}\left[\dfrac{(1-\beta^2)^{\frac{1}{2}}+\beta(\pi-\arccos\beta)}{(1-\beta^2)^{\frac{3}{2}}}\right] & (0\leqslant\varphi_1,\varphi_2\leqslant 2\pi)\\ 0 & (\text{其他})\end{cases}\tag{5.4.11}$$

式中 $\beta=a(\tau)\cos(\varphi_2-\varphi_1)/\sigma^2$。以上诸式的积分推导比较烦琐,这里直接给出结果。

从式(5.4.9)~式(5.4.11)可知,

$$f_{A\Phi}(A_1,\varphi_1,A_2,\varphi_2)\neq f_A(A_1,A_2)f_\Phi(\varphi_1,\varphi_2)\tag{5.4.12}$$

式(5.4.12)表明,窄带正态过程的包络与相位不是统计独立的随机过程。

5.4.2 窄带正态噪声加正弦信号的包络和相位的分布

接收信号中除了噪声外通常还包含信号,分析信号加噪声包络和相位的分布对于有效地检测信号十分重要。

1. 基本关系式

设信号为 $s(t)=a\cos(\omega_0 t+\theta)$,噪声是窄带正态过程,可表示为

$$w(t)=A_w(t)\cos[\omega_0 t+\Phi_w(t)]=w_c(t)\cos\omega_0 t-w_s(t)\sin\omega_0 t$$

其中 $N_c(t)=A_w(t)\cos\Phi_w(t)$,$A_s(t)=A_w(t)\sin\Phi_w(t)$。那么,信号加噪声可表示为

$$\begin{aligned}X(t)&=s(t)+w(t)=[a\cos\theta+w_c(t)]\cos\omega_0 t-[a\sin\theta+w_s(t)]\sin\omega_0 t\\&=A_c(t)\cos\omega_0 t-A_s(t)\sin\omega_0 t=A(t)\cos[\omega_0 t+\Phi(t)]\end{aligned}\tag{5.4.13}$$

其中包络为

$$A(t)=[A_c^2(t)+A_s^2(t)]^{1/2}=\{[a\cos\theta+w_c(t)]^2+[a\sin\theta+w_s(t)]^2\}^{1/2}\tag{5.4.14}$$

而

$$\begin{cases}A_c(t)=a\cos\theta+w_c(t)\\ A_s(t)=a\sin\theta+w_s(t)\end{cases}\tag{5.4.15}$$

由于 $w_c(t)$和 $w_s(t)$服从正态分布,所以,对于任意的 θ 值和时刻 t,$A_c(t)$和 $A_s(t)$也是正态分布并且相互独立。在 θ 值给定的情况下,它们的均值和方差分别为

$$E[A_c(t)\mid_\theta]=a\cos\theta$$

$$E[A_s(t)\mid_\theta]=a\sin\theta$$

$$\mathrm{Var}[A_c(t)\mid_\theta]=\mathrm{Var}[A_s(t)\mid_\theta]=\sigma^2$$

那么 $A_c(t)$与 $A_s(t)$的联合概率密度为

$$f_{A_cA_s}(A_{ct},A_{st}\mid_\theta)=\frac{1}{2\pi\sigma^2}\exp\left\{-\frac{1}{2\sigma^2}[(A_{ct}-a\cos\theta)^2+(A_{st}-a\sin\theta)^2]\right\}\tag{5.4.16}$$

经过与推导式(5.4.2)相同的步骤,得出 $X(t)$的包络与相位的联合概率密度为

$$f_{A\Phi}(A_t,\varphi_t\mid\theta)=\begin{cases}\dfrac{A_t}{2\pi\sigma^2}\exp\left\{-\dfrac{1}{2\sigma^2}[A_t^2+a^2-2aA_t\cos(\theta-\varphi_t)]\right\} & (A_t\geqslant 0,0\leqslant\theta,\varphi_t\leqslant 2\pi)\\ 0 & (其他)\end{cases}\tag{5.4.17}$$

2. 包络的概率密度

由式(5.4.17)对 φ_t 积分,得出包络的条件概率密度为

$$f_A(A_t\mid\theta)=\frac{A_t}{\sigma^2}\exp\left(-\frac{A_t^2+a^2}{2\sigma^2}\right)\mathrm{I}_0\left(\frac{aA_t}{\sigma^2}\right)\quad(A_t\geqslant 0)\tag{5.4.18}$$

由于式(5.4.18)的结果与 θ 无关,故可写为

$$f_A(A_t)=\frac{A_t}{\sigma^2}\exp\left(-\frac{A_t^2+a^2}{2\sigma^2}\right)\mathrm{I}_0\left(\frac{aA_t}{\sigma^2}\right)\quad(A_t\geqslant 0)\tag{5.4.19}$$

式(5.4.19)表明,窄带正态噪声加正弦信号的包络服从广义瑞利分布。其中 $\mathrm{I}_0(x)$ 可展开成级数形式,即

$$\mathrm{I}_0(x)=\sum_{n=0}^{+\infty}\frac{x^{2n}}{2^{2n}(n!)^2}$$

当 $x\ll 1$ 时

$$\mathrm{I}_0(x)=1+\frac{x^2}{4}+\cdots$$

当 $x\gg 1$ 时

$$\mathrm{I}_0(x)\approx \mathrm{e}^x/\sqrt{2\pi x}$$

(1) 信噪比很小时,即 $a/\sigma\ll 1$,则

$$f_A(A_t)=\frac{A_t}{\sigma^2}\exp\left(-\frac{A_t^2+a^2}{2\sigma^2}\right)\left(1+\frac{a^2A_t^2}{4\sigma^2}\right)$$

上式表明,随着信噪比的减小,广义瑞利分布趋向瑞利分布。

(2) 在大信噪比的情况下,即 $a/\sigma\gg 1$ 时,$A(t)$ 的概率密度近似为

$$f_A(A_t)=\frac{(A_t/a)^{\frac{1}{2}}}{(2\pi\sigma^2)^{\frac{1}{2}}}\exp\left[-\frac{(A_t-a)^2}{2\sigma^2}\right]$$

该式说明,当 A_t 值接近 a 时,即 $A_t/a\approx 1$ 时包络变为正态分布。当 A_t 偏离 a 较大时,式中的指数项使分布密度很快衰减下来,因而仍能保持接近正态分布。图 5.10 给出了随着 a/σ 值不同,归一化包络 $A(t)/\sigma$ 的概率密度曲线。

3. 相位的概率密度

由式(5.4.17)对 A_t 积分,得出相位的条件概率密度为

$$\begin{aligned}f_\Phi(\varphi_t/\theta)&=\int_0^{+\infty}f_{A\Phi}(A_t,\varphi_t\mid\theta)\mathrm{d}A_t\\&=\frac{1}{2\pi}\exp\left(-\frac{1}{2}\rho^2\right)\left\{1+\sqrt{2\pi}\rho\cos(\theta-\varphi_t)\cdot\right.\end{aligned}$$

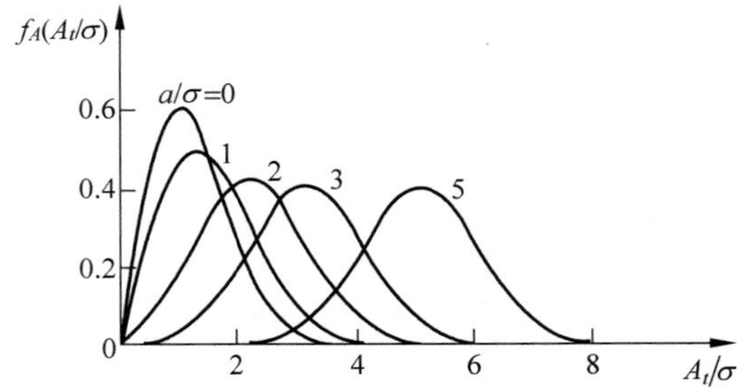

图 5.10　窄带正态噪声加正弦信号包络概率密度

$$\Phi_N[\rho\cos(\theta-\varphi_t)]\exp\left[\frac{1}{2}\rho^2\cos^2(\theta-\varphi_t)\right]\Bigg\} \tag{5.4.20}$$

式中 $\rho=a/\sigma$,$\Phi_N(\cdot)$为概率积分函数。由该式可以看出,当 $\rho=0$ 时,相位变成均匀分布,这相当于窄带正态噪声的情况;当信噪比很大 $\rho\gg1$ 时,则相位的条件概率密度近似为

$$f_\Phi(\varphi_t/\theta)\approx\frac{\rho}{\sqrt{2\pi}}\cos(\theta-\varphi_t)\exp\left[-\frac{1}{2}\rho^2\sin^2(\theta-\varphi_t)\right] \tag{5.4.21}$$

该式表明,在大信噪比情况下,信号加噪声的相位主要集中在信号相位 θ 附近。图 5.11 给出了该相位的概率密度曲线及其与信噪比的关系。

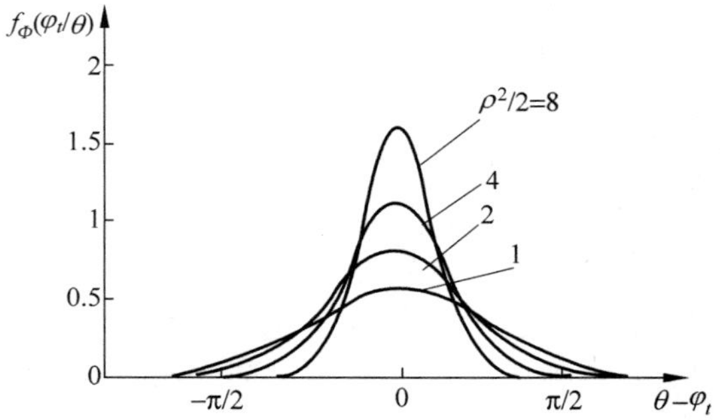

图 5.11　窄带正态噪声加正弦信号相位概率密度

5.4.3　窄带正态过程包络平方的分布

对小信号的检波一般都采用平方律检波,而平方律检波器的输出是包络的平方。为此,本节将对窄带噪声以及信号加窄带噪声包络平方的分布进行简要分析。

1. 窄带噪声包络平方的分布

已知窄带正态噪声的包络的概率密度为

$$f_A(A_t)=\frac{A_t}{\sigma^2}\exp\left(-\frac{A_t^2}{2\sigma^2}\right)\quad(A_t\geqslant0)$$

设包络的平方为

$$U(t)=A^2(t)$$

令 u 为 $U(t)$ 在 t 时刻的取值，因而有

$$u=A_t^2 \quad (A_t, u \geqslant 0)$$

于是 $U(t)$ 的概率密度为

$$\begin{aligned} f_U(u) &= |J| f_A(A_t)\Big|_{A_t=\sqrt{u}} \\ &= \left|\frac{\mathrm{d}A_t}{\mathrm{d}u}\right| f_A(A_t)\Big|_{A_t=\sqrt{u}} = \frac{1}{2\sigma^2}\exp\left(-\frac{u}{2\sigma^2}\right) \quad (u \geqslant 0) \end{aligned} \tag{5.4.22}$$

式(5.4.22)表明，窄带正态噪声的包络平方服从指数分布，对于 $\sigma^2=1$ 这一特殊条件，有

$$f_U(u)=\frac{1}{2}\mathrm{e}^{-u/2} \quad (u \geqslant 0) \tag{5.4.23}$$

其均值和方差分别为

$$E[U(t)]=2$$
$$\mathrm{Var}[U(t)]=4$$

2. 正弦信号加窄带正态噪声包络平方的分布

根据式(5.4.13)，信号加噪声为

$$X(t)=s(t)+w(t)=a\cos(\omega_0 t+\theta)+w(t)=A(t)\cos[\omega_0 t+\Phi(t)]$$

该窄带过程包络的概率密度为

$$f_A(A_t)=\frac{A_t}{\sigma^2}\exp\left(-\frac{A_t^2+a^2}{2\sigma^2}\right)\mathrm{I}_0\left(\frac{aA_t}{\sigma^2}\right) \quad (A_t \geqslant 0)$$

设包络平方为 $U(t)=A^2(t)$，u 为 $U(t)$ 在 t 时刻的取值，$u=A_t^2$，于是 $U(t)$ 的概率密度为

$$\begin{aligned} f_U(u) &= |J| f_A(A_t)\Big|_{A_t=\sqrt{u}} = \left|\frac{\mathrm{d}A_t}{\mathrm{d}u}\right| f_A(A_t)\Big|_{A_t=\sqrt{u}} \\ &= \frac{1}{2\sigma^2}\exp\left[-\frac{1}{2\sigma^2}(u+a^2)\right]\mathrm{I}_0\left(\frac{au^{1/2}}{\sigma^2}\right) \quad (u \geqslant 0) \end{aligned} \tag{5.4.24}$$

在无线电系统中，平方律检波器的应用十分广泛，它和包络检波器相比，在统计理论的分析上比较简单。实践证明，这两种检波器的性能差别甚小，因此在处理检波问题中常根据平方律检波的假设进行分析。当信息处理中需要得到检波后的概率密度时，上面讨论的结果就显得很有实际意义。

5.5 信号处理实例——非线性系统输出端信噪比的计算

信噪比是雷达、通信等电子系统的一个重要指标，研究信号和噪声通过电子系统后、尤其是通过非线性系统后信噪比的计算方法是很有实际意义的。信号和噪声通过非线

性系统后信噪比的计算要比线性系统的计算复杂得多，本节主要结合几种典型的检波器，讨论如何计算非线性系统输出的信噪比。

信噪比通常定义为信号的平均功率 P_s 与噪声的平均功率 P_w 之比，记为 SNR，即

$$\mathrm{SNR}=\frac{P_s}{P_w}$$

信号通常是确定性信号，或者是满足各态历经性的随机信号，其平均功率可表示为

$$P_s=\overline{s^2(t)}=\lim_{T\to\infty}\frac{1}{2T}\int_{-T}^{T}s^2(t)\mathrm{d}t$$

检波器前一般连接有窄带系统，比如窄带中放，白噪声通过窄带系统，通常为窄带正态随机过程。下面结合几种典型的检波器，计算检波器输入和输出端的信噪比。

5.5.1 同步检波器

同步检波器如图 5.12 所示，窄带中放的输入端为接收的已调载波信号与噪声之和，即

$$X(t)=s(t)+w(t)=A_0m(t)\cos 2\pi f_0t+w(t) \tag{5.5.1}$$

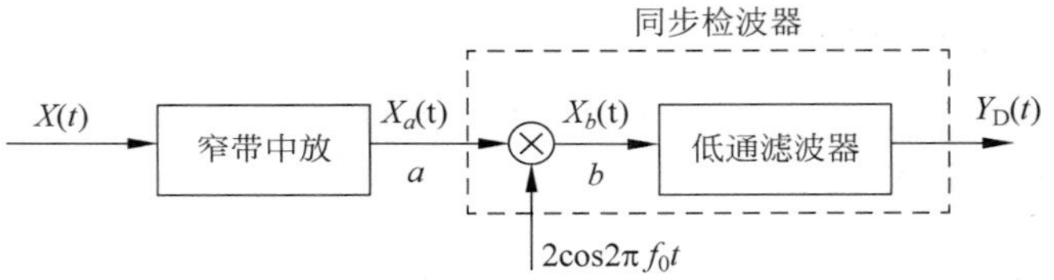

图 5.12 同步检波器

其中 $m(t)$ 为消息信号，信号带宽为 B，$w(t)$ 为信道噪声，通常为零均值高斯白噪声，功率谱密度为 $N_0/2$，滤波器为中频窄带滤波器，它的频率特性如图 5.13 所示，$X(t)$ 通过窄带中放后，输出信号为

$$X_a(t)=s_a(t)+w_a(t)=A_0m(t)\cos 2\pi f_0t+w_a(t)$$

其中 $s_a(t)=s(t)$，$w_a(t)$ 为窄带正态噪声，可表示为

$$w_a(t)=w_{\mathrm{c}}(t)\cos 2\pi f_0t-w_{\mathrm{s}}(t)\sin 2\pi f_0t$$

所以，

$$X_a(t)=A_0m(t)\cos 2\pi f_0t+w_{\mathrm{c}}(t)\cos 2\pi f_0t-w_{\mathrm{s}}(t)\sin 2\pi f_0t \tag{5.5.2}$$

$$\begin{aligned}X_b(t)&=X_a(t)2\cos 2\pi f_0t\\&=A_0m(t)+A_0m(t)\cos 4\pi f_0t+w_{\mathrm{c}}(t)+w_{\mathrm{c}}(t)\cos 4\pi f_0t-w_{\mathrm{s}}(t)\sin 4\pi f_0t\end{aligned}$$

经过低通滤波器后，

$$Y_{\mathrm{D}}(t)=A_0m(t)+w_{\mathrm{c}}(t) \tag{5.5.3}$$

下面计算输入输出的信噪比。在乘法器的输入端 a 点，信号功率为

$$P_{\mathrm{T}}=A_0^2\overline{m^2(t)}/2 \tag{5.5.4}$$

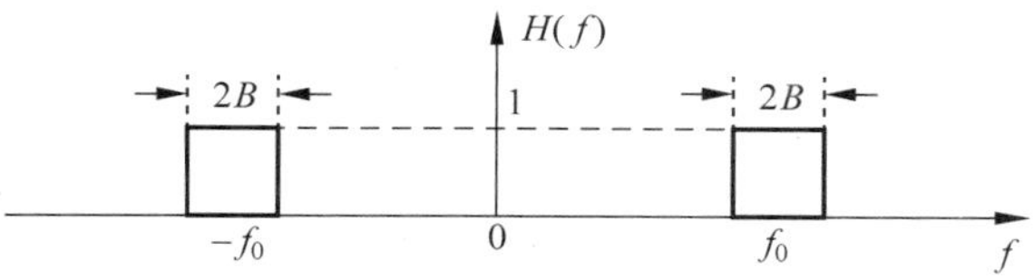

图 5.13 窄带中放频率特性

其中，$\overline{m^2(t)} = \lim\limits_{T\to\infty}\dfrac{1}{2T}\int_{-T}^{T} m^2(t)\mathrm{d}t$。$a$ 点噪声的平均功率为 $2N_0B$，因此，乘法器输入端的信噪比为

$$\mathrm{SNR_T} = \frac{P_\mathrm{T}}{E[w_a^2(t)]} = \frac{A_0^2\overline{m^2(t)}}{4BN_0} \tag{5.5.5}$$

而同步检波器输出的信号功率为 $P_\mathrm{D} = A_0^2\overline{m^2(t)}$，输出的噪声功率为 $E[w_\mathrm{c}^2(t)] = 2N_0B$，所以，同步检波器输出的信噪比为

$$\mathrm{SNR_D} = \frac{P_\mathrm{D}}{E\{w_\mathrm{c}^2(t)\}} = \frac{A_0^2\overline{m^2(t)}}{2BN_0} \tag{5.5.6}$$

通常我们把 $\mathrm{SNR_D}/\mathrm{SNR_T}$ 称为检波增益，它是衡量检波器性能的一个重要指标，比较式(5.5.5)和式(5.5.6)可得

$$\mathrm{SNR_D}/\mathrm{SNR_T} = 2 \tag{5.5.7}$$

也就是说同步检波器得到了 3dB 的增益改善，这是因为利用了同步检波器参考信号的相位与接收信号相位相干的特点。

5.5.2 包络检波器

幅度调制(AM)信号的解调通常采用包络检波，如图 5.14 所示，设包络检波器的输入为 AM 信号加窄带噪声，即

$$\begin{aligned} X(t) &= A_0[1 + am(t)]\cos 2\pi f_0 t + w_\mathrm{c}(t)\cos 2\pi f_0 t - w_\mathrm{s}(t)\sin 2\pi f_0 t \\ &= A(t)\cos(2\pi f_0 t + \Phi(t)) \end{aligned} \tag{5.5.8}$$

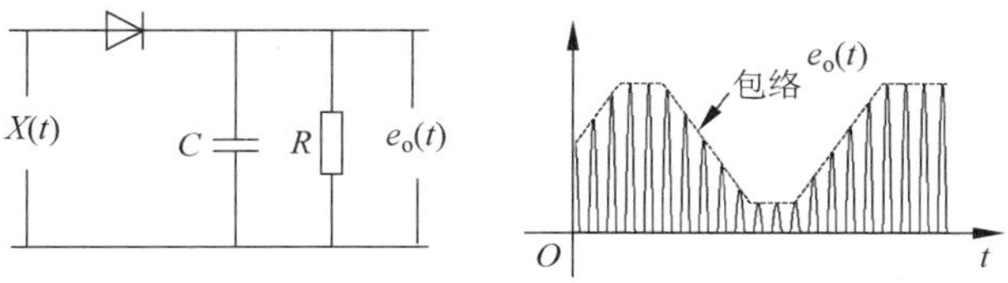

图 5.14 包络检波器及其输出波形

其中

$$A(t)=\sqrt{[A_0[1+am(t)]+w_c(t)]^2+w_s^2(t)} \tag{5.5.9}$$

$$\Phi(t)=\arctan\left(\frac{w_s(t)}{A_0[1+am(t)]+w_c(t)}\right) \tag{5.5.10}$$

下面分为输入是大信噪比和小信噪比两种情况加以讨论，式(5.5.9)可表示为

$$A(t)=[A_0[1+am(t)]+w_c(t)]\sqrt{1+\left[\frac{w_s(t)}{A_0[1+am(t)]+w_c(t)}\right]^2} \tag{5.5.11}$$

当输入为大信噪比的时候，

$$A(t)\approx A_0[1+am(t)]+w_c(t) \tag{5.5.12}$$

图5.14检波器的输出 $e_o(t)$ 即为 $A(t)$，式(5.5.12)中的第一项 A_c 是直流分量，它不含任何信息，可以通过隔直电路将其去掉，经隔直后，检波器的输出为

$$Y_D(t)\approx A_0am(t)+w_c(t) \tag{5.5.13}$$

输出的信噪比为

$$\mathrm{SNR_D}=\frac{A_0^2a^2\overline{m^2(t)}}{E\{w_c^2(t)\}}=\frac{A_0^2a^2\overline{m^2(t)}}{2N_0B} \tag{5.5.14}$$

而包络检波器输入的信噪比为

$$\mathrm{SNR_T}=\frac{\frac{A_0^2}{2}\overline{[1+am(t)]^2}}{E[w^2(t)]}=\frac{A_0^2[1+a^2\overline{m^2(t)}]}{4N_0B} \tag{5.5.15}$$

式(5.5.15)推导过程中假定了 $\overline{m(t)}=0$。那么，检波增益为

$$\frac{\mathrm{SNR_D}}{\mathrm{SNR_T}}=\frac{2a^2\overline{m^2(t)}}{1+a^2\overline{m^2(t)}} \tag{5.5.16}$$

对于全调制的情况，即当 $am(t)=\cos 2\pi f_m t$，f_m 为调制角频率，那么，

$$\frac{\mathrm{SNR_D}}{\mathrm{SNR_T}}=\frac{2}{3} \tag{5.5.17}$$

可见，这时输出信噪比小于输入信噪比。

当输入为小信噪比时，这时的噪声幅度要远大于信号幅度，

$$\begin{aligned}A(t)&=\sqrt{[A_0[1+am(t)]+w_c(t)]^2+w_s^2(t)}\\&=\sqrt{A_0^2[1+am(t)]^2+2A_0[1+am(t)]w_c(t)+w_c^2(t)+w_s^2(t)}\\&\approx\sqrt{w_c^2(t)+w_s^2(t)}\cdot\sqrt{1+\frac{2A_0[1+am(t)]w_c(t)}{w_c^2(t)+w_s^2(t)}}\\&\approx\sqrt{w_c^2(t)+w_s^2(t)}\left[1+\frac{A_0[1+am(t)]w_c(t)}{w_c^2(t)+w_s^2(t)}\right]\\&=A_w(t)+A_0[1+am(t)]\cos\Phi_w(t)\end{aligned} \tag{5.5.18}$$

其中 $A_w(t)=\sqrt{w_c^2(t)+w_s^2(t)}$ 代表噪声的幅度，$\Phi_w(t)=\arctan\dfrac{w_s(t)}{w_c(t)}$ 代表噪声的相位。所以，检波器的输出为

$$Y_D(t)=A_w(t)+A_0[1+am(t)]\cos\Phi_w(t) \tag{5.5.19}$$

从式(5.5.19)可以看出，调制信号 $m(t)$ 无法与噪声分开，有用信号淹没在噪声中，这时，输出信噪比不是按比例地随输入信噪比下降，而是急剧恶化，这是由包络检波器的非线性解调特性引起的，通常把这种现象称为“门限效应”，开始出现门限效应的输入信噪比称为门限值。因此，包络检波器只适合于输入信噪比大的情况，当输入信噪比很小时，通常需要采用相干解调。

5.5.3 平方律包络检波器

平方律包络检波器对 AM 信号的响应是信号加噪声包络的平方，即

$$\begin{aligned}A^2(t)&=[A_0[1+am(t)]+w_c(t)]^2+w_s^2(t)\\&=A_0^2[1+am(t)]^2+2w_c(t)A_0[1+am(t)]+w_c^2(t)+w_s^2(t)\\&=A_0^2+2A_0^2am(t)+a^2m^2(t)+2w_c(t)A_c[1+am(t)]+w_c^2(t)+w_s^2(t)\end{aligned}$$

假定调制信号为 $m(t)=\cos2\pi f_m t$，则

$$\begin{aligned}A^2(t)=&\ A_0^2+2A_0^2a\cos2\pi f_m t+a^2A_0^2\cos^2 2\pi f_m t+2n_c(t)A_0[1+am(t)]+w_c^2(t)+w_s^2(t)\\=&\ A_0^2+2A_0^2a\cos2\pi f_m t+\frac{1}{2}a^2A_0^2+\frac{1}{2}a^2A_0^2\cos4\pi f_m t+2n_c(t)A_0[1+am(t)]+\\&w_c^2(t)+w_s^2(t)\end{aligned}$$

由于直流分量不含任何信息，通过隔直电路可以将其消除，平方律包络检波器输出为

$$\begin{aligned}Y_D(t)=&\ 2A_0^2a\cos2\pi f_m t+\frac{1}{2}a^2A_0^2\cos4\pi f_m t+\\&2w_c(t)A_0(1+a\cos2\pi f_m t)+w_c^2(t)+w_s^2(t)\end{aligned} \tag{5.5.20}$$

输出的信号为

$$S_D(t)=2A_0^2a\cos2\pi f_m t+\frac{1}{2}a^2A_0^2\cos4\pi f_m t \tag{5.5.21}$$

其中后一项是二次谐波，可以忽略掉，所以信号功率为

$$P_D=2A_0^4a^2 \tag{5.5.22}$$

输出噪声项为

$$w_D(t)=2A_0(1+a\cos2\pi f_m t)w_c(t)+w_c^2(t)+w_s^2(t) \tag{5.5.23}$$

噪声功率为

$$\begin{aligned}P_{WD}=&\ 2A_0^2(2+a^2)E[w_c^2(t)]+E[w_c^4(t)]+E[w_s^4(t)]+\\&2E[w_c^2(t)]E[w_s^2(t)]-\{E[w_c^2(t)]+E[w_s^2(t)]\}^2\end{aligned} \tag{5.5.24}$$

式(5.5.24)中最后两项是因为噪声中也包含直流分量，由于输出通常采用交流耦合，直

流分量可以消除,所以噪声功率中应该减去噪声直流功率。因为

$$E\{w_c^2(t)\}=E\{w_s^2(t)\}=\sigma_w^2=2N_0B,\quad E\{w_c^4(t)\}=E\{w_s^4(t)\}=3\sigma_w^4$$

所以,检波器输出的噪声功率为

$$P_{WD}=2A_0^2(2+a^2)\sigma_w^2+4\sigma_w^4 \tag{5.5.25}$$

检波器输出的信噪比为

$$\mathrm{SNR_D}=\frac{2A_0^4a^2}{2A_0^2(2+a^2)\sigma_w^2+4\sigma_w^4} \tag{5.5.26}$$

采用正弦波调制时,检波器输入端信号功率为

$$P_T=\frac{1}{2}A_0^2\left(1+\frac{1}{2}a^2\right) \tag{5.5.27}$$

综合式(5.5.26)与式(5.5.27),可得

$$\mathrm{SNR_D}=2\left(\frac{a}{2+a^2}\right)^2\frac{P_T/N_0B}{1+(N_0B/P_T)} \tag{5.5.28}$$

当 P_T/N_0B 的值很大时,

$$\mathrm{SNR_D}=2\left(\frac{a}{2+a^2}\right)^2\frac{P_T}{N_0B} \tag{5.5.29}$$

当 P_T/N_0B 的值很小时,

$$\mathrm{SNR_D}=2\left(\frac{a}{2+a^2}\right)^2\left(\frac{P_T}{N_0B}\right)^2 \tag{5.5.30}$$

习 题

5.1 证明:

(1) 偶函数的希尔伯特变换为奇函数;

(2) 奇函数的希尔伯特变换为偶函数。

5.2 设 $A(t)$ 与 $\varphi(t)$ 为低频信号,ω_0 为高频载波角频率,证明:

(1) $\mathcal{H}\{A(t)\cos[\omega_0t+\varphi(t)]\}=A(t)\sin[\omega_0t+\varphi(t)]$;

(2) $\mathcal{H}\{A(t)\sin[\omega_0t+\varphi(t)]\}=-A(t)\cos[\omega_0t+\varphi(t)]$。

5.3 证明广义平稳过程 $X(t)$ 与其希尔伯特 $\hat{X}(t)$ 的相关函数存在下述关系:

(1) $R_{X\hat{X}}(\tau)=-\hat{R}_X(\tau)$;

(2) $R_{\hat{X}X}(\tau)=\hat{R}_X(\tau)$;

(3) $R_{\hat{X}}(\tau)=R_X(\tau)$;

(4) $R_{X\hat{X}}(\tau)$ 是奇函数。

5.4 设 $X(t)$ 的解析信号为 $\tilde{Z}(t)=X(t)+\mathrm{j}\hat{X}(t)$:

(1) 证明 $E[\tilde{Z}(t)Z^*(t-\tau)]=2[R_X(\tau)+\mathrm{j}\hat{R}_x(\tau)]$;

(2) 证明 $E[\widetilde{Z}(t)\widetilde{Z}(t-\tau)]=0$；

(3) 求 $\widetilde{Z}(t)$的功率谱密度(假定 $X(t)$的功率谱密度为 $G_X(\omega)$)。

5.5 设一个线性系统输入为 $X(t)$时，相应的输出为 $Y(t)$。证明若该系统的输入为 $X(t)$的希尔伯特变换 $\hat{X}(t)$，则相应的输出为 $Y(t)$的希尔伯特变换 $\hat{Y}(t)$。

5.6 在复随机过程 $Z(t)=X(t)+\mathrm{j}Y(t)$中，如果 $Z(t)$的均值 $E[Z(t)]=E[X(t)]+\mathrm{j}E[Y(t)]=m_Z$ 是复常数，且 $Z(t)$的自相关函数 $E[Z(t)Z^*(t-\tau)]=R_Z(\tau)$为仅与 τ 有关的复函数，则称 $Z(t)$为复平稳随机过程。设 $A_k(k=1,2,\cdots,n)$是 n 个实随机变量，$\omega_k(k=1,2,\cdots,n)$是 n 个实数，试问$\{A_k\}$应该满足怎样的条件才能使

$$Z(t)=\sum_{k=1}^{n}A_k\mathrm{e}^{\mathrm{j}\omega_k t}$$

是一个复平稳随机过程。

5.7 设有复随机过程

$$Z(t)=\sum_{i=1}^{n}(\alpha_i\cos\omega_i t+\mathrm{j}\beta_i\sin\omega_i t)$$

其中 α_i 与 β_k 是相互独立的随机变量，α_i 与 α_k、β_i 与 $\beta_k(i\neq k)$是相互正交的，数学期望和方差分别为 $E[\alpha_i]=E[\beta_i]=0$，$\sigma_{\alpha_i}^2=\sigma_{\beta_i}^2=\sigma_i^2$。求其复随机过程的相关函数。

5.8 设信号 $X(t)$的带宽限制在 Ω 上，证明预包络(即解析信号)模平方的带宽为 2Ω。

5.9 对于调频信号 $X(t)=\cos[\omega_0 t+m(t)]$，设 $\mathrm{d}m(t)/\mathrm{d}t\leqslant\omega_0$，即为窄带信号，求该信号的复包络和包络的表示式。

5.10 证明式(5.3.19)和式(5.3.20)。

5.11 设功率谱密度为 $N_0/2$ 的零均值白高斯噪声通过一个理想带通滤波器，此滤波器的增益为1，中心频率为 f_0，带宽为 $2B$。求滤波器输出的窄带过程 $w(t)$和它的同相及正交分量的自相关函数 $R_w(\tau)$、$R_{w_c}(\tau)$和 $R_{w_s}(\tau)$。

5.12 考虑图5.15所示的 RLC 带通滤波器。设滤波器的品质因数 $Q\gg1$，输入是功率谱密度为 $N_0/2$ 的零均值白高斯噪声 $X(t)$，求滤波器输出端的窄带过程 $w(t)$和它的同相及正交分量的功率谱密度 $G_w(\tau)$、$G_{w_c}(\tau)$和 $G_{w_s}(\tau)$，并以图示之。

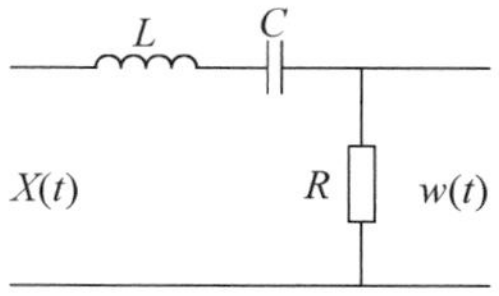

图5.15 RLC 带通滤波器

5.13 相关函数为 $R_X(\tau)=\sigma_X^2\mathrm{e}^{-\alpha|\tau|}\cos\omega_0\tau$ 的窄带平稳随机过程可表示为 $X(t)=A_c(t)\cos\omega_0' t-A_s(t)\sin\omega_0' t$，试在(1)$\omega_0'\neq\omega$；(2)$\omega_0'=\omega$ 的条件下，分别求出相关函数 $R_c(\tau)$，$R_s(\tau)$及互相关函数 $R_{cs}(\tau)$。

5.14 考虑窄带高斯过程 $w(t)=X(t)\cos\omega_0 t-Y(t)\sin\omega_0 t$，假定功率谱密度对称于载频 ω_0，求概率密度 $f_{XY}(x_t,x_{t-\tau},y_t,y_{t-\tau})$。

5.15 设 $A(t)$为平稳的窄带正态过程的包络，试证：

$$E[A(t)]=\sqrt{\frac{\pi}{2}}\sigma_X,\quad \sigma_A^2=\mathrm{Var}[A(t)]=\left(2-\frac{\pi}{2}\right)\sigma_X^2$$

其中 σ_X^2 为正态过程的方差。

5.16 χ 变量为 χ^2 变量的平方根,证明 n 个自由度的 χ 变量的概率密度为

$$f(\chi)=\frac{\chi^{n-1}\mathrm{e}^{-\chi^2/2}}{2^{\frac{n-2}{2}}\Gamma\left(\frac{n}{2}\right)}$$

5.17 证明 n 个自由度的 χ^2 变量的第 m 阶中心矩为

$$2^m\left(\frac{n}{2}\right)\left(\frac{n}{2}+1\right)\cdots\left(\frac{n}{2}+m-1\right)$$

5.18 一检波器如图 5.16 所示,其中非线性器件部分的传输特性为 $y=bx^2$。设输入信号 $X(t)$为一窄带正态噪声,且可表示为 $X(t)=V(t)\cos[\omega_0 t+\varphi(t)]$,其概率密度为

$$f_X(x)=\frac{1}{\sqrt{2\pi}\sigma_X}\exp\left[-\frac{x^2}{2\sigma_X^2}\right]$$

求 $Z(t)$的概率密度、均值和方差。

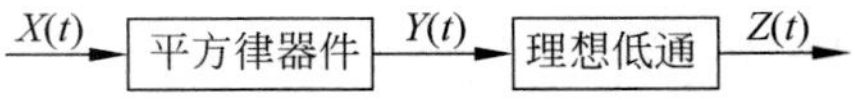

图 5.16 检波器示意图

5.19 在平方律包络检波器输入端加一窄带随机电压信号,其包络 $A(t)$服从瑞利分布

$$f_A(A_t)=\frac{A_t}{\sigma^2}\exp\left[-\frac{A_t^2}{2\sigma^2}\right]\quad(A_t\geqslant 0)$$

求在 $Y(t)=\frac{\alpha^2}{2}A^2(t)$时,检波器 $Y(t)$输出的概率密度、均值和方差。

5.20 同步检波器如图 5.17 所示,设 $X(t)$为一窄带平稳噪声,其相关函数为

$$R_X(\tau)=\sigma_X^2\mathrm{e}^{-\alpha|\tau|}\left(\cos\omega_0\tau+\frac{\alpha}{\omega_0}\sin\omega_0|\tau|\right)\quad(\alpha\ll\omega_0)$$

而 $Y(t)=A\sin\omega_0 t$ 为一确定性信号,求同步检波器输出端的平均功率 P_z。

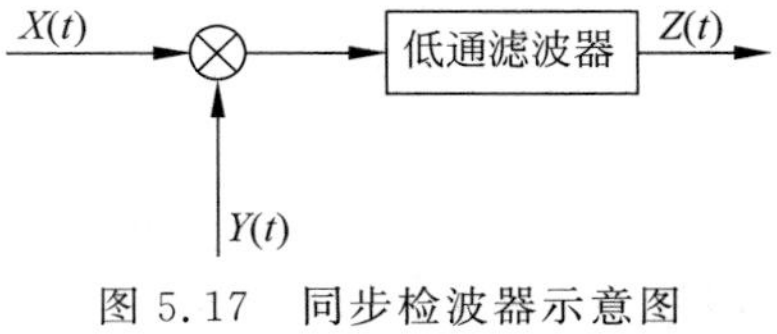

图 5.17 同步检波器示意图

5.21 双边带抑制载波调制和单边带调制中,若消息信号均为 3kHz 限带低频信号,载频为 1MHz,接收信号功率为 1mW,加性白色高斯噪声双边带功率谱密度为 $10^{-3}\mu$W/Hz。接收信号经带通滤波器后,进行相干解调。

(1) 比较解调器输入信噪比;

(2) 比较解调器输出信噪比。

计算机作业

5.22 以信噪比 $\rho=a/\sigma$ 作为参数，画出广义瑞利分布式(5.4.19)的一组图形。

5.23 以信噪比 $\rho=a/\sigma$ 作为参数，画出窄带正态噪声加正弦信号相位的分布式(5.4.20)的一组图形。

研讨题

5.24 设有图5.18所示的窄带信号处理系统，输入 $X(t)$ 是功率谱密度为 $N_0/2$ 的白噪声。

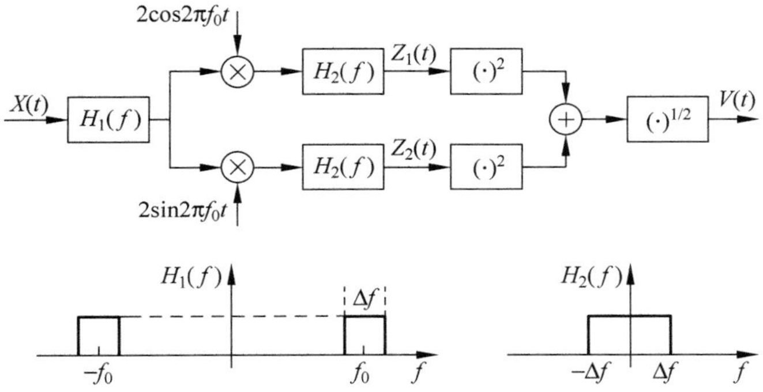

图5.18 窄带信号处理系统

(1) 求 $Z_1(t)$ 和 $Z_2(t)$ 的自相关函数；

(2) 求 $Z_1(t)$ 和 $Z_2(t)$ 的一维概率密度；

(3) 求 $Z_1(t)$ 和 $Z_2(t)$ 的联合概率密度 $f_{Z_1Z_2}(z_1,z_2,t_1,t_2)$；

(4) 求 $U(t)$ 的一维概率密度；

(5) 如果输入为 $X(t)=a\cos(2\pi f_0t+\theta)+w(t)$，输出 V 与门限 γ 进行比较，求 $P(V>\gamma|a=0)$ 和 $P(V>\gamma|a>0)$ 的表达式。

实验

窄带高斯随机过程的产生

本实验模拟产生一段时长为5ms的窄带高斯随机过程 $X(t)$ 的样本函数。根据窄带随机过程的理论，$X(t)$ 可表示为

$$X(t)=A_c(t)\cos2\pi f_0t-A_s(t)\sin2\pi f_0t$$

其中 $A_c(t)$ 和 $A_s(t)$ 均为低频的高斯随机过程，因此，要模拟产生 $X(t)$，首先要产生两个相互独立的高斯随机过程 $A_c(t)$ 和 $A_s(t)$，然后用两个正交载波 $\cos2\pi f_0t$ 和 $\sin2\pi f_0t$

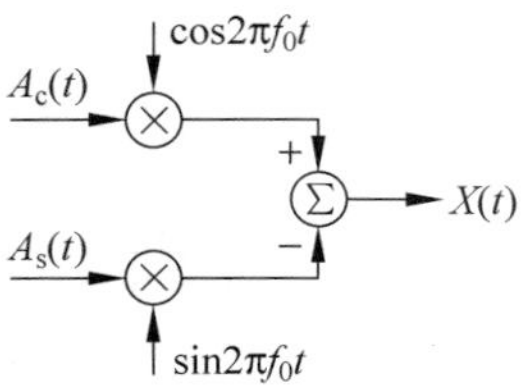

图 5.19　带通高斯随机过程的产生

进行调制，如图 5.19 所示。

假定 $A_c(t)$和 $A_s(t)$的功率谱密度均为 $G_c(f)=G_s(f)=\frac{1}{1+(f/\Delta f)^4}$，其中 Δf 为功率谱密度的 3dB 带宽。在 3.7 节中介绍了有色高斯随机过程的产生，请按照频域法或时域滤波器法分别产生时长为 5ms 的低通过程 $A_c(t)$和 $A_s(t)$，然后按图 5.19 合成 $X(t)$，其中 $f_0=1000/\pi$，要求分别画出模拟产生的 $A_c(t)$、$A_s(t)$以及 $X(t)$的波形。

第6章 马尔可夫过程与泊松过程

在一般情况下,随机过程在某时刻的状态与邻近时刻过程的状态有关,时间相隔越远,这种关联度越小,经过数学抽象,得到应用十分广泛的马尔可夫过程。粗略而言,一个随机过程如果给定了当前时刻 t 的值 X_t,如果 $X_s(s>t)$的值不受过去的值 $X_u(u<t)$的影响,就称为具有马尔可夫性。马尔可夫过程是目前发展很快、应用十分广泛的一种重要随机过程,它在信息处理、通信、自动控制、物理、生物以及社会公共事业等方面有着重要的应用。

马尔可夫过程按照其状态和时间参数是离散还是连续,可以分为四类:

(1) 时间离散、状态离散的马尔可夫过程,常称为马尔可夫链;

(2) 时间连续、状态离散的马尔可夫过程,常称为纯不连续马尔可夫过程;

(3) 时间离散、状态连续的马尔可夫过程,常称为马尔可夫序列;

(4) 时间连续、状态连续的马尔可夫过程,常称为连续马尔可夫过程或扩展过程。

本章先通过马尔可夫链介绍它的基本概念,继而介绍马尔可夫序列和连续马尔可夫过程。独立增量过程是一种特殊的马尔可夫过程,泊松过程和维纳过程是两种最重要的独立增量过程,是研究热噪声和散弹噪声的理论基础。

6.1 马尔可夫链

6.1.1 马尔可夫链的定义

马尔可夫链就是状态和时间参数皆为离散的马尔可夫过程,其具体定义是:设随机过程 $X(t)$在任一时刻 $t_n(n=1,2,\cdots)$的采样为 $X_n=X(t_n)$,可能的状态为 $a_1,a_2,\cdots,a_N$ 之一,且过程只在 $t_1,\cdots,t_n,\cdots$ 可列个时刻发生状态转移。此时,若过程 $X(t)$在 t_{m+k} 时刻变成任一状态 $a_i(i=1,2,\cdots,N)$的概率,只与过程在 t_m 时刻的状态有关,而与过程在 t_m 时刻以前的状态无关,即满足

$$\begin{aligned}&P\{X_{m+k}=a_{i_{m+k}}\mid X_m=a_{i_m},X_{m-1}=a_{i_{m-1}},\cdots,X_1=a_{i_1}\}\\&=P\{X_{m+k}=a_{i_{m+k}}\mid X_m=a_{i_m}\}\end{aligned}\tag{6.1.1}$$

则称该过程为马尔可夫链,或简称马氏链。式中 $a_{i_j}(j=m+k,m,\cdots,1)$为状态 $a_1,a_2,\cdots,a_N$ 之一。

例 6.1 X_n 表示独立同分布的伯努利随机变量序列,且 $P(X_n=1)=p$,$P(X_n=0)=1-p$,伯努利计数过程为 $S_n=X_1+X_2+\cdots+X_n=S_{n-1}+X_n$,其中 $S_0=0$,S_n 也称为和过程。当 S_{n-1} 已知时,如 $S_{n-1}=a_{i_{n-1}}$,则 S_n 只与 $a_{i_{n-1}}$ 及 X_n 的取值有关,与 $S_{n-2},\cdots,S_1$ 取什么值没有关系,所以和过程 S_n 是马尔可夫链。

6.1.2 马尔可夫链的转移概率及矩阵

假设 $X_n=a_i$ 的状态概率表示为

$$p_i(n)=P\{X_n=a_i\}$$

由状态概率 $p_i(n)$ 构成的列阵 $\boldsymbol{p}(n)=[p_1(n) \quad p_2(n) \quad \cdots \quad p_N(n)]^{\mathrm{T}}$ 给出了 X_n 可能状态的概率分布列，列阵的各元素之和等于 1，即

$$\sum_{j=1}^{N} p_j(n)=1 \tag{6.1.2}$$

对于马尔可夫链的统计特性，除了状态概率外，一个重要的统计描述是状态转移概率。称马尔可夫链在时刻 t_s 位于 a_i 的条件下，在时刻 t_n 到达 a_j 的条件概率为状态转移概率，记为 $p_{ij}(s,n)$，即

$$p_{ij}(s,n)=P\{X_n=a_j \mid X_s=a_i\} \tag{6.1.3}$$

根据全概率公式，有

$$\begin{aligned} p_j(n) &= \sum_{i=1}^{N} P\{X_n=a_j, X_s=a_i\} \\ &= \sum_{i=1}^{N} P\{X_n=a_j \mid X_s=a_i\} P\{X_s=a_i\} \\ &= \sum_{i=1}^{N} p_{ij}(s,n) p_i(s) \end{aligned} \tag{6.1.4}$$

$$\sum_{j=1}^{N} p_{ij}(s,n)=\sum_{j=1}^{N} P\{X_n=a_j \mid X_s=a_i\}=1 \tag{6.1.5}$$

由转移概率构成的矩阵

$$\boldsymbol{P}(s,n)=\begin{bmatrix} p_{11}(s,n) & p_{12}(s,n) & \cdots & p_{1N}(s,n) \\ p_{21}(s,n) & p_{22}(s,n) & \cdots & p_{2N}(s,n) \\ \vdots & \vdots & \ddots & \vdots \\ p_{N1}(s,n) & p_{N2}(s,n) & \cdots & p_{NN}(s,n) \end{bmatrix} \tag{6.1.6}$$

称为马尔可夫链的转移矩阵。转移矩阵阶数正好是状态空间中状态的总数，显然，矩阵中所有元素均非负，根据式(6.1.5)，矩阵 $\boldsymbol{P}(s,n)$ 的每一行的各元素之和等于 1。转移矩阵表示了状态转移过程的概率法则。根据式(6.1.4)，有

$$\boldsymbol{p}(n)=\boldsymbol{P}^{\mathrm{T}}(s,n)\boldsymbol{p}(s) \tag{6.1.7}$$

描述马尔可夫链的一种有力工具是状态转移图。状态转移图的具体描述方法是：将马尔可夫链的状态用圆圈表示，状态之间的转移用有向的弧线表示，状态之间的转移概率标记在弧线上。

例 6.2 具有反射壁的随机游动。设有一质点在线段上游动，如图 6.1 所示，二终端设有反射壁。假定质点只能停留在 $a_1=-2l, a_2=-l, a_3=0, a_4=l, a_5=2l$ 这 5 个点上，且只在 $t=T, 2T, \cdots$ 发生位置的游动。游动的概率法则如下：如果游动前质点在 a_2，a_3，a_4 位置上，则分别以 1/2 的概率向前或向后游动一个单位 l；若游动前质点在 a_1 位置，则以 1 的概率游动到 a_2 处；若游动前在 a_5 位置，则以 1 的概率游动到 a_4 处。

设 $t=nT$ 时刻质点的位置为 $X_n=X(nT)$，该随机变量的可能值为 $a_1, a_2, \cdots, a_5$。不难看出，这 5 种状态中的任意两种间的转移概率 $p_{ij}(s,n)$ 与 s 和 n 本身的值无关，而

只与 $n-s$ 有关,图 6.1(a)给出了该马尔可夫链的示意图,图 6.1(b)给出了状态转移图。

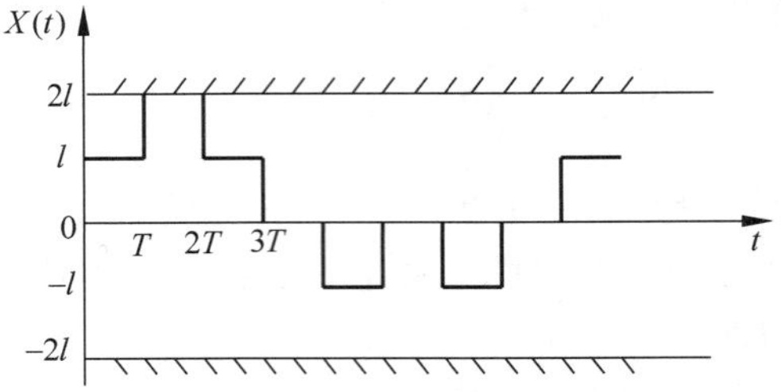

(a) 带反射壁的随机游动

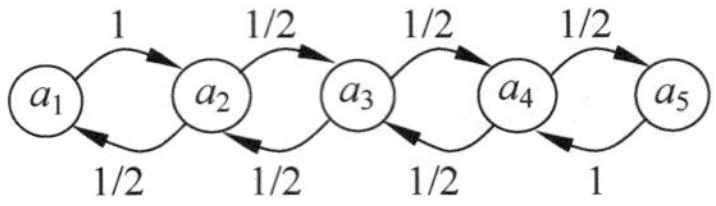

(b) 状态转移图

图 6.1　带反射壁的随机游动及状态转移图

X_n 的一步状态转移矩阵为

$$\boldsymbol{P}(n,n+1)=\begin{bmatrix}0 & 1 & 0 & 0 & 0\\ 1/2 & 0 & 1/2 & 0 & 0\\ 0 & 1/2 & 0 & 1/2 & 0\\ 0 & 0 & 1/2 & 0 & 1/2\\ 0 & 0 & 0 & 1 & 0\end{bmatrix}$$

6.1.3　切普曼-柯尔莫哥洛夫方程

马尔可夫链的转移概率满足以下的关系式,即

$$p_{ij}(s,n)=\sum_{k=1}^{N}p_{ik}(s,r)p_{kj}(r,n) \tag{6.1.8}$$

式中 $n>r>s$。式(6.1.8)用状态转移矩阵可表示为

$$\boldsymbol{P}(s,n)=\boldsymbol{P}(s,r)\boldsymbol{P}(r,n) \tag{6.1.9}$$

证明　根据转移概率的定义式(6.1.3),有

$$\begin{aligned}p_{ij}(s,n)&=P\{x_n=a_j \mid x_s=a_i\}\\&=\frac{P\{x_n=a_j,x_s=a_i\}}{P\{x_s=a_i\}}\\&=\sum_{k=1}^{N}\frac{P\{x_n=a_j,x_r=a_k,x_s=a_i\}}{P\{x_r=a_k,x_s=a_i\}}\cdot\frac{P\{x_r=a_k,x_s=a_i\}}{P\{x_s=a_i\}}\\&=\sum_{k=1}^{N}P\{x_n=a_j \mid x_r=a_k,x_s=a_i\}\cdot P\{x_r=a_k \mid x_s=a_i\}\end{aligned}$$

根据马尔可夫链及其转移概率的定义,式中

$$P\{x_n = a_j \mid x_r = a_k, x_s = a_i\} = P\{x_n = a_j \mid x_r = a_k\} = p_{kj}(r,n)$$

$$P\{x_r = a_k \mid x_s = a_i\} = p_{ik}(s,r) \tag{6.1.10}$$

式(6.1.8)得证。

切普曼-柯尔莫哥洛夫方程是一个重要方程。由于马尔可夫链的无后效性，由状态 a_i 经过 $n-s$ 步转移到达状态 a_j 的过程，可以看成先经过 $r-s$ 步转移到达某个状态 $a_k(k=1,2,\cdots,N)$，然后再由状态 a_k 经过 $n-r$ 步转移到达状态 a_j。式(6.1.8)的物理含义可借图6.2加以说明。如果已知由 $x_s=a_i$ 转移到 $x_r=a_k$ 的概率为 $p_{ik}(s,r)$，由 $x_r=a_k$ 转移到 $x_n=a_j$ 的概率为 $p_{kj}(r,n)$，则由 $x_s=a_i$ 转移到 $x_r=a_k$，再由 $x_r=a_k$ 转移到 $x_n=a_j$ 的概率为

$$P\{x_n = a_j, x_r = a_k \mid x_s = a_i\} = p_{ik}(s,r)p_{kj}(r,n) \tag{6.1.11}$$

于是由 $x_s=a_i$ 转移到 $x_n=a_j$ 的概率为式(6.1.11)当 $k=1,2,\cdots,N$ 时的总和，即考虑到 x_r 所有可能值的情况，这就是式(6.1.8)示出的结果。

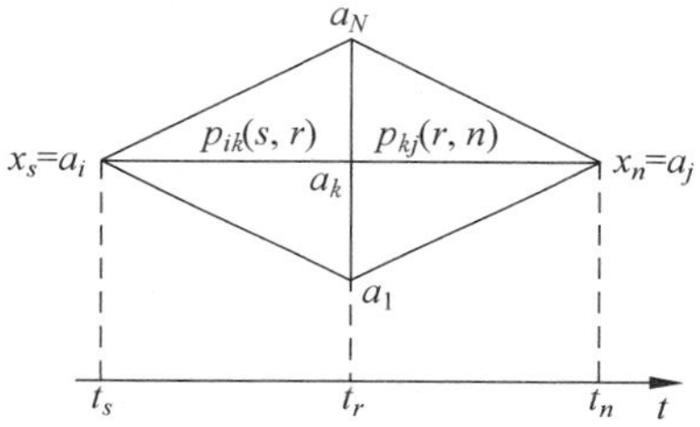

图6.2 切普曼-柯尔莫哥洛夫方程示意图

6.1.4 齐次马尔可夫链

如果马尔可夫链的转移概率 $p_{ij}(s,n)$ 只取决于差值 $n-s$，而与 n 和 s 本身的值无关，则称为齐次马尔可夫链，简称齐次链。齐次链的转移概率为 $p_{ij}(n-s)$，当 $n-s=1$，常以 p_{ij} 表示马尔可夫链由状态 a_i 经过一步转移到达状态 a_j 的转移概率，而转移矩阵为$\boldsymbol{P}(n-s)$，并称为 $n-s$ 步转移矩阵。

对于齐次马尔可夫链，在式(6.1.9)中，如果令 $s=0,r=1,n=2$，则 $\boldsymbol{P}(0,2)=\boldsymbol{P}(0,1)\boldsymbol{P}(1,2)$，或 $\boldsymbol{P}(2)=\boldsymbol{P}(1)\boldsymbol{P}(1)=\boldsymbol{P}^2(1)$，反复应用这一关系，可得

$$\boldsymbol{P}(n) = \boldsymbol{P}^n(1) \tag{6.1.12}$$

根据式(6.1.7)，齐次链 X_{n+1} 处于状态 $a_i(i=1,2,\cdots,N)$ 的状态概率为

$$\boldsymbol{p}(n+1) = \boldsymbol{P}^{\mathrm{T}}(n)\boldsymbol{p}(1) \tag{6.1.13}$$

令$\boldsymbol{\pi} = \boldsymbol{P}^{\mathrm{T}}(1)$，则式(6.1.13)可表示为

$$\boldsymbol{p}(n+1) = \boldsymbol{\pi}^n \boldsymbol{p}(1) \tag{6.1.14}$$

由此可见，对于齐次马尔可夫链，状态概率由初始概率和一步转移概率决定。容易证明：对于齐次马尔可夫链，任意有限维概率函数完全由初始概率和转移概率所决定，即利用初始分布和一步转移概率矩阵就能完整地描述齐次马尔可夫链的统计特性。

例 6.3 试分析常用于表征通信系统的错误产生机制的马尔可夫模型。

解 设离散无记忆信道模型是二进制对称信道(Binary Symmetric Channel,BSC),如图 6.3 所示。由于噪声的存在,各级传输会形成一定的误差。若某级输入 0,1 数字信号后,其输出不产生错误的概率为 p,产生错误的概率为 q,则该级输入状态和输出状态构成一个两状态的齐次马尔可夫链,其一步转移概率矩阵为

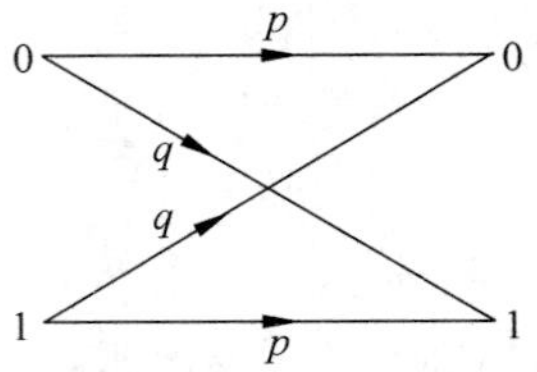

图 6.3 二进制对称信道

$$\boldsymbol{P}(1)=\begin{bmatrix} p & q \\ q & p \end{bmatrix}$$

某数字通信系统传递 0,1 两种信号,且传递过程包括若干级。假定级数为 2,则可得二步转移概率矩阵为

$$\boldsymbol{P}(2)=\boldsymbol{P}^2(1)=\begin{bmatrix} p & q \\ q & p \end{bmatrix}\begin{bmatrix} p & q \\ q & p \end{bmatrix}=\begin{bmatrix} p^2+q^2 & 2pq \\ 2pq & p^2+q^2 \end{bmatrix}$$

例 6.4 假定一位小朋友在快餐店购买儿童套餐,每买一次套餐,他将获得分别印有 4 位超级明星头像明名信片一张,小朋友很想要收集一套印有 4 位超级明星头像的明信片。为了完成他的收集,他经常去这家快餐店吃午餐。这个过程可以用马尔可夫链来描述,如图 6.4(a)所示。

令 X_n 表示小朋友购买 n 次套餐后收集到的不同明信片的张数,很显然,X_n 的取值为 0~4 的整数。假定每餐明信片上超级明星图像的概率是等可能的且在每餐之间是独立的。

开始时处于状态 0,第一次用餐后转移到状态 1,因为小朋友至少可以获得一位明星头像的明信片,所以,$p_{01}=1$,对任意的 $j(j\neq 1)$,$p_{0j}=0$。如果小朋友已有某位明星的明信片,那么下一餐有 1/4 的概率获得同一明星的明信片,而有 3/4 的概率获得其他明星的明信片,所以,$p_{11}=1/4$,$p_{12}=3/4$,而 $p_{10}=p_{13}=p_{14}=0$。类似地,可以计算出其他状态转移概率并得到如下一步状态转移矩阵。

$$\boldsymbol{P}(1)=\begin{bmatrix} 0 & 1 & 0 & 0 & 0 \\ 0 & 1/4 & 3/4 & 0 & 0 \\ 0 & 0 & 1/2 & 1/2 & 0 \\ 0 & 0 & 0 & 3/4 & 1/4 \\ 0 & 0 & 0 & 0 & 1 \end{bmatrix}$$

根据一步状态转移矩阵,可以画出状态转移图,如图 6.4(b)所示。小朋友感兴趣的是收集全套明星明信片平均需要吃多少餐。如果他只存够吃 10 顿的钱,在耗尽所存钱之前,能够收集齐一套明星明信片的概率是多少,这都需要应用马尔可夫链的理论来解决。

小朋友在去他喜爱的快餐店购买儿童套餐前没有明信片,因此,起始分布为 $\boldsymbol{p}(0)=[1\quad 0\quad 0\quad 0\quad 0]^{\mathrm{T}}$,重复应用式(6.1.14),得

$$\boldsymbol{p}(1)=[0\quad 1\quad 0\quad 0\quad 0]^{\mathrm{T}}$$
$$\boldsymbol{p}(2)=[0\quad 1/4\quad 3/4\quad 0\quad 0]^{\mathrm{T}}$$
$$\boldsymbol{p}(3)=[0\quad 1/16\quad 9/16\quad 3/8\quad 0]^{\mathrm{T}}$$

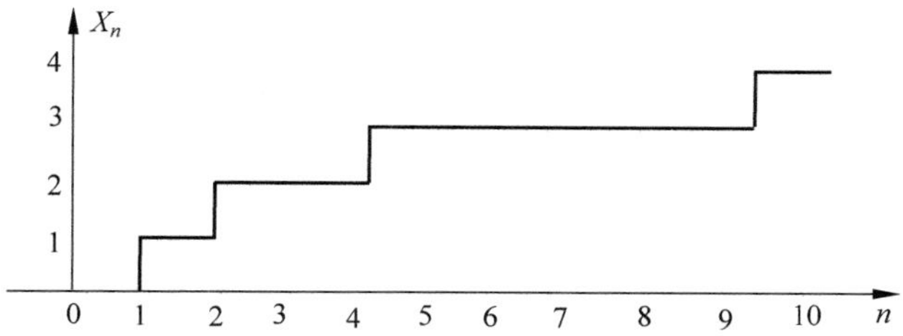

(a) 表示明星片收集的马尔可夫链

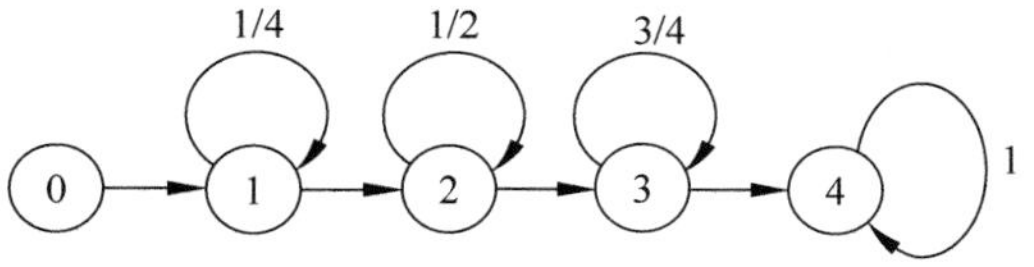

(b) 表示明星片收集的状态转移图

图 6.4　表示明星片收集的马尔可夫链和状态转移图

$$\boldsymbol{p}(4)=[0 \quad 1/64 \quad 21/64 \quad 9/16 \quad 3/32]^{\mathrm{T}}$$

$$\boldsymbol{p}(5)=[0 \quad 1/256 \quad 45/256 \quad 75/128 \quad 15/64]^{\mathrm{T}}$$

$$\boldsymbol{p}(6)=[0 \quad 1/1024 \quad 93/1024 \quad 135/256 \quad 195/512]^{\mathrm{T}}$$

以此类推。只要小朋友购买足够多的快餐，他最终可以完成收集（即状态概率 $\lim\limits_{n\to\infty}P(X_n=4)=1$）。

6.1.5　平稳链

如果齐次链中所有状态的概率分布列相同，即

$$\boldsymbol{p}(n)=\boldsymbol{p}(1) \tag{6.1.15}$$

则称此齐次链是平稳的。在齐次链中只要序列 X_1 和 X_2 的概率分布列相同，即

$$\boldsymbol{p}(2)=\boldsymbol{p}(1) \tag{6.1.16}$$

则此链必是平稳的，这是因为

$$\boldsymbol{p}(3)=\boldsymbol{\pi p}(2)=\boldsymbol{\pi p}(1)=\boldsymbol{p}(2)=\boldsymbol{p}(1) \tag{6.1.17}$$

反复进行下去，即得式(6.1.15)。

设已知齐次链的一步转移矩阵为 $\boldsymbol{P}(1)$，若该链平稳，求状态概率列阵 $\boldsymbol{p}(1)=[p_1,p_2,\cdots,p_N]^{\mathrm{T}}$ 的各元素。根据式(6.1.16)，齐次链平稳的条件为

$$\boldsymbol{\pi p}(1)=\boldsymbol{p}(2)=\boldsymbol{p}(1) \tag{6.1.18}$$

由此可写出下列的方程组：

$$\begin{cases} \pi_{11}p_1+\pi_{12}p_2+\cdots+\pi_{1N}p_N=p_1 \\ \pi_{21}p_1+\pi_{22}p_2+\cdots+\pi_{2N}p_N=p_2 \\ \vdots \\ \pi_{N1}p_1+\pi_{N2}p_2+\cdots+\pi_{NN}p_N=p_N \end{cases} \tag{6.1.19}$$

式中 π_{ij} 为矩阵 $\boldsymbol{\pi}$ 的元素。根据式(6.1.2),有

$$p_1+p_2+\cdots+p_N=1 \tag{6.1.20}$$

式(6.1.19)中共有 N 个方程式和 N 个未知数 p_i,但这 N 个方程式不是互相独立的,等式两边相加后得

$$p_1+p_2+\cdots+p_N=p_1+p_2+\cdots+p_N$$

因此,欲求出 N 个未知数 p_i,只要利用式(6.1.19)中的 $N-1$ 个方程式和式(6.1.20)来求解即可。

例 6.5 继续讨论例 6.2。假定平稳时的状态概率为 p_i,$i=1,2,\cdots,5$,按式(6.1.19)和式(6.1.20)列出以下的方程组并求解:

$$\begin{cases}\dfrac{p_2}{2}=p_1\\[2mm] p_1+\dfrac{p_3}{2}=p_2\\[2mm] \dfrac{p_2}{2}+\dfrac{p_4}{2}=p_3\\[2mm] \dfrac{p_3}{2}+p_5=p_4\\[2mm] p_1+p_2+p_3+p_4+p_5=1\end{cases}$$

解得的结果为

$$p_2=p_3=p_4=\frac{1}{4},\quad p_1=p_5=\frac{1}{8}$$

例 6.6 分析具有吸收壁的随机游动。

解 将例 6.2 中的反射壁换为吸收壁,质点到达 a_1 或 a_5 处即被吸收,游动终止。其他游动规则与例 6.2 中的相同。设质点的起始位置已知,求一步转移矩阵与质点到达二吸收壁的概率。一步转移矩阵为

$$\boldsymbol{P}(1)=\begin{bmatrix}1 & 0 & 0 & 0 & 0\\ 1/2 & 0 & 1/2 & 0 & 0\\ 0 & 1/2 & 0 & 1/2 & 0\\ 0 & 0 & 1/2 & 0 & 1/2\\ 0 & 0 & 0 & 0 & 1\end{bmatrix}$$

质点从它的起始位置,按以上矩阵中的转移概率游动,直至到达吸收壁,游动停止。

设 q_i 为质点自起始位置向前游动 il 距离的概率,则根据全概率公式有

$$q_i=\frac{1}{2}q_{i+1}+\frac{1}{2}q_{i-1} \tag{6.1.21}$$

如果二吸收壁间的距离等于 al(例中 $a=4$),则不可能出现质点向前游动 al 的情况,因质点位于吸收壁处是不能游动的。为此记 $q_a=0$(例中 $q_4=0$)。又设质点的起始位置至前吸收壁(例中 a_5 处)的距离为 il,则 q_i 即为质点到达前吸收壁的概率。到达 a_1 处吸收壁的概率分别为 $1-q_1$,$1-q_2$ 与 $1-q_3$。

根据以上的分析，可直接列出以下的方程组，即

$$\begin{cases} q_1 = \dfrac{q_2}{2} + \dfrac{1}{2} \\ q_2 = \dfrac{q_3}{2} + \dfrac{q_1}{2} \\ q_3 = \dfrac{q_2}{2} \end{cases}$$

得出的解为

$$q_1 = \frac{3}{4}, \quad q_2 = \frac{1}{2}, \quad q_3 = \frac{1}{4}$$

$$1 - q_1 = \frac{1}{4}, \quad 1 - q_2 = \frac{1}{2}, \quad 1 - q_3 = \frac{3}{4}$$

以此类推，应用边界条件 $q_0 = 1, q_4 = 0$，不难得出式(6.1.21)差分方程的解为

$$q_i = 1 - \frac{i}{a} \tag{6.1.22}$$

6.1.6 遍历性

如果齐次马尔可夫链中，对于一切 i 与 j，存在不依赖 i 的极限，即

$$\lim_{n \to \infty} p_{ij}(n) = p_j \tag{6.1.23}$$

则称该链具有遍历性。式中 $p_{ij}(n)$是该链的 n 步转移概率。

式(6.1.23)的直观意义是：当转移步数 n 足够大时，不论 n 步以前是哪种状态 a_i，n 步后转移为状态 a_j 的概率都接近于 p_j。下面不加证明给出齐次链具有遍历性的充要条件。

定理 对有穷马尔可夫链，如存在正整数 s，使

$$p_{ij}(s) > 0 \tag{6.1.24}$$

式中 $i, j = 1, 2, \cdots, N$，则该链具有遍历性；而且式(6.1.23)中的 $p_j (j = 1, 2, \cdots, N)$是该链平稳时的状态概率。

例 6.7 设马尔可夫链的一步转移矩阵为

$$\boldsymbol{P}(1) = \begin{bmatrix} q & p & 0 \\ q & 0 & p \\ 0 & q & p \end{bmatrix}$$

上式为 $s = 1$ 的情况，式(6.1.24)不满足。但当 $s = 2$ 时，有

$$\boldsymbol{P}(2) = \begin{bmatrix} q^2 + pq & pq & p^2 \\ q^2 & 2pq & p^2 \\ q^2 & pq & pq + p^2 \end{bmatrix}$$

满足式(6.1.24)，因而该马尔可夫链具有遍历性。

作为不具有遍历性的例子,考虑一步转移矩阵为

$$\boldsymbol{P}(1)=\begin{bmatrix}1 & 0\\ 0 & 1\end{bmatrix}$$

的马尔可夫链。由于

$$\boldsymbol{P}(n)=\boldsymbol{P}^n(1)=\begin{bmatrix}1 & 0\\ 0 & 1\end{bmatrix}$$

不满足式(6.1.24),这表明该齐次链的状态只有 a_1 和 a_2 两个,一旦这两种状态之一出现后就不再转移,不论经过多少步,a_1 和 a_2 间的转移概率都保持为零。由此可知,该链的每个样本只出现一种状态,所以它不具有遍历性。

由式(6.1.24)判断是否具有遍历性需要计算 n 步状态转移矩阵,当 n 较大时,这一计算较为困难,此外,在计算齐次马尔可夫链稳态时的状态概率时,也需要计算一步状态转移矩阵 n 次幂,为了简化计算,可以采用矩阵的特征分析方法。假定一步状态转移矩阵为 $\boldsymbol{P}$,并且具有不同的特征值,它的特征值和特征矢量分别为 λ_i 和 $\boldsymbol{v}_i$,$i=1,2,\cdots,N$,由特征矢量构成的矩阵 $\boldsymbol{V}=[\boldsymbol{v}_1\quad \boldsymbol{v}_2\quad \cdots\quad \boldsymbol{v}_N]$,利用矩阵的相似对角化理论,可得

$$\boldsymbol{V}^{-1}\boldsymbol{P}\boldsymbol{V}=\boldsymbol{\Lambda} \tag{6.1.25}$$

其中 $\boldsymbol{\Lambda}=\mathrm{diag}(\lambda_1,\lambda_2,\cdots,\lambda_N)$,式(6.1.25)也可以写成

$$\boldsymbol{P}=\boldsymbol{V}\boldsymbol{\Lambda}\boldsymbol{V}^{-1}$$

因此 $\boldsymbol{P}$ 的幂可以求得

$$\boldsymbol{P}^2=\boldsymbol{V}\boldsymbol{\Lambda}\boldsymbol{V}^{-1}\boldsymbol{V}\boldsymbol{\Lambda}\boldsymbol{V}^{-1}=\boldsymbol{V}\boldsymbol{\Lambda}^2\boldsymbol{V}^{-1}$$

$$\boldsymbol{P}^3=(\boldsymbol{V}\boldsymbol{\Lambda}^2\boldsymbol{V}^{-1})\boldsymbol{V}\boldsymbol{\Lambda}\boldsymbol{V}^{-1}=\boldsymbol{V}\boldsymbol{\Lambda}^3\boldsymbol{V}^{-1}$$

一般地,有

$$\boldsymbol{P}^n=\boldsymbol{V}\boldsymbol{\Lambda}^n\boldsymbol{V}^{-1} \tag{6.1.26}$$

由于 $\boldsymbol{\Lambda}$ 是对角阵,所以

$$\boldsymbol{\Lambda}^n=\mathrm{diag}(\lambda_1^n,\lambda_2^n,\cdots,\lambda_N^n) \tag{6.1.27}$$

例 6.8 在例 6.7 中,假定 $p=q=1/2$,即

$$\boldsymbol{P}(1)=\begin{bmatrix}1/2 & 1/2 & 0\\ 1/2 & 0 & 1/2\\ 0 & 1/2 & 1/2\end{bmatrix}$$

从特征方程 $\det[\boldsymbol{P}(1)-\lambda\boldsymbol{I}]=0$,可解得特征根为 $\lambda_1=-1/2,\lambda_2=1/2,\lambda_3=1$,对应的特征矢量为 $\boldsymbol{v}_1=[-1\quad 2\quad -1]^{\mathrm{T}}$,$\boldsymbol{v}_2=[1\quad 0\quad -1]^{\mathrm{T}}$,$\boldsymbol{v}_3=[1\quad 1\quad 1]^{\mathrm{T}}$,所以

$$\boldsymbol{V}=\begin{bmatrix}-1 & 1 & 1\\ 2 & 0 & 1\\ -1 & -1 & 1\end{bmatrix},\quad \boldsymbol{V}^{-1}=\begin{bmatrix}-1/6 & 1/3 & -1/6\\ 1/2 & 0 & -1/2\\ 1/3 & 1/3 & 1/3\end{bmatrix}$$

$$\boldsymbol{P}(1)=\begin{bmatrix}-1 & 1 & 1\\ 2 & 0 & 1\\ -1 & -1 & 1\end{bmatrix}\begin{bmatrix}-1/2 & 0 & 0\\ 0 & 1/2 & 0\\ 0 & 0 & 1\end{bmatrix}\begin{bmatrix}-1/6 & 1/3 & -1/6\\ 1/2 & 0 & -1/2\\ 1/3 & 1/3 & 1/3\end{bmatrix}$$

$$P(n)=P^n(1)=\begin{bmatrix}-1 & 1 & 1\\ 2 & 0 & 1\\ -1 & -1 & 1\end{bmatrix}\begin{bmatrix}(-1/2)^n & 0 & 0\\ 0 & 1/2^n & 0\\ 0 & 0 & 1\end{bmatrix}\begin{bmatrix}-1/6 & 1/3 & -1/6\\ 1/2 & 0 & -1/2\\ 1/3 & 1/3 & 1/3\end{bmatrix}$$

6.2 隐马尔可夫模型(HMM)

马尔可夫模型本质上是描述状态的随机传递机制，随着工程中通信、语音、图像等计算机处理的广泛应用，马尔可夫模型的某些局限性就体现出来了。因此，提出了一种具有二重随机性的马尔可夫模型——隐马尔可夫模型(HMM)。HMM 是一个输出符号序列的统计模型，具有 N 个状态 $a_1,a_2,\cdots,a_N$，它按一定的周期从一个状态转移到另一个状态，每次转移时，输出一个符号。转移到什么状态，转移时输出什么符号，分别由状态转移概率和转移时的符号输出概率来确定。因为只能观测到输出符号序列，而不能观测到状态转移序列(即模型输出符号序列时，通过了哪些状态路径是不知道的)，所以称为隐马尔可夫模型。

隐马尔可夫模型可以按照图 6.5 的模型形成：假定直接产生平稳随机序列的系统为两个，系统 1 和系统 2 的输出为不同的平稳随机序列。转接开关与系统 1 和系统 2 的连接受控于马尔可夫链，当链的状态为"1"时，转接开关与系统 1 连通，反之，转接开关与系统 2 连通。令$\{x(n)\}$代表直接观测到的随机序列，$\{s(n)\}$代表控制开关转接状态的马尔可夫链，尽管$\{x(n)\}$的输出序列与$\{s(n)\}$有关，但$\{s(n)\}$只起到控制转接开关的作用，因此产生$\{x(n)\}$的模型称为隐马尔可夫模型。

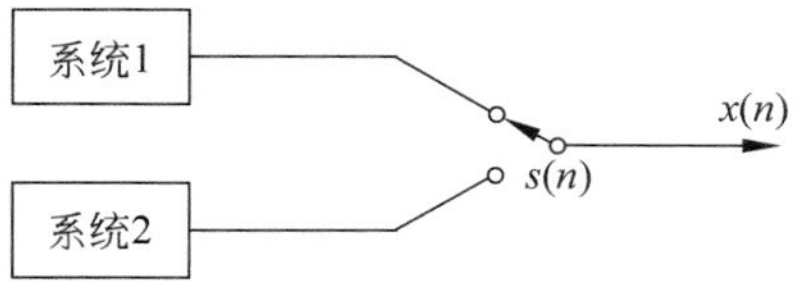

图 6.5 产生隐马尔可夫链模型

例 6.9 设一个离散随机序列有三个状态$\{a_1,a_2,a_3\}$，三个状态在发生状态转移时输出两个符号$\{s_1,s_2\}$，状态对观测者来说是隐藏的，观测者只能观测到输出的符号序列。状态转移图如图 6.6 所示，图中同时标出了发生状态转移时输出符号的概率，假定从 a_1 出发到 a_3 截止，输出的符号序列为 $s_1s_1s_2$，试求输出 $s_1s_1s_2$ 的概率。

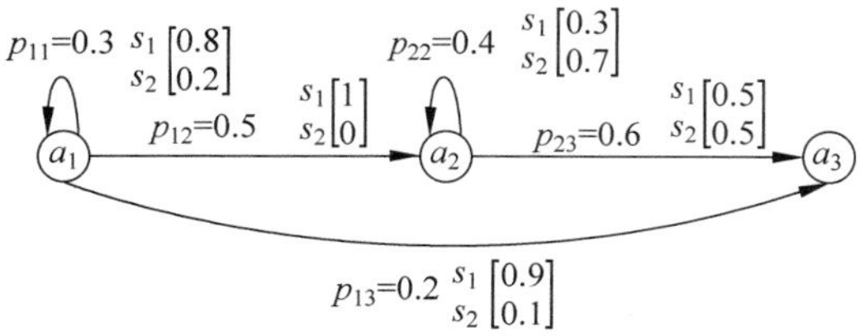

图 6.6 例 6.9 状态转移图

解 从 a_1 出发到 a_3，并且输出 $s_1s_1s_2$，可能的路径有三条：① $a_1 \to a_1 \to a_2 \to a_3$；② $a_1 \to a_2 \to a_2 \to a_3$；③ $a_1 \to a_1 \to a_1 \to a_3$。对应的概率为

$$\begin{matrix} a_1 \to a_1 \to a_2 \to a_3 & & 0.3\times0.8\times0.5\times1\times0.6\times0.5=0.036 \\ a_1 \to a_2 \to a_2 \to a_3 & \Rightarrow & 0.5\times1\times0.4\times0.3\times0.6\times0.5=0.018 \\ a_1 \to a_1 \to a_1 \to a_3 & & 0.3\times0.8\times0.3\times0.8\times0.2\times1=0.011\,52 \end{matrix}$$

由于不知道具体的输出路径，因此，三条路径都有可能输出 $s_1s_1s_2$，输出 $s_1s_1s_2$ 概率为 $0.036+0.018+0.011\,52=0.065\,52$。如果知道输出的路径，比如是第一条路径，那么输出 $s_1s_1s_2$ 概率就是该路径的概率 $0.3\times0.8\times0.5\times1\times0.6\times0.5=0.036$。

例 6.3 是离散无记忆信道的二进制对称信道模型，对于有限状态有记忆信道，最常用的模型是隐马尔可夫模型。建立和使用有记忆信道的马尔可夫模型，是当前一个活跃的研究领域。有限状态表示信道的某一个观察值是几个确定情形或状态中的一个。有限状态信道属于概率模型，它在计算上比波形级模型更有效。典型的 HMM 模型有 Gilbert 模型和 Fritchman 模型。

先考虑一个衰落信道，在这个衰落信道中，有一部分时间接收信号的强度在可接受的性能阈值之上，对应好状态 g，其系统性能为可接受的状态(如差错率 $P_E<10^{-3}$)；而在深度衰落时会处于阈值之下，即对应坏状态 b，其接收信号很弱，系统性能不可接受(如差错率 $P_E>10^{-3}$)。随着时间的推进，信道可能会从好状态转移到坏状态，也可能从坏状态转移到好状态，转移的速率和在某一状态的驻留时间取决于衰落过程的时间相关性。状态用集合 $S=\{g,b\}$ 表示，对于静态模型而言，状态转移概率用如下状态转移矩阵表示：

$$\boldsymbol{A}=\begin{bmatrix} a_{gg} & a_{gb} \\ a_{bg} & a_{bb} \end{bmatrix}$$

其中 a_{gg} 表示信道当前时刻处于 g 状态时，下一时刻处于 g 状态的概率，其余定义类似。大多数情况下，随时间的推进，马尔可夫过程会演化到一个稳态概率分布。给定初始概率分布 $\boldsymbol{P}_0=[p_{g0} \quad p_{b0}]$，需要一段时间来使概率分布演化到稳态值 $\boldsymbol{P}_s=[p_{gs} \quad p_{bs}]$。在正常情况下，只能观测到信道的输入和输出，状态序列本身不能轻易地被观测到。因此状态序列是隐藏的，对于外部观测状态序列是不可见的，因此，该类马尔可夫模型即为隐马尔可夫模型。

例 6.10 作为一个简单的例子，令

$$\boldsymbol{A}=\begin{bmatrix} 0.98 & 0.02 \\ 0.05 & 0.95 \end{bmatrix}$$

初始状态分布 $\boldsymbol{P}_0=[0.5 \quad 0.5]$，说明从 $\boldsymbol{P}_0$ 到 $\boldsymbol{P}_s$ 的收敛过程。

解 MATLAB 程序如下：

```
N=100;
pie=zeros(N,2);
A=[0.98 0.02; 0.05 0.95];
pie(1,:)=[0.5 0.5];
for k=2:N
```

```
    pie(k,:)=pie(k-1,:)*A;
end
kk=1:N;
plot(kk,pie(:,1),'k-',kk,pie(:,2),'k:')
xlabel('迭代次数');
ylabel('概率');
text1=['稳态概率是',…
         num2str(pie(N,1)),'和',num2str(pie(N,2)),'.'];
legend('State 1','State 2',2)
disp(text1)
disp('')
disp('The value of A^N is'); A^N
```

执行程序的结果如下：

```
>> 稳态概率是 0.71412 和 0.28588.
The value of A^N is
ans =
     0.7145   0.2855
     0.7138   0.2862
```

概率分布收敛到稳态值的过程如图 6.7 所示。从仿真结果可以看出，信道模型具有遍历性。

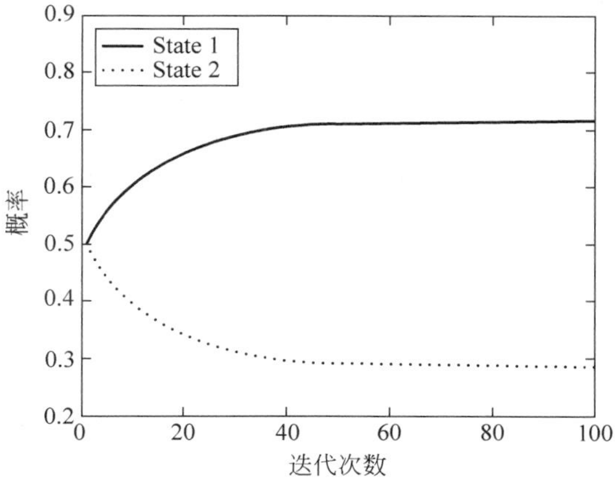

图 6.7 状态概率分布到稳态分布的收敛

6.3 马尔可夫过程

6.3.1 一般概念

某一过程在时刻 t_0 所处的状态为已知的条件下，过程在未来 $t(t>t_0)$ 所处的状态只

与 t_0 时刻的状态有关,而与 t_0 时刻以前的状态无关,则该过程称为马尔可夫过程。

马尔可夫过程的统计特性和一般的随机过程一样,可用联合分布函数和联合概率密度表示。但对于马尔可夫过程来说,只要知道它的二维分布,就可决定它的任意有限维分布。下面就来证明这一重要特性。令 $t_1<t_2<t_3<\cdots<t_N$,随机过程 $X(t)$ 的 N 维分布函数可写为

$$F_X(x_1,x_2,\cdots,x_N,t_1,t_2,\cdots,t_N)=F_X(x_1,x_2,\cdots,x_{N-1},t_1,t_2,\cdots,t_{N-1})\cdot F_X(x_N,t_N\mid x_1,x_2,\cdots,x_{N-1},t_1,t_2,\cdots,t_{N-1}) \tag{6.3.1}$$

式(6.3.1)第二个因子表示在 $x(t_1)=x_1,x(t_2)=x_2,\cdots,x(t_{N-1})=x_{N-1}$ 条件下,随机变量 $X(t_N)=x_N$ 的条件分布函数。根据马尔可夫过程的无后效应性

$$F_X(x_N,t_N\mid x_1,x_2,\cdots,x_{N-1},t_1,t_2,\cdots,t_{N-1})=F_X(x_N,t_N\mid x_{N-1},t_{N-1}) \tag{6.3.2}$$

上式代入式(6.3.1),得

$$F(x_1,x_2,\cdots,x_N,t_1,t_2,\cdots,t_N)=F_X(x_1,x_2,\cdots,x_{N-1},t_1,t_2,\cdots,t_{N-1})F_X(x_N,t_N\mid x_{N-1},t_{N-1})$$

同理可知

$$F_X(x_1,x_2,\cdots,x_{N-1},t_1,t_2,\cdots,t_{N-1})=F_X(x_1,x_2,\cdots,x_{N-2},t_1,t_2,\cdots,t_{N-2})F_X(x_{N-1},t_{N-1}\mid x_{N-2},t_{N-2})$$

反复运用上述推理,可得

$$F_X(x_1,x_2,\cdots,x_N,t_1,t_2,\cdots,t_N)=F_X(x_1,t_1)F_X(x_2,t_2\mid x_1,t_1)\cdots F_X(x_N,t_N\mid x_{N-1},t_{N-1}) \tag{6.3.3}$$

若取 t_1 为初始时刻,$F(x_1,t_1)$表示初始分布函数。式(6.3.3)表明,马尔可夫过程的任意有限维分布函数均可用它的初始分布和条件分布函数来确定。式中的条件分布函数为

$$F_X(x,t\mid x',t')=P\{x(t)\leqslant x\mid x(t')=x'\} \tag{6.3.4}$$

式中 $t>t'$,式(6.3.4)也称为马尔可夫过程的转移概率。

如果条件概率密度存在,则式(6.3.2)等价于

$$f_X(x_N,t_N\mid x_{N-1},\cdots,x_1,t_{N-1},\cdots,t_1)=f_X(x_N,t_N\mid x_{N-1},t_{N-1}) \tag{6.3.5}$$

并称为转移概率密度。式(6.3.3)等价于

$$f_X(x_1,x_2,\cdots,x_N,t_1,t_2,\cdots,t_N)=f_X(x_1,t_1)f_X(x_2,t_2\mid x_1,t_1)\cdots f_X(x_N,t_N\mid x_{N-1},t_{N-1}) \tag{6.3.6}$$

式中的 $f(x_1,t_1)$表示初始概率密度。式(6.3.6)表明,马尔可夫过程的统计特性完全由它的初始概率密度和转移概率密度完全确定。反之,只要对于所有 N,式(6.3.6)皆成立,则该过程必为马尔可夫过程,因为

$$f_X(x_N,t_N\mid x_{N-1},\cdots,x_1,t_{N-1},\cdots,t_1)=\frac{f_X(x_1,x_2,\cdots,x_N,t_1,t_2,\cdots,t_N)}{f_X(x_1,x_2,\cdots,x_{N-1},t_1,t_2,\cdots,t_{N-1})}=f_X(x_N,t_N\mid x_{N-1},t_{N-1})$$

如果条件概率密度 $f_X(x_n|x_{n-1})$ 与 $n(2\leqslant n\leqslant N)$ 无关，则称马尔可夫过程 $X(t)$ 为齐次的。条件概率密度 $f_X(x_n|x_{n-1})$ 与 n 无关表明当原点移动时 $f_X(x_n|x_{n-1})$ 不变，但一维概率密度 $f_X(x_n)$ 可能与 n 有关，所以一般说，齐次过程不是平稳过程。然而在许多情况下，当 $n\to\infty$ 时，齐次过程趋向于平稳过程。

若马尔可夫过程 $X(t)$ 是平稳的，则当原点移动时概率密度 $f_X(x_n)$ 和条件概率密度 $f_X(x_n|x_{n-1})$ 不变。显然，它是一齐次过程，且在这种情况下 $X(t)$ 的统计特性由式(6.3.6)可知，完全由下列二维密度函数确定：

$$f_X(x_1,x_2)=f_X(x_2\mid x_1)\cdot f(x_1) \tag{6.3.7}$$

正如第2章所描述的那样，时间离散、状态连续的随机过程称为随机序列，同样也把时间离散的马尔可夫过程称为马尔可夫序列，对一个连续的马尔可夫过程进行抽样就得到一个马尔可夫序列，马尔可夫序列的统计特性与连续马尔可夫过程类似，在此不再重复。一类重要的马尔可夫序列是高斯马尔可夫序列。例3.10描述的一阶AR过程就是一个高斯马尔可夫序列。

6.3.2 切普曼-柯尔莫哥洛夫方程

马尔可夫过程的转移概率密度满足下列关系式：

$$f_X(x_n,t_n\mid x_s,t_s)=\int_{-\infty}^{+\infty}f_X(x_n,t_n\mid x_r,t_r)\cdot f_X(x_r,t_r\mid x_s,t_s)\mathrm{d}x_r \tag{6.3.8}$$

式中 $t_s<t_r<t_n$。

证明 已知

$$f_X(x_n,t_n\mid x_s,t_s)=\int_{-\infty}^{+\infty}f_X(x_r,x_n,t_r,t_n\mid x_s,t_s)\mathrm{d}x_r \tag{6.3.9}$$

而

$$\begin{aligned}f_X(x_r,x_n,t_r,t_n\mid x_s,t_s)&=\frac{f_X(x_s,x_r,x_n,t_s,t_r,t_n)}{f_X(x_s,t_s)}\\&=\frac{f_X(x_s,t_s)f_X(x_r,t_r\mid x_s,t_s)f_X(x_n,t_n\mid x_r,t_r)}{f_X(x_s,t_s)}\\&=f_X(x_r,t_r\mid x_s,t_s)\cdot f_X(x_n,t_n\mid x_r,t_r)\end{aligned}$$

代入式(6.3.9)，式(6.3.8)即得证。

6.4 独立增量过程

6.4.1 独立增量过程定义

若随机过程 $\{X(t),t\geqslant 0\}$ 满足条件：

(1) $P[X(t_0)=0]=1$；

(2) 对任意时刻 $0\leqslant t_0<t_1\leqslant\cdots<t_N$，过程的增量 $X(t_1)-X(t_0),X(t_2)-X(t_1),\cdots,X(t_N)-X(t_{N-1})$是相互独立的随机变量；

则称 $X(t)$为独立增量过程，或称为可加过程。

由定义可见，独立增量过程的特点是：在任一时间间隔上过程状态的改变，不影响将来任一时间间隔上过程状态的改变(也称为无后效性)。所以独立增量过程是一种特殊的马尔可夫过程。与马尔可夫过程一样，独立增量过程的有限维分布由它的初始概率分布和所有增量的概率分布唯一确定。

如果独立增量过程 $X(t)$的增量 $X(t_i)-X(t_{i-1})$的分布只与时间差 t_i-t_{i-1} 有关，而与 t_i,t_{i-1} 本身无关，则称 $X(t)$为齐次的。

下面介绍两种重要的独立增量过程——泊松过程和维纳过程。

6.4.2 泊松过程

许多偶然现象可以用泊松分布来描述，大量自然界的过程可以用泊松过程来刻画，泊松过程是随机建模的重要基石。有许多物理现象要求在一定的时间间隔(t_0,t)内统计事件出现的个数，如到某商店或售票处的顾客数、通过某交叉路口的车辆数、电话交换台的呼唤次数等，通常都可用泊松过程来描述。在这些现象中，个数变化的时刻是随机的。如果令 $X(t)$表示在时刻 t 出现的个数，则有许多情况，在 $X_0=X(t_0)$的条件下，间隔(t_0,t)内出现的个数是与 t_0 以前出现的个数无关的。凡是满足这种条件的上述物理现象，就可认为是一种状态离散、时间连续的马尔可夫过程，通常用泊松过程来模拟并解决。

定义 若有独立增量过程 $X(t)$，其增量的概率分布服从泊松分布，即

$$P[X(t_2)-X(t_1)=k]=\frac{[\lambda(t_2-t_1)]^k}{k!}\mathrm{e}^{-\lambda(t_2-t_1)}\quad(0<t_1<t_2)\qquad(6.4.1)$$

则称 $X(t)$为泊松过程。

泊松过程 $X(t)$应满足以下条件：

(1) 过程 $X(t)$是一独立增量过程，即当 $0\leqslant t_1<t_2\leqslant t_3<t_4$ 时，$[X(t_2)-X(t_1)]$，$[X(t_4)-X(t_3)]$是相互统计独立的；

(2) 过程 $X(t)$是平稳增量过程，即(t_1,t_1+s)内出现事件的次数 $X(t_1+s)-X(t_1)$仅与 s 有关，而与 t_1 无关；

(3) 对于足够小的 Δt，从 t 到 $t+\Delta t$ 间出现一个事件的概率为

$$P_1(t,t+\Delta t)=\lambda\Delta t+O(\Delta t)\qquad(6.4.2)$$

式中 $O(\Delta t)$是当 $\Delta t\to 0$ 时关于 Δt 的高阶无穷小量；

(4) 对于足够小的 Δt

$$\sum_{j=2}^{+\infty}P_j(t,t+\Delta t)=O(\Delta t)\qquad(6.4.3)$$

式(6.4.3)表明，在 t 到 $t+\Delta t$ 内出现 2 个及 2 个以上事件的概率与出现一个事件的概率

式(6.4.2)相比可以忽略不计。

1. 泊松过程的统计特性

有关泊松过程分布的数字特征，在例1.2已有分析和结论，这里直接引用其有关结果。

(1) 数学期望

$$E[X(t)]=\lambda t \tag{6.4.4}$$

(2) 均方值与方差

$$E[X^2(t)]=\lambda^2 t^2+\lambda t \tag{6.4.5}$$

$$\mathrm{Var}[X(t)]=\lambda t \tag{6.4.6}$$

(3) 相关函数

$$R_X(t_1,t_2)=E[X(t_1)X(t_2)] \tag{6.4.7}$$

设 $t_2>t_1$，现把 $0\sim t_2$ 分为 $0\sim t_1$ 和 $t_1\sim t_2$ 两段。$0\sim t_2$ 出现的事件数等于 $0\sim t_1$ 出现的事件数加上 $t_1\sim t_2$ 出现的事件数，即

$$X(t_2)=X(t_1)+X(t_1,t_2) \tag{6.4.8}$$

式中 $X(t_1,t_2)=X(t_2)-X(t_1)$ 表示 $t_1\sim t_2$ 出现的事件数。这样一来，相关函数可化为

$$R_X(t_1,t_2)=E[X^2(t_1)]+E[X(t_1)X(t_1,t_2)] \tag{6.4.9}$$

$0\sim t_1$ 和 $t_1\sim t_2$ 这两段时间没有交叠部分，根据定义假设条件可知，这两段时间内出现的事件数是相互独立的，因此其乘积的均值等于各自均值的乘积，即

$$E[X(t_1)X(t_1,t_2)]=\lambda t_1\cdot\lambda(t_2-t_1)=\lambda^2 t_1(t_2-t_1) \tag{6.4.10}$$

式(6.4.10)和式(6.4.5)代入式(6.4.9)，得

$$R_X(t_1,t_2)=\lambda t_1+\lambda^2 t_1 t_2 \quad (t_2>t_1) \tag{6.4.11a}$$

如果 $t_1>t_2$，则有

$$R_X(t_1,t_2)=\lambda t_2+\lambda^2 t_1 t_2 \quad (t_1>t_2) \tag{6.4.11b}$$

当 $t_1=t_2$ 时，式(6.4.11)与式(6.4.5)吻合。

2. 泊松脉冲列

例 6.11 设有随机出现的脉冲过程 $Z(t)$，如图6.8(a)所示，这些脉冲的出现是相互独立的，并用下式表示：

$$Z(t)=\sum_i \delta(t-t_i) \tag{6.4.12}$$

式中 t_i 表示第 i 个脉冲出现的时间。

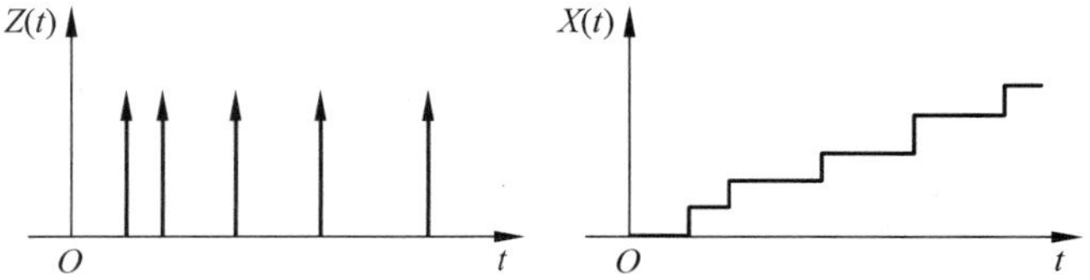

(a) 随机脉冲　　(b) 随机过程

图6.8 泊松过程波形图

现用一计数器记录过程 $Z(t)$的脉冲数,则得出图 6.8(b)所示样本函数的随机过程 $X(t)$,并有 $X(0)=0$,显然有如下关系:

$$Z(t)=\frac{\mathrm{d}}{\mathrm{d}t}X(t) \tag{6.4.13}$$

则随机过程 $X(t)$满足一般泊松过程假设条件,是一个泊松过程,而过程 $Z(t)$称为泊松脉冲列。

根据例 3.1 中关于求随机过程导数的数学期望和相关函数的方法,不难得出泊松脉冲列的数学期望和相关函数。

(1) 数学期望:已知随机过程导数的数学期望等于其原数学期望的导数,于是有

$$E[Z(t)]=\frac{\mathrm{d}}{\mathrm{d}t}E[X(t)]=\lambda \tag{6.4.14}$$

(2) 相关函数:已知随机过程 $X(t)$导数的相关函数等于

$$R_Z(t_1,t_2)=\frac{\partial^2}{\partial t_1\partial t_2}R_X(t_1,t_2)$$

将式(6.4.11)代入上式,则得

$$R_Z(t_1,t_2)=\lambda^2 \quad (t_1\neq t_2) \tag{6.4.15}$$

由于 $Z(t)$是 δ 函数的脉冲列,当 $t_1=t_2$ 时,相关函数 $R_Z(t_1,t_2)$应包含 δ 函数的项。为求得包含 $t_1=t_2$ 的相关函数公式,再从导数的原始公式推导起。

$$\begin{aligned}R_Z(t_1,t_2)&=E\left[\lim_{\Delta t\to 0}\frac{X(t_1+\Delta t)-X(t_1)}{\Delta t}\cdot\frac{X(t_2+\Delta t)-X(t_2)}{\Delta t}\right]\\&=\lim_{\Delta t\to 0}E\left[\frac{X(t_1+\Delta t)-X(t_1)}{\Delta t}\cdot\frac{X(t_2+\Delta t)-XX(t_2)}{\Delta t}\right]\end{aligned} \tag{6.4.16}$$

这里有两种情况。第一种为 $|t_2-t_1|>\Delta t$,推导的结果与式(6.4.15)相同。第二种为 $|t_2-t_1|<\Delta t$,下面推导在这种情况下的结果。这时有 $t_2<t_1+\Delta t$,在此条件下展开式(6.4.16)中各项并按式(6.4.11)取集合均值,共有四项,分别表示如下:

$$E[X(t_1+\Delta t)X(t_2+\Delta t)]=\lambda(t_1+\Delta t)+\lambda^2(t_1+\Delta t)(t_2+\Delta t)$$

$$E[X(t_1+\Delta t)X(t_2)]=\lambda t_2+\lambda^2(t_1+\Delta t)t_2$$

$$E[X(t_1)X(t_2+\Delta t)]=\lambda t_1+\lambda^2 t_1(t_2+\Delta t)$$

$$E[X(t_1)X(t_2)]=\lambda t_1+\lambda^2 t_1 t_2$$

将这些结果代入式(6.4.16),经整理后得出

$$\begin{aligned}R_Z(t_1,t_2)&=\lim_{\Delta t\to 0}\left[\lambda^2+\frac{\lambda}{\Delta t}-\frac{\lambda\mid t_2-t_1\mid}{(\Delta t)^2}\right]\\&=\lim_{\Delta t\to 0}\left[\lambda^2+\frac{\lambda}{\Delta t}\left(1-\frac{\mid t_2-t_1\mid}{\Delta t}\right)\right]\end{aligned} \tag{6.4.17}$$

考虑到 $|t_2-t_1|<\Delta t$,图 6.9 示出了 $1-\dfrac{|t_2-t_1|}{\Delta t}$ 与 t_2-t_1 的关系曲线。由此式(6.4.17)可写为

$$R_Z(t_1,t_2)=\lambda^2+\lambda\delta(t_1-t_2) \tag{6.4.18}$$

3. 散弹噪声及其统计特性

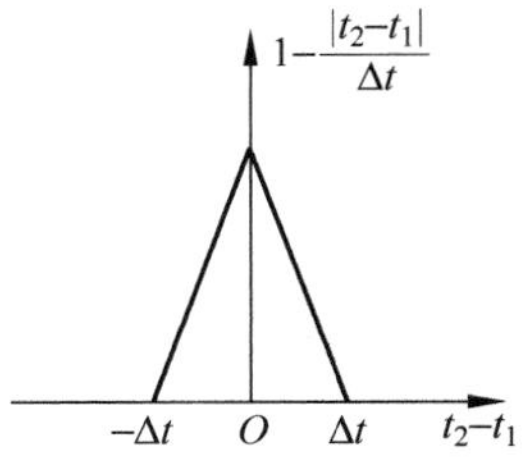

图 6.9 $1-\dfrac{|t_2-t_1|}{\Delta t}$的曲线图

在线性系统的输入端馈入泊松脉冲序列 $Z(t)$，则系统的输出即为散弹噪声。散弹噪声可用下式表示，即

$$S(t)=\sum_i h(t-t_i) \tag{6.4.19}$$

式中 $h(t)$为线性系统的冲激响应，是一确定的时间函数。图 6.10 示出了这一关系，其中

$$Z(t)=\sum_i \delta(t-t_i)$$

根据式(6.4.14)和式(6.4.18)，已知泊松脉冲列的数

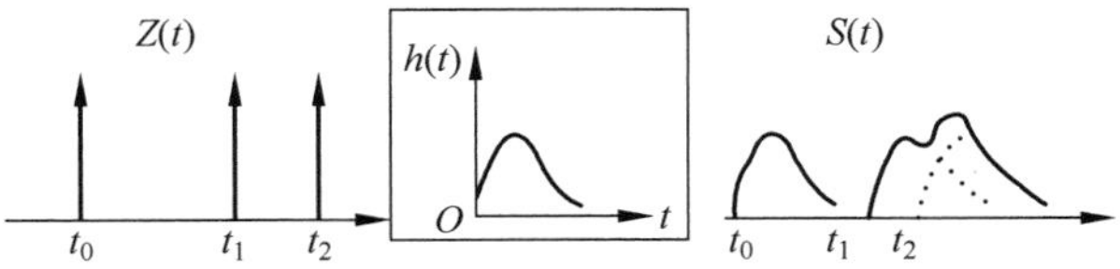

图 6.10 形成散弹噪声的关系图

学期望和相关函数分别为

$$E[Z(t)]=\lambda$$

$$R_Z(\tau)=\lambda^2+\lambda\delta(\tau)$$

相应的功率谱密度为

$$G_Z(\omega)=\int_{-\infty}^{+\infty} R_Z(\tau)\mathrm{e}^{-\mathrm{j}\omega\tau}\mathrm{d}\tau=2\pi\lambda^2\delta(\omega)+\lambda \tag{6.4.20}$$

设线性系统的传递函数为 $H(\omega)$，以下求散弹噪声的功率谱密度和相关函数。根据卷积公式可得散弹噪声的数学期望为

$$\begin{aligned}E[S(t)]&=E\left[\int_{-\infty}^{+\infty} Z(t-\tau)h(\tau)\mathrm{d}\tau\right]\\&=\int_{-\infty}^{+\infty} E[Z(t-\tau)]h(\tau)\mathrm{d}\tau\\&=\lambda\int_{-\infty}^{+\infty} h(\tau)\mathrm{d}\tau=\lambda H(0)\end{aligned} \tag{6.4.21}$$

散弹噪声的功率谱密度为

$$\begin{aligned}G_S(\omega)&=|H(\omega)|^2 G_Z(\omega)\\&=2\pi\lambda^2\,|H(\omega)|^2\delta(\omega)+\lambda\,|H(\omega)|^2\\&=2\pi\lambda^2 H^2(0)\delta(\omega)+\lambda\,|H(\omega)|^2\end{aligned} \tag{6.4.22}$$

相关函数为

$$\begin{aligned}R_S(\tau)&=\frac{1}{2\pi}\int_{-\infty}^{+\infty} G_S(\omega)\mathrm{e}^{\mathrm{j}\omega\tau}\mathrm{d}\omega\\&=\lambda^2 H^2(0)+\frac{\lambda}{2\pi}\int_{-\infty}^{+\infty}|H(\omega)|^2\mathrm{e}^{\mathrm{j}\omega\tau}\mathrm{d}\omega\end{aligned} \tag{6.4.23}$$

因 $|H(\omega)|^2=H(\omega)H^*(\omega)$，而

$$H(\omega)H^*(\omega)\Leftrightarrow h(t)*h(-t)$$

所以

$$\frac{1}{2\pi}\int_{-\infty}^{+\infty}|H(\omega)|^2\mathrm{e}^{\mathrm{j}\omega\tau}\mathrm{d}\omega=\int_{-\infty}^{+\infty}h(\tau-\alpha)h(-\alpha)\mathrm{d}\alpha$$

把上式代入式(6.4.23)，并做变量置换 $\alpha=-\beta$，则得 $S(t)$ 的相关函数为

$$R_S(\tau)=\lambda^2H^2(0)+\lambda\int_{-\infty}^{+\infty}h(\tau+\beta)h(\beta)\mathrm{d}\beta \tag{6.4.24}$$

由式(6.4.21)和式(6.4.24)看出，散弹噪声为平稳过程。图6.11示出了泊松脉冲列激励某线性系统所产生的散弹噪声的相关函数 $R_S(\tau)$ 和功率谱密度 $G_S(\omega)$ 曲线。泊松脉冲列本身的相关函数 $R_Z(\tau)$ 和功率谱密度 $G_Z(\omega)$ 曲线也一并示出。

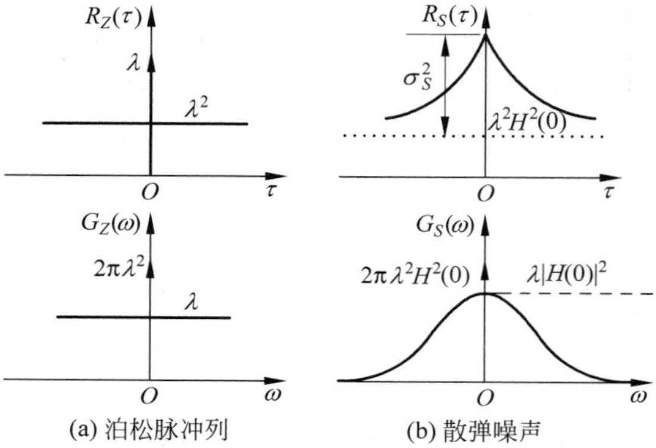

图6.11 泊松脉冲列和散弹噪声统计特性

坎贝尔(Campbell)定理 散弹噪声的数学期望和方差分别为

$$E[S(t)]=\lambda\int_{-\infty}^{+\infty}h(t)\mathrm{d}t \tag{6.4.25}$$

$$\sigma_S^2=R_S(0)-E^2[S(t)]=\lambda\int_{-\infty}^{+\infty}h^2(t)\mathrm{d}t \tag{6.4.26}$$

例6.12 泊松脉冲列输入线性系统，设系统的冲激响应为 $h(t)=\mathrm{e}^{-\alpha t}U(t)$，求输出散弹噪声的均值和方差。

解 相应的传递函数为

$$H(\omega)=\frac{1}{\alpha+\mathrm{j}\omega}$$

在此情况下，散弹噪声的功率谱密度为

$$G_S(\omega)=\frac{2\pi\lambda^2}{\alpha^2}\delta(\omega)+\frac{\lambda}{\alpha^2+\omega^2} \tag{6.4.27}$$

相关函数为

$$R_S(\tau)=\frac{\lambda^2}{\alpha^2}+\frac{\lambda}{2\alpha}\mathrm{e}^{-\alpha|\tau|} \tag{6.4.28}$$

均值和方差分别为

$$E[S(t)]=\frac{\lambda}{\alpha},\quad \sigma_S^2=\frac{\lambda}{2\alpha} \tag{6.4.29}$$

6.4.3 维纳过程

维纳过程是一种重要的独立增量过程,在随机过程理论及其应用中,维纳过程有着重要作用。在理论上,它是建立随机微分方程的基石;在应用上,它是布朗运动和电路中热噪声的随机模型,因此,维纳过程有时也称为布朗运动。

如果正态过程 $X(t)$的起始值和均值皆为零,即

$$X(0)=E[X(t)]=0 \tag{6.4.30}$$

相关函数为

$$R_X(t_1,t_2)=\begin{cases}\alpha t_2 & (t_1\geqslant t_2)\\ \alpha t_1 & (t_1<t_2)\end{cases} \tag{6.4.31}$$

则该过程叫作维纳-列维过程,简称维纳过程。

例 6.13 一积分器的输入为 $N(t)$,输出为 $X(t)$,则有

$$X(t)=\int_0^t N(\tau)\mathrm{d}\tau \tag{6.4.32}$$

若 $N(t)$为平稳正态白噪声,均值为零,功率谱密度为 $N_0/2$,试分析 $X(t)$为维纳-列维过程。

解 由式(6.4.32)可明显看出,$X(0)=0$,因 $N(t)$的均值为零,$X(t)$的均值也必为零。积分器为一线性系统,$X(t)$也必为正态的。其相关函数为

$$\begin{aligned}R_X(t_1,t_2)&=E[X(t_1)X(t_2)]\\&=\int_0^{t_1}\int_0^{t_2}E[N(\tau_1)N(\tau_2)]\mathrm{d}\tau_1\mathrm{d}\tau_2\\&=\int_0^{t_1}\int_0^{t_2}\frac{N_0}{2}\delta(\tau_1-\tau_2)\mathrm{d}\tau_1\mathrm{d}\tau_2\end{aligned}$$

设 $t_1<t_2$,则有

$$\int_0^{t_2}\frac{N_0}{2}\delta(\tau_1-\tau_2)\mathrm{d}\tau_2=\frac{N_0}{2}$$

所以

$$R_X(t_1,t_2)=\int_0^{t_1}\frac{N_0}{2}\mathrm{d}\tau_1=\frac{N_0}{2}t_1$$

同理可得,当 $t_1\geqslant t_2$ 时,

$$R_X(t_1,t_2)=\frac{N_0}{2}t_2$$

综合以上两式,可得

$$R_X(t_1,t_2)=\begin{cases}\dfrac{N_0}{2}t_2 & (t_1\geqslant t_2)\\ \dfrac{N_0}{2}t_1 & (t_1<t_2)\end{cases}$$

此即式(6.4.31)的形式,所以这里积分器的输出 $X(t)$ 为维纳-列维过程。

根据式(6.4.32),还可写为

$$\dot{X}(t)=N(t) \tag{6.4.33}$$

根据 $R_X(t_1,t_2)$ 可知,$X(t)$ 的方差为

$$\sigma_X^2(t)=R_X(t,t)=\frac{N_0}{2}t \tag{6.4.34}$$

所以一维概率密度为

$$f_X(x,t)=\frac{1}{\sqrt{\pi N_0 t}}\exp\left\{-\frac{x^2}{N_0 t}\right\} \tag{6.4.35}$$

显然,$X(t)$ 为一非平稳的正态过程。

维纳-列维过程具有独立增量的特性。设 $t_1>t_2>t_3$,则有

$$\begin{aligned}&E\{[X(t_1)-X(t_2)][X(t_2)-X(t_3)]\}\\&=R_X(t_1,t_2)-R_X(t_2,t_2)-R_X(t_1,t_3)+R_X(t_2,t_3)=0\end{aligned}$$

上式表明,随机变量 $X(t_1)-X(t_2)$ 和 $X(t_2)-X(t_3)$ 是正交的,又因它们是正态的和零均值的,所以也是相互独立的。

习　　题

6.1　设齐次马尔可夫链有 4 个状态 a_1,a_2,a_3,a_4,其转移概率如下列转移矩阵所示:

$$\begin{bmatrix}1/4 & 1/4 & 0 & 1/2\\ 0 & 1 & 0 & 0\\ 1/2 & 0 & 1/2 & 0\\ 1/4 & 1/4 & 1/4 & 1/4\end{bmatrix}$$

(1) 如果该马尔可夫链在 n 时刻处于 a_3 状态,求在 $n+2$ 时刻处于 a_2 状态的概率;

(2) 如果该链在 n 时刻处于 a_1 状态,求在 $n+3$ 时刻处于 a_3 状态的概率。

6.2　一个质点沿标有整数的直线游动。经过一步就能从点 i 移到 $i-1$ 的概率为 p,留在点 i 的概率为 q,移到点 $i+1$ 的概率为 r,且有 $p+q+r=1$。求一步转移概率矩阵和二步转移概率矩阵。

6.3　设质点 M 在(0,1,2)三个位置随机徘徊,每经一单位时间按下列概率规则改变一次位置:自 0 出发,下一步停留在 0 的概率为 q,来到 1 的概率为 p;自 1 出发,来到 0 及 2 的概率分别为 p 和 q;自 2 出发停留在 2 及来到 1 的概率分别为 p 和 q。试求其一步概率转移矩阵和二步概率转移矩阵。

6.4 设一质点M,在图6.12所示的反射壁间4个位置(a_1,a_2,a_3,a_4)上随机游动,在a_1处向右游动一步的概率为1;在a_4处向左游动一步的概率为1;在a_2,a_3处,则向左或向右游动一步的概率为1/4,停留的概率为1/2。试求在平稳情况下,各点的状态概率。

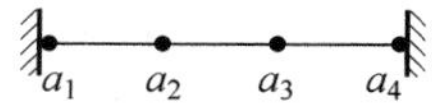

图6.12 习题6.4图

6.5 设齐次马尔可夫链的一步转移矩阵为

$$\boldsymbol{P}(1)=\begin{bmatrix}2/3 & 1/3\\ 1/3 & 2/3\end{bmatrix}$$

请应用遍历性证明:

$$\boldsymbol{P}(n)=\boldsymbol{P}^n(1)\underset{n\to+\infty}{\longrightarrow}\begin{bmatrix}1/2 & 1/2\\ 1/2 & 1/2\end{bmatrix}$$

6.6 从1,2,3,4,5,6六个数中,等可能地取一数,取后还原,不断独立地连取下去,如果在前n次中所取的最大数是j,就说质点在第n步时的位置在状态j。质点的运动构成一个马尔可夫链。试写出一步转移概率矩阵。

6.7 设经RC滤波器后的高斯噪声为$Y(t)$,其相关函数$R_Y(\tau)=\mathrm{e}^{-\alpha|\tau|}$,规定$t_3-t_2=t_2-t_1=\Delta$,$Y(t_3)=Y_3$,$Y(t_2)=Y_2$和$Y(t_1)=Y_1$,式中$t_3>t_2>t_1$。证明$f(y_1/y_2,y_3)=f(y_1/y_2)$。

6.8 设$\{X_n,n\in N^+\}$为一个马尔可夫链,其状态空间$\boldsymbol{S}=\{a,b,c\}$,转移矩阵为

$$\boldsymbol{P}=\begin{bmatrix}\frac{1}{2} & \frac{1}{4} & \frac{1}{4}\\ \frac{2}{3} & 0 & \frac{1}{3}\\ \frac{3}{5} & \frac{2}{5} & 0\end{bmatrix}$$

(1) 求$P\{X_1=b,X_2=c,X_3=a,X_4=c,X_5=a,X_6=c,X_7=b\mid X_0=c\}$;

(2) 求$P\{X_{n+2}=c\mid X_n=b\}$。

6.9 考虑下述的随机过程,确定是否为独立增量过程。如果是,求其平均值和方差。

(1) 第一个实验是重复地往上抛一均匀的硬币,第j次抛出的结果用随机变量X_j描述:

$$X_j=\begin{cases}1 & (\text{第}\ j\ \text{次结果为“正面”})\\ -1 & (\text{第}\ j\ \text{次结果为“反面”})\end{cases}$$

由此确定的累积计数过程为

$$Y_n=\sum_{j=1}^{n}X_j$$

其中X_j是统计独立的。

(2) 第二个实验是重复地掷一均匀硬币。在第一次掷出以前,过程起始值为“1”。如果一个“正面”出现,则过程进入“2”。如果一个“反面”出现,过程仍停在“1”。在每次掷出

时,如果掷出之前过程在值“n”,则以 1/2 的概率进到值“$2n$”,或以 1/2 的概率停在值“n”。

6.10　考虑例 6.1 中的伯努利序列的滑动平均:

$$Y_n=\frac{1}{2}(X_n+X_{n-1})$$

其中 X_n 是独立的伯努利随机变量序列,且 $P(X_n=1)=p=1/2$,证明 Y_n 不是马尔可夫序列。

6.11　若信号模型的时间参数是连续变化的,并且有下述形式:

$$\dot{X}(t)=\alpha X(t)+\beta W(t)$$

其中 $W(t)$ 为白色高斯过程,其均值和协方差为

$$\begin{aligned} m_W(t) &= E[W(t)] \\ C_W(t,s) &= E\{[W(t)-m_W(t)][W(s)-m_W(s)]\} \\ &= \sigma_W^2(t)\delta(t-s) \end{aligned}$$

则称过程 $\{X(t),t\in T\}$ 是连续高斯马尔可夫过程。

(1) 求证 $\dot{m}_X(t)=\alpha m_X(t)+\beta m_W(t)$;

(2) 若令 $V_X(t)=\sigma_X^2(t)$,则 $\dot{V}_X(t)=2\alpha V_X(t)+\beta^2\sigma_W^2(t)$。

6.12　设在时间 t 内向电话总机呼唤 k 次的概率为 $p_i(k)=\frac{\lambda^k}{k!}\mathrm{e}^{-\lambda}(k=0,1,2,\cdots$,其中 $\lambda>0$,为常数)。如果在任意两相邻的时间间隔内的呼唤次数是相互独立的,求在时间 $2t$ 内呼唤 n 次的概率 $p_{2t}(n)$。

6.13　设 $X_1,X_2,\cdots,X_N$ 是统计独立且具有相同分布的一组随机变量,令随机变量 $Y=\sum_{k=1}^{N}X_k$,证明:若 X_k 服从参数为 λ_k 的泊松分布,则 Y 必服从参数为 λ_Y 的泊松分布,并且有 $\lambda_Y=\sum_{k=1}^{N}\lambda_k$。

6.14　考虑电子管中的电子发射问题,设单位时间内到达阳极的电子数目 N 服从泊松分布 $P\{N=k\}=\frac{\lambda^k}{k!}\mathrm{e}^{-\lambda}$,每个电子携带的能量构成一个随机变量序列 $X_1,X_2,\cdots,X_k,\cdots$,已知 $\{X_k\}$ 与 N 统计独立,$\{X_k\}$ 之间互不相关并且具有相同的均值和方差,$E(X_k)=\eta,\mathrm{Var}(X_k)=\sigma^2$,单位时间内阳极接收到的能量为 $S=\sum_{k=1}^{n}X_k$。求 S 的均值和方差。

6.15　设 $N_1(t)$ 和 $N_2(t)$ 是两个比率分别为 λ_1 和 λ_2 的统计独立泊松过程。

(1) 证明 $N_S(t)=N_1(t)+N_2(t)$ 是具有比率 $\lambda_1+\lambda_2$ 的泊松过程;

(2) 证明 $N_D(t)=N_1(t)-N_2(t)$ 不是泊松计数过程。

6.16　多级单调谐放大器的频率响应特性为

$$K(\omega)=C_0\exp\left[-\frac{(\omega-\omega_0)^2}{2\beta}\right]$$

其输入端接入电流 $I(t)=\sum_j q\delta(t-t_j)$，$q$ 为电子的电荷。已知泊松脉冲序列 $Z(t)=\sum_j \delta(t-t_j)$ 的相关函数 $R_Z(\tau)=\lambda^2+\lambda\delta(\tau)$。如果中频放大器输出的噪声 $V(t)$ 的均值和方差 σ_V 都可以测出，问如何求出输入脉冲列每秒的平均个数。

6.17 给定一个随机过程 $X(t)$ 及两个时刻 t_1 和 t_2，且 $t_1<t_2$，若对于任意时刻 $t<t_1$，$X(t)$ 都与 $X(t_2)-X(t_1)$ 统计独立，证明 $X(t)$ 必为马尔可夫过程。

计算机作业

6.18 用 MATLAB 模拟产生有记忆的两状态马尔可夫链。构造一个双值 (a,b) 随机序列 $X(n)(n\geqslant 0)$：对任意的 n，$X(n)$ 以概率 p 等于 $X(n-1)$，以概率 $q(q=1-p)$ 等于另一个值，如图 6.13 所示。假定 $a=0$，$b=1$，起始值 $X(0)=a$，序列长度为 $N=50$，分别画出 $p=0.9$ 和 $p=0.5$ 的 $X(n)$ 的波形。

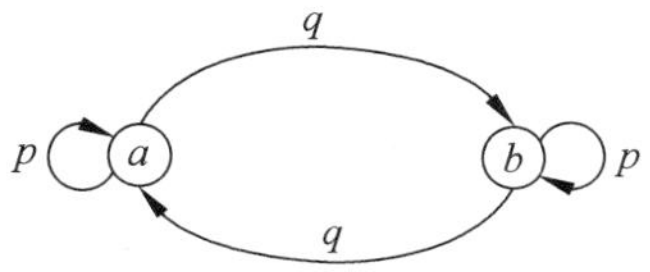

图 6.13 带记忆的两状态马尔可夫链

实验

通信信道误码率分析

本实验结合本章隐马尔可夫模型部分，讨论信道仿真中误码率分析。定义差错生成矩阵

$$\boldsymbol{B}=\begin{bmatrix}P\{C\mid g\} & P\{C\mid b\}\\ P\{E\mid g\} & P\{E\mid b\}\end{bmatrix}$$

式中，“C”表示正确的判决，“E”表示错误的判决。通过矩阵相乘，可得到正确判决概率 P_{C} 和错误判决概率 P_{E} 为

$$[P_{\mathrm{C}}\quad P_{\mathrm{E}}]=\boldsymbol{P}_{\mathrm{s}}\boldsymbol{B}^{\mathrm{T}}$$

式中，$\boldsymbol{P}_{\mathrm{s}}$ 是稳态分布矩阵，$\boldsymbol{B}$ 是差错生成矩阵。如果 $\boldsymbol{B}$ 的所有元素都是非零的，两个状态中的任何一个都可能产生差错，尽管不同的差错概率也许会相差很大。因此，在观测到一个差错时，不能据此来确定产生这个差错的原因。正是由于这个原因，称这种模型为隐马尔可夫模型。

定义差错生成矩阵为

$$\boldsymbol{B}=\begin{bmatrix}0.9995 & 0.9000\\0.0005 & 0.1000\end{bmatrix}$$

转移矩阵为

$$\boldsymbol{A}=\begin{bmatrix}0.98 & 0.02\\0.05 & 0.95\end{bmatrix}$$

试采用 MATLAB 分析该信道误码率,并与理论结果相比较。

第7章 估计理论

信号检测与估计理论是许多现代信号处理系统设计的基础，这些系统包括雷达、声呐、通信、语音处理、图像分析、生物医学、自动控制、地震处理等，所有这些系统都有两个共同的问题，其一是需要在接收的数据或波形中判断是否有需要的信号，称为信号的检测问题；其二是在检测到信号后需要估计信号的某些参数，如信号的到达时间、频率、相位等，称为信号参数的估计问题。由于接收的数据或波形总是混杂着噪声，噪声是随机过程，因此，信号检测与估计理论需要应用随机过程的理论。本章首先介绍估计理论，检测理论将在第 8 章和第 9 章介绍。

7.1 估计的基本概念

所谓估计理论，就是从含有噪声的数据中估计信号的某些特征参量的理论和方法。下面通过一个简单的例子来说明估计的基本方法。

例 7.1 假定要测量某个电压值 θ，电压 θ 的取值范围为 $(-\theta_0, \theta_0)$，由于测量设备的不完善，测量总会有些误差，测量误差可归结为噪声，因此，实际得到的测量值为

$$z = \theta + w \tag{7.1.1}$$

其中 w 一般服从零均值正态分布，方差为 σ_w^2。问题是如何根据测量值 z 来估计 θ 的值。

解 这是一个参数估计问题，解决这一问题有许多方法。如果 θ 为随机变量，那么，可以计算后验概率密度 $f(\theta|z)$，然后求出使 $f(\theta|z)$ 最大的 θ 作为对 θ 的估计值，即

$$f(\theta \mid z)\Big|_{\theta=\hat{\theta}_{\text{map}}} = \max \tag{7.1.2}$$

$\hat{\theta}_{\text{map}}$ 称为最大后验概率估计。这一估计的合理性可以这样来解释：得到观测 z 后，计算后验概率密度 $f(\theta|z)$，如图 7.1 所示，很显然，θ 落在以 $\hat{\theta}_{\text{map}}$ 为中心，以 δ 为半径的邻域内的概率要大于落在其他值为中心相同大小邻域的概率，因此有理由认为，之所以得到观测 z，是因为 θ 的取值为 $\hat{\theta}_{\text{map}}$，从后验概率最大这个角度讲是合理的选择。对于式(7.1.1)描述的估计问题，假定 $\theta \sim N(0, \sigma_\theta^2)$，那么

$$\hat{\theta}_{\text{map}} = \frac{\sigma_\theta^2 z}{\sigma_w^2 + \sigma_\theta^2} \tag{7.1.3}$$

如果 θ 为未知常数，这时可以求出似然函数 $f(z;\theta)$，求出使 $f(z;\theta)$ 最大的 θ 作为对 θ 的估计，记为 $\hat{\theta}_{\text{ml}}$，称 $\hat{\theta}_{\text{ml}}$ 为 θ 的最大似然估计，即

$$f(z;\theta)\Big|_{\theta=\hat{\theta}_{\text{ml}}} = \max \tag{7.1.4}$$

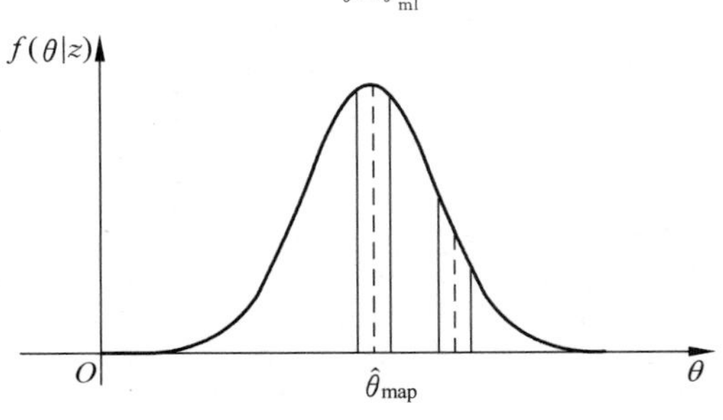

图 7.1 后验概率密度

本例中可求得

$$\hat{\theta}_{\mathrm{ml}}=z \tag{7.1.5}$$

从上面这个例子可以看出构造一个估计问题的基本要素。

(1) 参数空间：这是被估计量的取值空间，对于单参数，参数空间是一维空间，对于多参数，参数空间是一个多维空间，这时对应的是多参量的同时估计。

(2) 概率传递机制：由于噪声的存在使得观测数据出现随机性，$f(z;\theta)$（当 θ 为随机变量时为条件概率密度 $f(z|\theta)$）反映了这种概率传递作用，也就是说，观测数据的产生是受到概率密度的控制。

(3) 观测空间：是所有观测值构成的空间，对于单次测量，观测空间是一维的，对于多次测量，观测空间是多维空间。

(4) 估计准则：在得到观测数据后，要根据观测 z 确定估计，这个估计是观测的函数，记为 $\hat{\theta}(z)$，估计准则就是确定估计的规则。

(5) 估计空间：估计量不是唯一的，不同的估计方法可以得到不同的估计，所有估计构成的空间称为估计空间。

根据以上要素，可以得出估计问题的统计模型，如图 7.2 所示。估计性能对估计问题而言也是很重要的，估计性能的描述将在 7.4 节中介绍。

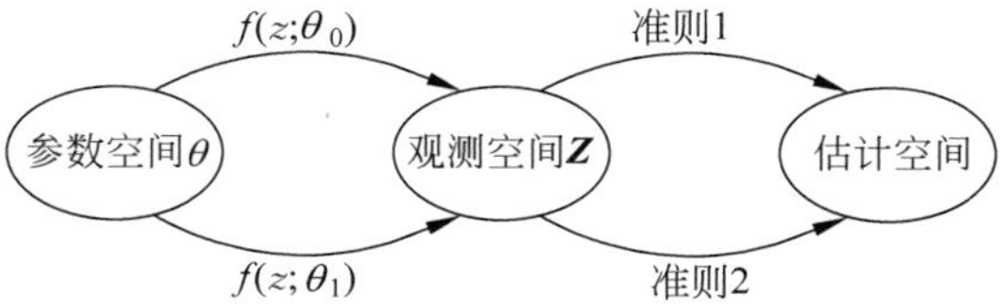

图 7.2 参数估计问题的统计模型

7.2 贝叶斯估计

在估计某个量时，噪声的影响使估计产生误差，估计误差是要付出代价的，这种代价可以用代价函数来加以描述，记为 $c(\theta,\hat{\theta})$。一般而言，估计误差 $\tilde{\theta}=\theta-\hat{\theta}$ 越小，代价越小，代价函数可表示为 $c(\theta,\hat{\theta})=c(\theta-\hat{\theta})=c(\tilde{\theta})$，典型的代价函数有以下几种（见图 7.3）。

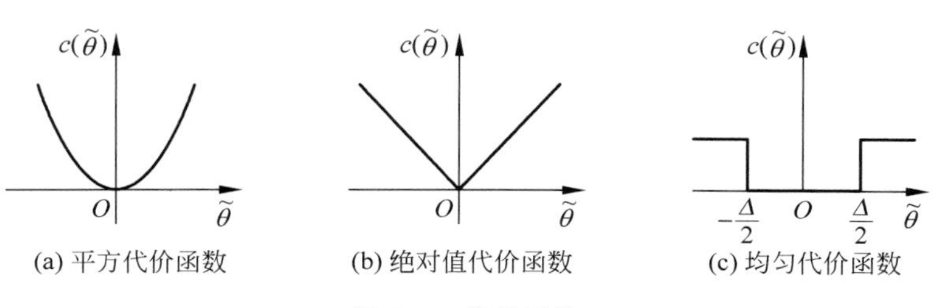

图 7.3 代价函数

(1) 平方代价函数

$$c(\theta,\hat{\theta})=(\theta-\hat{\theta})^2 \tag{7.2.1}$$

(2) 绝对值代价函数

$$c(\theta,\hat{\theta})=|\theta-\hat{\theta}| \tag{7.2.2}$$

(3) 均匀代价函数

$$c(\theta,\hat{\theta})=\begin{cases}1 & (|\theta-\hat{\theta}|\geqslant\Delta/2)\\ 0 & (|\theta-\hat{\theta}|<\Delta/2)\end{cases}\quad \Delta\text{ 为任意正数} \tag{7.2.3}$$

当然也还可以考虑其他代价函数,但实际上最优估计对代价函数的选择并不敏感。

代价函数确定后,可以计算平均代价,即

$$\bar{c}=E\{c[\theta,\hat{\theta}(z)]\}=\int_{-\infty}^{+\infty}\int_{-\infty}^{+\infty}c[\theta,\hat{\theta}(z)]f(\theta,z)\mathrm{d}\theta\mathrm{d}z \tag{7.2.4}$$

所谓贝叶斯估计,就是使平均代价最小的估计。式(7.2.4)可以写成

$$\bar{c}=\int_{-\infty}^{+\infty}\left\{\int_{-\infty}^{+\infty}c[\theta,\hat{\theta}(z)]f(\theta\mid z)\mathrm{d}\theta\right\}f(z)\mathrm{d}z=\int_{-\infty}^{+\infty}\bar{c}(\hat{\theta}\mid z)f(z)\mathrm{d}z \tag{7.2.5}$$

由于式(7.2.5)里面的积分和 $f(z)$ 都是非负的,所以,使平均代价最小等价于使条件平均代价 $\bar{c}(\hat{\theta}|z)$ 最小,即使

$$\bar{c}(\hat{\theta}\mid z)=\int_{-\infty}^{+\infty}c(\theta,\hat{\theta}(z))f(\theta\mid z)\mathrm{d}\theta \tag{7.2.6}$$

最小,贝叶斯估计与代价函数的选取有关,不同的代价函数得到不同的贝叶斯估计。在式(7.2.4)和式(7.2.6)中,观测 z 是标量,对应的是单次测量;对于多次测量,观测是矢量,记为 $\boldsymbol{z}=[z_0,z_1,\cdots,z_{N-1}]^{\mathrm{T}}$,那么式(7.2.4)和式(7.2.6)的 z 要改写成矢量形式 $\boldsymbol{z}$。

7.2.1 最小均方估计

当代价函数为平方代价函数时,平均代价刚好等于估计误差的均方值,即

$$\bar{c}=\int_{-\infty}^{+\infty}\int_{-\infty}^{+\infty}[\theta-\hat{\theta}(z)]^2f(\theta,z)\mathrm{d}\theta\mathrm{d}z=E\{[\theta-\hat{\theta}(z)]^2\} \tag{7.2.7}$$

使平均代价最小等价于使均方误差最小,这时的贝叶斯估计为最小均方估计。

把平方代价函数代入式(7.2.6),得

$$\bar{c}(\theta\mid z)=\int_{-\infty}^{+\infty}[\theta-\hat{\theta}(z)]^2f(\theta\mid z)\mathrm{d}\theta \tag{7.2.8}$$

式(7.2.8)对 $\hat{\theta}$ 求导,并令导数在 $\hat{\theta}=\hat{\theta}_{\mathrm{ms}}$ 处为零,得

$$\hat{\theta}_{\mathrm{ms}}=\int_{-\infty}^{+\infty}\theta f(\theta\mid z)\mathrm{d}\theta=E[\theta\mid z] \tag{7.2.9}$$

由于条件平均代价对 $\hat{\theta}$ 的二阶导数为正,估计求得的 $\hat{\theta}_{\mathrm{ms}}$ 对应的条件平均代价为极小值,即 $\hat{\theta}_{\mathrm{ms}}$ 为最小均方估计,由式(7.2.9)可以看出,最小均方估计为被估计量 θ 的条件均值。

由于

$$E[\hat{\theta}_{\mathrm{ms}}]=E\{E[\theta \mid z]\}=E(\theta) \tag{7.2.10}$$

所以,最小均方估计量的均值等于被估计量的均值,这种特性称为无偏性。

7.2.2 条件中位数估计

当代价函数为绝对值代价函数时,条件平均代价为

$$\begin{aligned}\bar{c}(\hat{\theta} \mid z) &= \int_{-\infty}^{+\infty} \mid \theta-\hat{\theta}(z) \mid f(\theta \mid z)\mathrm{d}\theta \\ &= \int_{-\infty}^{\hat{\theta}(z)} [\hat{\theta}(z)-\theta] f(\theta \mid z)\mathrm{d}\theta + \int_{\hat{\theta}(z)}^{+\infty} [\theta-\hat{\theta}(z)] f(\theta \mid z)\mathrm{d}\theta\end{aligned} \tag{7.2.11}$$

式(7.2.11)对 $\hat{\theta}$ 求导,并令导数在 $\hat{\theta}=\hat{\theta}_{\mathrm{abs}}$ 处为零,得

$$\int_{-\infty}^{\hat{\theta}_{\mathrm{abs}}} f(\theta \mid z)\mathrm{d}\theta = \int_{\hat{\theta}_{\mathrm{abs}}}^{+\infty} f(\theta \mid z)\mathrm{d}\theta \tag{7.2.12}$$

由式(7.2.12)可以看出,采用绝对值代价函数的贝叶斯估计 $\hat{\theta}_{\mathrm{abs}}$ 刚好是条件概率密度 $f(\theta|z)$的中位数(median),所以也称为条件中位数估计,记为 $\hat{\theta}_{\mathrm{med}}$。

7.2.3 最大后验概率估计

当采用均匀代价函数时,条件平均代价为

$$\bar{c}(\hat{\theta} \mid z) = \int_{-\infty}^{\hat{\theta}-\Delta/2} f(\theta \mid z)\mathrm{d}\theta + \int_{\hat{\theta}+\Delta/2}^{+\infty} f(\theta \mid z)\mathrm{d}\theta = 1 - \int_{\hat{\theta}-\Delta/2}^{\hat{\theta}+\Delta/2} f(\theta \mid z)\mathrm{d}\theta \tag{7.2.13}$$

很显然,当 $\hat{\theta}$ 为 $f(\theta|z)$的最大值所对应的 θ 时,式(7.2.13)中后面的积分最大,$\bar{c}(\hat{\theta}|z)$为最小,这时对应的贝叶斯估计就是最大后验概率估计,记为 $\hat{\theta}_{\mathrm{map}}$,即最大后验概率估计为

$$f(\theta \mid z)\Big|_{\theta=\hat{\theta}_{\mathrm{map}}} = \max \quad 或 \quad \ln f(\theta \mid z)\Big|_{\theta=\hat{\theta}_{\mathrm{map}}} = \max \tag{7.2.14}$$

当后验概率密度是可导的函数时,最大后验概率估计的必要条件是

$$\left.\frac{\partial f(\theta \mid z)}{\partial \theta}\right|_{\theta=\hat{\theta}_{\mathrm{map}}} = 0 \quad 或 \quad \left.\frac{\partial \ln f(\theta \mid z)}{\partial \theta}\right|_{\theta=\hat{\theta}_{\mathrm{map}}} = 0 \tag{7.2.15}$$

式(7.2.15)称为最大后验概率方程。

例 7.2 设观测为 $z=A+w$,其中被估计量 A 在$[-A_0, A_0]$上均匀分布,测量噪声 $w \sim N(0,\sigma_w^2)$,求 A 的最大后验概率估计和最小均方估计。

解 先求最大后验概率估计,因为

$$f(z \mid A) = \frac{1}{\sqrt{2\pi}\sigma_w} \exp\left\{-\frac{(z-A)^2}{2\sigma_w^2}\right\}$$

$$f(A)=\begin{cases}\dfrac{1}{2A_0} & (-A_0\leqslant A\leqslant A_0)\\ 0 & (\text{其他})\end{cases}$$

$$f(A\mid z)=\frac{f(z\mid A)f(A)}{f(z)}$$

由于 $f(z)$ 与 A 无关,所以 $f(A|z)$ 的最大值对应的 A 值只取决于 $f(z|A)$ 与 $f(A)$ 的乘积,当 $-A_0\leqslant z\leqslant A_0$ 时,$f(A|z)$ 的最大值出现在 $A=z$ 处,所以,$\hat{A}_{\text{map}}=z$;当 $z>A_0$ 时,$f(A|z)$ 的最大值出现在 $A=A_0$ 处,$\hat{A}_{\text{map}}=A_0$;当 $z<-A_0$ 时,$f(A|z)$ 的最大值出现在 $A=-A_0$ 处,$\hat{A}_{\text{map}}=-A_0$,即

$$\hat{A}_{\text{map}}=\begin{cases}-A_0 & (z<-A_0)\\ z & (-A_0\leqslant z\leqslant A_0)\\ A_0 & (z>A_0)\end{cases}\tag{7.2.16}$$

再求最小均方估计,由式(7.2.9)得

$$\begin{aligned}\hat{A}_{\text{ms}}&=\int_{-\infty}^{+\infty}Af(A\mid z)\mathrm{d}A\\&=\int_{-\infty}^{+\infty}A\,\frac{f(z\mid A)f(A)}{f(z)}\mathrm{d}A\\&=\frac{\int_{-\infty}^{+\infty}Af(z\mid A)f(A)\mathrm{d}A}{\int_{-\infty}^{+\infty}f(z\mid A)f(A)\mathrm{d}A}\\&=\frac{\int_{-A_0}^{A_0}\frac{A}{\sqrt{2\pi}\sigma_w}\exp\left[-\frac{(z-A)^2}{2\sigma_w^2}\right]\cdot\frac{1}{2A_0}\mathrm{d}A}{\int_{-A_0}^{A_0}\frac{1}{\sqrt{2\pi}\sigma_w}\exp\left[-\frac{(z-A)^2}{2\sigma_w^2}\right]\cdot\frac{1}{2A_0}\mathrm{d}A}\\&=\frac{\int_{z-A_0}^{z+A_0}(z-u)\cdot\exp\left(-\frac{u^2}{2\sigma_w^2}\right)\mathrm{d}u}{\int_{z-A_0}^{z+A_0}\exp\left(-\frac{u^2}{2\sigma_w^2}\right)\mathrm{d}u}\\&=z-\frac{2\sigma_w^2\int_{(x-a)/\sqrt{2}}^{(x+a)/\sqrt{2}}u\exp(-u^2)\mathrm{d}u}{\sigma_w\int_{x-a}^{x+a}\exp\left(-\frac{u^2}{2}\right)\mathrm{d}u}\\&=z-\frac{\sigma_w\{\exp[-(x-a)^2/2]-\exp[-(x+a)^2/2]\}}{\sqrt{2\pi}[Q(x-a)-Q(x+a)]}\end{aligned}\tag{7.2.17}$$

式中,$a=A_0/\sigma_w$ 代表信噪比,$x=z/\sigma_w$ 表示归一化观测值,$Q(\cdot)$ 为标准正态概率密度函数的概率右尾函数:

$$Q(x)=\frac{1}{\sqrt{2\pi}}\int_{x}^{+\infty}\exp(-u^2/2)\mathrm{d}u$$

图 7.4 给出了 $\hat{A}_{\text{map}}$ 及 $\hat{A}_{\text{ms}}$ 对 z 的关系曲线，可以看出，$\hat{A}_{\text{map}}$ 与 $\hat{A}_{\text{ms}}$ 并不相等，而两个估计量都是非线性的，所以是非线性估计。

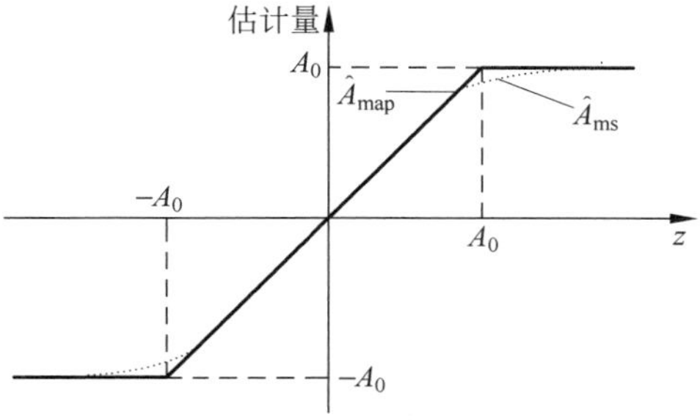

图 7.4　估计图形

例 7.3　高斯白噪声中的恒定电平估计——高斯先验分布。设有 N 次观测 $z_i=A+w_i, i=0,1,\cdots,N-1$，其中 $A\sim N(\mu_A,\sigma_A^2)$，$w_i$ 是均值为零、方差为 σ^2 的高斯白噪声，且与 A 估计独立，求 A 的估计。

解　先求后验概率密度：

$$f(A\mid \boldsymbol{z})=\frac{f(\boldsymbol{z}\mid A)f(A)}{\int_{-\infty}^{+\infty}f(\boldsymbol{z}\mid A)f(A)\mathrm{d}A}$$

$$=\frac{\frac{1}{(2\pi\sigma^2)^{N/2}}\exp\left[-\frac{1}{2\sigma^2}\sum_{i=0}^{N-1}(z_i-A)^2\right]\frac{1}{\sqrt{2\pi\sigma_A^2}}\exp\left[-\frac{1}{2\sigma_A^2}(A-\mu_A)^2\right]}{\int_{-\infty}^{+\infty}\frac{1}{(2\pi\sigma^2)^{N/2}}\exp\left[-\frac{1}{2\sigma^2}\sum_{i=0}^{N-1}(z_i-A)^2\right]\frac{1}{\sqrt{2\pi\sigma_A^2}}\exp\left[-\frac{1}{2\sigma_A^2}(A-\mu_A)^2\right]\mathrm{d}A}$$

$$=\frac{\exp\left\{-\frac{1}{2}\left[\frac{1}{\sigma^2}(NA^2-2NA\bar{z})+\frac{1}{\sigma_A^2}(A-\mu_A)^2\right]\right\}}{\int_{-\infty}^{+\infty}\exp\left\{-\frac{1}{2}\left[\frac{1}{\sigma^2}(NA^2-2NA\bar{z})+\frac{1}{\sigma_A^2}(A-\mu_A)^2\right]\right\}\mathrm{d}A}$$

$$=\frac{\exp\left\{-\frac{1}{2}W(A)\right\}}{\int_{-\infty}^{+\infty}\exp\left\{-\frac{1}{2}W(A)\right\}\mathrm{d}A}\tag{7.2.18}$$

式中，$\bar{z}=\frac{1}{N}\sum_{i=0}^{N-1}z_i$ 为样本均值，$W(A)$ 为

$$W(A)=\frac{1}{\sigma^2}(NA^2-2NA\bar{z})+\frac{1}{\sigma_A^2}(A-\mu_A)^2\tag{7.2.19}$$

注意到式(7.2.18)的分母与 A 无关，$W(A)$ 是 A 的二次型，经过配方可以把式(7.2.19)写成

$$W(A)=\frac{1}{\sigma_{A|z}^2}(A-\mu_{A|z})^2-\frac{\mu_{A|z}^2}{\sigma_{A|z}^2}+\frac{\mu_A^2}{\sigma_A^2} \tag{7.2.20}$$

其中

$$\sigma_{A|z}^2=\left(\frac{N}{\sigma^2}+\frac{1}{\sigma_A^2}\right)^{-1} \tag{7.2.21}$$

$$\mu_{A|z}=\left(\frac{N}{\sigma^2}\bar{z}+\frac{\mu_A}{\sigma_A^2}\right)\sigma_{A|z}^2 \tag{7.2.22}$$

将式(7.2.20)代入式(7.2.18),得

$$\begin{aligned}f(A\mid \boldsymbol{z})&=\frac{\exp\left[-\frac{1}{2\sigma_{A|z}^2}(A-\mu_{A|z})^2\right]\exp\left[-\frac{1}{2}\left(\frac{\mu_A^2}{\sigma_A^2}-\frac{\mu_{A|z}^2}{\sigma_{A|z}^2}\right)\right]}{\int_{-\infty}^{+\infty}\exp\left[-\frac{1}{2\sigma_{A|z}^2}(A-\mu_{A|z})^2\right]\exp\left[-\frac{1}{2}\left(\frac{\mu_A^2}{\sigma_A^2}-\frac{\mu_{A|z}^2}{\sigma_{A|z}^2}\right)\right]\mathrm{d}A}\\&=\frac{1}{\sqrt{2\pi\sigma_{A|z}^2}}\exp\left[-\frac{1}{2\sigma_{A|z}^2}(A-\mu_{A|z})^2\right]\end{aligned} \tag{7.2.23}$$

由式(7.2.23)可以看出,后验概率密度是高斯的。由于最小均方估计为被估计量的条件均值,所以

$$\hat{A}_{\mathrm{ms}}=\mu_{A|z}=\left(\frac{N}{\sigma^2}\bar{z}+\frac{\mu_A}{\sigma_A^2}\right)\sigma_{A|z}^2=\frac{\frac{N}{\sigma^2}\bar{z}+\frac{\mu_A}{\sigma_A^2}}{\frac{N}{\sigma^2}+\frac{1}{\sigma_A^2}} \tag{7.2.24}$$

令 $k=\frac{\sigma_A^2}{\sigma_A^2+\sigma^2/N}$,则

$$\hat{A}_{\mathrm{ms}}=k\bar{z}+(1-k)\mu_A \tag{7.2.25}$$

另外,由于最大后验概率估计是使后验概率密度最大所对应的 A 值,因此由式(7.2.23)可得

$$\hat{A}_{\mathrm{map}}=\mu_{A|z}=\hat{A}_{\mathrm{ms}} \tag{7.2.26}$$

即最大后验概率估计与最小均方估计相等。

7.3 最大似然估计

当被估计量为未知常量时,不能采用贝叶斯方法,可以采用比较简单的最大似然估计。最大似然估计可以简便地实现复杂估计问题的求解,而且,当观测数据足够多时,其性能也是非常好的。因此,最大似然估计在实际中得到了广泛应用。

设观测矢量 $\boldsymbol{z}=[z_0,z_1,\cdots,z_{N-1}]^{\mathrm{T}}$,把 $f(\boldsymbol{z};\theta)$ 称为似然函数,使似然函数最大所对应的参数 θ 作为对 θ 的估计,称为最大似然估计,记为 $\hat{\theta}_{\mathrm{ml}}$,即

$$f(\boldsymbol{z};\theta)\big|_{\theta=\hat{\theta}_{\text{ml}}}=\max \quad 或 \quad \ln f(\boldsymbol{z};\theta)\big|_{\theta=\hat{\theta}_{\text{ml}}}=\max \tag{7.3.1}$$

这是一个极值问题。很显然，如果似然函数是可导函数，那么最大似然估计的必要条件是

$$\left.\frac{\partial f(\boldsymbol{z};\theta)}{\partial\theta}\right|_{\theta=\hat{\theta}_{\text{ml}}}=0 \quad 或 \quad \left.\frac{\partial \ln f(\boldsymbol{z};\theta)}{\partial\theta}\right|_{\theta=\hat{\theta}_{\text{ml}}}=0 \tag{7.3.2}$$

式(7.3.2)称为最大似然方程。

例 7.4 高斯白噪声中的恒定电平估计——未知参数。设有 N 次独立观测 $z_i=A+w_i(i=0,1,\cdots,N-1)$，其中 $w_i\sim N(0,\sigma^2)$，A 为未知参数，σ^2 已知，求 A 的最大似然估计。

解 先求似然函数：

$$f(\boldsymbol{z};A)=\left(\frac{1}{2\pi\sigma^2}\right)^{N/2}\exp\left[-\frac{1}{2\sigma^2}\sum_{i=0}^{N-1}(z_i-A)^2\right] \tag{7.3.3}$$

$$\ln f(\boldsymbol{z};A)=-\frac{N}{2}\ln(2\pi\sigma^2)-\frac{1}{2\sigma^2}\sum_{i=0}^{N-1}(z_i-A)^2 \tag{7.3.4}$$

$$\frac{\partial \ln f(\boldsymbol{z};A)}{\partial A}=\frac{1}{\sigma^2}\sum_{i=0}^{N-1}(z_i-A)=\frac{N}{\sigma^2}\left(\frac{1}{N}\sum_{i=0}^{N-1}z_i-A\right) \tag{7.3.5}$$

根据最大似然方程，得

$$\hat{A}_{\text{ml}}=\bar{z}=\frac{1}{N}\sum_{i=0}^{N-1}z_i \tag{7.3.6}$$

$\bar{z}$ 为观测的样本均值，由于

$$\frac{\partial^2 \ln f(\boldsymbol{z};A)}{\partial A^2}=-\frac{N}{\sigma^2}<0$$

所以式(7.3.6)求得的是极大值，也就是 A 的最大似然估计。

例 7.5 设有 N 次独立观测 $z_i=A+w_i(i=0,1,\cdots,N-1)$，其中 A 为已知常数，$w_i\sim N(0,\sigma^2)$，求噪声方差 σ^2 的最大似然估计。

解 因为

$$f(\boldsymbol{z};\sigma^2)=\left(\frac{1}{2\pi\sigma^2}\right)^{N/2}\exp\left[-\frac{1}{2\sigma^2}\sum_{i=0}^{N-1}(z_i-A)^2\right]$$

$$\ln f(\boldsymbol{z};\sigma^2)=-\frac{N}{2}\ln(2\pi\sigma^2)-\frac{1}{2\sigma^2}\sum_{i=0}^{N-1}(z_i-A)^2$$

$$\frac{\partial \ln f(\boldsymbol{z};\sigma^2)}{\partial\sigma^2}=-\frac{N}{2\sigma^2}+\frac{1}{2\sigma^4}\sum_{i=0}^{N-1}(z_i-A)^2=-\frac{N}{2\sigma^4}\left[\sigma^2-\frac{1}{N}\sum_{i=0}^{N-1}(z_i-A)^2\right]$$

令上式等于零，得

$$\hat{\sigma}^2_{\text{ml}}=\frac{1}{N}\sum_{i=0}^{N-1}(z_i-A)^2 \tag{7.3.7}$$

很容易验证

$$\left.\frac{\partial^2 \ln f(\mathbf{z};\sigma^2)}{\partial(\sigma^2)^2}\right|_{\sigma^2=\frac{1}{N}\sum_{i=0}^{N-1}(z_i-A)^2} < 0$$

所以式(7.3.7)求得的是最大似然估计。如果 $A=0$,则

$$\hat{\sigma}^2_{\mathrm{ml}}=\frac{1}{N}\sum_{i=0}^{N-1}z_i^2 \tag{7.3.8}$$

例 7.6 高斯白噪声中的恒定电平估计——未知参数与未知方差。设有 N 次独立观测 $z_i=A+w_i(i=0,1,\cdots,N-1)$,其中 $w_i\sim N(0,\sigma^2)$,σ^2、A 均为未知参数,求 A 和 σ^2 的最大似然估计。

解 这是一个多参量的同时估计,最大似然估计仍然由式(7.3.1)或式(7.3.2)求得,只是式中的参量 θ 要改成矢量 $\boldsymbol{\theta}$。在本例中,$\boldsymbol{\theta}=[A\ \sigma^2]^{\mathrm{T}}$。

$$f(\mathbf{z};\boldsymbol{\theta})=\left(\frac{1}{2\pi\sigma^2}\right)^{N/2}\exp\left[-\frac{1}{2\sigma^2}\sum_{i=0}^{N-1}(z_i-A)^2\right]$$

$$\ln f(\mathbf{z};\boldsymbol{\theta})=-\frac{N}{2}\ln(2\pi\sigma^2)-\frac{1}{2\sigma^2}\sum_{i=0}^{N-1}(z_i-A)^2$$

$$\frac{\partial \ln f(\mathbf{z};\boldsymbol{\theta})}{\partial\boldsymbol{\theta}}=\begin{bmatrix}\dfrac{N}{\sigma^2}\left(\dfrac{1}{N}\displaystyle\sum_{i=0}^{N-1}z_i-A\right)\\ -\dfrac{N}{2\sigma^4}\left[\sigma^2-\dfrac{1}{N}\displaystyle\sum_{i=0}^{N-1}(z_i-A)^2\right]\end{bmatrix}$$

令$\left.\dfrac{\partial \ln f(\mathbf{z};\boldsymbol{\theta})}{\partial\boldsymbol{\theta}}\right|_{\boldsymbol{\theta}=\hat{\boldsymbol{\theta}}_{\mathrm{ml}}}=\mathbf{0}$可求得最大似然估计为

$$\hat{\boldsymbol{\theta}}_{\mathrm{ml}}=\begin{bmatrix}\hat{A}_{\mathrm{ml}}\\ \hat{\sigma}^2_{\mathrm{ml}}\end{bmatrix}=\begin{bmatrix}\bar{z}\\ \dfrac{1}{N}\displaystyle\sum_{i=0}^{N-1}(z_i-\bar{z})^2\end{bmatrix} \tag{7.3.9}$$

大家注意到本例的方差估计量与例 7.5 的有所不同,而比较例 7.4 和本例,发现参数 A 的估计在噪声方差 σ^2 已知和未知两种情况下是一样的。

例 7.7 正弦信号相位的估计。希望估计高斯白噪声中正弦信号的相位,即 $z(n)=A\cos(2\pi f_0 n+\phi)+w(n)(n=0,1,\cdots,N-1)$,假定幅度 A 和频率 f_0 是已知的,$w(n)$是高斯白噪声序列,均值为零,方差为 σ^2,求相位 ϕ 的最大似然估计。

解 似然函数为

$$f(\mathbf{z};\phi)=\frac{1}{(2\pi\sigma^2)^{N/2}}\exp\left\{-\frac{1}{2\sigma^2}\sum_{n=0}^{N-1}[z(n)-A\cos(2\pi f_0 n+\phi)]^2\right\}$$

对数似然函数为

$$\ln f(\mathbf{z};\phi)=-\frac{N}{2}\ln(2\pi\sigma^2)-\frac{1}{2\sigma^2}\sum_{n=0}^{N-1}[z(n)-A\cos(2\pi f_0 n+\phi)]^2$$

$$\frac{\partial \ln f(\mathbf{z};\phi)}{\partial\phi}=-\frac{1}{\sigma^2}\sum_{n=0}^{N-1}[z(n)-A\cos(2\pi f_0 n+\phi)]A\sin(2\pi f_0 n+\phi)$$

令上式等于零,得

$$\sum_{n=0}^{N-1} z(n)\sin(2\pi f_0 n+\hat{\phi}_{\mathrm{ml}})=A\sum_{n=0}^{N-1}\cos(2\pi f_0 n+\hat{\phi}_{\mathrm{ml}})\sin(2\pi f_0 n+\hat{\phi}_{\mathrm{ml}})$$

当 f_0 不在 0 或 1/2 附近时,上式右边近似为零。因此,最大似然估计近似满足

$$\sum_{n=0}^{N-1} z(n)\sin(2\pi f_0 n+\hat{\phi}_{\mathrm{ml}})=0$$

展开上式,得

$$\sum_{n=0}^{N-1} z(n)\sin 2\pi f_0 n\cos\hat{\phi}_{\mathrm{ml}}=-\sum_{n=0}^{N-1} z(n)\cos 2\pi f_0 n\sin\hat{\phi}_{\mathrm{ml}}$$

$$\hat{\phi}_{\mathrm{ml}}=-\arctan\frac{\sum\limits_{n=0}^{N-1} z(n)\sin 2\pi f_0 n}{\sum\limits_{n=0}^{N-1} z(n)\cos 2\pi f_0 n}$$

7.4 估计量的性能

不同的估计准则可以得到不同的估计,这些估计的性能如何需要有比较的指标。估计量是观测的函数,而观测是随机变量(或矢量),因此,估计量也是随机变量。随着观测数据的增多,我们希望估计量能逐渐逼近被估计量,因此,对估计量的均值和方差应有一定的要求。

7.4.1 性能指标

估计量的好坏可以从无偏性、有效性和一致性来加以评价。

1. 无偏性

当被估计量 θ 是一个未知常量时,如果估计量的均值等于被估计量,即

$$E[\hat{\theta}]=\theta \tag{7.4.1}$$

则称 $\hat{\theta}$ 为无偏估计。否则称为有偏估计。对于有偏估计,$b=E[\hat{\theta}]-\theta$ 称为估计的偏差量。

当被估计量 θ 是随机变量时,如果估计量的均值等于被估计量的均值,即

$$E[\hat{\theta}]=E[\theta] \tag{7.4.2}$$

则称 $\hat{\theta}$ 为无偏估计。通常希望估计量的均值趋于被估计量的真值或被估计量的均值,即估计应该是无偏的,由式(7.2.10)可以看出,最小均方估计是无偏估计。

当观测是多次测量时,这时估计量可表示为 $\hat{\theta}=\hat{\theta}(\boldsymbol{z}_N)$,其中观测矢量为 $\boldsymbol{z}_N=[z_0,z_1,\cdots,z_{N-1}]^{\mathrm{T}}$,一般说来,观测数据越多,估计的性能越好,对于有偏估计,如果

$$\lim_{N\to\infty} E[\hat{\theta}(\boldsymbol{z}_N)]=\begin{cases}\theta & (\theta\text{ 为未知常量})\\ E(\theta) & (\theta\text{ 为随机变量})\end{cases} \tag{7.4.3}$$

则称 $\hat{\theta}(\boldsymbol{z}_N)$ 为渐近无偏估计。

2. 有效性

估计量具有无偏性并不表明已经保证了估计的品质,当被估计量为未知常数时,不仅希望估计量的均值等于真值,而且希望估计量的取值集中在真值附近,这一品质可以通过估计的方差来描述,估计的方差为

$$\mathrm{Var}(\hat{\theta})=E\{[\hat{\theta}-E(\hat{\theta})]^2\} \tag{7.4.4}$$

对于无偏估计,方差越小,表明估计量的取值越集中,估计的性能越好,估计也越有效。因此,在无偏估计中,估计方差最小的估计称为有效估计。

当被估计量为随机变量时,估计的有效性通常用均方误差来度量,估计的均方误差定义为

$$\mathrm{Mse}(\hat{\theta})=E\{[\hat{\theta}-\theta]^2\} \tag{7.4.5}$$

均方误差最小的估计称为有效估计,很显然,$\hat{\theta}_{\mathrm{ms}}$ 是一种有效估计。

3. 一致性

当用 N 个观测值估计参数时,一般来说,观测值越多,估计越趋于真值,如果

$$\lim_{N\to\infty}P\{|\theta-\hat{\theta}(\boldsymbol{z}_N)|<\varepsilon\}=1 \tag{7.4.6}$$

其中 ε 是任意小的正数,则称 $\hat{\theta}(\boldsymbol{z}_N)$ 为一致估计。

估计的基本原则是应用先验信息将得到更为精确的估计,例如,如果将参数限定在一个已知的范围内,那么好的估计就只产生此范围内的估计,在例 7.4 中,假定 A 可以取 $-\infty<A<\infty$ 范围内的任何值,但在实际中,考虑到物理条件的限制,认为 A 的取值范围为 $-A_0\leqslant A\leqslant A_0$ 更为合理,由于 $\hat{A}_{\mathrm{ml}}=\bar{z}$ 可能会产生已知范围以外的值,所以,在已知 A 的取值范围的情况下,将 $\hat{A}_{\mathrm{ml}}$ 作为最佳估计是不合适的,它没有利用 A 的取值范围的先验信息。如果引入参数 A 取值范围的限制条件,毫无疑问,如果采用截断的样本均值估计量:

$$\hat{A}=\begin{cases}-A_0 & (\bar{z}<-A_0)\\ \bar{z} & (-A_0\leqslant\bar{z}\leqslant A_0)\\ A_0 & (\bar{z}>A_0)\end{cases} \tag{7.4.7}$$

那么估计的性能将得到改善。下面来看一下式(7.4.7)的估计的均值和均方误差。

估计 $\hat{A}$ 的概率密度为

$$f_{\hat{A}}(x)=P\{\bar{z}\leqslant -A_0\}\delta(x+A_0)+P\{\bar{z}>A_0\}\delta(x-A_0)+ f_{\bar{z}}(x)[U(x+A_0)-U(x-A_0)] \tag{7.4.8}$$

其中,$U(x)$ 为单位阶跃函数,而

$$f_{\bar{z}}(x)=\frac{1}{\sqrt{2\pi\sigma^2/N}}\exp\left[-\frac{(x-A)^2}{2\sigma^2/N}\right] \tag{7.4.9}$$

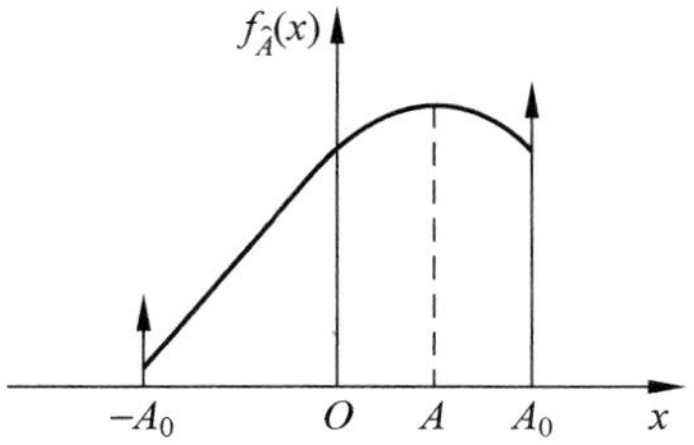

图 7.5　截尾正态分布

估计量的概率密度如图 7.5 所示，这是一个截尾的正态分布，估计量的均值为

$$E\{\hat{A}\}=\int_{-\infty}^{+\infty} x\{P(\bar{z}\leqslant -A_0)\delta(x+A_0)+P(\bar{z}>A_0)\delta(x-A_0)+$$
$$f_{\bar{z}}(x)[\boldsymbol{u}(x+A_0)-\boldsymbol{u}(x-A_0)]\}\mathrm{d}x$$
$$=-A_0P(\bar{z}\leqslant -A_0)+A_0P(\bar{z}>A_0)+\int_{-A_0}^{A_0} xf_{\bar{z}}(x)\mathrm{d}x$$
$$=-A_0\int_{-\infty}^{-A_0}\frac{1}{\sqrt{2\pi\sigma^2/N}}\exp\left[-\frac{(x-A)^2}{2\sigma^2/N}\right]\mathrm{d}x+$$
$$A_0\int_{A_0}^{+\infty}\frac{1}{\sqrt{2\pi\sigma^2/N}}\exp\left[-\frac{(x-A)^2}{2\sigma^2/N}\right]\mathrm{d}x+$$
$$\int_{-A_0}^{A_0}\frac{x}{\sqrt{2\pi\sigma^2/N}}\exp\left[-\frac{(x-A)^2}{2\sigma^2/N}\right]\mathrm{d}x$$
$$=-A_0\int_{-\infty}^{-\sqrt{N}(A+A_0)/\sigma}\frac{1}{\sqrt{2\pi}}\exp\left(-\frac{x^2}{2}\right)\mathrm{d}x+A_0\int_{\sqrt{N}(A_0-A)/\sigma}^{+\infty}\frac{1}{\sqrt{2\pi}}\exp\left(-\frac{x^2}{2}\right)\mathrm{d}x+$$
$$\int_{-\sqrt{N}(A_0+A)/\sigma}^{\sqrt{N}(A_0-A)/\sigma}\frac{x}{\sqrt{2\pi}}\exp\left(-\frac{x^2}{2}\right)\mathrm{d}x$$
$$=-A_0Q[\sqrt{N}(A+A_0)/\sigma]+A_0Q[\sqrt{N}(A_0-A)/\sigma]+$$
$$\frac{1}{\sqrt{2\pi}}\left\{\exp\left[-\frac{N(A_0-A)^2}{2\sigma^2}\right]-\exp\left[-\frac{N(A_0+A)^2}{2\sigma^2}\right]\right\}\tag{7.4.10}$$

可见 $\hat{A}$ 是有偏估计量，下面再计算一下估计量 $\hat{A}$ 的均方误差：

$$\mathrm{Mse}(\hat{A})=E\{[\hat{A}-A]^2\}=\int_{-\infty}^{+\infty}(x-A)^2f_{\hat{A}}(x)\mathrm{d}x$$
$$=\int_{-\infty}^{+\infty}(x-A)^2\{P(\bar{z}\leqslant -A_0)\delta(x+A_0)\mathrm{d}x+P(\bar{z}>A_0)\delta(x-A_0)+$$
$$f_{\bar{z}}(x)[U(x+A_0)-U(x-A_0)]\}\mathrm{d}x$$
$$=(A_0+A)^2P(\bar{z}\leqslant -A_0)+(A_0-A)^2P(\bar{z}>A_0)+$$
$$\int_{-A_0}^{A_0}(x-A)^2f_{\bar{z}}(x)\mathrm{d}x$$

$$=\int_{-\infty}^{-A_0}(A_0+A)^2 f_{\bar{z}}(x)\mathrm{d}x+\int_{A_0}^{+\infty}(A_0-A)^2 f_{\bar{z}}(x)\mathrm{d}x+\int_{-A_0}^{A_0}(x-A)^2 f_{\bar{z}}(x)\mathrm{d}x \tag{7.4.11}$$

再看一下 A 的最大似然估计，由于

$$E(\hat{A}_{\mathrm{ml}})=E\left(\frac{1}{N}\sum_{i=0}^{N-1}z_i\right)=A \tag{7.4.12}$$

所以，$\hat{A}_{\mathrm{ml}}$ 是无偏估计，它的均方误差为

$$\begin{aligned}\mathrm{Mse}(\hat{A}_{\mathrm{ml}})&=E[(\hat{A}_{\mathrm{ml}}-A)^2]=\int_{-\infty}^{+\infty}(x-A)^2 f_{\bar{z}}(x)\mathrm{d}x\\&=\int_{-\infty}^{-A_0}(x-A)^2 f_{\bar{z}}(x)\mathrm{d}x+\int_{-A_0}^{A_0}(x-A)^2 f_{\bar{z}}(x)\mathrm{d}x+\\&\quad\int_{A_0}^{+\infty}(x-A)^2 f_{\bar{z}}(x)\mathrm{d}x\end{aligned} \tag{7.4.13}$$

由于

$$\int_{-\infty}^{-A_0}(x-A)^2 f_{\bar{z}}(x)\mathrm{d}x+\int_{-A_0}^{A_0}(x-A)^2 f_{\bar{z}}(x)\mathrm{d}x+\int_{A_0}^{+\infty}(x-A)^2 f_{\bar{z}}(x)\mathrm{d}x$$

$$>\int_{-\infty}^{-A_0}(-A_0-A)^2 f_{\bar{z}}(x)\mathrm{d}x+\int_{-A_0}^{A_0}(x-A)^2 f_{\bar{z}}(x)\mathrm{d}x+\int_{A_0}^{+\infty}(A_0-A)^2 f_{\bar{z}}(x)\mathrm{d}x$$

所以

$$\mathrm{Mse}(\hat{A}_{\mathrm{ml}})>\mathrm{Mse}(\hat{A})$$

由此可见，尽管由最大似然准则得到的样本均值估计量是无偏估计量，但式(7.4.7)的截断样本均值估计量从均方误差来看要优于样本均值估计，通过允许估计量有偏可减少均方误差。实际上，式(7.4.7)表示的截断样本均值估计量是在假定 A 在$(-A_0,A_0)$上服从均匀分布时求得的最大后验概率估计(参见习题 7.1)；也就是说，当只知道 A 的取值范围，而对 A 的值靠近任何特定值没有任何倾向性的情况下，将 A 假定为取值范围内服从均匀分布，采用最大后验概率准则得到的估计，其均方误差要优于不限制 A 的取值的最大似然估计，先验信息的利用是可以提高估计量的性能的。

7.4.2 无偏估计量的性能边界

不同的估计方法可以得到不同的估计量，估计量的性能可以通过前面介绍的无偏性、有效性和一致性来评价，但实际中，估计量可能比较复杂，很难评价估计量的有效性和一致性。此外，在得到一个估计量以后，它的性能是否已经达到最佳？是否还有更好的估计量？克拉美-罗下限揭示了无偏估计量估计方差的最小值，称此最小值为克拉美-罗下限(Cramer-Rao Low Bound，CRLB)。

1. 非随机参数估计的 CRLB

假定概率密度 $f(\boldsymbol{z};\theta)$满足正则条件

$$E\left\{\frac{\partial \ln f(\boldsymbol{z};\theta)}{\partial \theta}\right\}=0 \tag{7.4.14}$$

那么,任何无偏估计量 $\hat{\theta}$ 的方差满足

$$\operatorname{Var}(\hat{\theta})=E\{[\theta-\hat{\theta}]^2\}\geqslant I^{-1}(\theta) \tag{7.4.15}$$

其中

$$I(\theta)=E\left\{\left[\frac{\partial \ln f(\boldsymbol{z};\theta)}{\partial \theta}\right]^2\right\}=-E\left\{\frac{\partial^2 \ln f(\boldsymbol{z};\theta)}{\partial \theta^2}\right\} \tag{7.4.16}$$

当且仅当

$$\frac{\partial \ln f(\boldsymbol{z};\theta)}{\partial \theta}=(\hat{\theta}-\theta)I(\theta) \tag{7.4.17}$$

时,式(7.4.15)的等号成立,式(7.4.15)、式(7.4.17)的证明留作习题,参见习题7.8。

式(7.4.15)给出了无偏估计量估计方差的下限,$I^{-1}(\theta)$ 称为无偏估计量的CRLB,达到CRLB的估计,其估计的方差是最小的,估计方差最小的估计是有效估计量。

最大似然估计是非随机参数的一种最常用的估计,那么它的估计性能如何呢?假定存在一种达到CRLB的无偏估计量 $\hat{\theta}$,即满足式(7.4.17),在式(7.4.17)中令 $\theta=\hat{\theta}_{\mathrm{ml}}$,得

$$\left.\frac{\partial \ln f(\boldsymbol{z};\theta)}{\partial \theta}\right|_{\theta=\hat{\theta}_{\mathrm{ml}}}=(\hat{\theta}-\hat{\theta}_{\mathrm{ml}})I(\hat{\theta}_{\mathrm{ml}}) \tag{7.4.18}$$

由最大似然方程可知

$$\left.\frac{\partial \ln f(\boldsymbol{z};\theta)}{\partial \theta}\right|_{\theta=\hat{\theta}_{\mathrm{ml}}}=0 \tag{7.4.19}$$

所以

$$(\hat{\theta}-\hat{\theta}_{\mathrm{ml}})I(\hat{\theta}_{\mathrm{ml}})=0 \tag{7.4.20}$$

即

$$\hat{\theta}=\hat{\theta}_{\mathrm{ml}} \tag{7.4.21}$$

可见,如果存在达到CRLB的估计量,那么这个估计就是最大似然估计,这时最大似然估计就是最好的。如果式(7.4.17)不成立,那么,最大似然估计就不一定是最好的估计。

例7.8 高斯白噪声中的恒定电平。在例7.4中得到了高斯白噪声中恒定电平的最大似然估计,该估计的方差是否达到CRLB?它的估计方差是多少?

解 由式(7.3.6)可知,A 的最大似然估计为观测的样本均值,即

$$\hat{A}_{\mathrm{ml}}=\bar{z}=\frac{1}{N}\sum_{i=0}^{N-1}z_i$$

它的均值为

$$E[\hat{A}_{\mathrm{ml}}]=E\left[\frac{1}{N}\sum_{i=0}^{N-1}z_i\right]=\frac{1}{N}\sum_{i=0}^{N-1}E[z_i]=A$$

可见 $\hat{A}_{\mathrm{ml}}$ 是无偏估计,又

$$\frac{\partial \ln f(\boldsymbol{z};A)}{\partial A}=\frac{N}{\sigma^2}\left(\frac{1}{N}\sum_{i=0}^{N-1}z_i-A\right)=\frac{N}{\sigma^2}(\hat{A}_{\mathrm{ml}}-A)$$

满足式(7.4.17),所以,$\hat{A}_{ml}$ 达到了 CRLB,由于

$$\frac{\partial^2 \ln f(z;A)}{\partial A^2}=-\frac{N}{\sigma^2} \tag{7.4.22}$$

所以,估计的方差为

$$\mathrm{Var}(\hat{A}_{ml})=-\frac{1}{E\left\{\dfrac{\partial^2 \ln f(z;A)}{\partial A^2}\right\}}=\frac{\sigma^2}{N} \tag{7.4.23}$$

此外,根据切比雪夫不等式,对任意正数 ε,

$$P(|\hat{A}_{ml}-A|>\varepsilon)\leqslant\frac{\mathrm{Var}(\hat{A}_{ml})}{\varepsilon^2}=\frac{\sigma^2}{N\varepsilon^2}$$

$$\lim_{N\to\infty}P(|\hat{A}_{ml}-A|>\varepsilon)=0$$

所以,$\hat{A}_{ml}$ 是无偏的、有效的和一致的估计。

例 7.9 求正弦信号相位估计的 CRLB。

解 对于例 7.7 中给出的正弦信号相位估计问题:

$$\begin{aligned}\frac{\partial \ln f(z;\phi)}{\partial \phi}&=-\frac{1}{\sigma^2}\sum_{n=0}^{N-1}[z(n)-A\cos(2\pi f_0 n+\phi)]A\sin(2\pi f_0 n+\phi)\\&=-\frac{A}{\sigma^2}\sum_{n=0}^{N-1}\left[z(n)\sin(2\pi f_0 n+\phi)-\frac{A}{2}\sin(4\pi f_0 n+2\phi)\right]\end{aligned} \tag{7.4.24}$$

$$\frac{\partial^2 \ln f(z;\phi)}{\partial \phi^2}=-\frac{A}{\sigma^2}\sum_{n=0}^{N-1}[z(n)\cos(2\pi f_0 n+\phi)-A\cos(4\pi f_0 n+2\phi)] \tag{7.4.25}$$

$$\begin{aligned}-E\left[\frac{\partial^2 \ln f(z;\phi)}{\partial \phi^2}\right]&=E\left\{\frac{A}{\sigma^2}\sum_{n=0}^{N-1}[z(n)\cos(2\pi f_0 n+\phi)-A\cos(4\pi f_0 n+2\phi)]\right\}\\&=\frac{A}{\sigma^2}\sum_{n=0}^{N-1}[A\cos^2(2\pi f_0 n+\phi)-A\cos(4\pi f_0 n+2\phi)]\\&=\frac{A^2}{\sigma^2}\sum_{n=0}^{N-1}\left[\frac{1}{2}+\frac{1}{2}\cos(4\pi f_0 n+2\phi)-\cos(4\pi f_0 n+2\phi)\right]\end{aligned}$$

由于当 f_0 不在 0 或者 1/2 附近时

$$\sum_{n=0}^{N-1}\cos(4\pi f_0 n+2\phi)\approx 0$$

所以

$$-E\left[\frac{\partial^2 \ln f(z;\phi)}{\partial \phi^2}\right]=\frac{NA^2}{2\sigma^2}$$

因此

$$\mathrm{Var}(\hat{\phi})\geqslant\frac{2\sigma^2}{NA^2} \tag{7.4.26}$$

注意到式(7.4.24)并不满足达到 CRLB 的条件，因此，不存在无偏的能达到 CRLB 的相位估计量。

2. 随机参数估计的 CRLB

类似于非随机参数的 CRLB，也可以建立随机参数估计的 CRLB，假定$\frac{\partial f(\boldsymbol{z},\theta)}{\partial\theta}$和$\frac{\partial^2 f(\boldsymbol{z},\theta)}{\partial\theta^2}$满足绝对可积的条件，且

$$\lim_{\theta\to\pm\infty} f(\theta)\int_{-\infty}^{+\infty}(\hat{\theta}-\theta)f(\boldsymbol{z}\mid\theta)\mathrm{d}\boldsymbol{z}=0 \tag{7.4.27}$$

如果 $\hat{\theta}$ 是无偏估计，那么

$$\mathrm{Mse}(\hat{\theta})=E\left[(\hat{\theta}-\theta)^2\right]\geqslant I^{-1} \tag{7.4.28}$$

其中

$$I=E\left\{\left[\frac{\partial \ln f(\boldsymbol{z},\theta)}{\partial\theta}\right]^2\right\}=-E\left\{\left[\frac{\partial^2 \ln f(\boldsymbol{z},\theta)}{\partial\theta^2}\right]\right\} \tag{7.4.29}$$

当且仅当对所有的 $\boldsymbol{z}$ 和 θ 满足

$$\frac{\partial \ln f(\boldsymbol{z},\theta)}{\partial\theta}=I(\hat{\theta}-\theta) \tag{7.4.30}$$

时，式(7.4.28)的等号成立，注意，在式(7.4.30)中 I 不能是 $\boldsymbol{z}$ 和 θ 的函数。式(7.4.28)中的 I^{-1} 称为随机参数估计的 CRLB，当式(7.4.30)满足时，估计的均方误差达到 CRLB，均方误差达到最小，因此这个估计就是最小均方估计。类似于式(7.4.18)～式(7.4.21)的推导，如果式(7.4.30)满足，即如果存在达到 CRLB 的无偏估计，那么这个估计必定是最大后验概率估计，由于最小均方估计的均方误差是最小的，因此，此时最大后验概率估计等价于最小均方估计。

例 7.10 确定例 7.3 中 A 的估计的 CRLB。

解

$$\begin{aligned}f(\boldsymbol{z},A)&=f(\boldsymbol{z}\mid A)f(A)\\&=\frac{1}{(2\pi\sigma^2)^{N/2}}\exp\left[-\frac{1}{2\sigma^2}\sum_{i=0}^{N-1}(z_i-A)^2\right]\frac{1}{\sqrt{2\pi\sigma_A^2}}\exp\left[-\frac{1}{2\sigma_A^2}(A-\mu_A)^2\right]\end{aligned} \tag{7.4.31}$$

$$\ln f(\boldsymbol{z},A)=-\frac{N}{2}\ln(2\pi\sigma^2)-\frac{1}{2\sigma^2}\sum_{i=0}^{N-1}(z_i-A)^2-\frac{1}{2}\ln(2\pi\sigma_A^2)-\frac{1}{2\sigma_A^2}(A-\mu_A)^2 \tag{7.4.32}$$

$$\frac{\partial \ln f(\boldsymbol{z},A)}{\partial A}=\frac{1}{\sigma^2}\sum_{i=0}^{N-1}(z_i-A)-\frac{1}{\sigma_A^2}(A-\mu_A)$$

$$=\left(\frac{N}{\sigma^2}+\frac{1}{\sigma_A^2}\right)\left(\frac{\frac{N}{\sigma^2}\bar{z}+\frac{\mu_A}{\sigma_A^2}}{\frac{N}{\sigma^2}+\frac{1}{\sigma_A^2}}-A\right)$$

$$=\left(\frac{N}{\sigma^2}+\frac{1}{\sigma_A^2}\right)(\hat{A}_{\text{map}}-A) \tag{7.4.33}$$

其中 $\hat{A}_{\text{map}}$ 是例 7.3 中求得的 A 的最大后验概率估计,它可表示为

$$\hat{A}_{\text{map}}=\frac{\frac{N}{\sigma^2}\bar{z}+\frac{\mu_A}{\sigma_A^2}}{\frac{N}{\sigma^2}+\frac{1}{\sigma_A^2}} \tag{7.4.34}$$

它的均值为

$$E(\hat{A}_{\text{map}})=E\left(\frac{\frac{N}{\sigma^2}\bar{z}+\frac{\mu_A}{\sigma_A^2}}{\frac{N}{\sigma^2}+\frac{1}{\sigma_A^2}}\right)=\mu_A=E(A) \tag{7.4.35}$$

可见 $\hat{A}_{\text{map}}$ 是无偏估计。由式(7.4.33)可以看出,$\hat{A}_{\text{map}}$ 满足式(7.4.30),因此,它的均方误差等于 CRLB。又

$$\frac{\partial^2 \ln f(\boldsymbol{z},A)}{\partial A^2}=-\frac{N}{\sigma^2}-\frac{1}{\sigma_A^2} \tag{7.4.36}$$

所以

$$\text{Mse}(\hat{A})=E[(\hat{A}-A)^2]=\left(\frac{N}{\sigma^2}+\frac{1}{\sigma_A^2}\right)^{-1}=\frac{\sigma_A^2\sigma^2}{N\sigma_A^2+\sigma^2} \tag{7.4.37}$$

7.5 线性最小均方估计

对于随机参数的估计,在 7.2 节介绍了最小均方估计,最小均方估计是被估计量的条件均值,这个条件均值通常都是观测的非线性函数,估计器实现起来比较复杂。条件均值的计算需要用到被估计量 θ 的概率密度 $f(\theta)$,如果并不知道概率密度,而只知道它的一、二阶矩特性,并且希望估计器能用线性系统实现,这时可以采用线性最小均方估计。

线性最小均方估计是一种使均方误差最小的线性估计。假定观测为$\{z_i, i=0,1,\cdots,N-1\}$,那么线性估计为

$$\hat{\theta}=\sum_{i=0}^{N-1}a_i z_i+b \tag{7.5.1}$$

估计的均方误差为

$$\mathrm{Mse}(\hat{\theta})=E\left[(\theta-\hat{\theta})^2\right]=E\left[\left(\theta-\sum_{i=0}^{N-1}a_iz_i-b\right)^2\right] \tag{7.5.2}$$

线性最小均方估计就是通过选择一组最佳系数 a_i 和 b，使式(7.5.2)的均方误差达到最小。均方误差对系数求导，并令导数等于零，得

$$\frac{\partial \mathrm{Mse}(\hat{\theta})}{\partial b}=-2E\left[\left(\theta-\sum_{i=0}^{N-1}a_iz_i-b\right)\right]=0 \tag{7.5.3}$$

$$\frac{\partial \mathrm{Mse}(\hat{\theta})}{\partial a_j}=-2E\left[\left(\theta-\sum_{i=0}^{N-1}a_iz_i-b\right)z_j\right]=0\quad (j=0,1,\cdots,N-1) \tag{7.5.4}$$

经整理后得

$$b=E(\theta)-\sum_{i=0}^{N-1}a_iE(z_i) \tag{7.5.5}$$

$$E(\tilde{\theta}z_j)=0\quad (j=0,1,\cdots,N-1) \tag{7.5.6}$$

利用式(7.5.5)和式(7.5.6)的 $N+1$ 个方程可以求得系数 b 和 a_i。

式(7.5.6)是线性最小均方估计的重要条件，称为正交条件，即估计误差与任意的观测数据是正交的。

对于线性最小均方估计 $\hat{\theta}_{\mathrm{lms}}$，由于

$$E(\hat{\theta}_{\mathrm{lms}})=E\left(\sum_{i=0}^{N-1}a_iz_i+b\right)=E\left[\sum_{i=0}^{N-1}a_iz_i+E(\theta)-\sum_{i=0}^{N-1}a_iE(z_i)\right]=E(\theta)$$

所以，线性最小均方估计是无偏估计，估计的均方误差为

$$E(\tilde{\theta}^2)=E[\tilde{\theta}(\theta-\hat{\theta}_{\mathrm{lms}})]=E(\tilde{\theta}\theta)-E(\tilde{\theta}\hat{\theta}_{\mathrm{lms}})$$

而

$$E(\tilde{\theta}\hat{\theta}_{\mathrm{lms}})=E\left\{\tilde{\theta}\left[\sum_{i=0}^{N-1}a_iz_i+b\right]\right\}=\sum_{i=0}^{N-1}a_iE(\tilde{\theta}z_i)+E(\tilde{\theta})b=0$$

所以

$$E(\tilde{\theta}^2)=E(\tilde{\theta}\theta)=E[(\theta-\hat{\theta}_{\mathrm{lms}})\theta]=E(\theta^2)-E(\hat{\theta}_{\mathrm{lms}}\theta) \tag{7.5.7}$$

例 7.11 设观测模型为 $z_i=s+w_i(i=0,1,\cdots)$，其中随机参量 s 以等概率取$\{-2,-1,0,1,2\}$诸值，噪声干扰 w_i 以等概率取$\{-1,0,1\}$诸值，且 $E[sw_i]=0$，$E[w_iw_j]=\sigma_v^2\delta_{ij}$，试根据一次、二次、三次观测数据求参量 s 的线性最小均方估计。

解 根据给定的条件可以求得

$E(s)=(-2-1+0+1+2)/5=0$

$E(s^2)=[(-2)\times(-2)+(-1)\times(-1)+0\times0+1\times1+2\times2]/5=2$

$\sigma_s^2=E(s^2)=[(-2)\times(-2)+(-1)\times(-1)+0\times0+1\times1+2\times2]/5=2$

$E(w_i)=(-1+0+1)/3=0$

$\sigma_v^2=E(w_i^2)=[(-1)\times(-1)+0\times0+1\times1]/3=2/3$

$E(z_i)=E(s)+E(w_i)=0$

$$E(sz_i)=E[s(s+w_i)]=E(s^2)=2$$
$$E(z_i^2)=E[(s+w_i)^2]=E(s^2)+E(w_i^2)=8/3$$

(1) 一次观测数据。

$$\hat{s}_{\text{lms}}=a_0z_0+b$$
$$b=E(s)-a_0E(z_0)=0$$

根据正交条件

$$E[(s-a_0z_0)z_0]=0$$
$$a_0=\frac{E(sz_0)}{E(z_0^2)}=\frac{2}{8/3}=\frac{3}{4}$$

所以

$$\hat{s}_{\text{lms}}=\frac{3}{4}z_0$$

估计的均方误差为

$$E(\tilde{s}^2)=E(\tilde{s}s)=E[(s-a_1z_1)s]=E(s^2)-a_1E(sz_1)=2-\frac{3}{4}\times 2=\frac{1}{2}$$

(2) 二次观测数据。

$$\hat{s}_{\text{lms}}=a_0z_0+a_1z_1+b$$
$$b=E(s)-a_0E(z_0)-a_1E(z_1)=0$$

由正交条件

$$E[(s-a_0z_0-a_1z_1)z_0]=0$$
$$E[(s-a_0z_0-a_1z_1)z_1]=0$$

而 $E(z_0z_1)=E[(s+w_0)(s+w_1)]=E(s^2)=2$,代入各数值,即

$$2-\frac{8}{3}a_0-2a_1=0$$
$$2-2a_0-\frac{8}{3}a_1=0$$

解方程得

$$a_0=a_1=\frac{3}{7}$$

所以,线性最小均方估计为

$$\hat{s}_{\text{lms}}=\frac{3}{7}(z_0+z_1)$$

估计的均方误差为

$$E(\tilde{s}^2)=E(\tilde{s}s)=E[(s-a_0z_0-a_1z_1)s]=E(s^2)-a_0E(sz_0)-a_1E(sz_1)$$
$$=2-\frac{3}{7}\times 2-\frac{3}{7}\times 2=\frac{2}{7}$$

(3) 三次观测数据。

通过类似的计算步骤,可以求得

$$\hat{s}_{\text{lms}}=\frac{3}{10}(z_0+z_1+z_2)$$

估计的均方误差为

$$E(\tilde{s}^2)=\frac{1}{5}$$

从本例可以看出,观测数据越多,估计的均方误差越小。

对于多参量的估计,用矢量表示估计将更为方便。设待估计量为$\boldsymbol{\theta}=[\theta_1,\theta_2,\cdots,\theta_p]^{\mathrm{T}}$,观测矢量为$\boldsymbol{z}=[z_0,z_1,\cdots,z_{N-1}]^{\mathrm{T}}$,线性估计可表示为

$$\hat{\boldsymbol{\theta}}=\boldsymbol{A}\boldsymbol{z}+\boldsymbol{b} \tag{7.5.8}$$

其中$\boldsymbol{b}$是$p\times 1$的矢量,$\boldsymbol{A}$是$p\times N$的矩阵,所有估计的均方误差和可表示为

$$\operatorname{Mse}(\hat{\theta})=E\left[\sum_{i=1}^{p}(\theta_i-\hat{\theta}_i)^2\right]=E[\tilde{\boldsymbol{\theta}}^{\mathrm{T}}\tilde{\boldsymbol{\theta}}]=E[(\boldsymbol{\theta}-\hat{\boldsymbol{\theta}}')^{\mathrm{T}}(\boldsymbol{\theta}-\hat{\boldsymbol{\theta}}')] \tag{7.5.9}$$

将式(7.5.8)代入式(7.5.9),得

$$\operatorname{Mse}(\hat{\boldsymbol{\theta}})=E[(\boldsymbol{\theta}-\boldsymbol{A}\boldsymbol{z}-\boldsymbol{b})^{\mathrm{T}}(\boldsymbol{\theta}-\boldsymbol{A}\boldsymbol{z}-\boldsymbol{b})] \tag{7.5.10}$$

分别对$\boldsymbol{A}$和$\boldsymbol{b}$求导并令导数等于零,得

$$\frac{\partial \operatorname{Mse}(\hat{\boldsymbol{\theta}})}{\partial \boldsymbol{b}}=-2E[\boldsymbol{\theta}-\boldsymbol{A}\boldsymbol{z}-\boldsymbol{b}]=\boldsymbol{0} \tag{7.5.11}$$

$$\frac{\partial \operatorname{Mse}(\hat{\boldsymbol{\theta}})}{\partial \boldsymbol{A}}=-2E\{[\boldsymbol{\theta}-\boldsymbol{A}\boldsymbol{z}-\boldsymbol{b}]\boldsymbol{z}^{\mathrm{T}}\}=\boldsymbol{0} \tag{7.5.12}$$

由式(7.5.11)和式(7.5.12)得

$$\boldsymbol{b}=E[\boldsymbol{\theta}]-\boldsymbol{A}E[\boldsymbol{z}] \tag{7.5.13}$$

$$\boldsymbol{A}=\boldsymbol{C}_{\boldsymbol{\theta}\boldsymbol{z}}\boldsymbol{C}_{\boldsymbol{z}}^{-1} \tag{7.5.14}$$

其中

$$\boldsymbol{C}_{\boldsymbol{\theta}\boldsymbol{z}}=\operatorname{Cov}(\boldsymbol{\theta},\boldsymbol{z})=E\{[\boldsymbol{\theta}-E(\boldsymbol{\theta})][\boldsymbol{z}-E(\boldsymbol{z})]^{\mathrm{T}}\} \tag{7.5.15}$$

$$\boldsymbol{C}_{\boldsymbol{z}}=\operatorname{Var}(\boldsymbol{z})=E\{[\boldsymbol{z}-E(\boldsymbol{z})][\boldsymbol{z}-E(\boldsymbol{z})]^{\mathrm{T}}\} \tag{7.5.16}$$

线性最小均方估计为

$$\hat{\boldsymbol{\theta}}_{\text{lms}}=E[\boldsymbol{\theta}]+\boldsymbol{C}_{\boldsymbol{\theta}\boldsymbol{z}}\boldsymbol{C}_{\boldsymbol{z}}^{-1}[\boldsymbol{z}-E(\boldsymbol{z})] \tag{7.5.17}$$

式(7.5.12)称为线性最小均方估计的正交条件,即估计的误差矢量与观测矢量是正交的。同样可证,线性最小均方估计是无偏估计,估计的均方误差矩阵为

$$\begin{aligned}\boldsymbol{C}_{\tilde{\boldsymbol{\theta}}}&=E[\tilde{\boldsymbol{\theta}}\tilde{\boldsymbol{\theta}}^{\mathrm{T}}]=\boldsymbol{C}_{\boldsymbol{\theta}}-\boldsymbol{C}_{\boldsymbol{\theta}\boldsymbol{z}}\boldsymbol{C}_{\boldsymbol{z}}^{-1}\boldsymbol{C}_{\boldsymbol{z}\boldsymbol{\theta}}\\&=\operatorname{Var}(\boldsymbol{\theta})-\operatorname{Cov}(\boldsymbol{\theta},\boldsymbol{z})\operatorname{Var}^{-1}(\boldsymbol{z})\operatorname{Cov}(\boldsymbol{z},\boldsymbol{\theta})\end{aligned} \tag{7.5.18}$$

例 7.12 高斯白噪声中具有均匀概率密度的恒定电平估计。设观测模型为$z_i=A+w_i(i=0,1,\cdots,N-1)$,其中$A$是在$(-A_0,A_0)$上均匀分布的随机变量,$w_i$是零均值、方差为$\sigma^2$的高斯白噪声序列,且$A$与$w_i$相互独立,求$A$的线性最小均方估计。

解 根据题意可得,$E(A)=0,\sigma_A^2=E(A^2)=\frac{1}{3}A_0^2$。将观测用矢量表示,那么观测

模型可表示为 $\boldsymbol{z}=A\boldsymbol{1}+\boldsymbol{w}$，其中 $\boldsymbol{z}=[z_0,z_1,\cdots,z_{N-1}]^{\mathrm{T}}$，$\boldsymbol{w}=[w_0,w_1,\cdots,w_{N-1}]^{\mathrm{T}}$，$\boldsymbol{1}=[1,1,\cdots,1]^{\mathrm{T}}$ 是一个 $N\times 1$ 的全 1 列矢量。

$$\boldsymbol{C}_{A\boldsymbol{z}}=E\{[A-E(A)][\boldsymbol{z}-E(\boldsymbol{z})]^{\mathrm{T}}\}=E[A(A\boldsymbol{1}+\boldsymbol{w})^{\mathrm{T}}]=E(A^2)\boldsymbol{1}^{\mathrm{T}}=\sigma_A^2\boldsymbol{1}^{\mathrm{T}}$$

$$\begin{aligned}\boldsymbol{C}_{\boldsymbol{z}}&=E\{[\boldsymbol{z}-E(\boldsymbol{z})][\boldsymbol{z}-E(\boldsymbol{z})]^{\mathrm{T}}\}=E[(A\boldsymbol{1}+\boldsymbol{w})(A\boldsymbol{1}+\boldsymbol{w})^{\mathrm{T}}]\\&=E(A^2)\boldsymbol{1}\boldsymbol{1}^{\mathrm{T}}+\mathrm{Var}(\boldsymbol{w})=\sigma_A^2\boldsymbol{1}\boldsymbol{1}^{\mathrm{T}}+\sigma^2\boldsymbol{I}\end{aligned}$$

$$\begin{aligned}\hat{A}_{\mathrm{lms}}&=E(A)+\boldsymbol{C}_{A\boldsymbol{z}}\boldsymbol{C}_{\boldsymbol{z}}^{-1}[\boldsymbol{z}-E(\boldsymbol{z})]=\boldsymbol{C}_{A\boldsymbol{z}}\boldsymbol{C}_{\boldsymbol{z}}^{-1}\boldsymbol{z}=\sigma_A^2\boldsymbol{1}^{\mathrm{T}}(\sigma_A^2\boldsymbol{1}\boldsymbol{1}^{\mathrm{T}}+\sigma^2\boldsymbol{I})^{-1}\boldsymbol{z}\\&=\frac{\sigma_A^2}{\sigma^2}\boldsymbol{1}^{\mathrm{T}}\left(\frac{\sigma_A^2}{\sigma^2}\boldsymbol{1}\boldsymbol{1}^{\mathrm{T}}+\boldsymbol{I}\right)^{-1}\boldsymbol{z}\end{aligned}$$

根据矩阵的 Woodbury 恒等式$(\boldsymbol{A}+\boldsymbol{u}\boldsymbol{u}^{\mathrm{T}})^{-1}=\boldsymbol{A}^{-1}-\dfrac{\boldsymbol{A}^{-1}\boldsymbol{u}\boldsymbol{u}^{\mathrm{T}}\boldsymbol{A}^{-1}}{1+\boldsymbol{u}^{\mathrm{T}}\boldsymbol{A}^{-1}\boldsymbol{u}}$，其中 $\boldsymbol{A}$ 是 $n\times n$ 的可逆矩阵，$\boldsymbol{u}$ 是 $n\times 1$ 的列矢量)，得

$$\left[\frac{\sigma_A^2}{\sigma^2}\boldsymbol{1}\boldsymbol{1}^{\mathrm{T}}+\boldsymbol{I}\right]^{-1}=\boldsymbol{I}-\frac{\dfrac{\sigma_A^2}{\sigma^2}\boldsymbol{1}\boldsymbol{1}^{\mathrm{T}}}{1+N\dfrac{\sigma_A^2}{\sigma^2}}$$

$$\hat{A}_{\mathrm{lms}}=\frac{\sigma_A^2}{\sigma^2}\boldsymbol{1}^{\mathrm{T}}\left[\boldsymbol{I}-\frac{\dfrac{\sigma_A^2}{\sigma^2}\boldsymbol{1}\boldsymbol{1}^{\mathrm{T}}}{1+N\dfrac{\sigma_A^2}{\sigma^2}}\right]\boldsymbol{z}=\frac{\sigma_A^2}{\sigma_A^2+\sigma^2/N}\cdot\frac{1}{N}\sum_{i=0}^{N-1}z_i=\frac{\sigma_A^2}{\sigma_A^2+\sigma^2/N}\cdot\bar{z}$$

其中 $\bar{z}=\dfrac{1}{N}\sum\limits_{i=0}^{N-1}z_i$，估计的均方误差为

$$E[\tilde{A}^2]=\boldsymbol{C}_A-\boldsymbol{C}_{A\boldsymbol{z}}\boldsymbol{C}_{\boldsymbol{z}}^{-1}\boldsymbol{C}_{\boldsymbol{z}A}=\sigma_A^2-\sigma_A^2\boldsymbol{1}^{\mathrm{T}}[\sigma_A^2\boldsymbol{1}\boldsymbol{1}^{\mathrm{T}}+\sigma^2\boldsymbol{I}]^{-1}\boldsymbol{1}\sigma_A^2=\frac{\sigma^2\sigma_A^2}{\sigma^2+N\sigma_A^2}$$

7.6 最小二乘估计

前面介绍的几种估计方法中，最小均方估计、最大后验概率估计需要知道被估计量的先验概率密度，最大似然估计需要知道似然函数，线性最小均方估计需要知道被估计量的一、二阶矩，如果这些概率密度或矩未知，就不能采用这些方法，这时可以采用最小二乘估计。最小二乘估计对统计特性没有做任何假定，因此，它的应用非常广泛。

7.6.1 估计原理

假定观测模型是线性的，待估计量为$\boldsymbol{\theta}=[\theta_1,\theta_2,\cdots,\theta_p]^{\mathrm{T}}$，观测为

$$z_i=h_{i1}\theta_1+h_{i2}\theta_2+\cdots+h_{ip}\theta_p+w_i\quad(i=0,1,\cdots,N-1)\tag{7.6.1}$$

用矢量和矩阵可表示为

$$z = H\theta + w \tag{7.6.2}$$

其中 $\boldsymbol{z}=[z_0,z_1,\cdots,z_{N-1}]^{\mathrm T}$，$\boldsymbol{w}=[w_0,w_1,\cdots,w_{N-1}]^{\mathrm T}$，$\boldsymbol{H}=\begin{bmatrix} h_{01} & h_{02} & \cdots & h_{0p} \\ h_{11} & h_{12} & \cdots & h_{1p} \\ \vdots & \vdots & \ddots & \vdots \\ h_{(N-1)1} & h_{(N-1)2} & \cdots & h_{(N-1)p} \end{bmatrix}$

观测与估计偏差的平方和可表示为

$$J(\hat{\boldsymbol\theta}) = [\boldsymbol z - \boldsymbol H\hat{\boldsymbol\theta}]^{\mathrm T}[\boldsymbol z - \boldsymbol H\hat{\boldsymbol\theta}] = \sum_{i=0}^{N-1}\left[z_i - \sum_{j=1}^{p} h_{ij}\hat\theta_j\right]^2 \tag{7.6.3}$$

观测与估计偏差的加权平方和可表示为

$$J_W(\hat{\boldsymbol\theta}) = [\boldsymbol z - \boldsymbol H\hat{\boldsymbol\theta}]^{\mathrm T}\boldsymbol W[\boldsymbol z - \boldsymbol H\hat{\boldsymbol\theta}] = \sum_{j=0}^{N-1}\sum_{i=0}^{N-1}\left[z_i - \sum_{k=1}^{p} h_{ik}\hat\theta_k\right] w_{ij}\left[z_j - \sum_{k=1}^{p} h_{jk}\hat\theta_k\right] \tag{7.6.4}$$

其中 $\boldsymbol W=\begin{bmatrix} w_{00} & w_{01} & \cdots & w_{0(N-1)} \\ w_{10} & w_{11} & \cdots & w_{1(N-1)} \\ \vdots & \vdots & \ddots & \vdots \\ w_{(N-1)0} & w_{(N-1)1} & \cdots & w_{(N-1)(N-1)} \end{bmatrix}$，最小二乘估计就是使 $J(\hat{\boldsymbol\theta})$ 最小的估计，记为 $\hat{\boldsymbol\theta}_{\mathrm{ls}}$，加权最小二乘估计就是使 $J_W(\hat{\boldsymbol\theta})$ 最小的估计，记为 $\hat{\boldsymbol\theta}_{\mathrm{lsw}}$。

求 $J(\hat{\boldsymbol\theta})$ 对 $\hat{\boldsymbol\theta}$ 的导数，并令导数等于零，得

$$\frac{\partial J(\hat{\boldsymbol\theta})}{\partial\hat{\boldsymbol\theta}} = -2\boldsymbol H^{\mathrm T}[\boldsymbol z - \boldsymbol H\hat{\boldsymbol\theta}] = \boldsymbol 0 \tag{7.6.5}$$

由此可解得最小二乘估计为

$$\hat{\boldsymbol\theta}_{\mathrm{ls}} = (\boldsymbol H^{\mathrm T}\boldsymbol H)^{-1}\boldsymbol H^{\mathrm T}\boldsymbol z \tag{7.6.6}$$

求 $J_W(\hat{\boldsymbol\theta})$ 对 $\hat{\boldsymbol\theta}$ 的导数，并令导数等于零，得

$$\frac{\partial J_W(\hat{\boldsymbol\theta})}{\partial\hat{\boldsymbol\theta}} = -2\boldsymbol H^{\mathrm T}\boldsymbol W[\boldsymbol z - \boldsymbol H\hat{\boldsymbol\theta}] = \boldsymbol 0 \tag{7.6.7}$$

由此可解得最小二乘估计为

$$\hat{\boldsymbol\theta}_{\mathrm{lsw}} = (\boldsymbol H^{\mathrm T}\boldsymbol W\boldsymbol H)^{-1}\boldsymbol H^{\mathrm T}\boldsymbol W\boldsymbol z \tag{7.6.8}$$

7.6.2 估计性能

最小二乘估计具有如下特点。

(1) 对于线性的观测模型，最小二乘估计和加权最小二乘估计都是线性估计，对测量噪声的统计特性没有做任何假定，应用十分广泛。

(2) 当测量噪声的均值为零时，即 $E(w_i)=0$ 时，最小二乘估计和加权最小二乘估计都是无偏估计。

这是因为

$$E[\hat{\boldsymbol{\theta}}_{\text{ls}}]=E[(\boldsymbol{H}^{\text{T}}\boldsymbol{H})^{-1}\boldsymbol{H}^{\text{T}}(\boldsymbol{H\theta}+\boldsymbol{w})]=E[(\boldsymbol{H}^{\text{T}}\boldsymbol{H})^{-1}\boldsymbol{H}^{\text{T}}\boldsymbol{H\theta}]=\boldsymbol{\theta}$$

类似地

$$E[\hat{\boldsymbol{\theta}}_{\text{lsw}}]=E[(\boldsymbol{H}^{\text{T}}\boldsymbol{WH})^{-1}\boldsymbol{H}^{\text{T}}\boldsymbol{W}(\boldsymbol{H\theta}+\boldsymbol{w})]=E[(\boldsymbol{H}^{\text{T}}\boldsymbol{WH})^{-1}\boldsymbol{H}^{\text{T}}\boldsymbol{WH\theta}]=\boldsymbol{\theta}$$

(3) 可以证明(证明留作习题,参见习题7.15),两种估计误差的方差阵分别为

$$\text{Var}(\tilde{\boldsymbol{\theta}}_{\text{ls}})=E\{[\boldsymbol{\theta}-\hat{\boldsymbol{\theta}}_{\text{ls}}][\boldsymbol{\theta}-\hat{\boldsymbol{\theta}}_{\text{ls}}]^{\text{T}}\}=(\boldsymbol{H}^{\text{T}}\boldsymbol{H})^{-1}\boldsymbol{H}^{\text{T}}\boldsymbol{RH}(\boldsymbol{H}^{\text{T}}\boldsymbol{H})^{-1} \tag{7.6.9}$$

$$\text{Var}(\tilde{\boldsymbol{\theta}}_{\text{lsw}})=E\{[\boldsymbol{\theta}-\hat{\boldsymbol{\theta}}_{\text{lsw}}][\boldsymbol{\theta}-\hat{\boldsymbol{\theta}}_{\text{lsw}}]^{\text{T}}\}=(\boldsymbol{H}^{\text{T}}\boldsymbol{WH})^{-1}\boldsymbol{H}^{\text{T}}\boldsymbol{WRWH}(\boldsymbol{H}^{\text{T}}\boldsymbol{WH})^{-1} \tag{7.6.10}$$

其中 $\boldsymbol{R}=E(\boldsymbol{WW}^{\text{T}})$ 为测量噪声的方差。

(4) 对于加权最小二乘估计,如果有一些模型的知识,如 $E(\boldsymbol{w})=0$,$E[\boldsymbol{ww}^{\text{T}}]=\boldsymbol{R}$,当 $\boldsymbol{W}=\boldsymbol{R}^{-1}$ 时,估计误差的方差阵达到最小,这个最小的方差阵为(证明留作习题,参见习题7.16)

$$\text{Var}(\tilde{\boldsymbol{\theta}}_{\text{lsR}^{-1}})=E\{\boldsymbol{\theta}-\hat{\boldsymbol{\theta}}_{\text{lsR}^{-1}}[\boldsymbol{\theta}-\hat{\boldsymbol{\theta}}_{\text{lsR}^{-1}}]^{\text{T}}\}=(\boldsymbol{H}^{\text{T}}\boldsymbol{R}^{-1}\boldsymbol{H})^{-1} \tag{7.6.11}$$

7.7 波形估计

7.7.1 波形估计的一般概念

本章前几节讨论的参数估计问题是根据观测数据对信号的未知参量进行估计,另一类估计称为波形估计或状态估计;二者的差别在于,前者的被估计量不随时间而变化,也称为静态估计,而后者的被估计量是随时间变化的,也称为动态估计。

假定离散时间的观测过程为

$$z(n)=s(n)+w(n)\quad(n=n_0,\ n_0+1,\cdots,n_f) \tag{7.7.1}$$

其中,$w(n)$为噪声,$s(n)$为信号,n_0 为起始观测时刻,n_f 为观测结束时刻。波形估计问题就是要根据观测过程 $z(n)(n=n_0,\ n_0+1,\cdots,n_f)$去估计信号 $s(n)$。这一问题可以看作为含有噪声的观测过程中信号的恢复问题,如语音恢复、图像恢复等,也可以看作为一个受到噪声污染的信号去噪问题。把从含有噪声的观测波形中最佳地提取有用信号称为最佳滤波。

波形估计有三种类型。

(1) 滤波。根据当前和过去的观测值$\{z(k)(k=n_0,\ n_0+1,\cdots,n)\}$对信号 $s(n)$进行估计。

(2) 预测。根据当前和过去的观测值$\{z(k)(k=n_0,\ n_0+1,\cdots,n_f)\}$对未来时刻 $n(n>n_f)$的信号 $s(n)$进行估计,预测也称为外推。

(3) 内插。根据某一区间的观测数据$\{z(k)(k=n_0,n_0+1,\cdots,n_f)\}$对区间内的某一个时刻 $n(n_0<n<n_f)$的信号进行估计,内插也称为平滑。

前面介绍的估计准则都可以用于波形估计中,如果采用最小均方准则,由于最小均方估计是被估计量的条件均值,那么信号的估计可表示为

$$\hat{s}(n/n_f)=E[s(n) \mid z(k)(k=n_0,n_0+1,\cdots,n_f)] \tag{7.7.2}$$

一般情况下，这个条件均值的计算是十分复杂，通常是观测的非线性函数，难以实现。因此，在实际中通常采用易于实现的线性最小均方准则。线性最小均方估计是观测的线性函数，它可以看作观测序列通过离散时间线性系统，即

$$\hat{s}(n/n_f)=\sum_{k=n_0}^{n_f} h(n,k)z(k) \tag{7.7.3}$$

下面的讨论只考虑滤波问题，对于预测和平滑问题，分析方法是类似的。把估计 $\hat{s}(n/n)$ 简写成 $\hat{s}(n)$，即

$$\hat{s}(n)=\sum_{k=n_0}^{n} h(n,k)z(k) \tag{7.7.4}$$

滤波器系数的选择可以由线性最小均方估计的正交原理来求取，即

$$E\left\{\left[s(n)-\sum_{k=n_0}^{n} h(n,k)z(k)\right]z(i)\right\}=0 \quad (i=n_0,n_0+1,\cdots,n) \tag{7.7.5}$$

或者写成

$$R_{sz}(n,i)=\sum_{k=n_0}^{n} h(n,k)R_z(k,i) \quad (i=n_0,n_0+1,\cdots,n) \tag{7.7.6}$$

式(7.7.6)称为维纳-霍普夫方程。对应的均方误差为

$$\begin{aligned}\mathrm{Mse}[\hat{s}(n)]&=E[\tilde{s}^2(n)]=E[\tilde{s}(n)s(n)]=E\left\{\left[s(n)-\sum_{k=n_0}^{n} h(n,k)z(k)\right]s(n)\right\}\\&=R_s(n,n)-\sum_{k=n_0}^{n} h(n,k)R_{zs}(k,n)\end{aligned} \tag{7.7.7}$$

7.7.2 维纳滤波器

假定信号和观测过程是平稳随机序列，并且是联合平稳随机序列，系统为线性时不变离散时间线性系统，$n_0=-\infty$，即观测数据为$\{z(k)(-\infty<k<+\infty)\}$，那么

$$\hat{s}(n)=\sum_{k=-\infty}^{+\infty} h(n-k)z(k)=h(n)*z(n) \tag{7.7.8}$$

式(7.7.6)可表示为

$$R_{sz}(n-i)=\sum_{k=-\infty}^{+\infty} h(n-k)R_z(k-i) \quad (-\infty<i<+\infty) \tag{7.7.9}$$

令 $m=n-i$，$l=n-k$，得

$$R_{sz}(m)=\sum_{l=-\infty}^{+\infty} h(l)R_z(m-l)=h(m)*R_z(m) \tag{7.7.10}$$

对上式两边做 z 变换，得

$$G_{sz}(z)=H(z)G_z(z)$$

所以

$$H(z)=\frac{G_{sz}(z)}{G_z(z)} \tag{7.7.11}$$

$H(z)$称为维纳滤波器。当信号 $s(n)$与观测噪声统计独立时,维纳滤波器为

$$H(z)=\frac{G_s(z)}{G_s(z)+G_w(z)} \tag{7.7.12}$$

其中,$G_w(z)$为噪声的功率谱,维纳滤波器用离散傅里叶变换可表示为

$$H(\omega)=\frac{G_s(\omega)}{G_s(\omega)+G_w(\omega)} \tag{7.7.13}$$

如果观测为$\{z(k)(-\infty<k\leqslant n)\}$,系统为因果的线性时不变系统,则式(7.7.10)变为

$$R_{sz}(m)=\sum_{l=0}^{\infty}h(l)R_z(m-l)=h(m)*R_z(m) \quad (m\geqslant 0) \tag{7.7.14}$$

当观测为白噪声的时候,式(7.7.14)可表示为

$$h(m)=R_{sz}(m) \quad (m\geqslant 0) \tag{7.7.15}$$

或者用 z 变换表示为

$$H(z)=G_{sz}^{+}(z) \tag{7.7.16}$$

其中 $G_{sz}^{+}(z)$是 $G_{sz}(z)$所有零极点在单位圆内的那一部分。如果 $z(n)$不是白噪声,那么可以先将 $z(n)$白化,变成白噪声,然后利用式(7.7.16),其实现结果如图 7.6 所示。

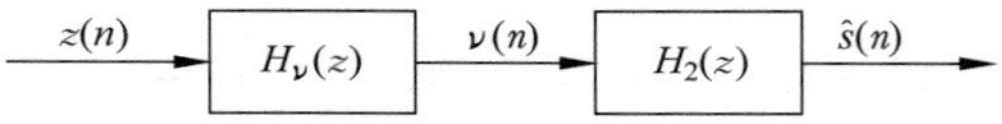

图 7.6 维纳滤波器

图中 $H_\nu(z)$为白化滤波器,有

$$H_\nu(z)=\frac{1}{G_z^{+}(z)} \tag{7.7.17}$$

而 $H_2(z)$为

$$H_2(z)=G_{s\nu}^{+}(z)=[H_\nu(z^{-1})G_{sz}(z)]^{+} \tag{7.7.18}$$

所以,维纳滤波器为

$$H(z)=\frac{1}{G_z^{+}(z)}\left[\frac{G_{sz}(z)}{G_z^{+}(z^{-1})}\right]^{+} \tag{7.7.19}$$

例 7.13 设观测过程为 $z(n)=s(n)+w(n)$,其中假定观测噪声 $w(n)$为零均值白噪声,方差为 1,$s(n)$是具有有理谱的平稳随机序列,功率谱密度为

$$G_s(z)=\frac{0.36}{(1-0.8z^{-1})(1-0.8z)}$$

$s(n)$与 $w(n)$统计独立,求估计 $s(n)$的维纳滤波器。

解 本例可以看作白噪声中信号的恢复问题,由于信号和噪声是统计独立的,所以

$$G_{sz}(z)=G_s(z)$$

$$G_z(z)=G_s(z)+G_w(z)=\frac{0.36}{(1-0.8z^{-1})(1-0.8z)}+1$$

$$=1.6\times\frac{(1-0.5z^{-1})(1-0.5z)}{(1-0.8z^{-1})(1-0.8z)}$$

$$G_z^+(z)=\sqrt{1.6}\times\frac{1-0.5z^{-1}}{1-0.8z^{-1}}$$

$$H(z)=\frac{1}{G_z^+(z)}\left[\frac{G_{sz}(z)}{G_z^+(z^{-1})}\right]^+=\frac{1}{\sqrt{1.6}}\times\frac{1-0.8z^{-1}}{1-0.5z^{-1}}\left[\frac{\dfrac{0.36}{(1-0.8z^{-1})(1-0.8z)}}{\sqrt{1.6}\times\dfrac{1-0.5z}{1-0.8z}}\right]^+$$

$$=\frac{1}{1.6}\times\frac{1-0.8z^{-1}}{1-0.5z^{-1}}\left[\frac{0.36}{(1-0.8z^{-1})(1-0.5z)}\right]^+$$

$$=\frac{1}{1.6}\times\frac{1-0.8z^{-1}}{1-0.5z^{-1}}\times\frac{0.6}{1-0.8z^{-1}}$$

$$=\frac{3}{8}\times\frac{1}{1-0.5z^{-1}}$$

因此,信号的估计可以用下列差分方程表示:

$$\hat{s}(n)=0.5\hat{s}(n-1)+\frac{3}{8}z(n)$$

式(7.7.12)或式(7.7.19)是用从 z 域描述的维纳滤波器,也可以从时域来描述维纳滤波器。在实际中,通常观测数据长度是有限的,假定观测数据为 $z(n)(n=0,1,\cdots,N-1)$,则式(7.7.8)为

$$\hat{s}(n)=\sum_{m=0}^{N-1}h(m)z(n-m) \tag{7.7.20}$$

可见滤波器是一个 FIR 滤波器,滤波器的系数由如下维纳-霍普夫方程的解来确定:

$$R_{sz}(n,k)=\sum_{m=0}^{N-1}h(m)R_z(n-m,k)\quad(k=0,1,\cdots,N-1) \tag{7.7.21}$$

或者

$$R_{sz}(n,0)=h(0)R_z(n,0)+h(1)R_z(n-1,0)+\cdots+h(N-1)R_z(n-N+1,0)$$
$$R_{sz}(n,1)=h(0)R_z(n,1)+h(1)R_z(n-1,1)+\cdots+h(N-1)R_z(n-N+1,1)$$
$$\vdots$$
$$R_{sz}(n,N-1)=h(0)R_z(n,N-1)+h(1)R_z(n-1,N-1)$$
$$+\cdots+h(N-1)R_z(n-N+1,N-1)$$

令 $\boldsymbol{R}_{sz}=[R_{sz}(n,0),R_{sz}(n,1),\cdots,R_{sz}(n,N-1)]^{\mathrm{T}}$

$$\boldsymbol{h}=[h(0),h(1),\cdots,h(N-1)]^{\mathrm{T}}$$

$$\boldsymbol{R}_z=\begin{bmatrix}R_z(n,0) & R_z(n-1,0) & \cdots & R_z(n-N+1,0)\\ R_z(n,1) & R_z(n-1,1) & \cdots & R(n-N+1,1)\\ \vdots & \vdots & \ddots & \vdots\\ R_z(n,N-1) & R_z(n-1,N-1) & \cdots & R_z(n-N+1,N-1)\end{bmatrix}$$

那么,维纳-霍普夫方程为

$$\boldsymbol{R}_{sz}=\boldsymbol{R}_z\boldsymbol{h} \tag{7.7.22}$$

$$\boldsymbol{h}_{\text{opt}}=\boldsymbol{R}_z^{-1}\boldsymbol{R}_{sz} \tag{7.7.23}$$

在实际中,$\boldsymbol{R}_z$ 和 $\boldsymbol{R}_{sz}$ 要根据实际数据进行估计,所以

$$\boldsymbol{h}_{\text{opt}}=\hat{\boldsymbol{R}}_z^{-1}\hat{\boldsymbol{R}}_{sz} \tag{7.7.24}$$

$$\hat{s}(n)=\boldsymbol{h}^{\mathrm{T}}\boldsymbol{z} \tag{7.7.25}$$

$$\hat{\boldsymbol{s}}=\boldsymbol{H}^{\mathrm{T}}\boldsymbol{z} \tag{7.7.26}$$

7.8 信号处理实例

7.8.1 距离估计

在雷达、声呐系统中,发射一个信号时,从目标返回信号的延迟时间 τ_0 与发射机和目标之间的距离 R 有关,它们之间的关系可表示为

$$\tau_0=\frac{2R}{c} \tag{7.8.1}$$

其中,c 是波的传播速度,可见距离的估计问题等价于时延估计问题。如果发射信号为 $s(t)$,那么接收信号为

$$z(t)=s(t-\tau_0)+w(t)\quad(0\leqslant t\leqslant T) \tag{7.8.2}$$

其中,$w(t)$为观测噪声。假定以恒定的间隔 Δ(满足奈奎斯特条件)对连续的观测波形进行抽样,得到观测数据

$$z(n\Delta)=s(n\Delta-\tau_0)+w(n\Delta)\quad(n=0,\cdots,N-1) \tag{7.8.3}$$

令 $z[n]=z(n\Delta)$,$w[n]=w(n\Delta)$,$s[n-n_0]=s(n\Delta-\tau_0/\Delta)$,其中 $n_0=\text{INT}(\tau_0/\Delta)$,INT(·)表示取整数函数,当 Δ 很小时,这种近似是可以的。那么,得到的离散数据模型为

$$z[n]=s[n-n_0]+w[n] \tag{7.8.4}$$

发射信号通常是脉冲式的,只在时间间隔$(0,T_{\text{s}})$上非零,因此回波信号只在 $\tau_0\leqslant t\leqslant\tau_0+T_{\text{s}}$ 时非零,式(7.8.4)可化成如下形式:

$$z[n]=\begin{cases}w[n] & (0\leqslant n\leqslant n_0-1)\\ s[n-n_0]+w[n] & (n_0\leqslant n\leqslant n_0+M-1)\\ w[n] & (n_0+M\leqslant n\leqslant N-1)\end{cases} \tag{7.8.5}$$

其中,$M=\text{INT}(T_{\text{s}}/\Delta)$为信号的数据长度,信号 $s[n-n_0]$如图 7.7 所示。

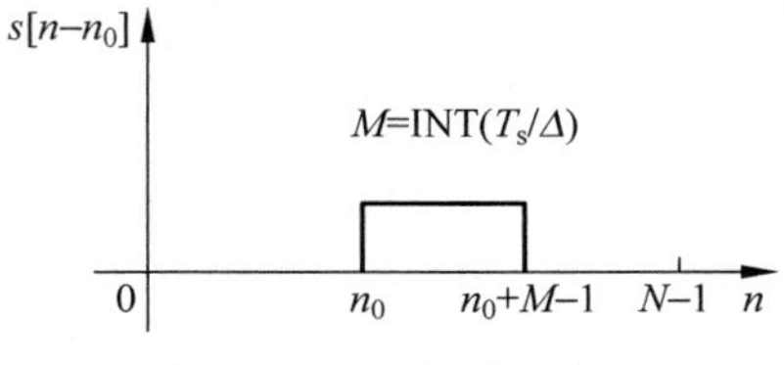

图 7.7　回波信号示意图

由式(7.8.5)可得似然函数为

$$
\begin{aligned}
f(\boldsymbol{z};n_0) &= \prod_{n=0}^{N-1} f(z[n];n_0) \\
&= \prod_{n=0}^{n_0-1} \frac{1}{\sqrt{2\pi\sigma^2}}\exp\left(-\frac{z^2[n]}{2\sigma^2}\right) \prod_{n=n_0}^{n_0+M-1} \frac{1}{\sqrt{2\pi\sigma^2}}\exp\left\{-\frac{(z[n]-s[n-n_0])^2}{2\sigma^2}\right\} \cdot \\
&\quad \prod_{n=n_0+M}^{N-1} \frac{1}{\sqrt{2\pi\sigma^2}}\exp\left(-\frac{z^2[n]}{2\sigma^2}\right) \\
&= \frac{1}{(2\pi\sigma^2)^{N/2}}\exp\left(-\frac{1}{2\sigma^2}\sum_{n=0}^{N-1} z^2[n]\right) \prod_{n=n_0}^{n_0+M-1} \exp\left\{-\frac{1}{2\sigma^2}(-2z[n]s[n-n_0]+s^2[n-n_0])\right\}
\end{aligned}
$$

通过使下式最大可求得 n_0 的最大似然估计：

$$
\exp\left\{-\frac{1}{2\sigma^2}\sum_{n=n_0}^{n_0+M-1}(-2z[n]s[n-n_0]+s^2[n-n_0])\right\}
$$

或等价于使下式最小：

$$
\sum_{n=n_0}^{n_0+M-1}(-2z[n]s[n-n_0]+s^2[n-n_0])
$$

而 $\sum_{n=n_0}^{n_0+M-1} s^2[n-n_0]=\sum_{n=0}^{N-1} s^2[n]$ 与 n_0 无关，所以，n_0 的最大似然估计 $\hat{n_0}$ 可通过使下式最大求得，即

$$
\hat{n_0} = \underset{n_0'}{\arg\max}\left\{\sum_{n=n_0'}^{n_0'+M-1} z[n]s[n-n_0']\right\} \tag{7.8.6}
$$

从式(7.8.6)可以看出，n_0 的最大似然估计的求解，首先将观测信号与延迟了 n_0' 的发射信号在长度为 M 的窗口内做相关运算，然后选择使相关运算结果最大的 n_0' 作为 n_0 的估计值，运算过程如图 7.8 所示。由于 $R=c\tau_0/2=cn_0\Delta/2$，所以

$$
R = c\hat{n_0}\Delta/2 \tag{7.8.7}
$$

图 7.9 给出了距离估计器的实现框图。

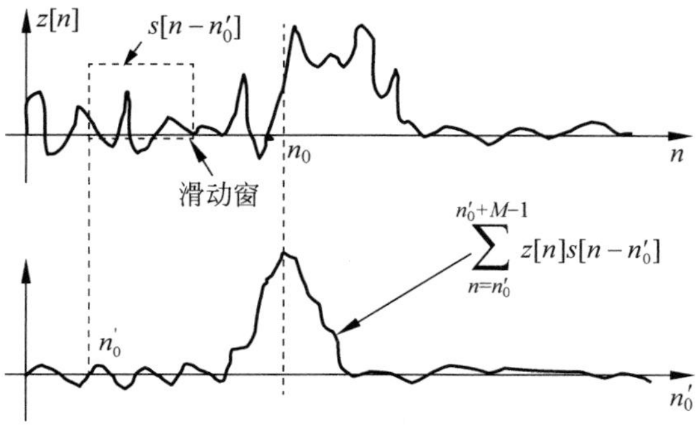

图 7.8 观测与信号相关运算示意图

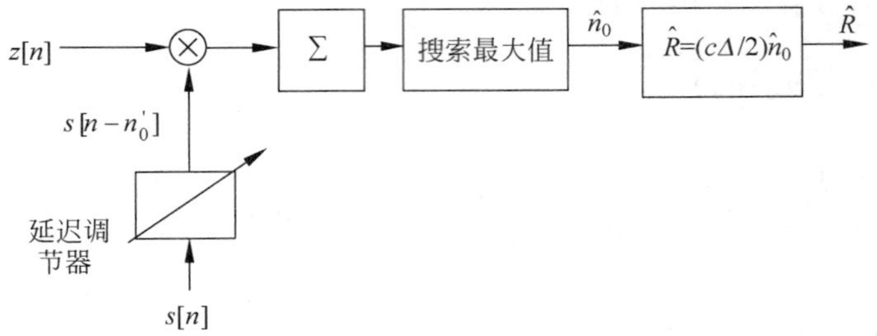

图 7.9 距离估计器的实现框图

7.8.2 目标跟踪

目标的跟踪问题可等效为一个曲线拟合问题,对于匀速直线运动目标的跟踪可以等效成一阶多项式拟合一个噪声测量的问题,而对于匀加速运动目标的跟踪可以等效成二阶多项式拟合一个噪声测量的问题。首先考虑匀速直线运动目标的跟踪问题,匀速直线运动目标模型(只考虑 x 方向,要扩展到平面 x,y 或空间的 x,y,z 是很容易的)为

$$x(i)=x_0+\dot{x}_0 t_i \quad (i=0,1,\cdots) \tag{7.8.8}$$

对运动目标进行连续观测,观测模型为

$$z(i)=x_0+\dot{x}_0 t_i+w(i) \quad (i=0,1,\cdots) \tag{7.8.9}$$

其中,测量噪声 $w(i)$ 是零均值高斯白噪声,方差为 σ^2,x_0,$\dot{x}_0$ 分别表示目标的起始位置和起始速度。令 $\boldsymbol{X}_0=[x_0 \quad \dot{x}_0]^{\mathrm{T}}$,$\boldsymbol{H}(i)=[1 \quad t_i]$,$\boldsymbol{X}(i)=[x(i) \quad \dot{x}(i)]^{\mathrm{T}}$ 则

$$\boldsymbol{X}(i)=\begin{bmatrix}1 & t_i\\0 & 1\end{bmatrix} X_0 \tag{7.8.10}$$

$$z(i)=\boldsymbol{H}(i)\boldsymbol{X}_0+w(i) \quad (i=0,1,\cdots) \tag{7.8.11}$$

令

$$\boldsymbol{z}^k=\begin{bmatrix}z(0)\\z(1)\\\vdots\\z(k)\end{bmatrix},\quad \boldsymbol{H}^k=\begin{bmatrix}\boldsymbol{H}(0)\\\boldsymbol{H}(1)\\\vdots\\\boldsymbol{H}(k)\end{bmatrix}=\begin{bmatrix}1 & t_0\\1 & t_1\\\vdots & \vdots\\1 & t_k\end{bmatrix},\quad \boldsymbol{W}^k=\begin{bmatrix}w(0)\\w(1)\\\vdots\\w(k)\end{bmatrix}$$

$$\boldsymbol{R}^k=E[\boldsymbol{W}^k(\boldsymbol{W}^k)^{\mathrm{T}}]=E\left\{\begin{bmatrix}w(0)\\\vdots\\w(k)\end{bmatrix}[w(0) \quad \cdots \quad w(k)]\right\}=\begin{bmatrix}\sigma^2 & \cdots & 0\\\vdots & \ddots & \vdots\\0 & \cdots & \sigma^2\end{bmatrix}=\sigma^2\boldsymbol{I}$$

由式(7.6.6)和式(7.6.9),可得

$$\hat{\boldsymbol{X}}_0(k)=[(\boldsymbol{H}^k)^{\mathrm{T}}\boldsymbol{H}^k]^{-1}(\boldsymbol{H}^k)^{\mathrm{T}}\boldsymbol{z}^k \tag{7.8.12}$$

$$\boldsymbol{C}_0(k)=\mathrm{Var}(\hat{\boldsymbol{X}}_0)=[(\boldsymbol{H}^k)^{\mathrm{T}}\boldsymbol{H}^k]^{-1}(\boldsymbol{H}^k)^{\mathrm{T}}\boldsymbol{R}^k\boldsymbol{H}^k[(\boldsymbol{H}^k)^{\mathrm{T}}\boldsymbol{H}^k]^{-1} \tag{7.8.13}$$

令

$$\widetilde{\boldsymbol{C}}_0(k)=[(\boldsymbol{H}^k)^{\mathrm{T}}\boldsymbol{H}^k]^{-1} \tag{7.8.14}$$

那么

$$\hat{\boldsymbol{X}}_0(k)=\widetilde{\boldsymbol{C}}_0(k)(\boldsymbol{H}^k)^{\mathrm{T}}\boldsymbol{z}^k \tag{7.8.15}$$

$$\boldsymbol{C}_0(k)=\sigma^2\widetilde{\boldsymbol{C}}_0(k) \tag{7.8.16}$$

随着对运动目标的不断观测，可以根据式(7.8.15)对目标的起始位置估计不断更新，根据估计的起始位置，再由式(7.8.10)外推目标在 t_k 时刻的位置，就可以实现对目标的连续不断的跟踪。所以 k 时刻的估计是

$$\hat{\boldsymbol{X}}(k/k)=\begin{bmatrix}1 & t_k\\0 & 1\end{bmatrix}\hat{\boldsymbol{X}}_0(k) \tag{7.8.17}$$

式(7.8.15)是一种批处理算法，每次估计目标的位置的时候，都需要对以往的所有观测数据进行处理，这样势必使以往的观测数据进行重复计算，运算量很大，实际中通常采用递推最小二乘算法，递推算法为(证明从略)

$$\hat{\boldsymbol{X}}_0(k)=\hat{\boldsymbol{X}}_0(k-1)+\boldsymbol{K}_0(k)(z(k)-\boldsymbol{H}(k)\hat{\boldsymbol{X}}_0(k-1)) \tag{7.8.18}$$

$$\boldsymbol{K}_0(k)=\boldsymbol{C}_0(k)\boldsymbol{H}^{\mathrm{T}}(k)(\sigma^2)^{-1} \tag{7.8.19}$$

式(7.8.18)的起始估计可以利用前两个观测数据由式(7.8.15)得到，当 $k=1$ 时，有

$$\widetilde{\boldsymbol{C}}_0(1)=[(\boldsymbol{H}^1)^{\mathrm{T}}\boldsymbol{H}^1]^{-1}=\left\{\begin{bmatrix}1 & 1\\t_0 & t_1\end{bmatrix}\begin{bmatrix}1 & t_0\\1 & t_1\end{bmatrix}\right\}^{-1}=\frac{1}{(t_1-t_0)^2}\begin{bmatrix}t_0^2+t_1^2 & -t_0-t_1\\-t_0-t_1 & 2\end{bmatrix}$$

$$\begin{aligned}\hat{\boldsymbol{X}}_0(1)&=\widetilde{\boldsymbol{C}}_0(1)(\boldsymbol{H}^1)^{\mathrm{T}}\boldsymbol{z}^1\\&=\frac{1}{(t_1-t_0)^2}\begin{bmatrix}t_0^2+t_1^2 & -t_0-t_1\\-t_0-t_1 & 2\end{bmatrix}\begin{bmatrix}1 & 1\\t_0 & t_1\end{bmatrix}\begin{bmatrix}z(0)\\z(1)\end{bmatrix}\\&=\frac{1}{t_1-t_0}\begin{bmatrix}z(0)t_1-z(1)t_0\\z(1)-z(0)\end{bmatrix}\end{aligned}$$

为了得到增益，注意到

$$\begin{aligned}\widetilde{\boldsymbol{C}}_0(k)&=[(\boldsymbol{H}^k)^{\mathrm{T}}\boldsymbol{H}^k]^{-1}=\left\{\begin{bmatrix}1 & \cdots & 1\\t_0 & \cdots & t_k\end{bmatrix}\begin{bmatrix}1 & t_0\\\vdots & \vdots\\1 & t_k\end{bmatrix}\right\}^{-1}\\&=\begin{bmatrix}s_0 & s_1\\s_1 & s_2\end{bmatrix}^{-1}=\frac{1}{s_0s_2-s_1^2}\begin{bmatrix}s_2 & -s_1\\-s_1 & s_0\end{bmatrix}\end{aligned}$$

其中，$s_j=\sum\limits_{i=0}^{k}t_i^j\ (j=0,1,2)$。那么，由式(7.8.19)可得增益为

$$\begin{aligned}\boldsymbol{K}_0(k)&=\boldsymbol{C}_0(k)\boldsymbol{H}^{\mathrm{T}}(k)/\sigma^2\\&=\widetilde{\boldsymbol{C}}_0(k)\boldsymbol{H}^{\mathrm{T}}(k)=\frac{1}{s_0s_2-s_1^2}\begin{bmatrix}s_2-s_1t_k\\-s_1+s_0t_k\end{bmatrix}\end{aligned}$$

如果 $t_i = i\Delta$，即观测时间间隔是常数 Δ，则

$$s_0 = k+1,\quad s_1 = \frac{k(k+1)}{2}\Delta,\quad s_2 = \frac{k(k+1)(2k+1)}{6}\Delta^2$$

$$\boldsymbol{K}_0(k) = \begin{bmatrix} -\dfrac{2(k-1)}{(k+1)(k+2)} \\ \dfrac{6}{(k+1)(k+2)\Delta} \end{bmatrix} \tag{7.8.20}$$

在 k 时刻的方差可表示为

$$\boldsymbol{C}_0(k) = \sigma^2 \widetilde{\boldsymbol{C}}_0(k) = \frac{\sigma^2}{s_0 s_2 - s_1^2}\begin{bmatrix} s_2 & -s_1 \\ -s_1 & s_0 \end{bmatrix} = \frac{\sigma^2}{(k+1)(k+2)}\begin{bmatrix} 2(2k+1) & -6/\Delta \\ -6/\Delta & \dfrac{12}{k\Delta^2} \end{bmatrix} \tag{7.8.21}$$

由式(7.8.20)和式(7.8.21)可见，当 $k\to\infty$ 时，增益趋于零，方差亦趋于零，表明在理想情况下随着观测数据的增加，估计一致收敛于目标的真实轨迹。但需要注意的是，由式(7.8.18)可以看出，增益趋于零，新的观测数据对估计没有影响，数据出现饱和，如果目标不是按照匀速直线运动，那么估计会出现较大的偏差，而新的观测数据又不能很好地修正估计。在实际中，通常给增益值指定一个下限，当增益小到一定程度的时候，不让其继续减小。

式(7.8.18)是对目标的初始状态 $\boldsymbol{X}_0$ 建立的递推估计，利用式(7.8.17)可以转化为对目标 k 时刻的状态进行递推估计。

$$\begin{aligned}\hat{\boldsymbol{X}}(k/k) &= \begin{bmatrix} 1 & k\Delta \\ 0 & 1 \end{bmatrix}\hat{\boldsymbol{X}}_0(k) \\ &= \hat{\boldsymbol{X}}(k/k-1) + \boldsymbol{K}(k)[z(k) - \hat{z}(k/k-1)]\end{aligned} \tag{7.8.22}$$

其中

$$\hat{\boldsymbol{X}}(k/k-1) = \begin{bmatrix} 1 & \Delta \\ 0 & 1 \end{bmatrix}\hat{\boldsymbol{X}}(k-1/k-1) \tag{7.8.23}$$

$$\hat{z}(k/k-1) = [1\quad 0]\hat{\boldsymbol{X}}(k/k-1) \tag{7.8.24}$$

$$\begin{aligned}\boldsymbol{K}(k) &= \begin{bmatrix} 1 & k\Delta \\ 0 & 1 \end{bmatrix}\boldsymbol{K}_0(k) = \begin{bmatrix} 1 & k\Delta \\ 0 & 1 \end{bmatrix}\begin{bmatrix} -\dfrac{2(k-1)}{(k+1)(k+2)} \\ \dfrac{6}{(k+1)(k+2)\Delta} \end{bmatrix} \\ &= \begin{bmatrix} \dfrac{4k+2}{(k+1)(k+2)} \\ \dfrac{6}{(k+1)(k+2)\Delta} \end{bmatrix}\end{aligned} \tag{7.8.25}$$

图7.10给出了一个 x-y 平面目标跟踪的仿真实例，目标起始位置为(0,3000m)，目标以 x 方向15m/s、y 方向−15m/s的速度做匀速运动，测量的标准差为100m，采样间

隔为 $\Delta=2\text{s}$。图 7.10(a)给出了目标的真实轨迹、测量值和滤波值的样本，图 7.10(b)给出了运用蒙特卡洛仿真得出的滤波误差标准差曲线。从图中可以看出，滤波有较好的精度。

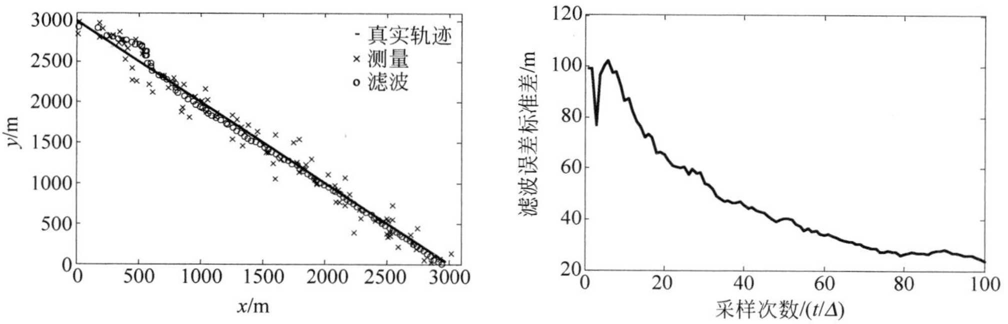

(a) 目标真实轨迹、测量值与滤波值　　(b) 滤波误差的标准差

图 7.10　目标跟踪的仿真实例

习　题

7.1　设有 N 次观测 $z_i=A+w_i\,(i=0,1,\cdots,N-1)$，其中 w_i 是均值为零、方差为 σ^2 的高斯白噪声，且与 A 统计独立，A 在 $(-A_0,A_0)$ 上服从均匀分布，证明 A 的最大后验概率估计为

$$\hat{A}_{\text{map}}=\begin{cases}-A_0 & (\bar{z}<-A_0)\\ \bar{z} & (-A_0\leqslant\bar{z}\leqslant A_0)\\ A_0 & (\bar{z}>A_0)\end{cases}$$

其中，$\bar{z}=\dfrac{1}{N}\sum\limits_{i=0}^{N-1}z_i$。

7.2　单次观测 $z=s+w$ 是高斯分布信号与均匀分布噪声之和，且两者相互独立，其概率密度如图 7.11 所示。

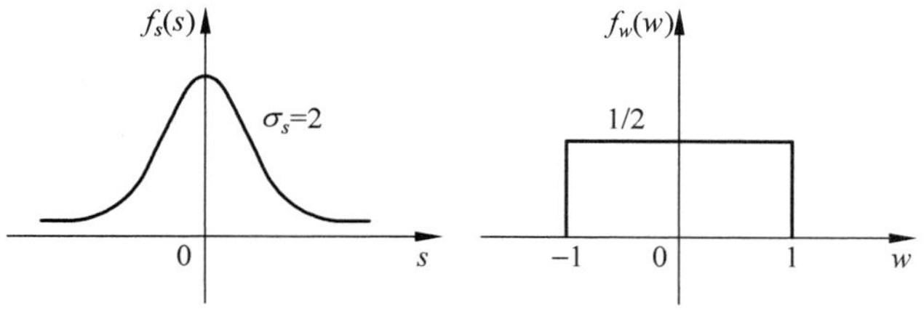

图 7.11　概率密度示意图

(1) 对 z 的各个范围 $z<-1$，$z>1$，$|z|<1$，画出 $f(s|z)$；

(2) 求 $\hat{s}_{\text{map}}$；

(3) 当 $z>1$ 时,求最小均方估计。

7.3　从有噪声的观测中估计天线方位角,观测为 $z=s+w$,其中角度 s 在$[-1,1]$(单位为 mrad)上均匀分布,噪声 w 与 s 统计独立且概率密度为

$$f(w)=\begin{cases}1-|w| & (-1<w<1)\\ 0 & (\text{其他})\end{cases}$$

(1) 求 $z=1.5$ 时的最小均方估计;

(2) 求 $z=1.5$ 时的最大后验概率估计。

7.4　设随机参量 θ 的后验概率密度为

$$f(\theta\mid z)=\frac{\varepsilon}{\sqrt{2\pi}}\exp\left[-\frac{1}{2}(\theta-z)^2\right]+\frac{1-\varepsilon}{\sqrt{2\pi}}\exp\left[-\frac{1}{2}(\theta+z)^2\right]$$

其中,ε 是任意常数,$0<\varepsilon<1$,求 θ 的最小均方估计和最大后验概率估计。

7.5　给定 $z=\dfrac{s}{2}+w$,w 是均值为零方差为 1 的高斯随机变量:

(1) 求 s 的最大似然估计 $\hat{s}_{\mathrm{ml}}$;

(2) 对下列 $f(s)$ 求最大后验估计 $\hat{s}_{\mathrm{map}}$:

$$f(s)=\begin{cases}\dfrac{1}{4}\exp\left(-\dfrac{s}{4}\right) & (s\geqslant 0)\\ 0 & (s<0)\end{cases}$$

7.6　设观测信号 $z_i=\theta+w_i(i=0,1,\cdots,N-1)$,已知 w_i 是相互独立,具有相同分布的高斯噪声,其均值为 0,方差为 σ_w^2;信号 θ 是一恒定电平的高斯随机变量,其均值为零、方差为 σ_θ^2,且与噪声统计独立。通过 N 次观测对信号 θ 进行估计,求信号 θ 的最小均方估计 $\hat{\theta}_{\mathrm{ms}}$,最大后验估计 $\hat{\theta}_{\mathrm{map}}$ 和条件中位数估计 $\hat{\theta}_{\mathrm{med}}$。

7.7　在题 7.6 中以 $\hat{\theta}(N-1)$表示前 N 个观测对 θ 的估计,以 $\sigma^2(N-1)$表示相应的方差。现观测到另一取样值 z_N,试用 $\hat{\theta}(N-1)$、z_N 和$\sigma^2(N-1)$表示估计 $\hat{\theta}(N)$,此为 $\hat{\theta}(N)$提供了一种序列估计算法。

7.8　假定似然函数 $f(\boldsymbol{z};\theta)$满足正则条件:

$$E\left\{\frac{\partial \ln f(\boldsymbol{z};\theta)}{\partial\theta}\right\}=0$$

证明任何无偏估计量 $\hat{\theta}$ 的方差满足

$$\mathrm{Var}(\hat{\theta})=E[(\theta-\hat{\theta})^2]\geqslant I^{-1}(\theta)$$

当且仅当

$$\frac{\partial \ln f(\boldsymbol{z};\theta)}{\partial\theta}=(\hat{\theta}-\theta)I(\theta)$$

时,上式的等号成立,其中 $I(\theta)=E\left\{\left[\dfrac{\partial \ln f(\boldsymbol{z};\theta)}{\partial\theta}\right]^2\right\}=-E\left\{\left[\dfrac{\partial^2 \ln f(\boldsymbol{z};\theta)}{\partial\theta^2}\right]\right\}$。

7.9 设 N 次观测为 $z_i=A+w_i(i=0,1,\cdots,N-1)$，其中 A 为未知的确定信号，噪声 $w_i(i=0,1,\cdots,N-1)$ 相互独立并服从同样的分布 $\mathcal{N}(0,\sigma^2)$，噪声的方差 σ^2 已知。

(1) 求 A 的极大似然估计 $\hat{A}_{\mathrm{ml}}$；

(2) $\hat{A}_{\mathrm{ml}}$ 是否为无偏估计？

(3) $\hat{A}_{\mathrm{ml}}$ 是否为有效估计？估计的方差等于多少？

7.10 在题 7.9 中，如果 A 和 σ^2 都是未知的，试分别求其最大似然估计，并讨论它们的无偏性。

7.11 要传输两个确定参数 A_0 和 A_1，为了保证传输可靠，现构造两个信号 s_0 和 s_1 分别在两个信道上传输，则有

$$s_0=x_{00}A_0+x_{01}A_1,\quad s_1=x_{10}A_0+x_{11}A_1,\quad \begin{vmatrix} x_{00} & x_{01} \\ x_{10} & x_{11} \end{vmatrix}\neq 0$$

其中，$x_{ij}(i,\ j=0,1)$ 均为已知常数。接收端获得的观测为

$$z_0=s_0+w_0,\quad z_1=s_1+w_1$$

其中，噪声 w_0 和 w_1 统计独立并且服从同样的分布 $N(0,\sigma_w^2)$。

(1) 求 A_0 和 A_1 的最大似然估计；

(2) A_0 和 A_1 的最大似然估计是否为无偏估计？

(3) A_0 和 A_1 的最大似然估计是否为有效估计？

7.12 证明：矢量形式的线性最小均方估计是无偏估计，均方误差阵满足式(7.5.18)。

7.13 设观测模型为 $z_i=a+w_i(i=0,1,\cdots,N-1)$，其中随机参量 a 为信号幅值，$E(a)=0$，$E(a^2)=A$（A 为已知常数），w_i 是零均值白噪声，$E(w_iw_j)=\sigma^2\delta_{ij}$，$E(w_ia)=0$，求 a 的线性最小均方估计。

7.14 设观测模型为 $z_k=(k+1)s+w_k(k=0,1,\cdots,N-1)$，其中 $(k+1)s$ 代表随时间增长的信号幅度，s 为增长速度，若信号 $(k+1)s$ 代表测量运动物体的距离，那么 s 代表运动的速度，假定 $E(s)=0$，$E(s^2)=S$，w_k 是零均值白噪声，$E(w_kw_j)=\sigma^2\delta_{kj}$，$E(w_ka)=0$，求 s 的线性最小均方估计。

7.15 对于式(7.6.2)的线性观测模型，假定测量噪声的均值为零，证明最小二乘和加权最小二乘估计误差的方差阵分别为

$$\mathrm{Var}(\tilde{\boldsymbol{\theta}}_{\mathrm{ls}})=E\{[\boldsymbol{\theta}-\hat{\boldsymbol{\theta}}_{\mathrm{ls}}][\boldsymbol{\theta}-\hat{\boldsymbol{\theta}}_{\mathrm{lsw}}]^{\mathrm{T}}\}=(\boldsymbol{H}^{\mathrm{T}}\boldsymbol{H})^{-1}\boldsymbol{H}^{\mathrm{T}}\boldsymbol{R}\boldsymbol{H}(\boldsymbol{H}^{\mathrm{T}}\boldsymbol{H})^{-1}$$

$$\mathrm{Var}(\tilde{\boldsymbol{\theta}}_{\mathrm{ls}})=E\{[\boldsymbol{\theta}-\hat{\boldsymbol{\theta}}_{\mathrm{lsw}}][\boldsymbol{\theta}-\hat{\boldsymbol{\theta}}_{\mathrm{lsw}}]^{\mathrm{T}}\}=(\boldsymbol{H}^{\mathrm{T}}\boldsymbol{W}\boldsymbol{H})^{-1}\boldsymbol{H}^{\mathrm{T}}\boldsymbol{W}\boldsymbol{R}\boldsymbol{W}\boldsymbol{H}(\boldsymbol{H}^{\mathrm{T}}\boldsymbol{W}\boldsymbol{H})^{-1}$$

7.16 证明 $\mathrm{Var}(\tilde{\boldsymbol{\theta}}_{\mathrm{lsw}})\geqslant\mathrm{Var}(\tilde{\boldsymbol{\theta}}_{\mathrm{ls}R^{-1}})=(\boldsymbol{H}^{\mathrm{T}}\boldsymbol{R}^{-1}\boldsymbol{H})^{-1}$。（提示：利用矩阵的许瓦兹不等式，设 $\boldsymbol{A}$ 为 $n\times m$ 的矩阵，$\boldsymbol{B}$ 为 $m\times l$ 的矩阵，且 $\boldsymbol{A}\boldsymbol{A}^{\mathrm{T}}$ 可逆，则有 $\boldsymbol{B}^{\mathrm{T}}\boldsymbol{B}\geqslant(\boldsymbol{A}\boldsymbol{B})^{\mathrm{T}}(\boldsymbol{A}\boldsymbol{A}^{\mathrm{T}})^{-1}(\boldsymbol{A}\boldsymbol{B})$，当且仅当存在一个 $\boldsymbol{C}$，使 $\boldsymbol{B}=\boldsymbol{A}^{\mathrm{T}}\boldsymbol{C}$，不等式等号成立。

7.17 按题 7.3 给定的已知条件，若新的观测技术容许在第二次观测中减少噪声，

即信道观测样本为 $z_0=s+w_0$，$z_1=s+\dfrac{w_0}{2}$，其中 s 和 w_i 的统计特性不变，求线性最小均方估计 $\hat{s}_{\mathrm{lms}}=h_1z_0+h_2z_1$。

7.18　通过位移的测量估计车辆的加速度 a，测量是具有噪声的，以致实际数据样本有下列形式：$z_j=a(j+1)^2+w_j(j=0,1,\cdots)$。已知 $E(a)=0$，$E(a^2)=\sigma_a^2$，$E(w_j)=0$，$E(w_j^2)=\sigma_w^2$，$E(aw_j)=0$，$E(w_iw_j)=0(i\neq j)$。

（1）设噪声样本是正态的：

$$f(w_j)=\frac{1}{\sqrt{2\pi}\sigma_w}\exp\left(-\frac{w_j^2}{2\sigma_w^2}\right)$$

两个数据样本分别为 $z_0=a+w_0$，$z_1=4a+w_1$，求最大似然估计；

（2）两个数据样本同上，如设 a，w_i 均是正态的，且 $E(a)=E(w_j)=0$，$E(a^2)=\sigma_a^2=\sigma_w^2$，求最大后验概率估计。

7.19　按题 7.18 给出的条件，两个数据样本 $z_0=a+w_0$，$z_1=4a+w_1$，并设 $\sigma_a^2=\sigma_w^2$，求线性最小均方估计。

7.20　已知电压 s，其概率密度为

$$f(s)=\frac{1}{2\sqrt{2\pi}}\exp\left(-\frac{s^2}{8}\right)$$

现用几次电压测量的线性组合对 s 进行估计，两只高级仪表的读数为 z_0，z_1，读数为真实电压加上零均值的正态误差，误差是各自独立的，且误差的方差 $\sigma^2=2$。

（1）求 s 的线性最小均方估计；

（2）用四块不太准确的仪表，重新测得有较大误差的数据 z_0，z_1，z_2，z_3，且方差 $\sigma^2=4$，求线性最小均方估计。

7.21　在某星球上，有物体自由下落，在 t 秒内下降距离 $s=g_{\mathrm{e}}t^2/2$，现在用一台有噪声的仪器进行观测来估计重力加速度 g_{e}，取样值为

$$z_j=\frac{(j+1)^2}{2}g_{\mathrm{e}}+w_j\quad(j=0,1,\cdots)$$

其中 g_{e} 的均值已扣除，故实际估计 g_{e} 的均值为 0，方差为 $1(m^2/s)$，噪声样本也是零均值，其 $R_w(k)=E(w_{i+k}w_i)=1/2^k$，且与信号不相关。

（1）一次取样 $z_0=\dfrac{1}{2}g_{\mathrm{e}}+w_0$，求最佳线性估计 $\hat{g}_{\mathrm{e}}$；

（2）用两次取样求 $\hat{g}_{\mathrm{e}}$。

7.22　取两个数据样本 $z_0=s+w_0$，$z_1=2s+w_1$，已知 $E(s)=E(w)=0$，$E(s^2)=3$，$E(w_0^2)=E(w_1^2)=2$，信号和噪声不相关，但 $E(w_0w_1)=2$，试求 s 的线性最小均方估计。

7.23　设 $z(t)=s\cos\omega_0t+w(t)$，通过取样对幅度 s 做线性估计。设 $z(t)$ 在 $\omega_0t=0$，$\omega_0t=\pi/4$ 处取样，并设 $E(s)=E(w_i)=0$，$E(w_0w_1)=0$，$E(s^2)=\sigma_s^2$，$E(sw_i)=0$，$E(w_0^2)=E(w_1^2)=\sigma_w^2$，求 s 的最佳线性估计 $\hat{s}=h_0z_0+h_1z_1$。

7.24 在一段时间$[0,T]$的两个端点对随机过程$X(t)$进行观测，得$X(0)$和$X(T)$，若用这两个观测数据求$X(t)$在$[0,T]$上的积分值$I=\int_0^T X(t)\mathrm{d}t$的线性最小均方估计，即求

$$\hat{I}=aX(0)+bX(T)$$

(1) 求a,b；

(2) 讨论当T很小时会出现什么结果？这个结果合理吗？

7.25 设观测为$z=\theta+w$，其中θ为离散型随机变量，只取0或者A(已知常数)两个值，且$P(\theta=A)=p$，$P(\theta=0)=1-p$，其中$0<p<1$，w为随机变量，概率密度为$f_w(w)$，求θ的最大后验概率估计。

7.26 假定有N次独立观测$z_i=Ar^i+w_i$，$i=0,1,\cdots,N-1$，其中$w_i\sim\mathcal{N}(0,\sigma^2)$，$0<r<1$，求$A$的最大似然估计。该估计是有效估计量吗？估计的方差等于多少？

7.27 设有随机变量X和Y，已知$E(Y^n)=m_n(n\geqslant 2)$，$E(Y)=0$以及$X=Y^2$。若以Y的观察值对X作线性估计，求s的线性最小均方估计。

7.28 设有零均值实平稳随机过程$s(t)$，t是$[0,T]$内的一点。若已知$s(0)$和$s(T)$，利用$s(0)$和$s(T)$求$s(t)$的线性最小均方估计。

7.29 设随机信号$s(t)$加白噪声$w(t)$通过线性滤波器，信号与噪声的自相关函数分别为$R_s(\tau)=\frac{1}{2}\mathrm{e}^{-|\tau|}$和$R_w(\tau)=\delta(\tau)$，要求滤波器输出的信号波形均方误差最小。求滤波器的特性及均方误差。

7.30 设$z(t)=s(t)+w(t)$，$s(t)$和$w(t)$皆为零均值互不相关的实平稳随机过程，且

$$G_s(\omega)=\frac{1}{1+\omega^2},\quad G_w(\omega)=1$$

若不考虑网络的可实现性，求最佳滤波器。

研讨题

7.31 7.8.2节讨论了递推最小二乘算法跟踪平面运动目标的问题，试用蒙特卡洛仿真分析的方法对算法的性能进行分析。

(1) 匀速运动目标。

假定有一个两坐标雷达对一平面上运动的目标进行观测，目标在$t=0\sim200\mathrm{s}$做恒速直线运动，运动速度x、y方向均为15m/s，目标的起始点为(0m,3000m)，雷达扫描周期$t=2\mathrm{s}$，x和y独立地进行观测，观测噪声的标准差均为100m。试用递推最小二乘方法建立雷达对目标的跟踪算法，并进行仿真分析，画出目标的真实轨迹、对目标的观测轨迹、滤波轨迹以及滤波的误差曲线。

(2) 匀速+匀加速运动目标。

仍如(1)所述目标跟踪问题，但目标在 $t=200\sim400\text{s}$ 做匀加速运动，加速度为 $u_x=u_y=0.075\text{m/s}^2$，400s后结束加速运动，并保持匀速运动只 $t=600\text{s}$，若仍采用(1)所建立的跟踪算法，滤波轨迹会发生什么变化？如何改进算法以适用加速运动的目标的跟踪？

第8章 统计判决理论

在实际中经常需要根据观测波形对几种可能的情况进行判决,如在雷达信号检测中,根据雷达接收机输出的波形作出目标存在与否的判断。由于存在一定的环境杂波干扰以及雷达接收机内部的噪声,微弱的雷达回波信号总是淹没在杂波和噪声中(通常把杂波和噪声统称为噪声),因此,雷达信号的检测就是从含有噪声的数据(观测)中判断是否有目标回波信号存在。在数字通信系统中,数字0和数字1是用两个不同信号来表示的,信号在信道中传输会叠加上信道噪声,通信信号的检测就是从含有噪声的数据(观测)中区分两种不同的信号。噪声中信号检测的理论基础是假设检验理论,因此,本章介绍假设检验的基本概念和基本判决准则,第9章再将假设检验理论应用于噪声中信号的检测。

8.1 假设检验的基本概念

信号检测理论是在假设检验的基础上发展起来的,所谓假设是可能判决结果的陈述,根据观测对几种假设作出判决称为假设检验。如雷达信号的检测问题,"目标存在""目标不存在"是雷达信号检测的两种可能结果,用 H_0 表示"目标不存在",用 H_1 表示"目标存在",H_0 和 H_1 就是雷达信号检测提出的两种假设,通常称 H_0 为原假设(或零假设),H_1 为备选假设。对应于每一种假设,都有一个观测,观测是随机变量。如雷达信号检测,在 H_0 假设下没有目标,雷达接收机的输出只有噪声,在 H_1 假设下,接收机输出为信号加噪声。因此,观测接收机的输出波形,得到观测为

$$H_0: z=w$$

$$H_1: z=s+w$$

其中,w 代表噪声,s 代表信号,由于噪声 w 是随机变量,所以观测 z 也是随机变量。观测可能是单次观测,也可能是多次观测,对于多次观测,可以用观测矢量表示,即 $\boldsymbol{z}=[z_0, z_1, \cdots, z_{N-1}]^{\mathrm{T}}$,所有观测值构成的空间称为观测空间,对于单次测量,观测空间是一维的空间,对于多次测量,观测空间是多维空间。假设检验的实质是将观测空间划分成两部分,如图8.1所示,如果观测数据落在 Z_0 区域,那么判 H_0 成立;如果观测数据落在 Z_1 区域,则判 H_1 成立。所以 Z_0 也叫 H_0 的判决域,Z_1 也叫 H_1 的判决域。

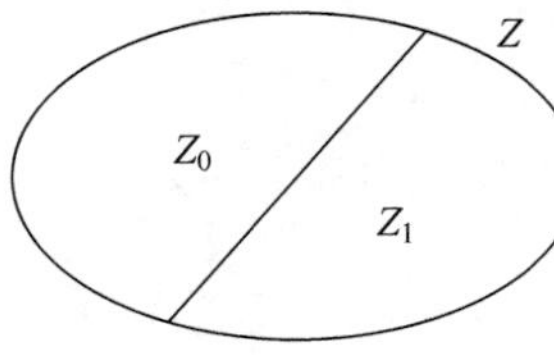

图8.1 观测空间

为了获得好的判决性能,不能随意划分观测空间,必须按照一定的准则来进行划分。比如,可以按照后验概率的大小来进行划分。在得到观测 z 的情况下,可以计算两种假设的后验概率 $P(H_1|z)$、$P(H_0|z)$,比较两个后验概率的大小,判后验概率大所对应的那个假设成立,称为最大后验概率准则。即

$$\frac{P(H_1 \mid z)}{P(H_0 \mid z)} \underset{H_0}{\overset{H_1}{\gtrless}} 1 \tag{8.1.1}$$

由贝叶斯公式得

$$P(H_i \mid z)=\frac{f(z \mid H_i)P(H_i)}{f(z)} \quad (i=0,1) \tag{8.1.2}$$

代入式(8.1.1),可得

$$\frac{f(z \mid H_1)}{f(z \mid H_0)} \underset{H_0}{\overset{H_1}{\gtrless}} \frac{P(H_0)}{P(H_1)} \tag{8.1.3}$$

其中,$f(z|H_i)$称为似然函数,$\Lambda(z)=\dfrac{f(z|H_1)}{f(z|H_0)}$,称为似然比,$\eta_0=P(H_0)/P(H_1)$,称为判决门限,由式(8.1.3)可以看出,判决表达式是似然比检验的形式,即似然比与门限进行比较

$$\Lambda(z) \underset{H_0}{\overset{H_1}{\gtrless}} \eta_0 \tag{8.1.4}$$

对于二元假设检验问题,在进行判决时可能发生下列4种情况:

(1) H_0 为真,判 H_0 成立;

(2) H_1 为真,判 H_1 成立;

(3) H_0 为真,判 H_1 成立;

(4) H_1 为真,判 H_0 成立。

第(1)、(2)种判决属于正确判决,第(3)种判决是一种错误判决,称为第一类错误,按雷达的术语称为虚警,虚警概率为

$$P_{\mathrm{F}}=P(D_1 \mid H_0)=\int_{Z_1} f(z \mid H_0)\mathrm{d}z \tag{8.1.5}$$

第(4)种判决也是一种错误判决,称为第二类错误,按雷达的术语称为漏警,漏警概率为

$$P_{\mathrm{M}}=P(D_0 \mid H_1)=\int_{Z_0} f(z \mid H_1)\mathrm{d}z \tag{8.1.6}$$

在式(8.1.5)和式(8.1.6)中,D_1 和 D_0 分别表示判 H_1 成立和判 H_0 成立。总的错误概率为

$$P_{\mathrm{e}}=P(D_1,H_0)+P(D_0,H_1)=P_{\mathrm{F}}P(H_0)+P_{\mathrm{M}}P(H_1) \tag{8.1.7}$$

第(2)种判决按雷达的术语称为检测,检测概率为

$$P_{\mathrm{D}}=P(D_1 \mid H_1)=\int_{Z_1} f(z \mid H_1)\mathrm{d}z \tag{8.1.8}$$

检测概率与漏警概率之间存在如下关系:

$$P_{\mathrm{D}}+P_{\mathrm{M}}=1 \tag{8.1.9}$$

例 8.1 设有两种假设:

$$H_0: z=w$$
$$H_1: z=1+w$$

其中,$w \sim N(0,1)$,假定 $P(H_0)=P(H_1)$,求最大后验概率准则的判决表达式,并确定判决性能。

解 最大后验概率准则的判决表达式是似然比检验的形式,因此首先计算似然比(如图8.2所示),即

$$f(z \mid H_0)=\frac{1}{\sqrt{2\pi}}\exp\left(-\frac{z^2}{2}\right),\quad f(z \mid H_1)=\frac{1}{\sqrt{2\pi}}\exp\left[-\frac{(z-1)^2}{2}\right]$$

$$\Lambda(z)=\frac{f(z \mid H_1)}{f(z \mid H_0)}=\exp\left(z-\frac{1}{2}\right)$$

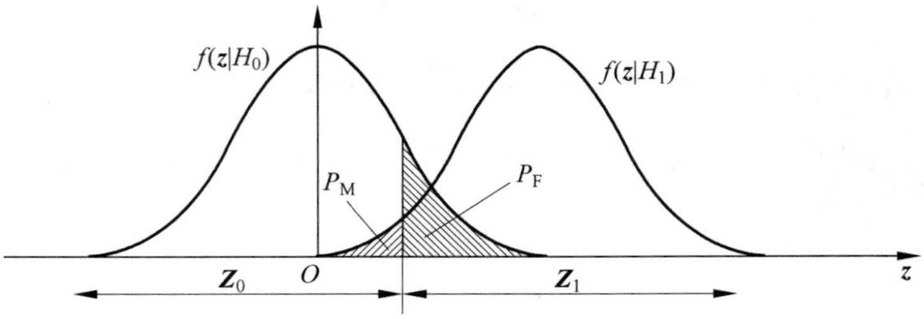

图 8.2　两种假设情况下的概率密度

所以判决表达式为

$$\exp\left(z-\frac{1}{2}\right)\underset{H_0}{\overset{H_1}{\gtrless}}1$$

对上式两边取对数并经整理后可得判决表达式为

$$z\underset{H_0}{\overset{H_1}{\gtrless}}\frac{1}{2}$$

在本例中,观测空间 $Z=(-\infty,+\infty)$,H_0 的判决域为 $Z_0=(-\infty,1/2)$,H_1 的判决域为 $Z_1=(1/2,+\infty)$,判决的虚警概率为

$$P_{\mathrm{F}}=P(D_1 \mid H_0)=P\left\{z>\frac{1}{2} \mid H_0\right\}=\int_{\frac{1}{2}}^{+\infty}f(z \mid H_0)\mathrm{d}z$$

$$=\int_{\frac{1}{2}}^{+\infty}\frac{1}{\sqrt{2\pi}}\exp\left(-\frac{z^2}{2}\right)\mathrm{d}z=Q\left(\frac{1}{2}\right)$$

其中

$$Q(x)=\int_{x}^{+\infty}\frac{1}{\sqrt{2\pi}}\exp(-u^2/2)\mathrm{d}u \tag{8.1.10}$$

为正态概率右尾函数。漏警概率为

$$P_{\mathrm{M}}=P(D_0 \mid H_1)=P\left\{z<\frac{1}{2} \mid H_1\right\}=\int_{-\infty}^{\frac{1}{2}}f(z \mid H_1)\mathrm{d}z$$

$$=\int_{-\infty}^{\frac{1}{2}}\frac{1}{\sqrt{2\pi}}\exp[-(z-1)^2/2]\mathrm{d}z=Q(1/2)$$

检测概率为

$$P_{\mathrm{D}}=P(D_1 \mid H_1)=1-P_{\mathrm{M}}=1-Q(1/2)$$

式(8.1.4)是根据单次测量得出的,对于多次测量,只需把测量 z 改写成矢量形式 $\boldsymbol{z}$ 就可以了,这时的概率密度是多维概率密度,即判决表达式为

$$\Lambda(\boldsymbol{z})\underset{H_0}{\overset{H_1}{\gtrless}}\eta_0 \tag{8.1.11}$$

其中

$$\Lambda(\boldsymbol{z})=\frac{f(\boldsymbol{z}\mid H_1)}{f(\boldsymbol{z}\mid H_0)}=\frac{f(z_0,z_1,\cdots,z_{N-1}\mid H_1)}{f(z_0,z_1,\cdots,z_{N-1}\mid H_0)} \tag{8.1.12}$$

虚警概率为

$$P_{\mathrm{F}}=\int_{Z_1} f(\boldsymbol{z}\mid H_0)\mathrm{d}\boldsymbol{z}=\int_{Z_1} f(z_0,z_1,\cdots,z_{N-1}\mid H_0)\mathrm{d}z_0\mathrm{d}z_1\cdots\mathrm{d}z_{N-1} \tag{8.1.13}$$

漏警概率为

$$P_{\mathrm{M}}=\int_{Z_0} f(\boldsymbol{z}\mid H_1)\mathrm{d}\boldsymbol{z}=\int_{Z_0} f(z_0,z_1,\cdots,z_{N-1}\mid H_1)\mathrm{d}z_0\mathrm{d}z_1\cdots\mathrm{d}z_{N-1} \tag{8.1.14}$$

需要注意的是，在式(8.1.11)中，尽管 $\boldsymbol{z}$ 是矢量，但似然比是标量，也就是说，尽管观测空间可能是多维的，但判决时总是可以转换到一个一维的空间上来进行。此外，由于似然比总是正的，可以取对数，因此似然比检验也可以表示为对数似然比和一个对数门限来进行比较，即

$$\ln\Lambda(\boldsymbol{z})\underset{H_0}{\overset{H_1}{\gtrless}}\ln\eta_0 \tag{8.1.15}$$

一般情况下，对数似然比可以进一步化简，将式(8.1.15)化简为

$$T(\boldsymbol{z})\underset{H_0}{\overset{H_1}{\gtrless}}\gamma \tag{8.1.16}$$

$T(\boldsymbol{z})$是进行判决的检验统计量，对于判决而言，式(8.1.11)、式(8.1.15)和式(8.1.16)是等价的。判决性能也可以表示为

$$P_{\mathrm{F}}=\int_{Z_1} f(\boldsymbol{z}\mid H_0)\mathrm{d}\boldsymbol{z}=\int_{\eta_0}^{+\infty} f_{\Lambda}(\lambda\mid H_0)\mathrm{d}\lambda=\int_{\gamma}^{+\infty} f_T(t\mid H_0)\mathrm{d}t \tag{8.1.17}$$

$$P_{\mathrm{M}}=\int_{Z_0} f(\boldsymbol{z}\mid H_1)\mathrm{d}\boldsymbol{z}=\int_{0}^{\eta_0} f_{\Lambda}(\lambda\mid H_1)\mathrm{d}\lambda=\int_{-\infty}^{\gamma} f_T(t\mid H_1)\mathrm{d}t \tag{8.1.18}$$

8.2 判决准则

假设检验的实质就是对观测空间进行划分，划分观测空间必须遵循一定的最优准则，前面已经介绍了最大后验概率准则，本节继续介绍贝叶斯(Bayes)准则、最小错误概率准则、极大极小准则和纽曼-皮尔逊(Neyman-Pearson)准则。

8.2.1 贝叶斯准则

对于二元假设检验，有四种判决情况，其中两种错误判决，两种正确判决，作出错误的判决是要付出代价的，同样，正确的判决也要付出代价，只不过正确判决的代价一般要小于错误判决的代价。为了描述每种判决情况的代价，引入代价因子 C_{ij}，表示 H_j 为真判 H_i 成立所付出的代价，这种判决的平均代价为 $C_{ij}P(D_i,H_j)$，总的平均代价为

$$C=\sum_{i=0}^{1}\sum_{j=0}^{1}C_{ij}P(D_i,H_j) \tag{8.2.1}$$

由于

$$P(D_i,H_j)=P(H_j)P(D_i\mid H_j)=P(H_j)\int_{Z_i}f(z\mid H_j)\mathrm{d}z$$

代入式(8.2.1)得

$$C=\sum_{i=0}^{1}\sum_{j=0}^{1}C_{ij}P(H_j)\int_{Z_i}f(z\mid H_j)\mathrm{d}z \tag{8.2.2}$$

由于 $Z=Z_0\cup Z_1$,所以

$$\int_{Z_1}f(z\mid H_j)\mathrm{d}z=1-\int_{Z_0}f(z\mid H_j)\mathrm{d}z$$

将上式代入式(8.2.2),经整理后可得

$$\begin{aligned}C=&C_{10}P(H_0)+C_{11}P(H_1)+\\&\int_{Z_0}[P(H_1)(C_{01}-C_{11})f(z\mid H_1)-P(H_0)(C_{10}-C_{00})f(z\mid H_0)]\mathrm{d}z\end{aligned} \tag{8.2.3}$$

通过最佳地选择区域 Z_0,使式(8.2.3)最小。由于式(8.2.3)的前面两项为常数,要使 C 最小,后面的积分要最小。如果这样来划分观测空间,把使被积函数为负的那些观测 z 归入 Z_0 中,其他归入 Z_1 中,即如果满足

$$P(H_1)(C_{01}-C_{11})f(z\mid H_1)<P(H_0)(C_{10}-C_{00})f(z\mid H_0)$$

判 H_0 成立,否则判 H_1 成立,那么总的平均代价将达到最小,由此得到判决表达式为

$$\frac{f(z\mid H_1)}{f(z\mid H_0)}\underset{H_0}{\overset{H_1}{\gtrless}}\frac{P(H_0)(C_{10}-C_{00})}{P(H_1)(C_{01}-C_{11})} \tag{8.2.4}$$

由式(8.2.4)可以看出,根据贝叶斯准则得出的判决表达式仍然是似然比检验的形式,与式(8.1.4)不同的只是门限值。如果 $C_{10}-C_{00}=C_{01}-C_{11}$,那么,贝叶斯准则与最大后验概率准则的判决门限相同。如果 $C_{00}=C_{11}=0$、$C_{10}=C_{01}=1$,即正确判决不需要付出代价,错误判决的代价因子为1,这时,式(8.2.1)为

$$C=P(D_0,H_1)+P(D_1,H_0)=P(H_1)P_{\mathrm{M}}+P(H_0)P_{\mathrm{F}} \tag{8.2.5}$$

这时总的平均代价等于总的错误概率,使总的平均代价最小等价于使总的错误概率最小,因此,最小错误概率准则的判决表达式为

$$\frac{f(z\mid H_1)}{f(z\mid H_0)}\underset{H_0}{\overset{H_1}{\gtrless}}\frac{P(H_0)}{P(H_1)} \tag{8.2.6}$$

式(8.2.6)与式(8.1.3)完全等价,这也表明最大后验概率准则等价于最小错误概率准则。

例 8.2 高斯白噪声中恒定电平的检测问题。设有两种假设:

$$H_0:z_i=w_i\quad(i=0,1,\cdots,N-1)$$

$$H_1:z_i=A+w_i\quad(i=0,1,\cdots,N-1)$$

其中,$\{w_i\}$是服从均值为零、方差为 σ^2 的高斯白噪声序列,假定参数 A 是已知的,且 $A>0$,求贝叶斯准则的判决表达式,并确定判决性能。

解 两种假设下的似然函数为

$$f(\boldsymbol{z} \mid H_0) = \prod_{i=0}^{N-1} \frac{1}{\sqrt{2\pi}\sigma} \exp\left(-\frac{z_i^2}{2\sigma^2}\right)$$

$$f(\boldsymbol{z} \mid H_1) = \prod_{i=0}^{N-1} \frac{1}{\sqrt{2\pi}\sigma} \exp\left[-\frac{(z_i - A)^2}{2\sigma^2}\right]$$

$$\Lambda(\boldsymbol{z}) = \frac{\prod_{i=0}^{N-1} \frac{1}{\sqrt{2\pi}\sigma} \exp\left[-\frac{(z_i - A)^2}{2\sigma^2}\right]}{\prod_{i=0}^{N-1} \frac{1}{\sqrt{2\pi}\sigma} \exp\left(-\frac{z_i^2}{2\sigma^2}\right)} = \exp\left[\frac{NA}{\sigma^2}\left(\frac{1}{N}\sum_{i=0}^{N-1} z_i - \frac{1}{2}A\right)\right]$$

对数似然比为

$$\ln\Lambda(\boldsymbol{z}) = \frac{NA}{\sigma^2}\left(\frac{1}{N}\sum_{i=0}^{N-1} z_i - \frac{1}{2}A\right)$$

判决表达式为

$$\frac{NA}{\sigma^2}\left(\frac{1}{N}\sum_{i=0}^{N-1} z_i - \frac{1}{2}A\right) \underset{H_0}{\overset{H_1}{\gtrless}} \ln\eta_0$$

令 $\bar{z} = \frac{1}{N}\sum_{i=0}^{N-1} z_i$，将上式整理后得

$$\bar{z} \underset{H_0}{\overset{H_1}{\gtrless}} \frac{\sigma^2}{NA}\ln\eta_0 + \frac{1}{2}A = \gamma$$

检验统计量 $\bar{z}$ 为样本均值，为了确定判决的性能，首先需要确定检验统计量的分布，在 H_0 为真时，$\bar{z} \mid H_0 = \frac{1}{N}\sum_{i=1}^{N} w_i$，那么

$$f_{\bar{z}}(\bar{z} \mid H_0) = \frac{1}{\sqrt{2\pi\sigma^2/N}} \exp\left(-\frac{\bar{z}^2}{2\sigma^2/N}\right)$$

在 H_1 为真时，$\bar{z} \mid H_1 = \frac{1}{N}\sum_{i=0}^{N-1}(A + w_i) = A + \frac{1}{N}\sum_{i=0}^{N-1} w_i$，则

$$f_{\bar{z}}(\bar{z} \mid H_1) = \frac{1}{\sqrt{2\pi\sigma^2/N}} \exp\left[-\frac{(\bar{z} - A)^2}{2\sigma^2/N}\right]$$

所以，虚警概率为

$$P_{\mathrm{F}} = P(\bar{z} > \gamma \mid H_0) = \int_{\gamma}^{+\infty} \frac{1}{\sqrt{2\pi\sigma^2/N}} \exp\left(-\frac{\bar{z}^2}{2\sigma^2/N}\right) \mathrm{d}\bar{z} = Q\left(\frac{\sqrt{N}\gamma}{\sigma}\right) \quad (8.2.7)$$

检测概率为

$$P_{\mathrm{D}} = P(\bar{z} > \gamma \mid H_1) = \int_{\gamma}^{+\infty} \frac{1}{\sqrt{2\pi\sigma^2/N}} \exp\left[-\frac{(\bar{z} - A)^2}{2\sigma^2/N}\right] \mathrm{d}\bar{z} = Q\left[\frac{\sqrt{N}(\gamma - A)}{\sigma}\right]$$

(8.2.8)

当采用最小错误概率准则且 $P(H_1) = P(H_0)$ 时，$\eta_0 = 1$，判决表达式为

$$\bar{z} \underset{H_0}{\overset{H_1}{\gtrless}} \frac{1}{2}A = \gamma$$

$$P_F=Q\left(\frac{\sqrt{N}A}{2\sigma}\right),\quad P_D=Q\left(-\frac{\sqrt{N}A}{2\sigma}\right)=1-Q\left(\frac{\sqrt{N}A}{2\sigma}\right)$$

总的错误概率为

$$P_e=P(H_0)P_F+P(H_1)P_M=Q\left(\frac{\sqrt{N}A}{2\sigma}\right)$$

例 8.3 设两种假设下的观测为

$$\begin{aligned}H_0:&\ z_i\sim\mathcal{N}(0,\sigma_0^2)\\H_1:&\ z_i\sim\mathcal{N}(0,\sigma_1^2)\end{aligned}\qquad(i=0,1,\cdots,N-1,\sigma_1^2>\sigma_0^2)$$

求判决表达式,并确定判决性能。

解 先计算似然比:

$$\Lambda(\boldsymbol{z})=\frac{\prod_{i=0}^{N-1}\frac{1}{\sqrt{2\pi}\sigma_1}\exp\left(-\frac{1}{2\sigma_1^2}z_i^2\right)}{\prod_{i=0}^{N-1}\frac{1}{\sqrt{2\pi}\sigma_0}\exp\left(-\frac{1}{2\sigma_0^2}z_i^2\right)}=\left(\frac{\sigma_0}{\sigma_1}\right)^N\exp\left[\frac{1}{2}\left(\frac{1}{\sigma_0^2}-\frac{1}{\sigma_1^2}\right)\sum_{i=0}^{N-1}z_i^2\right]$$

对数似然比为

$$\ln\Lambda(\boldsymbol{z})=N\ln(\sigma_0/\sigma_1)+\frac{1}{2}\left(\frac{1}{\sigma_0^2}-\frac{1}{\sigma_1^2}\right)\sum_{i=0}^{N-1}z_i^2$$

判决表达式为对数似然比和对数门限进行比较,经化简后得

$$\sum_{i=0}^{N-1}z_i^2\underset{H_0}{\overset{H_1}{\gtrless}}\frac{2\sigma_1^2\sigma_0^2}{\sigma_1^2-\sigma_0^2}[\ln\eta_0+N\ln(\sigma_1/\sigma_0)]=\gamma$$

下面计算判决性能。根据习题 1.14,在两种假设条件下,检验统计量 $T(\boldsymbol{z})=\sum_{i=0}^{N-1}z_i^2$ 服从自由度为 N 的 χ^2 分布,即

$$\left.\frac{T(\boldsymbol{z})}{\sigma_0^2}\right|_{H_0}\sim\chi_N^2,\quad\left.\frac{T(\boldsymbol{z})}{\sigma_1^2}\right|_{H_1}\sim\chi_N^2$$

虚警概率为

$$P_F=P\{T(\boldsymbol{z})>\gamma\mid H_0\}=P\left(\frac{T(\boldsymbol{z})}{\sigma_0^2}>\left.\frac{\gamma}{\sigma_0^2}\right|_{H_0}\right)=Q_{\chi_N^2}(\gamma/\sigma_0^2)$$

式中,$Q_{\chi_N^2}(x)=\int_x^{+\infty}\frac{1}{2^{N/2}\Gamma(N/2)}x^{N/2-1}\mathrm{e}^{-x/2}\mathrm{d}x$ 为 N 个自由度的 χ_N^2 分布的概率右尾函数。检测概率为

$$P_D=P[T(\boldsymbol{z})>\gamma\mid H_1]=P\left(\frac{T(\boldsymbol{z})}{\sigma_1^2}>\left.\frac{\gamma}{\sigma_1^2}\right|_{H_1}\right)=Q_{\chi_N^2}(\gamma/\sigma_1^2)$$

假定 $N=16,\sigma_0^2=1,\sigma_1^2=4,P_F=0.1$,计算得到 $\gamma=23.5418,P_D=0.9893$,下面给出了计算门限和检测概率的 MATLAB 程序,图 8.3 还给出了检测概率和虚警概率的示意图。

```
N=16; %自由度
sigma0=1;
```

```
sigma1=2;
x=0:0.01:40;
y=chi2pdf(x,N);
tz0=x.*sigma0;
tz1=x.*sigma1;
plot(tz0,y/sigma0^2,'k',tz1,y/sigma1^2,'k','linewidth',1)
axis([0 160 0 0.1])
pf=0.1;                              %设定虚警概率
r=sigma0^2.*chi2inv(1-pf,N);         %计算门限值
pd=1-chi2cdf(r./sigma1^2,N);         %计算检测概率
```

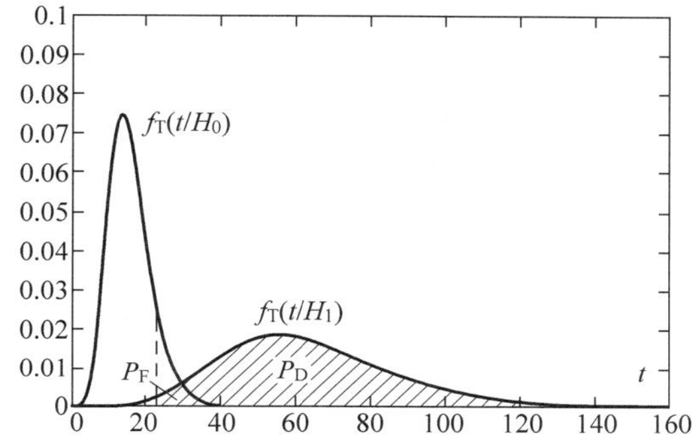

图 8.3 检测概率和虚警概率的示意图

8.2.2 极大极小准则

贝叶斯准则确定判决门限需要知道代价因子和先验概率 $P(H_1)$,$P(H_0)$,如果先验概率未知,这时可以采用极大极小准则。

由式(8.2.1)可知平均代价为

$$C = C_{00}P(D_0 \mid H_0)P(H_0) + C_{10}P(D_1 \mid H_0)P(H_0) + C_{01}P(D_0 \mid H_1)P(H_1) + C_{11}P(D_1 \mid H_1)P(H_1) \tag{8.2.9}$$

令 $p_1=P(H_1)$,则 $P(H_0)=1-p_1$,又 $P(D_1|H_0)=P_F$,$P(D_0|H_0)=1-P_F$,$P_M=P(D_0|H_1)$,$P(D_1|H_1)=1-P_M$,将这些关系代入式(8.2.9),经整理后可得平均代价为

$$C = C_{00}(1-P_F) + C_{10}P_F + p_1[(C_{11}-C_{00}) + (C_{01}-C_{11})P_M - (C_{10}-C_{00})P_F] \tag{8.2.10}$$

对于给定的 p_1,如果按照贝叶斯准则确定门限,即

$$\Lambda(z) = \frac{f(z \mid H_1)}{f(z \mid H_0)} \underset{H_0}{\overset{H_1}{\gtrless}} \frac{(1-p_1)(C_{10}-C_{00})}{p_1(C_{01}-C_{11})} \tag{8.2.11}$$

那么按式(8.2.10)计算的平均代价是对应于先验概率 p_1 的最小平均代价,即贝叶斯代价,可表示为

$$C_{\min}(p_1) = C_{00}(1-P_F) + C_{10}P_F + p_1[(C_{11}-C_{00}) + (C_{01}-C_{11})P_M - (C_{10}-C_{00})P_F] \tag{8.2.12}$$

很显然,不同的先验概率,判决门限不同,对应的最小平均代价也不同。由此可以画出一条最小平均代价随 p_1 变化的曲线,如图 8.4 所示。由图可以看出,存在一个先验概率 p_1^*,对应的最小平均代价达到最大,这个先验概率称为最不利的先验概率。实际上由于 p_1 是未知的,假如随意假定一个先验概率 $p_1=p_1'$,用这个先验概率确定判决门限,那么平均代价可表示为

$$C(p_1',p_1)=C_{00}[1-P_F(p_1')]+C_{10}P_F(p_1')+p_1[(C_{11}-C_{00})+(C_{01}-C_{11})P_M(p_1')-(C_{10}-C_{00})P_F(p_1')] \tag{8.2.13}$$

$C(p_1',p_1)$ 与 p_1 的关系是一条直线,很显然,$C(p_1',p_1')=C_{\min}(p_1')$,该直线与 $C_{\min}(p_1)$ 在 $p_1=p_1'$ 处相切。

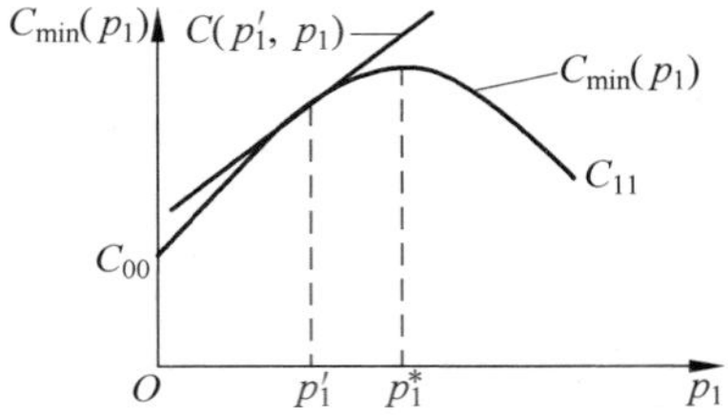

图 8.4　最小平均代价随先验概率 p_1 变化的曲线

由图可以看出,当实际的 p_1 与 p_1' 相差不大时,平均代价与最小平均代价相差不大,但当实际的 p_1 与 p_1' 相差较大时,平均代价会变得很大,我们不希望出现这样的情况。如果选择 $p_1'=p_1^*$,这时平均代价平行于横轴,这时的平均代价不随 p_1 变化,是一个恒定值。极大极小准则就是根据最不利的先验概率确定门限的一种贝叶斯判决方法,这时的平均代价是一个恒定值,不随先验概率变化。要使平均代价为常数,式(8.2.13)表示的直线斜率应该为零,因此,由下式可解出最不利的先验概率 p_1^*,即

$$(C_{11}-C_{00})+(C_{01}-C_{11})P_M(p_1^*)-(C_{10}-C_{00})P_F(p_1^*)=0 \tag{8.2.14}$$

式(8.2.14)称为极大极小方程,通过令最小平均代价对 p_1 的导数为零也可以求得最不利先验分布 p_1^*,即

$$\left.\frac{\partial C_{\min}(p_1)}{\partial p_1}\right|_{p_1=p_1^*}=0 \tag{8.2.15}$$

式(8.2.15)也称为极大极小方程。当 $C_{00}=C_{11}=0$、$C_{10}=C_{01}=1$ 时,式(8.2.14)化简为

$$P_M(p_1^*)=P_F(p_1^*) \tag{8.2.16}$$

此时的平均代价等于总的错误概率。

例 8.4　判决问题如例 8.1,假定 $C_{00}=C_{11}=0$,$C_{01}=2$,$C_{10}=1$,求极大极小准则的判决表达式和判决门限。

解　在例 8.1 中已经计算出似然比为

$$\Lambda(z)=\exp\left(z-\frac{1}{2}\right)$$

所以,判决表达式为

$$\exp\left(z-\frac{1}{2}\right)\underset{H_0}{\overset{H_1}{\gtrless}}\frac{(1-p_1)}{2p_1}=\eta_0$$

或者经化简后得

$$z\underset{H_0}{\overset{H_1}{\gtrless}}\frac{1}{2}+\ln\left(\frac{1-p_1}{2p_1}\right)=\gamma$$

$$P_F=P(D_1\mid H_0)=\int_{\gamma}^{+\infty}\frac{1}{\sqrt{2\pi}}\exp\left(-\frac{z^2}{2}\right)dz$$

$$P_M=P(D_0\mid H_1)=\int_{-\infty}^{\gamma}\frac{1}{\sqrt{2\pi}}\exp\left[-\frac{(z-1)^2}{2}\right]dz$$

$$C_{\min}(p_1)=(1-p_1)P(D_1\mid H_0)+2p_1P(D_0\mid H_1)$$

$$=(1-p_1)\int_{\gamma}^{+\infty}\frac{1}{\sqrt{2\pi}}\exp\left(-\frac{z^2}{2}\right)dz+2p_1\int_{-\infty}^{\gamma}\frac{1}{\sqrt{2\pi}}\exp\left[-\frac{(z-1)^2}{2}\right]dz$$

下面给出了画 $C_{\min}(p_1)$曲线的 MATLAB 程序，绘出的图形如图 8.5 所示。

```
p1=0:0.05:1;
r=0.5+log((1-p1)./(2.*p1));
cmin=(1-p1).*Q(r)+2.*p1.*normcdf(r-1);
% Q(x)为自定义的函数
% function y=Q(x)
% y=1-normcdf(x);
plot(p1,cmin,'k','linewidth',2)
axis([0 1 0 0.5])
grid off
xlabel('P_1')
ylabel('C_m_i_n')
```

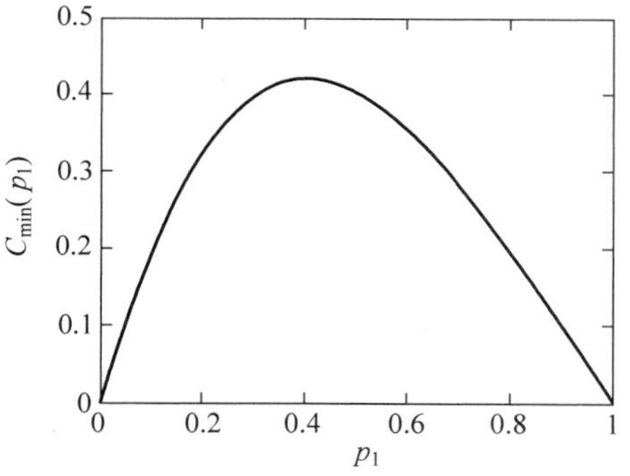

图 8.5 $C_{\min}(p_1)$曲线

该曲线在 $p_1=0$ 或 1 时，最小平均代价都等于零，且在 $p_1=0.4$ 处取最大值，最大的贝叶斯代价为 $C_{\min}(0.4)=0.422$。所以，最不利的先验概率为 $P(H_1)=0.4$，$P(H_0)=0.6$，对应的判决门限为 $\gamma=\frac{1}{2}+\ln\left(\frac{1-p_1}{2p_1}\right)=\frac{1}{2}+\ln\left(\frac{1-0.4}{2\times0.4}\right)=0.212$。

例 8.5 判决问题如例 8.2,假定先验概率未知,$C_{00}=C_{11}=0$,$C_{01}=C_{10}=1$,求极大极小准则的判决表达式。

解 在例 8.2 中得到对数似然比为

$$\ln\Lambda(\boldsymbol{z})=\frac{NA}{\sigma^2}\left(\frac{1}{N}\sum_{i=1}^{N}z_i-\frac{1}{2}A\right)$$

假定最不利的先验概率 $P(H_1)=p_1^*$,则极大极小准则的判决表达式为

$$\frac{NA}{\sigma^2}\left(\frac{1}{N}\sum_{i=1}^{N}z_i-\frac{1}{2}A\right)\underset{H_0}{\overset{H_1}{\gtrless}}\ln\left(\frac{1-p_1^*}{p_1^*}\right)$$

将上式化简,得

$$\bar{z}=\frac{1}{N}\sum_{i=1}^{N}z_i\underset{H_0}{\overset{H_1}{\gtrless}}\frac{\sigma^2}{NA}\ln\frac{1-p_1^*}{p_1^*}+\frac{1}{2}A=\gamma$$

虚警概率可表示为

$$P_F=\int_{\gamma}^{+\infty}\frac{1}{\sqrt{2\pi\sigma^2/N}}\exp\left(-\frac{\bar{z}^2}{2\sigma^2/N}\right)\mathrm{d}\bar{z}=\int_{\sqrt{N}\gamma/\sigma}^{+\infty}\frac{1}{\sqrt{2\pi}}\exp\left(-\frac{\bar{z}^2}{2}\right)\mathrm{d}\bar{z}$$

漏警概率为

$$P_M=\int_{-\infty}^{\gamma}\frac{1}{\sqrt{2\pi\sigma^2/N}}\exp\left[-\frac{(\bar{z}-A)^2}{2\sigma^2/N}\right]\mathrm{d}\bar{z}=\int_{-\infty}^{\sqrt{N}(\gamma-A)/\sigma}\frac{1}{\sqrt{2\pi}}\exp\left(-\frac{\bar{z}^2}{2}\right)\mathrm{d}\bar{z}$$

根据极大极小方程式(8.2.16)得

$$\int_{\sqrt{N}\gamma/\sigma}^{+\infty}\frac{1}{\sqrt{2\pi}}\exp\left(-\frac{\bar{z}^2}{2}\right)\mathrm{d}\bar{z}=\int_{-\infty}^{\sqrt{N}(\gamma-A)/\sigma}\frac{1}{\sqrt{2\pi}}\exp\left(-\frac{\bar{z}^2}{2}\right)\mathrm{d}\bar{z}$$

由上式可解得 $\gamma=A/2$,对应的最不利先验概率为 $p_1^*=1/2$,判决表达式为

$$\bar{z}\underset{H_0}{\overset{H_1}{\gtrless}}\frac{1}{2}A$$

8.2.3 纽曼-皮尔逊准则

在许多信号检测问题中,如雷达系统,要确定代价因子和先验概率是非常困难的,前面介绍的几种准则就不能采用,这时可以采用纽曼-皮尔逊准则,这一准则是在约束虚警概率恒定的情况下使漏警概率最小(或检测概率最大)。

设定虚警概率 $P_F=\alpha$ 为常数,构造一个目标函数

$$J=P_M+\lambda(P_F-\alpha) \tag{8.2.17}$$

其中,λ 为拉格朗日乘因子,问题是要确定一种对观测空间的最佳划分,使 J 最小。将虚警概率和漏警概率的表达式代入式(8.2.17)可得

$$J=\int_{Z_0}f(z\mid H_1)\mathrm{d}z+\lambda\left[\int_{Z_1}f(z\mid H_0)\mathrm{d}z-\alpha\right]$$

$$=\lambda(1-\alpha)+\int_{Z_0}[f(z\mid H_1)-\lambda f(z\mid H_0)]\mathrm{d}z \tag{8.2.18}$$

在式(8.2.18)中，前一项是一个常数，要使 J 最小，应该使积分项最小，也就是说，满足积分中被积函数为负的 z 归入到 Z_0 区域中，其他的归入到 Z_1 区域中，即当 $f(z|H_1)-\lambda f(z|H_0)<0$ 时判 H_0 成立，否则判 H_1 成立，于是，判决表达式为

$$\Lambda(z)=\frac{f(z \mid H_1)}{f(z \mid H_0)}\underset{H_0}{\overset{H_1}{\gtrless}}\lambda \tag{8.2.19}$$

而门限 λ 由给定的虚警概率确定，即

$$\int_{\lambda}^{+\infty} f_{\Lambda}(x \mid H_0)\mathrm{d}x=\alpha \tag{8.2.20}$$

式中，$f_{\Lambda}(x)$表示似然比 $\Lambda(z)$的概率密度。

例 8.6 判决问题如例 8.1 所示，现在假定要求的虚警概率为 $P_{\mathrm{F}}=0.1$，求纽曼-皮尔逊准则的判决表达式，并确定检测性能。

解 由例 8.1 可知，似然比为

$$\Lambda(z)=\exp\left(z-\frac{1}{2}\right)$$

由式(8.2.19)可知，纽曼-皮尔逊准则的判决表达式为

$$\exp\left(z-\frac{1}{2}\right)\underset{H_0}{\overset{H_1}{\gtrless}}\lambda$$

或者化简为

$$z\underset{H_0}{\overset{H_1}{\gtrless}}\ln\lambda+\frac{1}{2}=\gamma$$

门限 γ 由给定的虚警概率确定，即

$$\int_{\gamma}^{+\infty} f(z \mid H_0)\mathrm{d}z=\int_{\gamma}^{+\infty}\frac{1}{\sqrt{2\pi}}\exp(-z^2/2)\mathrm{d}z=0.1$$

由上式可解得门限 $\gamma=1.282$，对应的检测概率为

$$P_{\mathrm{D}}=\int_{\gamma}^{+\infty} f(z \mid H_1)\mathrm{d}z=\int_{\gamma}^{+\infty}\frac{1}{\sqrt{2\pi}}\exp[-(z-1)^2/2]\mathrm{d}z=0.389$$

本例的检测概率是比较低的，而虚警概率又比较高。对于雷达信号的检测来说，这样低的性能是不符合要求的，提高检测性能的基本方法是增加观测次数，本例是采用单次观测，习题 8.2 给出了一个多次观测的例子。

例 8.7 在两种假设下观测的概率密度如图 8.6 所示，给定虚警概率为 0.2，求纽曼-皮尔逊准则的判决表达式。

解 本例观测的取值范围是 $-1<z<1$，因此，只需根据该范围内的观测值进行判决，当 $-1<z<1$ 时，$f(z|H_1)=1-|z|$，$f(z|H_0)=1/2$，似然比为

$$\Lambda(z)=\frac{1-|z|}{1/2}=2(1-|z|)$$

判决表达式为

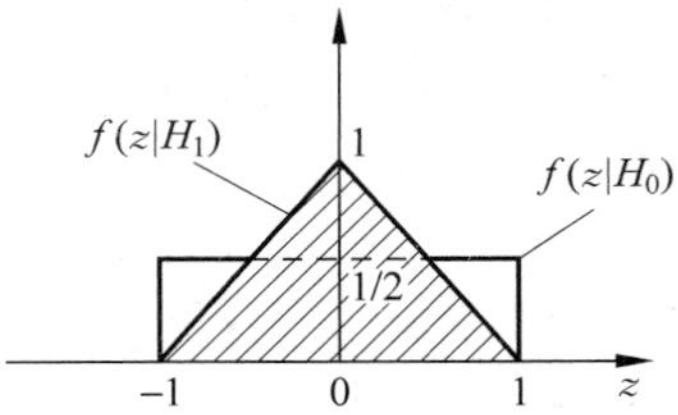

图 8.6 两种假设下观测的概率密度

$$2(1-|z|)\underset{H_0}{\overset{H_1}{\gtrless}}\lambda$$

或者

$$|z|\underset{H_1}{\overset{H_0}{\gtrless}}1-\lambda/2=\gamma$$

所以观测空间的划分为 $Z_1=(-\gamma,\gamma)$,$Z_0=(-1,-\gamma)\cup(\gamma,1)$,其中 γ 由给定的虚警概率确定:

$$P_F=\int_{Z_1}f(z\mid H_0)\mathrm{d}z=\frac{1}{2}\cdot 2\gamma=\gamma=0.2$$

即 H_1 和 H_0 的判决域分别为 $Z_1=(-0.2,0.2)$,$Z_0=(-1,-0.2)\cup(0.2,1)$。

从以上介绍的几种判决准则的判决表达式可以看出,无论采用什么准则,判决表达式最终都归结成似然比检验的形式,可见似然比检验是最佳检验的基本形式。最佳检测器的基本结构如图 8.7 所示。

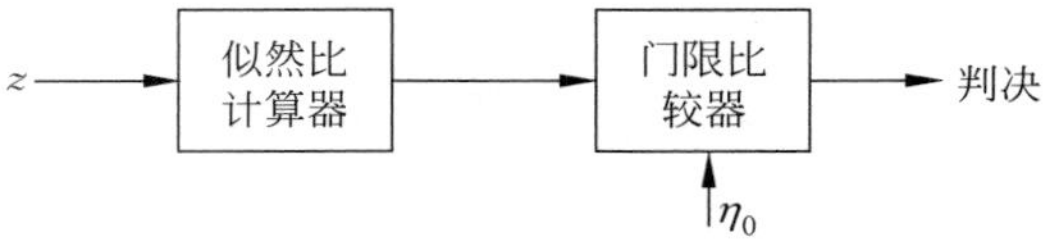

图 8.7 最佳检测器结构

8.3 检测性能及其蒙特卡洛仿真

8.3.1 接收机工作特性

在例 8.2 的高斯白噪声中恒定电平的检测问题中,得到的虚警概率和检测概率分别为

$$P_F=Q\left(\frac{\sqrt{N}\gamma}{\sigma}\right) \tag{8.3.1}$$

$$P_D=Q\left(\frac{\sqrt{N}(\gamma-A)}{\sigma}\right) \tag{8.3.2}$$

由式(8.3.1)可得

$$\gamma = \frac{\sigma}{\sqrt{N}} Q^{-1}(P_F) \tag{8.3.3}$$

将式(8.3.3)代入式(8.3.2)得

$$P_D = Q\left[Q^{-1}(P_F) - \sqrt{N}d\right] \tag{8.3.4}$$

其中，$d = A/\sigma$，d 可以看作信噪比。给定一定的信噪比，可以画出 P_D-P_F 曲线，称其为接收机工作特性(Receiver Operating Characteristic，ROC)，图 8.8 给出了 $N=8$、d 分别取 0、0.2、0.5 和 1 的 ROC，绘图的 MATLAB 程序如下：

```
N=8;
pf=0:0.01:1;
d=0;
pd1=Q(Qinv(pf)-sqrt(N).*d);
% Qinv(x)为自定义函数,是Q(x)的反函数
% function y=Qinv(x)
% y=sqrt(2).*erfinv(1-2.*x);
d=0.2;
pd2=Q(Qinv(pf)-sqrt(N).*d);
d=0.5;
pd3=Q(Qinv(pf)-sqrt(N).*d);
d=1;
pd4=Q(Qinv(pf)-sqrt(N).*d);
plot(pf,pd1,'k',pf,pd2,'k',pf,pd3,'k',pf,pd4,'k','linewidth',1)
grid
xlabel('P_F')
ylabel('P_D')
```

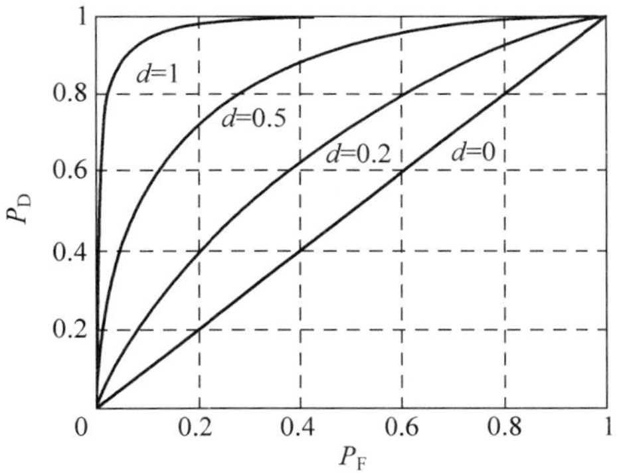

图 8.8 接收机工作特性

接收机工作特性总是在 45°线 $P_D = P_F$ 的上方，而 45°线对应于信噪比 $d=0$，随着信噪比 d 的增加，ROC 向上抬，当 $d \to \infty$ 时，ROC 趋向 $P_D = 1$，即对任何虚警概率，检测概率都等于 1。

在式(8.3.4)中,给定虚警概率,检测概率与信噪比之间的关系曲线如图8.9所示,把 P_D-d 的关系曲线称为检测器的检测性能曲线,它反映了在给定虚警概率后,某个信噪比能够获得多大的检测概率。

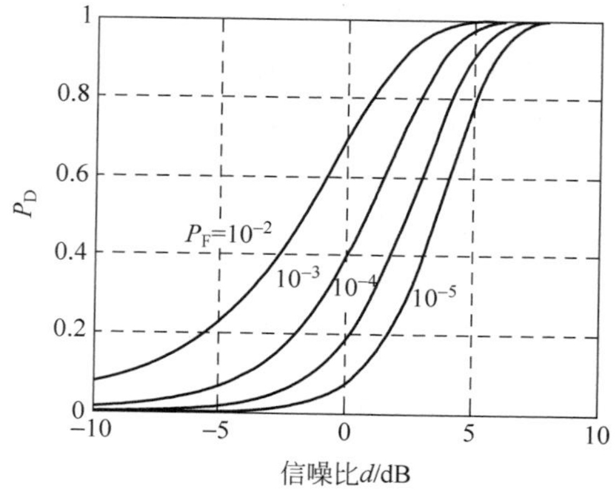

图8.9　检测性能曲线($N=8$)

8.3.2　检测性能的蒙特卡洛仿真

正如式(8.1.16)所指出的那样,最佳检验总可以化简为

$$T(\boldsymbol{z}) \underset{H_0}{\overset{H_1}{\gtrless}} \gamma \tag{8.3.5}$$

判决的性能为

$$P_F = \int_{\gamma}^{+\infty} f_T(t \mid H_0)\mathrm{d}t \tag{8.3.6}$$

$$P_D = \int_{\gamma}^{+\infty} f_T(t \mid H_1)\mathrm{d}t \tag{8.3.7}$$

要确定检测器的性能,需要确定检验统计量 $T(\boldsymbol{z})$ 的概率密度。如果检验统计比较简单,这是比较容易的;但如果检验统计量 $T(\boldsymbol{z})$ 比较复杂,要确定它的概率密度是很难的,在这种情况下可以采用蒙特卡洛仿真方法来分析判决的性能。

假定判决表达式如式(8.3.5),式(8.3.7)给出了检测概率的表达式,如果用蒙特卡洛仿真方法估计检测概率,则

$$\hat{P} = \frac{1}{M}\sum_{i=0}^{M-1} U[T(\boldsymbol{z}_i) - \gamma] \tag{8.3.8}$$

其中,M 表示蒙特卡洛仿真次数,$\boldsymbol{z}_i$ 表示第 i 次仿真试验所用到的观测矢量,U 为单位阶跃函数。由于

$$E[\hat{P}] = \frac{1}{M}\sum_{i=0}^{M-1} E\{U[T(\boldsymbol{z}_i) - \gamma]\} = \frac{1}{M}\sum_{i=0}^{M-1} P[T(\boldsymbol{z}_i) > \gamma] = P_D$$

可见,$\hat{P}$ 是无偏的,估计的方差为

$$\begin{aligned}\mathrm{Var}(\hat{P}) &= \frac{1}{M^2}\sum_{i=0}^{M-1}\mathrm{Var}\{U[T(\boldsymbol{z}_i)-\gamma]\} \\ &= \frac{1}{M^2}\sum_{i=0}^{M-1}\{E\{U^2[T(\boldsymbol{z}_i)-\gamma]\}-E^2\{U[T(\boldsymbol{z}_i)-\gamma]\}\} \\ &= \frac{1}{M}(P_D - P_D^2) = \frac{P_D(1-P_D)}{M}\end{aligned}$$

如果定义估计的相对误差 δ 为估计的标准差与检测概率之比，那么，相对误差为

$$\delta = \sqrt{\frac{P_D(1-P_D)}{MP_D^2}} = \sqrt{\frac{1-P_D}{MP_D}}$$

例如，假定 $P_D=0.8$，要求相对误差小于5%，那么 $M\geqslant 100$。但需要注意的是，如果是仿真数值较低的虚警概率，那么仿真次数可能会非常大，例如，$P_F=10^{-4}$，$\delta<5\%$，那么要求仿真次数 $M>4\times 10^6$。这个仿真次数是惊人的，不仅仿真时间很长，而且需要的随机数也相当多，仿真中使用如此多的随机数，要保证这些随机数都有很好的品质也是很困难的。如果虚警概率更低，问题将更加严重，在这种情况下可以采用重要抽样技术，利用重要抽样技术可以用较少的仿真次数仿真很低的虚警概率。有关重要抽样技术在本书不做深入的阐述，读者可以参考相关的文献。

8.4 复合假设检验

在本章前面几节讨论的假设检验中，表征假设的参数都是已知的，称为简单假设检验，在实际中经常遇到表征假设的参数是未知的情况，例如：

$$\begin{aligned} H_0: z_i &= \theta_0 + w_i \quad (i=0,1,\cdots,N-1) \\ H_1: z_i &= \theta_1 + w_i \quad (i=0,1,\cdots,N-1)\end{aligned} \tag{8.4.1}$$

参数 θ_0、θ_1 可能是未知参数，也可能是随机变量，这种含有未知参量的检验称为复合假设检验。

8.4.1 贝叶斯方法

假定参数 θ_0 和 θ_1 是随机变量，且先验概率密度 $f(\theta_0)$ 和 $f(\theta_1)$ 已知，那么

$$f(\boldsymbol{z}\mid H_1)=\int_{-\infty}^{+\infty} f(\boldsymbol{z}\mid \theta_1, H_1)f(\theta_1)\mathrm{d}\theta_1 \tag{8.4.2}$$

$$f(\boldsymbol{z}\mid H_0)=\int_{-\infty}^{+\infty} f(\boldsymbol{z}\mid \theta_0, H_0)f(\theta_0)\mathrm{d}\theta_0 \tag{8.4.3}$$

似然比检验为

$$\frac{f(\boldsymbol{z}\mid H_1)}{f(\boldsymbol{z}\mid H_0)} \underset{H_0}{\overset{H_1}{\gtrless}} \eta_0 \tag{8.4.4}$$

其中，门限 η_0 取决于判决准则。

例 8.8 考虑一个复合假设检验问题：

$$H_0: z = b + w$$
$$H_1: z = a + w$$

其中，$w \sim \mathcal{N}(0,\sigma^2)$，$a$、$b$ 均为随机变量，且 $a \sim \mathcal{N}(1,1)$，$b \sim \mathcal{N}(-1,1)$，a 和 b 分别与 v 相互独立，假定两种假设为真的概率分别为 $P(H_0)$、$P(H_1)$，求最小错误概率准则的判决表达式。

解 由于 a、b、w 均为正态分布，所以在 H_1 和 H_2 条件下的观测也为正态的，且

$$E[z \mid H_0] = E(b) + E(w) = -1 + 0 = -1,$$
$$\mathrm{Var}[z \mid H_0] = \mathrm{Var}(b) + \mathrm{Var}(w) = 1 + \sigma^2$$
$$E[z \mid H_1] = E(a) + E(w) = 1 + 0 = 1,$$
$$\mathrm{Var}[z \mid H_1] = \mathrm{Var}(a) + \mathrm{Var}(w) = 1 + \sigma^2$$

所以

$$f(z \mid H_1) = \frac{1}{\sqrt{2\pi(1+\sigma^2)}}\exp\left[-\frac{(z-1)^2}{2(1+\sigma^2)}\right]$$

$$f(z \mid H_0) = \frac{1}{\sqrt{2\pi(1+\sigma^2)}}\exp\left[-\frac{(z+1)^2}{2(1+\sigma^2)}\right]$$

似然比为

$$\Lambda(z) = \frac{[1/\sqrt{2\pi(1+\sigma^2)}]\exp[-(z-1)^2/2(1+\sigma^2)]}{[1/\sqrt{2\pi(1+\sigma^2)}]\exp[-(z+1)^2/2(1+\sigma^2)]} = \exp\left(\frac{2z}{1+\sigma^2}\right)$$

判决表达式为

$$\exp\left(\frac{2z}{1+\sigma^2}\right) \underset{H_0}{\overset{H_1}{\gtrless}} \frac{P(H_0)}{P(H_1)}$$

或者

$$z \underset{H_0}{\overset{H_1}{\gtrless}} \frac{1}{2}(1+\sigma^2)\ln[P(H_0)/P(H_1)]$$

8.4.2 一致最大势检验

当 θ_0、θ_1 为未知常数时，可采用纽曼-皮尔逊检验，即约束虚警概率为常数，使检测概率最大。一般说来，这个最佳检测器的结构与未知参量 θ_0、θ_1 有关，因此，检测器是无法实现的。如果最佳检测器的结构与未知参量 θ_0、θ_1 无关，那么就可以实现最佳检验，这时无需考虑参数 θ_0、θ_1 的值，这时的检验称为一致最大势(UMP)检验。

例 8.9 高斯白噪声中恒定电平的检测问题。

设有两种假设

$$H_0: z_i = w_i \quad (i = 0,1,\cdots,N-1)$$
$$H_1: z_i = A + w_i \quad (i = 0,1,\cdots,N-1)$$

其中，$\{w_i\}$是服从均值为零、方差为 σ^2 的高斯白噪声序列，假定参数 A 是未知的，但已知 A 的符号($A>0$ 或者 $A<0$)，试判断 UMP 检验是否存在。

解 在例 8.2 中，得到了如下判决表达式：

$$\frac{NA}{\sigma^2}\left(\frac{1}{N}\sum_{i=0}^{N-1}z_i-\frac{1}{2}A\right)\underset{H_0}{\overset{H_1}{\gtrless}}\ln\eta_0$$

或者

$$A\bar{z}\underset{H_0}{\overset{H_1}{\gtrless}}\frac{\sigma^2}{N}\ln\eta_0+\frac{A^2}{2}=\gamma \tag{8.4.5}$$

其中，$\bar{z}=\frac{1}{N}\sum_{i=0}^{N-1}z_i$，当 $A>0$ 时，判决表达式为

$$\bar{z}\underset{H_0}{\overset{H_1}{\gtrless}}\frac{\sigma^2}{NA}\ln\eta_0+\frac{A}{2}=\gamma'$$

检验统计量

$$\bar{z}\mid H_0\sim\mathcal{N}(0,\sigma^2/N)$$

所以

$$P_{\mathrm{F}}=\int_{\gamma'}^{+\infty}\frac{1}{\sqrt{2\pi\sigma^2/N}}\exp\left(-\frac{\bar{z}^2}{2\sigma^2/N}\right)\mathrm{d}\bar{z}=Q\left(\frac{\sqrt{N}\gamma'}{\sigma}\right)$$

根据纽曼-皮尔逊准则，虚警概率要求为一个常数，所以门限 γ'为

$$\gamma'=\frac{\sigma}{\sqrt{N}}Q^{-1}(P_{\mathrm{F}})$$

可见检验统计量和判决门限 γ'均与未知参量 A 无关，存在一致最大势检验。

当 $A<0$ 时，式(8.4.5)可以化简为

$$\bar{z}\underset{H_1}{\overset{H_0}{\gtrless}}\frac{\sigma^2}{NA}\ln\eta_0+\frac{A}{2}=\gamma'$$

$$P_{\mathrm{F}}=\int_{-\infty}^{\gamma'}\frac{1}{\sqrt{2\pi\sigma^2/N}}\exp\left(-\frac{\bar{z}^2}{2\sigma^2/N}\right)\mathrm{d}\bar{z}=1-Q\left(\frac{\sqrt{N}\gamma'}{\sigma}\right)$$

所以门限 γ'为

$$\gamma'=\frac{\sigma}{\sqrt{N}}Q^{-1}(1-P_{\mathrm{F}})$$

可见检验统计量和判决门限 γ'均与未知参量 A 无关，存在一致最大势检验。

由上面的分析可以看出，在 A 未知的情况下，如果知道 A 的符号，那么，一致最大势检验是存在的，可以实现最佳检验。但如果 A 的符号未知，式(8.4.5)的左边含有未知参量 A，检验是无法实现的。在这种情况下，可以采用双侧检验，即对式(8.4.5)的左右两边取绝对值得

$$|\bar{z}|\underset{H_0}{\overset{H_1}{\gtrless}}\frac{\gamma}{|A|}=\gamma'$$

$$P_{\mathrm{F}}=\int_{\gamma'}^{+\infty}\frac{1}{\sqrt{2\pi\sigma^2/N}}\exp\left(-\frac{\bar{z}^2}{2\sigma^2/N}\right)\mathrm{d}\bar{z}+\int_{-\infty}^{-\gamma'}\frac{1}{\sqrt{2\pi\sigma^2/N}}\exp\left(-\frac{\bar{z}^2}{2\sigma^2/N}\right)\mathrm{d}\bar{z}=2Q\left(\frac{\sqrt{N}\gamma'}{\sigma}\right)$$

门限 γ' 为

$$\gamma' = \frac{\sigma}{\sqrt{N}} Q\left(\frac{P_{\mathrm{F}}}{2}\right)$$

需要注意的是双侧检验是准最佳检验。

8.4.3 广义似然比检验

在例 8.9 中，当 A 未知且不知道 A 的符号时，一致最大势检验是不存在的，这时，可以采用广义似然比检验。广义似然比检验仍然是一种似然比检验，只不过未知参数采用最大似然估计来替代。

对于式(8.4.1)的假设检验问题，广义似然比检验为

$$\Lambda(\boldsymbol{z}) = \frac{f(\boldsymbol{z} \mid H_1, \hat{\theta}_1)}{f(\boldsymbol{z} \mid H_0, \hat{\theta}_0)} \underset{H_0}{\overset{H_1}{\gtrless}} \eta_0 \tag{8.4.6}$$

其中，$\hat{\theta}_1$、$\hat{\theta}_0$ 分别为 H_1 和 H_0 假设下对参数 θ_1 和 θ_0 的最大似然估计。

例 8.10 高斯白噪声中恒定电平的检测问题——已知噪声方差，未知电平。设有两种假设：

$$H_0: z_i = w_i \quad (i = 0, 1, \cdots, N-1)$$
$$H_1: z_i = A + w_i \quad (i = 0, 1, \cdots, N-1)$$

其中，$\{w_i\}$ 是服从均值为零、方差为 σ^2 的高斯白噪声序列，假定噪声方差 σ^2 是已知的，而参数 A 是未知的，求广义似然比检验的判决表达式。

解 由于参数 A 未知，那么首先求 H_1 假设下参数 A 的最大似然估计。由例 7.4 可知，A 的最大似然估计为样本均值，即

$$\hat{A}_{\mathrm{ml}} = \bar{z} = \frac{1}{N}\sum_{i=0}^{N-1} z_i$$

所以，似然比为

$$\Lambda(\boldsymbol{z}) = \frac{f(\boldsymbol{z} \mid H_1, \hat{A}_{\mathrm{ml}})}{f(\boldsymbol{z} \mid H_0)} = \frac{\dfrac{1}{(2\pi\sigma^2)^{N/2}} \exp\left[-\dfrac{1}{2\sigma^2}\sum_{i=0}^{N-1}(z_i - \bar{z})^2\right]}{\dfrac{1}{(2\pi\sigma^2)^{N/2}} \exp\left[-\dfrac{1}{2\sigma^2}\sum_{i=0}^{N-1} z_i^2\right]}$$

对数似然比为

$$\ln\Lambda(\boldsymbol{z}) = -\frac{1}{2\sigma^2}\sum_{i=0}^{N-1}(z_i - \bar{z})^2 + \frac{1}{2\sigma^2}\sum_{i=0}^{N-1} z_i^2 = \frac{N\bar{z}^2}{2\sigma^2}$$

判决表达式为

$$\bar{z}^2 \underset{H_0}{\overset{H_1}{\gtrless}} \gamma \quad 或 \quad |\bar{z}| \underset{H_0}{\overset{H_1}{\gtrless}} \gamma'$$

门限 γ 由给定的虚警概率确定。

需要注意的是，在例 8.9 和例 8.10 中，无论是一致最大势检验还是广义似然比检验，尽管检验统计量和判决门限与参数 A 无关，但检测性能与参数 A 是有关的。

例 8.11 考虑如下检测问题：

$$H_0: z_i = w_i \quad (i=0,1,\cdots,N)$$
$$H_1: z_i = A + w_i \quad (i=0,1,\cdots,N)$$

其中，$\{w_i\}$是服从均值为零、方差为 σ^2 的高斯白噪声序列，假定噪声方差 σ^2 以及恒定电平 A 均是未知的。

很显然，这仍然是一个复合假设检验问题，需要采用广义似然比检验，判决形式为

$$\frac{f(\boldsymbol{z} \mid H_1, \hat{A}_{\mathrm{ml}}, \hat{\sigma}^2_{1\mathrm{ml}})}{f(\boldsymbol{z} \mid H_0, \hat{\sigma}^2_{0\mathrm{ml}})} \underset{H_0}{\overset{H_1}{\gtrless}} \eta_0 \tag{8.4.7}$$

其中，$\hat{A}_{\mathrm{ml}}$ 是在 H_1 条件下对未知电平 A 的最大似然估计，$\hat{\sigma}^2_{1\mathrm{ml}}$、$\hat{\sigma}^2_{0\mathrm{ml}}$ 是分别在 H_1 和 H_0 条件下对噪声方差的估计，这两个估计是不同的，由例 7.5 和例 7.6 可得

$$\hat{A}_{\mathrm{ml}} = \bar{z} = \frac{1}{N}\sum_{i=0}^{N-1} z_i, \quad \hat{\sigma}^2_{1\mathrm{ml}} = \frac{1}{N}\sum_{i=0}^{N-1}(z_i - \bar{z})^2, \quad \hat{\sigma}^2_{0\mathrm{ml}} = \frac{1}{N}\sum_{i=0}^{N-1} z_i^2$$

因此

$$f(\boldsymbol{z} \mid H_1, \hat{A}_{\mathrm{ml}}, \hat{\sigma}^2_{1\mathrm{ml}}) = \frac{1}{(2\pi\hat{\sigma}^2_{1\mathrm{ml}})^{N/2}} \exp\left[-\frac{1}{2\hat{\sigma}^2_{1\mathrm{ml}}}\sum_{i=0}^{N-1}(z_i - \bar{z})^2\right] = \frac{1}{(2\pi\hat{\sigma}^2_{1\mathrm{ml}})^{N/2}} \exp\left(-\frac{N}{2}\right)$$

$$f(\boldsymbol{z} \mid H_0, \hat{\sigma}^2_{0\mathrm{ml}}) = \frac{1}{(2\pi\hat{\sigma}^2_{0\mathrm{ml}})^{N/2}} \exp\left(-\frac{1}{2\hat{\sigma}^2_{0\mathrm{ml}}}\sum_{i=0}^{N-1} z_i^2\right) = \frac{1}{(2\pi\hat{\sigma}^2_{0\mathrm{ml}})^{N/2}} \exp\left(-\frac{N}{2}\right)$$

代入式(8.4.7)得

$$\left(\frac{\hat{\sigma}^2_{0\mathrm{ml}}}{\hat{\sigma}^2_{1\mathrm{ml}}}\right)^{N/2} \underset{H_0}{\overset{H_1}{\gtrless}} \eta_0 \quad \text{或者} \quad \ln\left(\frac{\hat{\sigma}^2_{0\mathrm{ml}}}{\hat{\sigma}^2_{1\mathrm{ml}}}\right) \underset{H_0}{\overset{H_1}{\gtrless}} \frac{2\ln\eta_0}{N} \tag{8.4.8}$$

又

$$\hat{\sigma}^2_{1\mathrm{ml}} = \frac{1}{N}\sum_{i=0}^{N-1}(z_i - \bar{z})^2 = \frac{1}{N}\sum_{i=0}^{N-1}(z_i^2 - 2z_i\bar{z} + \bar{z}^2) = \frac{1}{N}\sum_{i=0}^{N-1} z_i^2 - \bar{z}^2 = \hat{\sigma}^2_{0\mathrm{ml}} - \bar{z}^2$$

那么

$$\ln\left(\frac{\hat{\sigma}^2_{0\mathrm{ml}}}{\hat{\sigma}^2_{1\mathrm{ml}}}\right) = \ln\left(\frac{\hat{\sigma}^2_{1\mathrm{ml}} + \bar{z}^2}{\hat{\sigma}^2_{1\mathrm{ml}}}\right) = \ln\left(1 + \frac{\bar{z}^2}{\hat{\sigma}^2_{1\mathrm{ml}}}\right)$$

由于 $\ln(1+x)$是 x 的单调上升函数，式(8.4.8)与下面的判决表达式等效：

$$T(\boldsymbol{z}) = \frac{\bar{z}^2}{\hat{\sigma}^2_{1\mathrm{ml}}} \underset{H_0}{\overset{H_1}{\gtrless}} \gamma \tag{8.4.9}$$

门限 γ 由给定的虚警概率确定，与例 8.10 比较可以看出，在噪声方差未知的情况下，用噪声方差的估计去归一化检验统计量。下面证明，在 H_0 情况下，检验统计量 $T(\boldsymbol{z})$与噪声方差无关。令 $w_i = \sigma u_i$，其中 u_i 是零均值单位方差的高斯白噪声，则

$$T(\boldsymbol{z}) \mid H_0 = \frac{\left(\frac{1}{N}\sum_{i=0}^{N-1} w_i\right)^2}{\frac{1}{N}\sum_{i=0}^{N-1}(w_i - \bar{w})^2}$$

其中，$\bar{w} = \frac{1}{N}\sum_{i=0}^{N-1} w_i = \frac{1}{N}\sum_{i=0}^{N-1}\sigma u_i = \sigma\bar{u}$ ，代入上式得

$$T(\boldsymbol{z}) \mid H_0 = \frac{(\sigma\bar{u})^2}{\frac{1}{N}\sum_{i=0}^{N-1}(\sigma u_i - \sigma\bar{u})^2} = \frac{(\bar{u})^2}{\frac{1}{N}\sum_{i=0}^{N-1}(u_i - \bar{u})^2} \tag{8.4.10}$$

由此可见，在 H_0 情况下，检验统计量与噪声方差无关，它的概率密度也与噪声方差无关，因此，虚警概率为

$$P_{\mathrm{F}} = \int_{\gamma}^{+\infty} f_{T \mid H_0}(t)\mathrm{d}t \tag{8.4.11}$$

根据纽曼-皮尔逊准则，判决门限 γ 由给定的虚警概率 P_{F} 确定。噪声的方差反映了噪声的强度，由式(8.4.10)和式(8.4.11)可以看出，检测器的虚警概率与噪声强度无关，将这种噪声强度变化时虚警概率保持恒定的特性称为恒虚警率(CFAR)特性，CFAR 特性对许多应用来说都是必需的，如雷达信号的检测等。

8.5 多元假设检验

当可能的判决结果有 M 种可能时，称为 M 元假设检验问题。通信中经常需要检测 M 个信号中哪一个出现，模式识别问题中也经常遇到区分 M 种模式的问题。对于多元假设检验问题，通常采用最小错误概率准则或者贝叶斯准则，尽管纽曼-皮尔逊准则同样可应用，但实际中很少采用。

8.5.1 判决准则

假定希望对 M 种可能假设$\{H_0, H_1, \cdots, H_{M-1}\}$进行判决，$H_j$ 为真判 H_i 成立的代价用 C_{ij} 表示，那么总的平均代价为

$$C = \sum_{i=0}^{M-1}\sum_{j=0}^{M-1} C_{ij} P(D_i, H_j) \tag{8.5.1}$$

特别是当

$$C_{ij} = \begin{cases} 1 & (i \neq j) \\ 0 & (i = j) \end{cases} \tag{8.5.2}$$

时，总的平均代价等于总的错误概率。

$$C = \sum_{i=0}^{M-1}\sum_{j=0}^{M-1} C_{ij} P(D_i \mid H_j) P(H_j)$$

$$
\begin{aligned}
&=\sum_{i=0}^{M-1}\sum_{j=0}^{M-1}C_{ij}\int_{Z_i}f(\boldsymbol{z}\mid H_j)\mathrm{d}\boldsymbol{z}P(H_j)\\
&=\sum_{i=0}^{M-1}\int_{Z_i}\sum_{j=0}^{M-1}C_{ij}f(\boldsymbol{z}\mid H_j)P(H_j)\mathrm{d}\boldsymbol{z}\\
&=\sum_{i=0}^{M-1}\int_{Z_i}\sum_{j=0}^{M-1}C_{ij}P(H_j\mid \boldsymbol{z})f(\boldsymbol{z})\mathrm{d}\boldsymbol{z}
\end{aligned}
\tag{8.5.3}
$$

令

$$
C_i(\boldsymbol{z})=\sum_{j=0}^{M-1}C_{ij}P(H_j\mid \boldsymbol{z})\quad(i=0,1,\cdots,M-1)\tag{8.5.4}
$$

则

$$
C=\sum_{i=0}^{M-1}\int_{Z_i}C_i(\boldsymbol{z})f(\boldsymbol{z})\mathrm{d}\boldsymbol{z}\tag{8.5.5}
$$

由式(8.5.5)可以看出,对于观测 $\boldsymbol{z}$,计算 $C_i(\boldsymbol{z})$,当 $i=k$ 时最小,那么把这样的观测归入判决域 Z_k 中,这时平均代价是最小的。因此,对于式(8.5.4)的 M 项,应该选择使 $C_i(\boldsymbol{z})$最小的那个假设成立。

当采用最小错误概率准则时,代价因子如式(8.5.2),这时,式(8.5.4)为

$$
C_i(\boldsymbol{z})=\sum_{\substack{j=0\\ j\neq i}}^{M-1}P(H_j\mid \boldsymbol{z})=\sum_{j=0}^{M-1}P(H_j\mid \boldsymbol{z})-P(H_i\mid \boldsymbol{z})
$$

由于最后一个等式中第一项与 i 无关,所以使 $P(H_i|\boldsymbol{z})$最大可以使 $C_i(\boldsymbol{z})$最小,这对应于最大后验概率准则,即如果

$$
P(H_k\mid \boldsymbol{z})>P(H_i\mid \boldsymbol{z})\quad(i=0,1,\cdots,M-1,i\neq k)\tag{8.5.6}
$$

则判 H_k 成立。如果先验概率相等,那么

$$
P(H_i\mid \boldsymbol{z})=\frac{f(\boldsymbol{z}\mid H_i)P(H_i)}{f(\boldsymbol{z})}=\frac{1}{M}\cdot\frac{f(\boldsymbol{z}\mid H_i)}{f(\boldsymbol{z})}
$$

使后验概率 $P(H_i|\boldsymbol{z})$最大等效于使似然函数 $f(\boldsymbol{z}|H_i)$最大,因此,在先验概率相等的情况下,最大后验概率准则等效于最大似然准则,即如果

$$
f(\boldsymbol{z}\mid H_k)>f(\boldsymbol{z}\mid H_i)\quad(i=0,1,\cdots,M-1,i\neq k)\tag{8.5.7}
$$

则判 H_k 成立。

例 8.12 高斯白噪声中多个恒定电平的检测。

设有三种假设:

$$
\begin{aligned}
&H_0:\ z_i=-A+w_i\\
&H_1:\ z_i=w_i\qquad\qquad (i=0,1,\cdots,N-1)\\
&H_2:\ z_i=A+w_i
\end{aligned}
\tag{8.5.8}
$$

其中,A 是大于零的常数,$\{w_i\}$是均值为零、方差为 σ^2 的高斯白噪声序列。进一步假设 $P(H_0)=P(H_1)=P(H_2)=1/3$,求最小总错误概率准则的判决表达式,并计算总的错误概率。

解 先验概率相等时,最小总错误概率准则等价于最大似然准则,似然函数为

$$f(\boldsymbol{z} \mid H_j)=\frac{1}{(2\pi\sigma^2)^{N/2}}\exp\left[-\frac{1}{2\sigma^2}\sum_{i=0}^{N-1}(z_i-A_j)^2\right] \tag{8.5.9}$$

其中

$$A_j=\begin{cases}-A & (j=0)\\ 0 & (j=1)\\ A & (j=2)\end{cases}$$

使 $f(\boldsymbol{z}|H_j)$最大实际上等价于使

$$D_j(\boldsymbol{z})=\sum_{i=0}^{N-1}(z_i-A_j)^2 \tag{8.5.10}$$

最小,而

$$\begin{aligned}D_j(\boldsymbol{z})&=\sum_{i=0}^{N-1}(z_i-\bar{z}+\bar{z}-A_j)^2\\&=\sum_{i=0}^{N-1}(z_i-\bar{z})^2+2(\bar{z}-A_j)\sum_{i=0}^{N-1}(z_i-\bar{z})+N(\bar{z}-A_j)^2\\&=\sum_{i=0}^{N-1}(z_i-\bar{z})^2+N(\bar{z}-A_j)^2\end{aligned}$$

可见,$D_j(\boldsymbol{z})$最小等价于 $T_j(\boldsymbol{z})=(\bar{z}-A_j)^2$ 最小,而

$$T_0(\boldsymbol{z})=(\bar{z}+A)^2$$

$$T_1(\boldsymbol{z})=\bar{z}^2$$

$$T_2(\boldsymbol{z})=(\bar{z}-A)^2$$

如图 8.10 所示,由图可以看出,应该按照如下规则进行判决:

$$D_0:\ \bar{z}\leqslant -A/2$$

$$D_1:\ -A/2<\bar{z}\leqslant A/2$$

$$D_2:\ \bar{z}>A/2$$

可以证明,总的错误概率为

$$P_e=\frac{4}{3}Q\left(\frac{1}{2}\sqrt{N}d\right) \tag{8.5.11}$$

其中,$d=A/\sigma$ 可以看作信噪比。

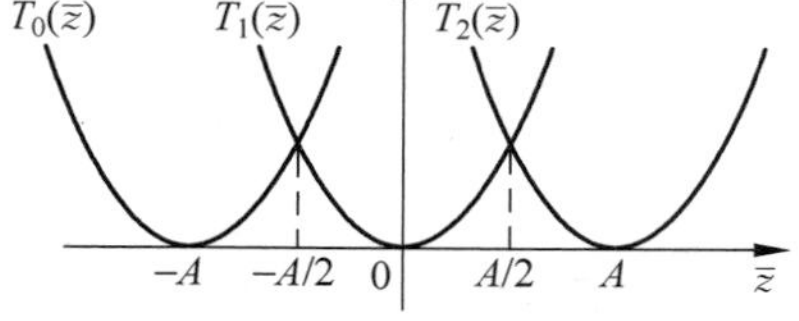

图 8.10 检验统计量

8.5.2 模式识别(分类)

在模式识别中,通常是要在一类模式中确定哪一个模式出现。例如,在计算机视觉应用中,在一幅记录的图像中确定目标的位置是十分重要的,如果目标相对于图像的背景有不同的灰级,那么通过区分两种不同的灰级就可以识别出目标;更一般的情况是要区分 M 个不同的灰级,这是一个多元假设检验问题。

图像的像素依赖于光线、记录设备的取向及其他许多不可控的因素,因此,可以把图像的像素看作为一个随机矢量 $\boldsymbol{z}$,假定 $\boldsymbol{z} \sim \mathcal{N}(\boldsymbol{m}_j, \sigma^2 \boldsymbol{I})$,不同的类是通过它的均值 $\boldsymbol{m}_j$ 来区分的,把测量的像素称为特征矢量,因为正是这个信息允许我们区分不同的类。

假定 M 个类的先验概率 $P(H_j)$ 相等,可以应用最大后验概率准则设计一个最佳分类器,判决表达式如式(8.5.6),在先验概率相同的情况下,最大后验概率准则等价于最大似然准则,判决表达式化为式(8.5.7)。而似然函数为

$$f(\boldsymbol{z} \mid H_j) = \frac{1}{(2\pi\sigma^2)^{N/2}} \exp\left\{-\frac{1}{2\sigma^2}[\boldsymbol{z} - \boldsymbol{m}_j]^{\mathrm{T}}[\boldsymbol{z} - \boldsymbol{m}_j]\right\}$$

$$= \frac{1}{(2\pi\sigma^2)^{N/2}} \exp\left\{-\frac{1}{2\sigma^2} \| \boldsymbol{z} - \boldsymbol{m}_j \|^2\right\} \tag{8.5.12}$$

其中 $\|\cdot\|$ 表示范数,令

$$D_j^2 = \| \boldsymbol{z} - \boldsymbol{m}_j \|^2 \tag{8.5.13}$$

D_j 表示矢量 $\boldsymbol{z}$ 和 $\boldsymbol{m}_j$ 的距离,可见最佳分类器等价于最小距离接收机。

考虑图 8.11(a)所示的一幅图像,它是由 4 个灰级组成的 50×50 像素的图像,灰级分别为 1(黑)、2(深灰)、3(浅灰)和 4(白)。图 8.11(b)是被噪声污染的图像,它是图 8.11(a)图像叠加上零均值高斯白噪声,噪声的方差为 $\sigma^2 = 5$。现在希望对图 8.11(b)的图像像素进行分类,每一个像素都分类成四个灰级中的一个。方法是根据对应图像的位置以及它的邻近单元的像素值来进行分类。

令 $z(k,n)$ 表示位置(k,n)处的像素值,设置一个窗口,假定窗口尺寸为 3×3,在窗口内灰级是恒定(局部平稳性),那么可根据下列数据样本来进行判决:

$$\boldsymbol{z}(k,n) = \begin{bmatrix} z(k-1,n+1) & z(k,n+1) & z(k+1,n+1) \\ z(k-1,n) & z(k,n) & z(k+1,n) \\ z(k-1,n-1) & z(k,n-1) & z(k+1,n-1) \end{bmatrix} \tag{8.5.14}$$

为了进行分类,必须计算

$$D_j^2(k,n) = \| \boldsymbol{z}(k,n) - m_j \mathbf{1}\mathbf{1}^{\mathrm{T}} \|_{\mathrm{F}}^2 \quad (j = 0,1,2,3) \tag{8.5.15}$$

其中,$m_j = j+1$,$\mathbf{1} = [1\ 1\ 1]^{\mathrm{T}}$,$\|\cdot\|_{\mathrm{F}}$ 表示矩阵的 Frobenius 范数,对于矩阵元素为 a_{ij} 的 $N \times N$ 矩阵 $\boldsymbol{A}$,Frobenius 范数的定义为

$$\| \boldsymbol{A} \|_{\mathrm{F}}^2 = \sum_{i=1}^{N} \sum_{j=1}^{N} a_{ij}^2 \tag{8.5.16}$$

在计算出来的 4 个 $D_j^2(k,n)(j=0,1,2,3)$ 中,如果 $D_l^2(k,n)$ 最小,那么就将 $z(k,n)$ 赋

给类 l,应用 3×3 窗口的结果显示于图 8.11(c)中。由图可以看出,由于存在噪声,分类存在错误,而在块边界上的错误比较多,这是因为在块边界,平均灰级在变化。此外,图像的边界(一个像素单元)是黑的,这是因为图像边缘的邻近单元数据不可用,将图像边缘的像素任意指定为一个像素,图中是指定为黑色。如果将窗口尺寸增加到 5×5,那么图像分类的错误将减少,如图 8.11(d)所示,但边缘错误将增加。从平滑噪声来说,窗口尺寸应该大一点,而从边缘提取来说窗口尺寸又应该小一点,实际中应该是二者的折中。图像分类器的实现将作为本章最后的实验中给出。

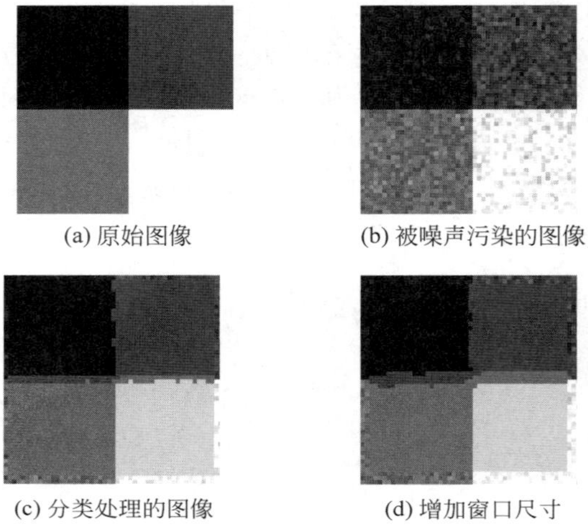

图 8.11　图像模式识别

习　　题

8.1　图 8.12 为二元对称信道示意图。ε 为交叉概率,即信道输入为 0(或 1)时,输出为 1(或 0)的概率,而且 ε 是一个很小的量。设先验概率相等。试求:

(1) 保证总错误概率最小的判决规则;

(2) $\varepsilon<\frac{1}{2}$时的错误概率。

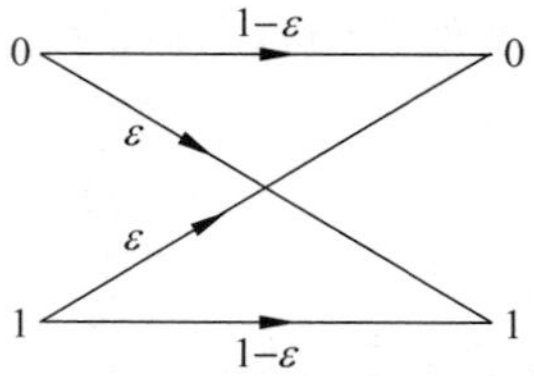

图 8.12　二进制对称信道

8.2　设有两种假设:

$$H_0: z_i = w_i \qquad (i=0,1,\cdots,N-1)$$

$$H_1: z_i = 1 + w_i \qquad (i=0,1,\cdots,N-1)$$

其中,$w_i \sim \mathcal{N}(0,1)$,且噪声相互独立,假定 $P(H_0)=P(H_1)$,求最大后验概率准则的判决表达式,并确定判决性能。

8.3　设信号

$$s(t)=\begin{cases} A & (\text{在 } H_0 \text{ 假设下}) \\ -A & (\text{在 } H_1 \text{ 假设下}) \end{cases}$$

且 $P(H_1)=P(H_0)=\frac{1}{2}$。现以加性正态噪声$\mathcal{N}(0,\sigma^2)$为背景，采用一次观测进行二择一检验。试求最小错误概率准则的判决表达式，并计算平均错误概率。

8.4　在两种假设下观测 z 的概率密度如图 8.13 所示。已知先验概率为 $P(H_1)=0.7$，$P(H_0)=0.3$，试求其判决域及错误概率。

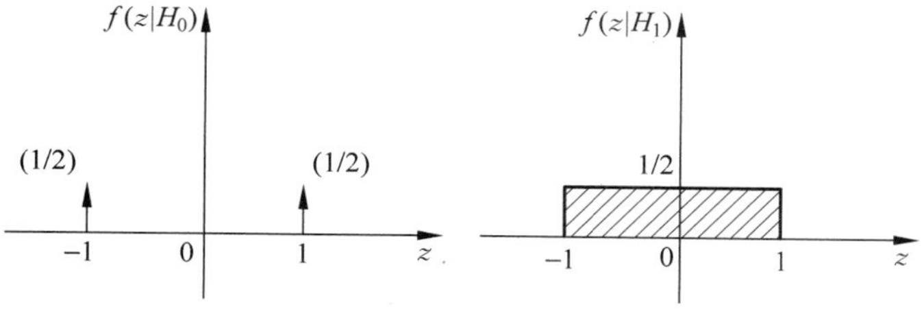

图 8.13　概率密度示意图

8.5　在两个假设下，观测 z 都服从正态分布：

$$f(z \mid H_i)=\frac{1}{\sqrt{2\pi}\sigma}\exp\left[-\frac{(z-i)^2}{2\sigma^2}\right] \quad (i=0,1)$$

且 $P(H_0)=P(H_1)=1/2$。该观测 z 再经过平方检波器，输出 $y=az^2$，其中 $a>0$。试根据 y 求出最小错误概率准则下的判决规则。

8.6　在二元假设检验中，观测在两个假设下具有不同参量的瑞利分布：

$$f(z \mid H_i)=\frac{z}{\sigma_i^2}\exp\left(-\frac{z^2}{2\sigma_i^2}\right) \quad (z\geqslant 0, i=0,1,\sigma_1>\sigma_0)$$

试求贝叶斯准则下的判决表达式。在 $P(H_0)=P(H_1)=1/2$ 条件下，将结果推广到 N 个独立观测下的最小错误概率准则的判决表达式，并导出总错误概率的表达式。

8.7　设有 9 个独立观测 $z_i=s+w_i(i=0,1,\cdots,8)$，其中

$$s=\begin{cases}0 & (\text{在假设 } H_0 \text{ 下})\\ \dfrac{1}{3} & (\text{在假设 } H_1 \text{ 下})\end{cases}$$

w_i 为相互独立的正态随机变量，其均值为 0，方差 $\sigma^2=0.09$。现令虚警概率 $\alpha=10^{-8}$，如判决规则定为当 $G=\sum_{i=0}^{8}z_i\geqslant G_{\mathrm{T}}$ 时，则判为 $s=1/3$，试求 G_{T} 的值及相应的检测概率 P_{D}。

8.8　设两个假设下 N 个独立观测为

$$H_0: z_i=w_i \quad (i=0,1,\cdots,N-1)$$
$$H_1: z_i=2+w_i \quad (i=0,1,\cdots,N-1)$$

其中，w_i 为均值为零、方差为 2 的正态白噪声。采用纽曼-皮尔逊准则进行检验，且令虚警概率 $\alpha=0.05$，试求最佳判决门限及相应的检测概率。

8.9　许多情况下，两种假设下观测值的密度函数是离散的。在密度函数中使用冲

激函数照样可以推导似然比检验。假定在两种假设下观测值是泊松分布的：

$$P(z=n \mid H_1)=\frac{m_1^n}{n!}\exp(-m_1) \quad (n=0,1,2,\cdots)$$

$$P(z=n \mid H_0)=\frac{m_0^n}{n!}\exp(-m_0) \quad (n=0,1,2,\cdots)$$

其中，$m_1>m_0$。

(1) 试证明似然比是

$$z \underset{H_0}{\overset{H_1}{\gtrless}} \frac{\ln\eta+m_1-m_0}{\ln m_1-\ln m_0}$$

其中 η 是似然比门限。

(2) 因为 z 只取整数值，把判决公式写作如下更合适：

$$z \underset{H_0}{\overset{H_1}{\gtrless}} \gamma' \quad (\gamma'=0,1,2,\cdots)$$

试证明错误概率为

$$P_F=1-\exp(-m_0)\sum_{n=0}^{\gamma'-1}\frac{(m_0)^n}{n!}$$

和

$$P_M=\exp(-m_1)\sum_{n=0}^{\gamma'-1}\frac{(m_1)^n}{n!}$$

画出接收机工作特性，假定 $m_0=1,m_1=2$。

8.10 考虑下列二元假设检验问题：

$$H_0: z=w$$
$$H_1: z=s+w$$

其中，s 和 w 是独立随机变量。

$$f_s(s)=\begin{cases} a\exp(-\alpha s) & (s\geqslant 0,\alpha>0\text{ 且为常数}) \\ 0 & (s<0) \end{cases}$$

$$f_w(w)=\begin{cases} b\exp(-\alpha w) & (w\geqslant 0) \\ 0 & (w<0) \end{cases}$$

其中，a,b 为非负的常数。

(1) 证明似然比检验可简化为

$$z \underset{H_0}{\overset{H_1}{\gtrless}} \eta$$

(2) 试求最佳贝叶斯检验的门限 η 与代价因子和先验概率的函数关系；

(3) 采用纽曼-皮尔逊检验，求虚警概率 P_F 与门限 η 的函数关系。

8.11 依据单次观测，用极大极小准则对下述两种假设做出判决：

$$H_0: z=w$$

$$H_1: z = 1 + w$$

其中，w 是零均值正态噪声，方差为 σ^2，且 $C_{00}=C_{11}=0$，$C_{01}=C_{10}=1$。试求：

（1）判决门限；

（2）与门限相应的各先验概率。

8.12　假定 4 个假设 H_0，H_1，H_2，H_3，其观测 z 分别为 2、4、6、8 个自由度的 χ^2 分布（参见习题 1.14），其先验概率相等，且代价因子 $C_{ii}=1(i=0,1,2,3)$，$C_{ij}=0(i=0,1,2,3,j=0,1,2,3,i\neq j)$。试按似然比判决规则进行选择。

（1）依据一个样本 z，证明其相应判决域为

$$H_0: 0 \leqslant z < 2$$

$$H_1: 2 \leqslant z < 4$$

$$H_2: 4 \leqslant z < 6$$

$$H_3: 6 \leqslant z$$

（2）若采用 N 个统计独立的样本 $z_i(i=0,1,\cdots,N-1)$，证明只要以 $\left(\prod_{i=0}^{N-1} z_i\right)^{\frac{1}{N}}$ 代替 z，所得到的最佳检验与(1)相同。

计算机作业

8.13　在例 8.3 中，假定 $N=8$，$\sigma_0^2=1$，$\sigma_1^2=4$，$P_F=0.1$，编写 MATLAB 程序计算判决门限和检测概率。

8.14　编写 MATLAB 程序，绘制图 8.8。

研讨题

8.15　某些雷达问题中，必须在所谓杂波的有害干扰背景中，确定目标是否存在。由海面、陆地等返回的反射波可以用对数正态分布来描述：

$$f_0(x \mid m,\sigma) = \frac{1}{\sqrt{2\pi}\,x\sigma}\exp\left[-\frac{(\ln x - m)^2}{2\sigma^2}\right] \quad (x>0,\sigma>0,m>0)$$

或用韦布尔分布（Weibull）来描述：

$$f_1(x \mid \alpha,\beta) = \left(\frac{x}{\beta}\right)^{\alpha-1}\exp\left[-\left(\frac{x}{\beta}\right)^{\alpha}\right] \quad (x \geqslant 0,\alpha>0,\beta>0)$$

实际情况下，可以得到杂波反射的 N 个独立测量值 $x_i(i=0,1,\cdots,N-1)$。根据这些测量值，要求在不知道非随机参数 m，σ，α 和 β 的情况下，确定杂波是对数正态分布的，还是韦布尔分布的。实现这一检验常用的办法是把测量值取自然对数变换，即

$$z_i = \ln x_i$$

若 x_i 是对数正态分布的，则 z_i 是参数为 m 和 σ 的正态分布：

$$f_0(z_i)=\frac{1}{\sqrt{2\pi}\sigma}\exp\left[-\frac{(z_i-m)^2}{2\sigma^2}\right]\quad(i=0,1,\cdots,N-1)$$

若 x_i 是韦布尔分布的,则 z_i 是按第一类极值分布:

$$f_1(z_i)=\frac{1}{b}\exp\left[\left(\frac{z_i-a}{b}\right)-\exp\left(\frac{z_i-a}{b}\right)\right]\quad(i=0,1,\cdots,N-1,a=\ln\beta,b=1/\alpha)$$

在利用变换后的测量结果求广义似然比时,宜假定 a 和 b 的最大似然估计是

$$\hat{a}=\hat{m}+\gamma\hat{b}$$

$$\hat{b}=\hat{\sigma}\sqrt{6}/\pi$$

式中,γ 是欧拉常数,$\hat{m}$ 和 $\hat{\sigma}$ 是 m 和 σ 的最大似然估计。

(1) 试证明检验统计量为

$$D(z)=-\frac{1}{N}\sum_{i=0}^{N-1}\exp\left[\frac{\pi(z_i-\hat{m})}{\hat{\sigma}\sqrt{6}}\right]$$

(2) 模拟产生一组对数正态杂波或者韦伯杂波,按(1)所描述的杂波识别方法对杂波进行识别,仿真分析杂波识别的正确率。

第9章 噪声中信号的检测

第 8 章我们学习了经典假设检验理论，本章将要运用假设检验理论讨论噪声中信号的检测问题，或者称为最佳接收机的设计问题。在这里信号检测的含义是指从含有噪声的观测过程中判断是否有信号存在或区分几种不同的信号，而接收机实际上是对观测过程实施的数学运算。为了设计最佳接收机，首先需要指定设计准则，这可以采用第 8 章介绍的判决准则，然后相对于选定的准则来设计接收机。在设计通信系统的接收机时，通常采用最小错误概率准则，而对于雷达和声呐系统则采用纽曼-皮尔逊准则。本章只介绍高斯白噪声环境下信号的检测问题，高斯有色噪声以及非高斯噪声环境下的检测问题请读者参看其他相关教材。

9.1 高斯白噪声中确定性信号的检测

考虑一个简单的二元通信系统，系统发送信号 $s_0(t)$ 或 $s_1(t)$，两个信号是完全已知的，假定接收机的观测时间间隔为 $(0,T)$，由于信道噪声的影响，接收到的信号受到噪声的污染，因此接收机观测到的过程为

$$\begin{aligned} H_0: z(t) &= s_0(t) + w(t) \quad (0 < t < T) \\ H_1: z(t) &= s_1(t) + w(t) \quad (0 < t < T) \end{aligned} \tag{9.1.1}$$

其中，噪声 $w(t)$ 假定是零均值的高斯白噪声，功率谱密度为 $N_0/2$。现在要设计一种接收机，通过对观测过程 $z(t)$ 的处理，对式(9.1.1)的两种假设作出判决。

由假设检验理论可知，最佳接收机的结构由似然比计算器与一个门限比较器组成，然而在第 8 章，涉及的观测过程都是离散的，因此要运用假设检验理论来解决噪声中信号的检测问题，首先需要将连续的观测过程离散化，然后再计算似然比。

假定噪声 $w(t)$ 为一带限噪声，功率谱密度为

$$G_w(\omega) = N_0/2 \quad (|\omega| < \Omega) \tag{9.1.2}$$

很显然，当 $\Omega \to \infty$ 时，带限过程趋于白噪声。带限过程的相关函数为

$$R_w(\tau) = \frac{N_0 \Omega}{2\pi} \cdot \frac{\sin(\Omega\tau)}{\Omega\tau} \tag{9.1.3}$$

噪声的方差为

$$\sigma_w^2 = \frac{N_0 \Omega}{2\pi}$$

当 $\tau = \pi/\Omega$ 时，$R_w(\pi/\Omega) = 0$，即 $w(0), w(\pi/\Omega), w(2\pi/\Omega), \cdots$，是相互正交的随机变量序列，由于 $w(t)$ 是高斯的，故 $w(0), w(\pi/\Omega), w(2\pi/\Omega), \cdots$，是相互独立的。因此，如果以 $\Delta t = \pi/\Omega$ 的间隔对观测过程进行均匀抽样，所得的观测值是相互独立的，且

$$\begin{aligned} f(\boldsymbol{z}_N \mid H_i) &= \prod_{k=0}^{N-1} f(z_k \mid H_i) \\ &= \left(\frac{1}{2\pi\sigma_w^2}\right)^{N/2} \exp\left[-\frac{\sum_{k=0}^{N-1}(z_k - s_{ik})^2}{2\sigma_w^2}\right] \end{aligned}$$

$$=\left(\frac{\Delta t}{\pi N_0}\right)^{N/2}\exp\left[-\frac{1}{N_0}\sum_{k=0}^{N-1}(z_k-s_{ik})^2\Delta t\right]\quad(i=0,1)\tag{9.1.4}$$

$$f(z(t)\mid H_1)=\lim_{\substack{N\to\infty\\ \Delta t\to 0}}f(\boldsymbol{z}_N\mid H_1)=F\exp\left\{-\frac{1}{N_0}\int_0^T[z(t)-s_1(t)]^2\mathrm{d}t\right\}\tag{9.1.5}$$

其中,F 为常数,同理

$$f(z(t)\mid H_0)=\lim_{\substack{N\to\infty\\ \Delta t\to 0}}f(\boldsymbol{z}_N\mid H_0)=F\exp\left\{-\frac{1}{N_0}\int_0^T[z(t)-s_0(t)]^2\mathrm{d}t\right\}\tag{9.1.6}$$

$$\begin{aligned}\Lambda[z(t)]&=\frac{f(z(t)\mid H_1)}{f(z(t)\mid H_0)}\\&=\exp\left\{\frac{2}{N_0}\left[\int_0^T z(t)s_1(t)\mathrm{d}t-\int_0^T z(t)s_0(t)\mathrm{d}t+\frac{1}{2}\int_0^T s_0^2(t)\mathrm{d}t-\frac{1}{2}\int_0^T s_1^2(t)\mathrm{d}t\right]\right\}\end{aligned}\tag{9.1.7}$$

$$\ln\Lambda[z(t)]=\frac{2}{N_0}\left[\int_0^T z(t)s_1(t)\mathrm{d}t-\int_0^T z(t)s_0(t)\mathrm{d}t+\frac{1}{2}\int_0^T s_0^2(t)\mathrm{d}t-\frac{1}{2}\int_0^T s_1^2(t)\mathrm{d}t\right]\tag{9.1.8}$$

所以判决表达式为

$$\frac{2}{N_0}\left[\int_0^T z(t)s_1(t)\mathrm{d}t-\int_0^T z(t)s_0(t)\mathrm{d}t+\frac{1}{2}\int_0^T s_0^2(t)\mathrm{d}t-\frac{1}{2}\int_0^T s_1^2(t)\mathrm{d}t\right]\underset{H_0}{\overset{H_1}{\gtrless}}\ln\eta_0\tag{9.1.9}$$

或

$$\int_0^T z(t)s_1(t)\mathrm{d}t-\int_0^T z(t)s_0(t)\mathrm{d}t\underset{H_0}{\overset{H_1}{\gtrless}}\frac{N_0}{2}\cdot\ln\eta_0+\frac{1}{2}\left[\int_0^T s_1^2(t)\mathrm{d}t-\int_0^T s_0^2(t)\mathrm{d}t\right]=\eta\tag{9.1.10}$$

从式(9.1.10)可以看出,在高斯白噪声环境下二元已知信号的检测可用相关接收机实现,接收机结构如图 9.1 所示。

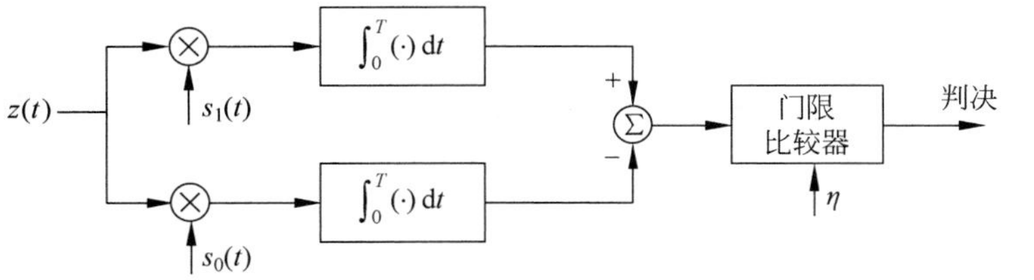

图 9.1 高斯白噪声中二元已知信号检测的最佳接收机结构

此外,根据 3.5 节介绍的匹配滤波理论,对信号 $s_1(t)$的匹配滤波器的冲激响应为

$$h_1(t)=s_1(T-t)\quad(0<t<T)\tag{9.1.11}$$

观测过程 $z(t)$通过匹配滤波器后,输出为

$$z_1(t)=\int_{-\infty}^{+\infty}z(t-\tau)h_1(\tau)\mathrm{d}\tau=\int_0^T z(t-\tau)s_1(T-\tau)\mathrm{d}\tau$$

当 $t=T$ 时

$$z_1(T)=\int_0^T z(T-\tau)s_1(T-\tau)\mathrm{d}\tau=\int_0^T z(t)s_1(t)\mathrm{d}t \tag{9.1.12}$$

可见,相关积分可以用匹配滤波器来实现。同理,对信号 $s_0(t)$ 的匹配滤波器的冲激响应为

$$h_0(t)=s_0(T-t)\quad(0<t<T) \tag{9.1.13}$$

观测过程 $z(t)$ 通过匹配滤波器后,在 $t=T$ 时的输出为

$$z_0(T)=\int_0^T z(T-\tau)s_0(T-\tau)\mathrm{d}\tau=\int_0^T z(t)s_0(t)\mathrm{d}t \tag{9.1.14}$$

采用匹配滤波器的最佳接收机结构如图 9.2 所示。

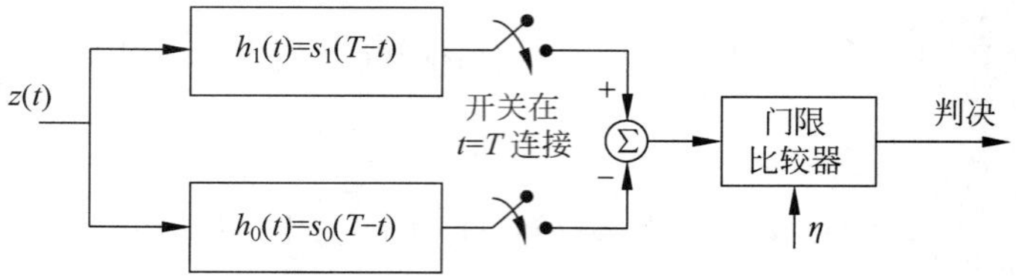

图 9.2　采用匹配滤波器的最佳接收机结构

9.2　最佳接收机的性能

为了分析最佳接收机性能,定义一个检测统计量:

$$I=\int_0^T z(t)s_1(t)\mathrm{d}t-\int_0^T z(t)s_0(t)\mathrm{d}t+\frac{1}{2}\int_0^T[s_0^2(t)-s_1^2(t)]\mathrm{d}t \tag{9.2.1}$$

那么判决表达式(9.1.10)可表示为

$$I\underset{H_0}{\overset{H_1}{\gtrless}}\frac{N_0}{2}\ln\eta_0=\gamma \tag{9.2.2}$$

虚警概率和漏警概率分别为

$$P_{\mathrm{F}}=\int_\gamma^{+\infty}f(I\mid H_0)\mathrm{d}I,\quad P_M=\int_{-\infty}^{\gamma}f(I\mid H_1)\mathrm{d}I \tag{9.2.3}$$

因此,要确定接收机的性能关键是要确定检测统计量 I 在不同假设下的概率分布密度。可以证明(证明留作习题 9.1)。

$$f(I\mid H_0)=\frac{1}{\sqrt{2\pi N_0\varepsilon(1-\bar\rho)}}\exp\left\{-\frac{[I+\varepsilon(1-\bar\rho)]^2}{2N_0\varepsilon(1-\bar\rho)}\right\} \tag{9.2.4}$$

$$f(I\mid H_1)=\frac{1}{\sqrt{2\pi N_0\varepsilon(1-\bar\rho)}}\exp\left\{-\frac{[I-\varepsilon(1-\bar\rho)]^2}{2N_0\varepsilon(1-\bar\rho)}\right\} \tag{9.2.5}$$

其中,

$$\varepsilon_0=\int_0^T s_0^2(t)\mathrm{d}t,\quad \varepsilon_1=\int_0^T s_1^2(t)\mathrm{d}t,\quad \varepsilon=\frac{1}{2}(\varepsilon_1+\varepsilon_0) \tag{9.2.6}$$

分别代表信号 $s_0(t)$、$s_1(t)$ 的信号能量及它们的平均能量,

$$\bar{\rho}=\int_{0}^{T} s_{0}(t) s_{1}(t) \mathrm{d} t / \varepsilon \tag{9.2.7}$$

为归一化相关系数，则虚警概率为

$$P_{\mathrm{F}}=\int_{\gamma}^{+\infty} \frac{1}{\sqrt{2\pi N_{0}\varepsilon(1-\bar{\rho})}} \exp\left\{-\frac{[I+\varepsilon(1-\bar{\rho})]^{2}}{2N_{0}\varepsilon(1-\bar{\rho})}\right\} \mathrm{d} I \tag{9.2.8}$$

在式(9.2.8)中令 $u=\dfrac{I+\varepsilon(1-\bar{\rho})}{\sqrt{N_{0}\varepsilon(1-\bar{\rho})}}$，则

$$P_{\mathrm{F}}=\int_{\frac{\gamma+\varepsilon(1-\bar{\rho})}{\sqrt{N_{0}\varepsilon(1-\bar{\rho})}}}^{+\infty} \frac{1}{\sqrt{2\pi}} \exp\left\{-\frac{u^{2}}{2}\right\} \mathrm{d} u=Q(\gamma^{+}) \tag{9.2.9}$$

其中

$$\gamma^{+}=\frac{\gamma+\varepsilon(1-\bar{\rho})}{\sqrt{N_{0}\varepsilon(1-\bar{\rho})}} \tag{9.2.10}$$

漏警概率为

$$P_{\mathrm{M}}=\int_{-\infty}^{\gamma} \frac{1}{\sqrt{2\pi N_{0}\varepsilon(1-\bar{\rho})}} \exp\left\{-\frac{[I-\varepsilon(1-\bar{\rho})]^{2}}{2N_{0}\varepsilon(1-\bar{\rho})}\right\} \mathrm{d} I=1-Q(\gamma^{-}) \tag{9.2.11}$$

其中

$$\gamma^{-}=\frac{\gamma-\varepsilon(1-\bar{\rho})}{\sqrt{N_{0}\varepsilon(1-\bar{\rho})}} \tag{9.2.12}$$

从式(9.2.9)～式(9.2.12)可以看出，接收机的性能与信号的平均能量 ε、归一化相关系数 $\bar{\rho}$、噪声的强度 N_0 以及判决门限 η_0 有关，而与信号的波形是无关的。

如果采用最小总错误概率准则，且假定先验概率相等，即 $P(H_0)=P(H_1)$，则 $\eta_0=1$，$\gamma=0$，因此

$$\gamma^{+}=-\gamma^{-}=\sqrt{\frac{\varepsilon(1-\bar{\rho})}{N_{0}}} \tag{9.2.13}$$

这时 $P_{\mathrm{F}}=P_{\mathrm{M}}$，总的错误概率

$$P_{\mathrm{e}}=\frac{1}{2}(P_{\mathrm{F}}+P_{\mathrm{M}})=Q\left(\sqrt{\frac{\varepsilon(1-\bar{\rho})}{N_{0}}}\right) \tag{9.2.14}$$

当 $\bar{\rho}=-1$，即 $s_0(t)=-s_1(t)$ 时，则

$$P_{\mathrm{e}}=Q\left(\sqrt{\frac{2\varepsilon}{N_{0}}}\right) \tag{9.2.15}$$

这时总的错误概率是最小的，称这样的系统为理想二元通信系统。

例 9.1 二元通信系统的检测性能分析。

采用最小总错误概率准则讨论一下常见的二元通信系统的性能，对于相干相移键控(CPSK)系统，信号为

$$s_0(t)=A\sin\omega_0 t,\quad s_1(t)=-A\sin\omega_0 t \quad (0\leqslant t\leqslant T)$$

由于 $\bar{\rho}=-1$，所以这是一个理想的二元通信系统。总的错误概率为

$$P_e=\int_{\sqrt{2\varepsilon/N_0}}^{+\infty}\frac{1}{\sqrt{2\pi}}\exp\left(-\frac{1}{2}u^2\right)\mathrm{d}u=Q\left(\sqrt{\frac{2\varepsilon}{N_0}}\right)$$

对于相干频移键控系统(CFSK),二元信号为

$$s_0(t)=A\sin\omega_0 t,\quad s_1(t)=A\sin\omega_1 t\quad(0\leqslant t\leqslant T)$$

适当地选择角频率 ω_0、ω_1,例如,$\omega_0+\omega_1=m\pi/T$,$\omega_1-\omega_0=n\pi/T$,其中 m 和 n 是正整数,那么两个信号是正交的,即 $\bar{\rho}=0$,这时总的错误概率为

$$P_e=\int_{\sqrt{\varepsilon/N_0}}^{+\infty}\frac{1}{\sqrt{2\pi}}\exp\left(-\frac{1}{2}u^2\right)\mathrm{d}u=Q\left(\sqrt{\frac{\varepsilon}{N_0}}\right)$$

对于启闭键控系统(OOK),二元信号为

$$s_0(t)=0,\quad s_1(t)=A\sin\omega_1 t\quad(t_0\leqslant t\leqslant t_f)$$

显然 $\bar{\rho}=0$,而 $\varepsilon=\varepsilon_1/2$,因此总的错误概率为

$$P_e=\int_{\sqrt{\varepsilon_1/2N_0}}^{+\infty}\frac{1}{\sqrt{2\pi}}\exp\left(-\frac{1}{2}u^2\right)\mathrm{d}u=Q\left(\sqrt{\frac{\varepsilon_1}{2N_0}}\right)=Q\left(\sqrt{\frac{\varepsilon}{N_0}}\right)$$

二元通信系统的检测性能曲线如图 9.3 所示。

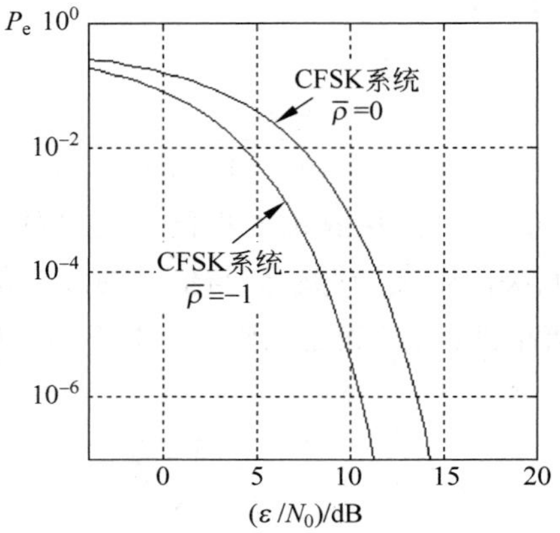

图 9.3 二元通信系统的检测性能

例 9.2 雷达信号检测性能分析。

雷达信号的检测是一个二元假设检验问题,

$$\begin{aligned}&H_0: z(t)=w(t) && (0<t<T)\\&H_1: z(t)=s_1(t)+w(t) && (0<t<T)\end{aligned}\tag{9.2.16}$$

即相当于式(9.1.1)中 $s_0(t)=0$ 的情况,那么,$\bar{\rho}=0$,$\varepsilon=\varepsilon_1/2$,由式(9.2.9)和式(9.2.10)可得

$$P_F=Q\left(\frac{\gamma+\varepsilon_1/2}{\sqrt{N_0\varepsilon_1/2}}\right)\tag{9.2.17}$$

雷达信号检测经常采用纽曼-皮尔逊准则,门限由给定的虚警概率确定,因此,由式(9.2.17)可得

$$\gamma=\sqrt{N_0\varepsilon_1/2}\,Q^{-1}(P_F)-\varepsilon_1/2 \tag{9.2.18}$$

由式(9.2.11)和式(9.2.12)可得检测概率为

$$P_D=1-P_M=Q\left(\frac{\gamma-\varepsilon_1/2}{\sqrt{N_0\varepsilon_1/2}}\right) \tag{9.2.19}$$

将式(9.2.18)代入，得

$$\begin{aligned}P_D&=Q\left(\frac{\sqrt{N_0\varepsilon_1/2}\,Q^{-1}(P_F)-\varepsilon_1/2-\varepsilon_1/2}{\sqrt{N_0\varepsilon_1/2}}\right)\\&=Q\left(Q^{-1}(P_F)-\sqrt{2\varepsilon_1/N_0}\right)\end{aligned} \tag{9.2.20}$$

由式(9.2.20)可以看出，在高斯白噪声环境下，检测概率只与信号的能量和噪声谱密度之比有关，与信号的波形无关。图9.4画出了以 P_F 为参数的 $P_D\sim\sqrt{2\varepsilon_1/N_0}$ 曲线，这一曲线称为雷达系统的检测性能曲线。

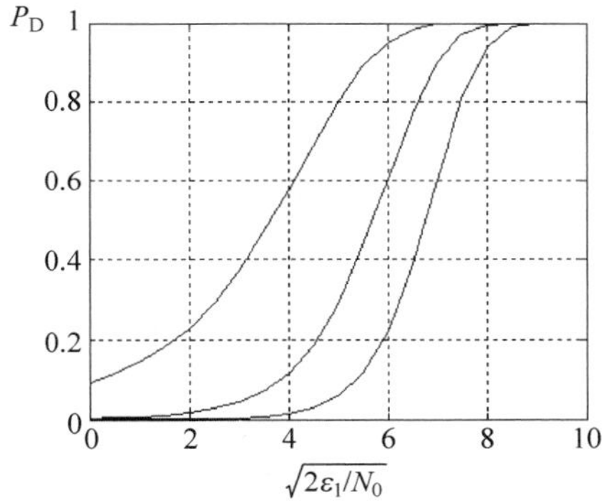

图9.4 雷达系统检测性能曲线

9.3 高斯白噪声中随机信号的检测

在前面两节讨论的检测问题中，信号是完全已知的，在实际中经常遇到的信号通常具有确定的形状，但信号的某些参数是未知的，有些参数甚至是随机的。例如，在高频无线电通信系统中，由于电离层或其他反射或散射体的随机运动，接收信号的幅度将随机变化，接收信号的频率或相位也有可能是随机的。因此，有必要研究含有随机参数信号的检测问题，8.4节中讨论的复合假设检验理论是研究这一问题的理论基础。

本节重点研究实际中常见的含有随机参数的正弦信号的检测问题，即信号检测的统计模型如下：

$$\begin{aligned}&H_0: z(t)=w(t) &&(0<t<T)\\&H_1: z(t)=A\cos(\omega_0 t+\Phi)+w(t) &&(0<t<T)\end{aligned} \tag{9.3.1}$$

其中，A、ω_0、Φ 可能是随机的，噪声 $w(t)$ 是零均值高斯白噪声，功率谱密度为 $N_0/2$，其他问题可以采用类似的方法进行研究。

9.3.1 随机相位信号的检测

在式(9.3.1)中,假定信号的幅度和频率是已知的,而相位是$(0,2\pi)$上均匀分布的随机变量,$\omega_0 T$ 是 2π 的整数倍。这是一个复合假设检验问题,由式(8.4.2)~式(8.4.4)可知,判决表达式为

$$\Lambda(z(t))=\frac{f(z(t)\mid H_1)}{f(z(t)\mid H_0)}=\frac{\int_{-\infty}^{+\infty}f(z(t)\mid H_1,\varphi)f_{\Phi}(\varphi)\mathrm{d}\varphi}{f(z(t)\mid H_0)}\underset{H_0}{\overset{H_1}{\gtrless}}\eta_0 \tag{9.3.2}$$

由式(9.1.5)可知

$$f(z(t)\mid H_1,\varphi)=F\exp\left\{-\frac{1}{N_0}\int_0^T[z(t)-A\cos(\omega_0 t+\varphi)]^2\mathrm{d}t\right\} \tag{9.3.3}$$

$$f(z(t)\mid H_1)=\int_0^{2\pi}F\exp\left\{-\frac{1}{N_0}\int_0^T[z(t)-A\cos(\omega_0 t+\varphi)]^2\mathrm{d}t\right\}\frac{\mathrm{d}\varphi}{2\pi} \tag{9.3.4}$$

而由式(9.1.6)可知

$$f(z(t)\mid H_0)=F\exp\left\{-\frac{1}{N_0}\int_0^T z^2(t)\mathrm{d}t\right\} \tag{9.3.5}$$

代入似然比的计算中,经化简后得(证明留作习题 9.2)

$$\begin{aligned}\Lambda(z(t))&=\exp\left(-\frac{A^2T}{2N_0}\right)\int_0^{2\pi}\exp\left[\frac{2AM}{N_0}\cos(\varphi+\varphi_0)\right]\frac{\mathrm{d}\varphi}{2\pi}\\&=\exp\left(-\frac{A^2T}{2N_0}\right)\mathrm{I}_0\left(\frac{2AM}{N_0}\right)\end{aligned} \tag{9.3.6}$$

其中

$$M=\sqrt{M_I^2+M_Q^2}=\sqrt{\left(\int_0^T z(t)\cos\omega_0 t\,\mathrm{d}t\right)^2+\left(\int_0^T z(t)\sin\omega_0 t\,\mathrm{d}t\right)^2} \tag{9.3.7}$$

$$M_I=\int_0^T z(t)\cos\omega_0 t\,\mathrm{d}t \quad M_Q=\int_0^T z(t)\sin\omega_0 t\,\mathrm{d}t \tag{9.3.8}$$

$$\varphi_0=\arctan\left(\frac{M_Q}{M_I}\right)=\arctan\left(\frac{\int_0^T z(t)\sin\omega_0 t\,\mathrm{d}t}{\int_0^T z(t)\cos\omega_0 t\,\mathrm{d}t}\right) \tag{9.3.9}$$

而 $\mathrm{I}_0(x)=\int_0^{2\pi}\exp[x\cos(\varphi+\varphi_0)]\frac{\mathrm{d}\varphi}{2\pi}$ 是第一类零阶修正贝塞尔函数。判决表达式为

$$\mathrm{I}_0\left(\frac{2AM}{N_0}\right)\underset{H_0}{\overset{H_1}{\gtrless}}\eta_0\exp\left\{\frac{A^2T}{2N_0}\right\} \tag{9.3.10}$$

由于 $\mathrm{I}_0(x)$ 是单调上升函数,所以根据 $\mathrm{I}_0\left(\frac{2AM}{N_0}\right)$ 进行判决和根据 M 进行判决是等价的,因此,判决表达式可化简为

$$M \underset{H_0}{\overset{H_1}{\gtrless}} \gamma \tag{9.3.11}$$

对于纽曼-皮尔逊准则，门限 γ 由给定的虚警概率确定。检测器的结构如图 9.5 所示，该结构通常称为正交接收机。

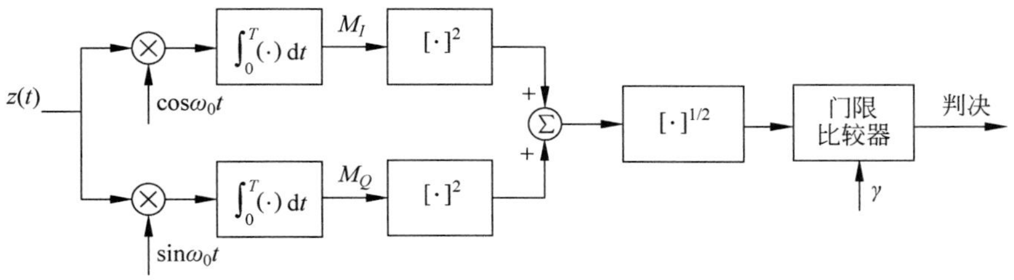

图 9.5　正交接收机

图 9.5 的正交接收机还可以进一步简化。考虑一个对如下信号的匹配滤波器，

$$s(t) = \cos\omega_0 t \quad (0 < t < T)$$

它的冲激响应为

$$h(t) = \cos\omega_0 (T - t) \quad (0 < t < T)$$

观测过程 $z(t)$ 通过该匹配滤波器后，输出为

$$\begin{aligned} x(t) &= \int_0^t z(\tau)\cos\omega_0 (T - t + \tau)\mathrm{d}\tau \\ &= M_I(t)\cos\omega_0 (T - t) - M_Q(t)\sin\omega_0 (T - t) \end{aligned}$$

输出的包络为

$$M(t) = \sqrt{M_I^2(t) + M_Q^2(t)}$$

其中

$$M_I(t) = \int_0^t z(\tau)\sin\omega_0 \tau \mathrm{d}\tau \quad M_Q(t) = \int_0^t z(\tau)\cos\omega_0 \tau \mathrm{d}\tau$$

当 $t = T$ 时，输出的包络

$$M(T) = M = \sqrt{M_I^2 + M_Q^2}$$

可见，正交接收机可以用一个匹配滤波器加一个包络检波器来实现，采用匹配滤波器加包络检波器的最佳接收机结构如图 9.6 所示。

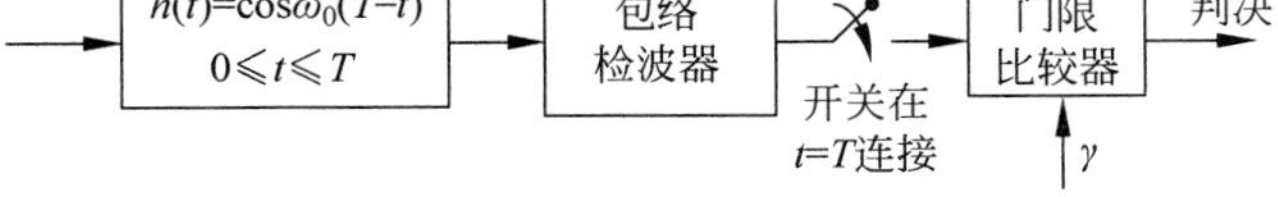

图 9.6　采用匹配滤波器加包络检波器的最佳接收机结构

为了分析最佳接收机的性能，需要确定检验统计量 M 的概率密度，在两种假设下，M 分别服从瑞利分布和莱斯分布（广义瑞利分布）（证明留作习题，参见习题 9.3），即

$$f(M \mid H_0)=\frac{M}{\sigma_T^2}\exp\left(-\frac{M^2}{2\sigma_T^2}\right) \quad (M>0) \tag{9.3.12}$$

$$f(M \mid H_1)=\frac{M}{\sigma_T^2}\exp\left(-\frac{M^2+\frac{1}{4}A^2T^2}{2\sigma_T^2}\right)\mathrm{I}_0\left(\frac{MAT}{2\sigma_T^2}\right) \quad (M>0) \tag{9.3.13}$$

其中,$\sigma_T^2=\frac{N_0T}{4}$。那么,虚警概率为

$$P_{\mathrm{F}}=\int_{\gamma}^{+\infty}f(M \mid H_0)\mathrm{d}M=\int_{\gamma}^{+\infty}\frac{M}{\sigma_T^2}\exp\left(-\frac{M^2}{2\sigma_T^2}\right)\mathrm{d}M=\exp\left(-\frac{\gamma}{2\sigma_T^2}\right) \tag{9.3.14}$$

检测概率为

$$P_{\mathrm{D}}=\int_{\gamma}^{+\infty}f(M \mid H_1)\mathrm{d}M=\int_{\gamma}^{+\infty}\frac{M}{\sigma_T^2}\exp\left(-\frac{M^2+\frac{1}{4}A^2T^2}{2\sigma_T^2}\right)\mathrm{I}_0\left(\frac{MAT}{2\sigma_T^2}\right)\mathrm{d}M$$

令 $z=M/\sigma_T, E=A^2T/2, d^2=2E/N_0$,则上式可以化简为

$$P_{\mathrm{D}}=\int_{\gamma/\sigma_T}^{+\infty}z\exp\left(-\frac{z^2+d^2}{2}\right)\mathrm{I}_0(dz)\,\mathrm{d}z=Q(d,\gamma/\sigma_T) \tag{9.3.15}$$

其中,$Q(\cdot,\cdot)$为 Marcum Q 函数,其定义为 $Q(\alpha,\beta)=\int_{\beta}^{+\infty}z\exp\left(-\frac{z^2+\alpha^2}{2}\right)\mathrm{I}_0(\alpha z)\,\mathrm{d}z$,在 MATLAB 中有一个专用函数 marcumq(a,b)可用来计算 Marcum Q 函数的值。

9.3.2 随机相位及幅度信号的检测

在式(9.3.1)中,假定 A 和 Φ 是相互独立的随机变量,且 Φ 在$(0,2\pi)$上均匀分布,幅度 A 服从瑞利分布,概率密度为

$$f(A)=\frac{A}{A_0^2}\exp\left(-\frac{A^2}{2A_0^2}\right) \quad (A\geqslant 0) \tag{9.3.16}$$

$$\begin{aligned}\Lambda(z(t))&=\frac{\int_{-\infty}^{+\infty}\int_{-\infty}^{+\infty}f(z(t) \mid H_1,A,\varphi)f(A)f(\varphi)\mathrm{d}\varphi\mathrm{d}A}{f(z(t) \mid H_0)}\\&=\int_{-\infty}^{+\infty}\Lambda(z(t) \mid A)f(A)\mathrm{d}A\\&=\int_{0}^{+\infty}\exp\left(-\frac{A^2T}{2N_0}\right)\mathrm{I}_0\left(\frac{2AM}{N_0}\right)\frac{A}{A_0^2}\exp\left(-\frac{A^2}{2A_0^2}\right)\mathrm{d}A\end{aligned}$$

利用等式

$$\int_0^{+\infty}\mathrm{I}_0(\mu x)\mathrm{e}^{-\nu x^2}\mathrm{d}x=\frac{1}{2\nu}\mathrm{e}^{\frac{\mu^2}{4\nu}} \tag{9.3.17}$$

得

$$\Lambda(z(t))=\frac{N_0}{N_0+TA_0^2}\exp\left[\frac{2A_0^2M^2}{N_0(N_0+TA_0^2)}\right] \tag{9.3.18}$$

所以,判决表达式为

$$\frac{N_0}{N_0+TA_0^2}\exp\left[\frac{2A_0^2M^2}{N_0(N_0+TA_0^2)}\right]\underset{H_0}{\overset{H_1}{\gtrless}}\eta_0$$

或者

$$M\underset{H_0}{\overset{H_1}{\gtrless}}\left\{\frac{N_0(N_0+TA_0^2)}{2A_0^2}\ln\left[\frac{\Lambda_0(N_0+TA_0^2)}{N_0}\right]\right\}^{1/2}=\gamma \tag{9.3.19}$$

与式(9.3.11)进行比较可以看出,最佳检测器的结构与随机相位信号检测器的结构是一样的。

9.4 信号处理实例

9.4.1 加性高斯信道中基带数字传输

在二元通信系统中,传输的是数字"0""1"序列,数字"0""1"分别用信号"$s_0(t)$""$s_1(t)$"来表示,假设数据传输率为 R 比特/秒(bit/s),发送每个比特按如下规则发送信号:

$$\begin{aligned}0&\rightarrow s_0(t)\quad(0\leqslant t\leqslant T)\\1&\rightarrow s_1(t)\quad(0\leqslant t\leqslant T)\end{aligned} \tag{9.4.1}$$

其中 $T=1/R$ 为每比特时间间隔,假定信道为功率谱密度为 $N_0/2$ 的加性白噪声高斯信道,因此,接收信号波形为

$$\begin{aligned}H_0&:z(t)=s_0(t)+w(t)\quad(0\leqslant t\leqslant T)\\H_1&:z(t)=s_1(t)+w(t)\quad(0\leqslant t\leqslant T)\end{aligned} \tag{9.4.2}$$

接收机的任务就是要根据在$(0,T)$的间隔内接收到的观测信号 $z(t)$来判断发送的是"0"还是"1"。二元通信系统通常采用最小错误概率准则,且假定发数字"0"和数字"1"的概率相等,由式(9.1.10)可知,最佳判决表达式为

$$\int_0^T z(t)s_1(t)\mathrm{d}t-\int_0^T z(t)s_0(t)\mathrm{d}t\underset{H_0}{\overset{H_1}{\gtrless}}\frac{1}{2}\left[\int_0^T s_1^2(t)\mathrm{d}t-\int_0^T s_0^2(t)\mathrm{d}t\right]=\eta \tag{9.4.3}$$

接收机的结构如图 9.7 所示。

假定 $s_0(t)$和 $s_1(t)$信号如图 9.8 所示,很显然,这两个信号是正交的,且信号能量 $\varepsilon_0=\varepsilon_1=\varepsilon=TA^2$,归一化相关系数 $\bar{\rho}=0$,那么,在两种假设下,统计量 $I=\int_0^T z(t)s_1(t)\mathrm{d}t-\int_0^T z(t)s_0(t)\mathrm{d}t$ 均服从正态分布,且

$$f(I\mid H_0)=\frac{1}{\sqrt{2\pi N_0\varepsilon}}\exp\left[-\frac{(I+\varepsilon)^2}{2N_0\varepsilon}\right] \tag{9.4.4}$$

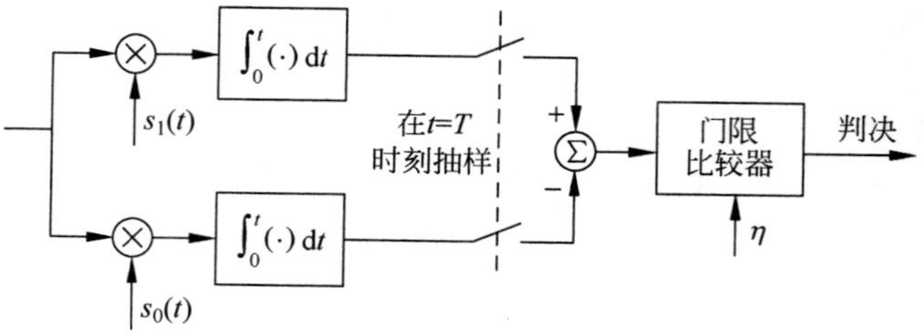

图 9.7　二元通信接收机结构

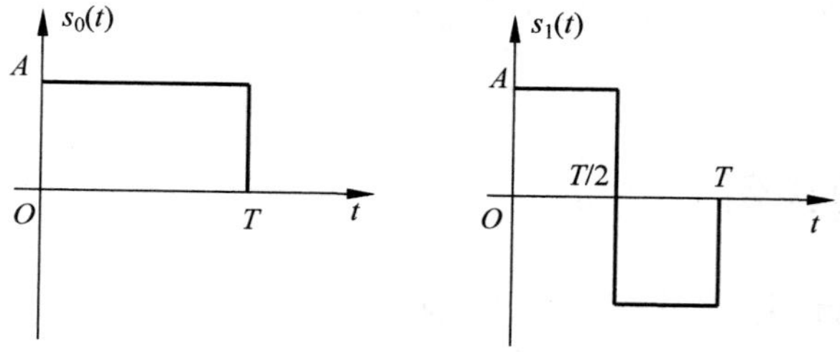

图 9.8　两个正交信号

$$f(I \mid H_1)=\frac{1}{\sqrt{2\pi N_0 \varepsilon}}\exp\left[-\frac{(I-\varepsilon)^2}{2N_0\varepsilon}\right] \tag{9.4.5}$$

由式(9.2.14)可得错误概率为

$$P_e=Q\left(\sqrt{\frac{\varepsilon}{N_0}}\right) \tag{9.4.6}$$

图 9.9 给出了误码率曲线,图中同时给出了用蒙特卡洛方法仿真在不同信噪比下发送 10000 比特数据的误码率曲线。

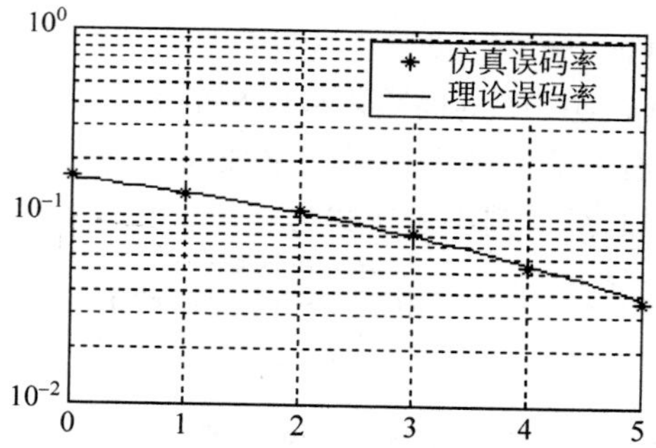

图 9.9　误码率曲线

9.4.2　双门限检测器

双门限检测是一种简单的常用检测器,在许多领域都有应用,本节以雷达系统中的双门限检测为例，介绍信号检测器设计和性能分析的基本方法。

双门限检测器如图 9.10 所示。

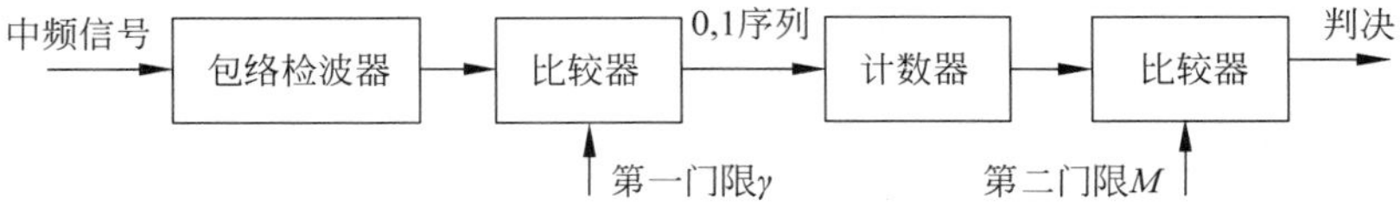

图 9.10　双门限检测器结构

接收机输出的中频信号为

$$z(t)=s(t)+w(t) \tag{9.4.7}$$

其中，噪声通常是窄带正态噪声，噪声方差为 σ^2，信号 $s(t)$ 是一串脉冲型正弦信号，单个脉冲内的信号可表示为

$$s(t)=a\cos(\omega_0 t+\theta) \tag{9.4.8}$$

其中，ω_0、a 和 θ 均为常数，根据第 5 章的窄带随机过程的理论，窄带正态噪声的包络服从瑞利分布，窄带正态噪声加正弦信号的包络服从广义瑞利分布，即包络检波器输出的概率密度为

$$f(A_t/H_0)=\frac{A_t}{\sigma^2}\exp\left\{-\frac{A_t^2}{2\sigma^2}\right\} \qquad (A_t>0) \tag{9.4.9}$$

$$f(A_t/H_1)=\frac{A_t}{\sigma^2}\exp\left\{-\frac{A_t^2+a^2}{2\sigma^2}\right\}\mathrm{I}_0\left(\frac{aA_t}{\sigma^2}\right) \qquad (A_t>0) \tag{9.4.10}$$

第一门限检测也称为单次脉冲检测，它将视频回波信号量化成 0、1 序列，单次检测概率和虚警概率分别为

$$P_{\mathrm{D1}}=\int_{\gamma}^{+\infty}f(A_t/H_1)\mathrm{d}A_t=\int_{\gamma/\sigma}^{+\infty}z\exp\left(-\frac{z^2+d^2}{2}\right)\mathrm{I}_0(dA_t)\mathrm{d}z \tag{9.4.11}$$

$$P_{\mathrm{F1}}=\int_{\gamma}^{+\infty}f(A_t/H_0)\mathrm{d}A_t=\exp\left(-\frac{\gamma^2}{2\sigma^2}\right) \tag{9.4.12}$$

其中，$d^2=a^2/\sigma^2$ 表示信噪比，γ 为第一门限。

计数器将单次检测结果进行积累，计数器的长度为 N，如果在连续 N 个脉冲中，计数器累计的单次检测个数超过第二门限 M，则判定为有目标。

设 X 表示计数器内累计的单次检测个数，单次检测概率为 p，那么，在 N 次独立取样中，有 k 次被检测到的概率服从二项式分布，即

$$P(X=k)=C_N^k p^k(1-p)^{N-k} \tag{9.4.13}$$

计数器累计的单次检测个数超出 M 的概率为

$$P(X\geqslant M)=\sum_{k=M}^{N}C_N^k p^k(1-p)^{N-k} \tag{9.4.14}$$

p 分别用 P_{D1} 和 P_{F1} 分别代入式(9.4.14)，可得到双门限检测器的检测概率和虚警概率为

$$P_{\mathrm{D}}=\sum_{k=M}^{N} C_{N}^{k} P_{\mathrm{D1}}^{k}(1-P_{\mathrm{D1}})^{N-k} \tag{9.4.15}$$

$$P_{\mathrm{F}}=\sum_{k=M}^{N} C_{N}^{k} P_{\mathrm{F1}}^{k}(1-P_{\mathrm{F1}})^{N-k} \tag{9.4.16}$$

对于脉冲型回波信号来说，各重复周期内均有信号，在 N 次连续周期内超过门限的概率就大；而对于噪声而言，各重复周期内的取样是不相关的，偶尔一次超过门限，但连续几次超过门限的概率就很小。因此，双门限检测器的虚警概率很低，检测概率高。

按照纽曼-皮尔逊准则，两个门限应根据在保证虚警概率恒定的情况下使检测概率最大来选择，在单门限检测中，门限可以根据虚警概率计算出来，而双门限检测器的检测性能既和第一门限 γ 有关，也和第二门限 M 有关，门限的选择比较复杂。按照一般经验，对于 $10^{-10}<P_{\mathrm{F}}<10^{-5}$，$0.5<P_{\mathrm{D}}<0.9$，最佳第二门限为

$$M_{\mathrm{opt}}=1.5\sqrt{N} \tag{9.4.17}$$

而第一门限则根据给定的虚警概率确定。

需要注意的是，式(9.4.12)计算的虚警概率与噪声方差有关，对于雷达信号检测器而言，噪声环境是多变的，因此噪声方差是变化的，噪声方差的变化会引起虚警率的变化，而雷达要求恒虚警特性，因此在包络检波和第一门限检测之间需要加入恒虚警处理器。有关雷达信号的恒虚警检测问题，请读者参阅雷达的相关文献。此外，本例讨论的双门限检测器，系统输入噪声是高斯噪声，包络检波器的输出是瑞利分布或广义瑞利分布；如果噪声是非高斯的，检测器的性能会下降，包络检波器输出的分布将变得复杂，理论分析系统的性能将非常复杂。有关雷达信号的恒虚警检测和非高斯杂波环境中目标的检测问题在这里不做深入的讨论，感兴趣的读者请参阅雷达信号检测的相关文献。

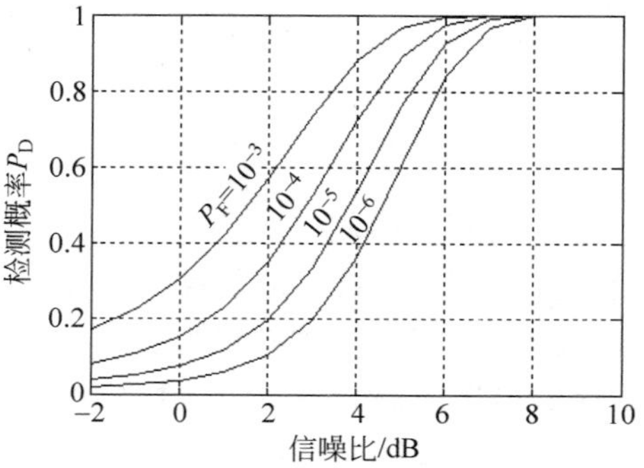

图 9.11　双门限检测器检测性能曲线

习　　题

9.1　证明二元信号检测的式(9.2.4)和式(9.2.5)成立。

9.2　证明随机相位信号检测部分中的式(9.3.6) 成立。

9.3 证明随机相位信号检测部分中的式(9.3.12)和式(9.3.13)成立。

9.4 利用最小平均错误概率准则设计一接收机，对下述两个假设进行判决：

$$H_0: z(t) = s_0(t) + w(t)$$

$$H_1: z(t) = s_1(t) + w(t)$$

$w(t)$是功率谱为$N_0/2$的高斯白噪声，信号$s_0(t)$，$s_1(t)$如图9.8所示，且两个信号的先验概率相等，信号平均能量为E，观测时间为$0 \leqslant t \leqslant 3T$，试求$E/N_0 = 2$时的错误概率。

9.5 对下述两个假设，按似然比判决规则进行选择：

$$H_1: z(t) = A\cos\omega_1 t + B\cos(\omega_2 t + \varphi_1) + w(t)$$

$$H_0: z(t) = B\cos(\omega_2 t + \varphi_2) + w(t)$$

其中，A，B，ω_1，ω_2，φ_1，φ_2为已知常数，$\omega_1 T = 2n\pi$，$\omega_2 T = 2m\pi$，m、n均为正整数，$w(t)$是功率谱为$N_0/2$的高斯白噪声。(1)求判决表达式；(2)求检测概率表达式，分析信号$B\cos(\omega_2 t + \varphi)$对接收机检测性能有何影响？

9.6 设有两个假设：

$$H_0: z(t) = s_0(t) + w(t)$$

$$H_1: z(t) = s_1(t) + w(t)$$

其中，信号$s_0(t)$、$s_1(t)$如图9.12所示。$w(t)$是功率谱为$N_0/2$的高斯白噪声。令先验概率相等。试按最小平均错误概率准则设计一个接收机，对上述假设进行选择。

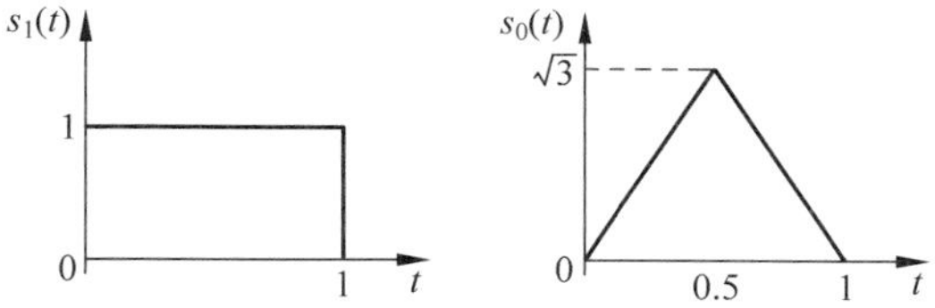

图9.12 信号波形

9.7 设移频键控信号：

$$\begin{aligned} s_0(t) &= A_m\cos(\omega_0 t + \varphi_0) \\ s_1(t) &= A_m\cos(\omega_1 t + \varphi_1) \end{aligned} \quad (0 \leqslant t \leqslant T, T|\omega_0 - \omega_1| \gg 1)$$

且先验概率相等，A_m，ω_0，ω_1，φ_0，φ_1均为常量。现以功率谱密度为$N_0/2$的高斯白噪声为背景，按最小平均错误概率准则对上述信号作最佳接收，试求总错误概率。

9.8 设两个假设：

$$H_0:\ z(t) = w(t) \qquad (0 \leqslant t \leqslant T)$$

$$H_1:\ z(t) = s(t) + w(t) \quad (0 \leqslant t \leqslant T)$$

其中，$w(t)$是功率谱为$N_0/2$的高斯白噪声。令信号$s(t)$的能量$E = \int_0^T s^2(t)\mathrm{d}t$，虚警概率为$\alpha$，采用连续观测进行检验。试求：

(1) 最佳接收机的结构；

(2) 判决门限的求解方程；

(3) 检测概率 $P(D_1|H_1)$的表达式。

9.9 考虑一个随机幅度和随机相位信号的检测问题:

$$H_0: z(t)=w(t) \quad (0 \leqslant t \leqslant T)$$

$$H_1: z(t)=A\cos(\omega_0 t+\varphi)+w(t) \quad (0 \leqslant t \leqslant T)$$

其中,ω_0 为常数,且 $\omega_0 T=2m\pi$,m 为正整数,φ 在$(0,2\pi)$上均匀分布,$w(t)$是功率谱为 $N_0/2$ 的高斯白噪声。

(1) 如果 A 是与 φ 统计独立的离散随机变量,A 只取两个值,且 $P(A=A_0)=p$,$P(A=0)=1-p$,$0<p<1$,按纽曼-皮尔逊准则设计检测器。

(2) 证明检测概率为 $P_D=(1-p)P_F+pP_D(A_0)$,其中 $P_F=P(D_1|H_0)$为虚警概率,$P_D(A_0)$是恒定幅度为 A_0 时的信号检测概率。

实验

实验 9.1 二元通信系统的仿真

1. 实验目的

本实验运用信号检测理论和蒙特卡洛仿真方法仿真分析二元通信系统的检测性能,进一步加深对最佳接收机概念的理解,了解通信系统仿真的基本方法。

2. 实验原理

二元通信是一个典型的噪声中信号的检测问题,9.4.1 节介绍加性高斯信道中基带数字传输的实例,本实验是 9.4.1 节内容的 MATLAB 实现,实验的基本原理参阅 9.4.1 节。

3. 实验内容

(1) 分析不同信噪比下理论误码率。

(2) 产生一组二进制数字序列,根据图 9.8 给出的两个信号,产生对应的二元传输信号,并叠加上高斯噪声,显示所得信号的波形。

(3) 根据检测接收机结构和(2)产生的给出二元传输信号,对 10000bit 数据的误码率进行仿真。

(4) 在(3)的基础上,改变信噪比(0~5dB),得到误码率与信噪比的关系曲线,并且与(1)得到的理论误码率进行比较(参阅图 9.9)。

实验 9.2 双门限检测器性能仿真

1. 实验目的

本实验运用信号检测理论和蒙特卡洛仿真方法分析雷达双门限检测器的检测性能曲线,进一步加深信号检测的基本理论,掌握蒙特卡洛方法分析检测性能的实践方法。

2. 实验原理

双门限检测是雷达信号处理系统的重要组成部分,也是雷达实现自动检测的关键部件，双门限检测的基本原理和检测性能在 9.4.2 节中进行了详细介绍。

3. 实验内容

（1）给定一定的虚警概率（如 $P_F=10^{-6}$），根据 9.4.2 节推导的理论公式，画出双门限检测器的检测性能曲线（检测概率与信噪比之间的变化曲线）。

（2）采用蒙特卡洛仿真方法，分析双门限检测器的检测性能曲线，并与（1）得到的理论曲线进行比较。

部分习题参考答案

第 1 章

1.2 $E(X)=np, D(X)=np(1-p)$。

1.3 $f_G(g)=\dfrac{1}{200g^2}, \dfrac{1}{1100}<g<\dfrac{1}{900}$。

1.4 $f_Y(y)=\int_{-\infty}^{+\infty}\dfrac{1}{|u|}f_{X_1X_2}(u,y/u)\mathrm{d}u, f_Y(y)=\int_{-\infty}^{+\infty}|u|f_{X_1X_2}(yu,u)\mathrm{d}u$。

1.5 $F_Y(y)=[1-F_X(x_1)+F_X(x_0)]U(y)+[F_X(x_1)-F_X(x_0)]U(y-A)$。

1.6 $F_Y(y)=\begin{cases}F_X(y-c) & (y<0)\\ F_X(y+c) & (y\geqslant 0)\end{cases}$。

1.7 $F_Y(y)=\begin{cases}F_X(y-c) & (y\geqslant c)\\ F_X(0) & (-c\leqslant y<c)\\ F_X(y+c) & (y<-c)\end{cases}$。

1.8 $E(Y|X=x)=|x|+1$。

1.9 (1) $E(Y|X=x)=\dfrac{a+x}{2}$； (2) $E(Y)=\dfrac{3}{4}a$。

1.10 (1) $E\left(X|Y=\dfrac{1}{4}\right)=\dfrac{8a+3b}{6(2a+b)}$； (2) $E\left(Y|X=\dfrac{1}{2}\right)=\dfrac{3a+4b}{6(a+b)}$。

1.11 (1) 有效期的均值 $E(X)=5$； (2) 有效期的方差 $D(X)=25$。

第 2 章

2.1 (2) $f_X(x,0)=\begin{cases}1 & (0<x<1)\\ 0 & (其他)\end{cases}$； $f_X\left(x,\dfrac{\pi}{4\omega}\right)=\begin{cases}\sqrt{2} & (0<x<\sqrt{2}/2)\\ 0 & (其他)\end{cases}$；

$f_X\left(x,\dfrac{3\pi}{4\omega}\right)=\begin{cases}\sqrt{2} & (-\sqrt{2}/2<x<0)\\ 0 & (其他)\end{cases}$； $f_X\left(x,\dfrac{\pi}{\omega}\right)=\begin{cases}1 & (-1<x<0)\\ 0 & (其他)\end{cases}$。

(3) $f_X\left(x,\dfrac{\pi}{2\omega}\right)=\delta(x)$。

2.2 (1) $F_X\left(x,\dfrac{1}{2}\right)=\begin{cases}0 & (x<0)\\ \dfrac{1}{2} & (0\leqslant x<1)\\ 1 & (x\geqslant 1)\end{cases}$，$F_X(x,1)=\begin{cases}0 & (x<-1)\\ \dfrac{1}{2} & (-1\leqslant x<2)\\ 1 & (x\geqslant 2)\end{cases}$；

(2) $F_X\left(x_1,x_2;\frac{1}{2},1\right)=\begin{cases}0 & (x_1<0,-\infty<x_2<\infty;\quad x_1\geqslant 0,x_2<-1)\\ \frac{1}{2} & (0\leqslant x_1<1,x_2\geqslant -1;\quad x_1\geqslant 1,-1\leqslant x_2<2)\\ 1 & (x_1\geqslant 1,\quad x_2\geqslant 2)\end{cases}$。

2.3 $f_Y(y,t)=\frac{t-(n-1)T}{T}\delta(y)+\frac{nT-t}{T}\delta(y-A)((n-1)T<t\leqslant nT,n=1,2,\cdots)$。

2.4 $m_X=b+mt$，$\sigma_X^2=t^2\sigma^2$，$f_X(x,t)=\frac{1}{\sqrt{2\pi}(t\sigma)}\exp\left\{-\frac{(x-b-mt)^2}{2(t\sigma)^2}\right\}$。

2.5 $f_X(x,t)=\begin{cases}\frac{2}{\pi A_0^2}\sqrt{A_0^2-x^2} & (|x|\leqslant A_0)\\ 0 & (|x|>A_0)\end{cases}$。

2.6 $f_X(x,t)=\frac{1}{\sqrt{2\pi}\sigma}\exp\left\{-\frac{x^2}{2\sigma^2}\right\}$，

$f_X(\boldsymbol{x},t_1,t_2)=\frac{1}{2\pi\det^{\frac{1}{2}}(\boldsymbol{C})}\exp\left\{-\frac{1}{2}\boldsymbol{x}^{\mathrm{T}}\boldsymbol{C}^{-1}\boldsymbol{x}\right\}$，$\boldsymbol{x}=[x_1\quad x_2]^{\mathrm{T}}$，

$\boldsymbol{C}=\sigma^2\begin{bmatrix}1 & \cos\omega(t_2-t_1)\\ \cos\omega(t_2-t_1) & 1\end{bmatrix}$。

2.8 $m_Y(t)=m_X(t)+\varphi(t)$，$C_Y(t_1,t_2)=C_X(t_1,t_2)$。

2.9 $m_X=0$，$R_X(t_1,t_2)=\sum_{k=1}^{N}\sigma_k^2\mathrm{e}^{\mathrm{j}\theta_k(t_1-t_2)}$。

2.10 $R_Y(\tau)=2R_X(\tau)-R_X(\tau+a)-R_X(\tau-a)$。

2.11 $C_X(t_1,t_2)=\sigma_1^2+\sigma_2^2t_1t_2+(t_1+t_2)\gamma$。

2.12 $E[X(n)]=0$，$R_X(n_1,n_2)=\sigma_W^2\min(n_1,n_2)$。

2.13 $E\{X(t)\}=\frac{\sin\omega_2t-\sin\omega_1t}{(\omega_2-\omega_1)t}$，

$R_X(t_1,t_2)=\frac{\sin(\omega_2(t_1+t_2))-\sin(\omega_1(t_1+t_2))}{2(\omega_2-\omega_1)(t_1+t_2)}+\frac{\sin(\omega_2(t_1-t_2))-\sin(\omega_1(t_1-t_2))}{2(\omega_2-\omega_1)(t_1-t_2)}$。

2.14 $\boldsymbol{R}_Y=\begin{bmatrix}2 & 1.3 & 0.4 & 0.9\\ 13 & 2 & 1.2 & 0.8\\ 0.4 & 1.2 & 2 & 1.1\\ 0.9 & 0.8 & 1.1 & 2\end{bmatrix}$。

2.15 (1) $f_X(x,1)=\frac{1}{6}[\delta(x+1)+\delta(x-1)]+\frac{1}{3}\left[\delta\left(x+\frac{1}{2}\right)+\delta\left(x-\frac{1}{2}\right)\right]$，

$f_X(x,2)=\frac{2}{3}\delta\left(x+\frac{1}{2}\right)+\frac{1}{3}\delta(x-1)$；

(2) 非平稳。

2.16 (1) $E[X(2)]=\frac{10}{3}$，$E[X(6)]=\frac{11}{3}$，$R_X(2,6)=\frac{31}{3}$；

(2) $F_X(x,2)=\begin{cases}0 & (x<2)\\ \frac{1}{3} & (2\leqslant x<3)\\ \frac{2}{3} & (3\leqslant x<5)\\ 1 & (x\geqslant 5)\end{cases}$，$F_X(x,6)=\begin{cases}0 & (x<1)\\ \frac{1}{3} & (1\leqslant x<4)\\ \frac{2}{3} & (4\leqslant x<6)\\ 1 & (x\geqslant 6)\end{cases}$；

$$(3)\ F_X(x_1,x_2;2,6)=\begin{cases}0 & \begin{pmatrix}x_1<2,-\infty<x_2<\infty, & 2\leqslant x_1<5,1\leqslant x_2<4\\ 2\leqslant x_1<\infty,x_2<1; & \end{pmatrix}\\ \dfrac{1}{3} & \begin{pmatrix}2\leqslant x_1<3,x_2\geqslant 4, & 3\leqslant x_1<5,4\leqslant x_2<6\\ x_1\geqslant 5,1\leqslant x_2<4; & \end{pmatrix}\\ \dfrac{2}{3} & (x_1\geqslant 5,4\leqslant x_2<6,\quad 3\leqslant x_1<5,x_2\geqslant 6)\\ 1 & (x_1\geqslant 5,\quad x_2\geqslant 6)\end{cases}$$。

2.17 (1) $E[X(t)]=\frac{1}{3}(1+\cos t+\sin t),R_X(t_1,t_2)=\frac{1}{3}(1+\cos(t_1-t_2))$;

(2) 非平稳。

2.18 平稳。

2.19 $m_X=\pm 7,E[X^2(t)]=R_X(0)=58$。$\sigma_X^2=9$。

2.22 (1) $\tau_0=\frac{1}{\alpha}$; (2) $\tau_0=\frac{1}{2\alpha}$。

2.23 (1) $R_Z(t_1,t_2)=R_X(\tau)\cos\omega t_1\cos\omega t_2+R_Y(\tau)\sin\omega t_1\sin\omega t_2$

$-R_{XY}(t_1,t_2)\cos\omega t_1\sin\omega t_2-R_{YX}(t_1,t_2)\sin\omega t_1\cos\omega t_2$;

(2) $R_Z(\tau)=R_X(\tau)\cos\omega\tau$。

2.24 (1) $R_Z(\tau)=e^{-|\tau|}+\cos 2\pi\tau$; (2) $R_W(\tau)=R_Z(\tau)$; (3) $R_{ZW}(\tau)=e^{-|\tau|}-\cos 2\pi\tau$。

2.29 $E[X^2(t)]=R_X(0)=\frac{1}{2}(\sqrt{2}-1)$。

2.30 $G_X(\omega)=\frac{4}{1+(\omega+\pi)^2}+\frac{4}{1+(\omega-\pi)^2}+\pi[\delta(\omega+3\pi)+\delta(\omega-3\pi)]$。

2.31 $G_X(\omega)=\frac{1-a^2}{1+a^2-2a\cos\omega}$。

2.32 $G_W(\omega)=\sigma_W^2+\sum_{k=1}^{p}\frac{a_k^2\pi}{2}[\delta(\omega+\omega_k)+\delta(\omega-\omega_k)]$。

2.34 $R_X(\tau)=\frac{4}{\pi}\left(1+\frac{\sin^2 5\tau}{\tau^2}\right)$。

2.35 $G_{XY}(\omega)=2\pi m_X m_Y\delta(\omega),G_{XZ}(\omega)=G_X(\omega)+2\pi m_X m_Y\delta(\omega)$。

2.37 $G_X(\omega)=\frac{T}{2}\frac{\sin^2(\omega T/4)}{(\omega T/4)^2}$。

2.39
$$f_x(x_1,x_2)=\frac{1}{2\pi\cdot 8}\exp\left\{-\frac{1}{2}\begin{bmatrix}x_1-2\\x_2-2\end{bmatrix}^{\mathrm{T}}\begin{bmatrix}1/8 & 0\\0 & 1/8\end{bmatrix}\begin{bmatrix}x_1-2\\x_2-2\end{bmatrix}\right\}$$
$$=\frac{1}{16\pi}\exp\left\{-\frac{(x_1-2)^2+(x_2-2)^2}{16}\right\}$$。

第3章

3.2 $m_Y=A/\alpha$。

3.3 $R_X(\tau)=\frac{\alpha}{2}e^{-\alpha|\tau|},\alpha=1/RC$。

3.4 $R_Y(\tau)=\frac{\alpha\sigma^2}{\alpha^2-\beta^2}(\alpha e^{-\beta|\tau|}-\beta e^{-\alpha|\tau|})$。

3.5 (1) $R_{XY}(\tau)=\begin{cases}\dfrac{1}{\beta+\alpha}e^{-\alpha\tau} & (\tau\geqslant 0)\\ \dfrac{1}{\beta-\alpha}e^{\alpha\tau}-\dfrac{2\alpha}{\beta^2-\alpha^2}e^{\beta\tau} & (\tau<0)\end{cases}$;

(2) 当 $\alpha=3,\beta=1$ 时代入得,$R_{XY}(\tau)=\begin{cases}\dfrac{1}{4}e^{-3\tau} & (\tau>0)\\ -\dfrac{1}{2}e^{3\tau}+\dfrac{3}{4}e^{\tau} & (\tau<0)\end{cases}$。

3.6 $R_Y(\tau)=R_X(\tau),R_{XY}(\tau)=R_X(\tau+\alpha)$。

3.7 $R_{XY}(\tau)=\begin{cases}e^{v\tau}-\dfrac{\alpha+\beta}{v-\beta}(e^{\beta\tau}-e^{v\tau})-\dfrac{\alpha+\beta}{v+\beta}e^{\beta\tau} & (\tau<0)\\ \left(1-\dfrac{\alpha+\beta}{v+\beta}\right)e^{-v\tau} & (\tau\geqslant 0)\end{cases}$。

3.9 $f_Y(y)=\sqrt{\dfrac{2}{\pi N_0\omega_1}}\exp\left(-\dfrac{2y^2}{N_0\omega_1}\right)$。

3.10 $R_Y(\tau)=\left[\delta(\tau)-\dfrac{R}{2L}e^{-\frac{R}{L}|\tau|}\right]\cdot\dfrac{N_0}{2}$。

3.11 $R_Z(0)=N_0T/2$。

3.15 $H(\omega)=\dfrac{2\sqrt{2}+j\omega}{\sqrt{3}+j\omega}$。

3.16 $H(f)=1+jf$。

3.18 (1) $\Delta\omega_e=\pi\alpha$; (2) $\Delta\omega_e=\pi\alpha/2$。

3.19 $f_X(x)=\left(\dfrac{1}{2\pi P}\right)^{\frac{N}{2}}\exp\left\{-\dfrac{1}{2P}\sum_{k=0}^{N-1}x_k^2\right\}$。

3.21 $\sigma_Z^2=\dfrac{(1+ab)}{(1-a^2)(1-ab)(1-b^2)}\sigma_X^2$。

3.22 $R_Y(m)=\sigma_X^2a^2(|m|+1)\dfrac{1+a^2-|m|}{(a^2-1)^3}a^{-|m|},G_Y(\omega)=\dfrac{a^2\sigma_X^2}{(1+a^2-2a\cos\omega)^2}$。

3.23 $R_Y(n_1,n_2)=R_X(n_1+a,n_2+a)-R_X(n_1+a,n_2-a)-R_X(n_1-a,n_2+a)+R_X(n_1-a,n_2-a)$。

3.24 (3) 当 $0<a_1<1$ 时,$R_X(n+m,n)=\sigma_W^2(-a_1)^m\dfrac{1-a_1^{2n}}{1-a_1^2}$,

当 $-1<a_1<0$ 时,$R_X(n+m,n)=\sigma_W^2(-a_1)^m\dfrac{1-a_1^{2n}}{1-a_1^2}$。

3.25 (1) $[R_X(0)\quad R_X(1)\quad R_X(2)]^T=[1.2\quad 0.8\quad 0.2]^T$; (2) $\sigma_X^2=R_X(0)=1.2$。

3.26 (1) $G_X(\omega)=\dfrac{1}{1+b_1^2+b_2^2-2b_1(1+b_2)\cos\omega+2b_2\cos 2\omega}\sigma_W^2$。

3.27 $G_Y(z)=[1+a_1^2+a_2^2+(a_1+a_1a_2)(z+z^{-1})+a_2(z^2+z^{-2})]\sigma_X^2$,

$R_Y(m)=[(1+a_1^2+a_2^2)\delta(m)+(a_1+a_1a_2)\delta(|m|-1)+a_2\delta(|m|-2)]\sigma_X^2$。

3.28 $G_X(\omega)=\dfrac{1}{20}\sum_{m=-\infty}^{\infty}\dfrac{8^2}{16+\left[\dfrac{\omega-2\pi m}{20}\right]^2}$。

3.30 $H(\omega)=cA\dfrac{e^{j\omega T}}{\alpha+j\omega}e^{-j\omega t_0}$。

3.31 $H(\omega)=ca\left[\dfrac{1-e^{-j\omega\tau}}{2j(\omega-\omega_0)}+\dfrac{1-e^{-j\omega\tau}}{2j(\omega+\omega_0)}\right]$,$d_m=\dfrac{E}{N_0/2}=\dfrac{a^2\tau}{N_0}$。

$$s_0(t)=\begin{cases}0 & (t\leqslant 0)\\ ca^2 t\cos\omega_0(\tau-t) & (0<t\leqslant\tau)\\ ca^2(2\tau-t)\cos\omega_0(\tau-t) & (\tau<t\leqslant 2\tau)\\ 0 & (t>2\tau)\end{cases}$$

3.32 $H(\omega)=H_1(\omega)H_2(\omega)$,其中 $H_1(\omega)=cS_1^*(\omega)e^{-j\omega\tau}$,

$S_1(\omega)=a\left[\dfrac{1-e^{-j\omega\tau}}{2j(\omega-\omega_0)}+\dfrac{1-e^{-j\omega\tau}}{2j(\omega+\omega_0)}\right]$,$H_2(\omega)=1+e^{-j\omega T}+\cdots+e^{-j\omega(M-1)T}$。

3.35 (1) $H(\omega)=\dfrac{c}{j\omega}(1-e^{-j2\pi\omega/\omega_0})+\dfrac{c}{2j(\omega_0-\omega)}(1-e^{-j2\pi\omega/\omega_0})+\dfrac{c}{2j(\omega_0+\omega)}(1-e^{j2\pi\omega/\omega_0})$

$\approx\left[\dfrac{c}{j\omega}+\dfrac{c}{2j(\omega_0-\omega)}\right](1-e^{-j2\pi\omega/\omega_0})$;

(2) $$s_0(t)=\begin{cases}c\,\dfrac{1}{2}\cdot\dfrac{2\cdot\omega_0\cdot t-3\sin(\omega_0 t)+\omega_0 t\cos(\omega_0 t)}{\omega_0} & \left(0\leqslant t\leqslant\dfrac{2\pi}{\omega_0}\right)\\ -c\,\dfrac{1}{2}\cdot\dfrac{8\pi-3\sin(\omega_0 t)-4\pi\cos(\omega_0 t)+2\omega_0 t+\omega_0 t\cos(\omega_0 t)}{\omega_0} & \left(\dfrac{2\pi}{\omega_0}\leqslant t\leqslant\dfrac{4\pi}{\omega_0}\right)\\ 0 & (\text{其他})\end{cases}$$。

3.38 衰减因子为$(2\pi T)^2\sigma_c^2 P_c$

第 4 章

4.2 (1) $f_Y(y,t)=\delta(y+y_0)F_X(-x_0)+\delta(y-y_0)[1-F_X(x_0)]+f_X(y)[U(y+y_0)-U(y-y_0)]$。

(2) $f_Y(y)=[\delta(y+y_0)+\delta(y-y_0)]\displaystyle\int_{x_0}^{\infty}\frac{1}{\sqrt{2\pi R_X(0)}}\exp\left\{-\frac{x^2}{2R_X(0)}\right\}dx+$

$\dfrac{1}{\sqrt{2\pi R_X(0)}}\exp\left\{-\dfrac{y^2}{2R_X(0)}\right\}[U(y+y_0)-U(y-y_0)]$

4.4 $E[Y(t)]=I\exp(c\alpha^2/2)$,$\sigma_Y^2=I^2\exp(c\alpha^2)[\exp(c\alpha^2)-1]$,

$G_Y(\omega)=I^2 e^{c\alpha^2}\left[2\pi\delta(\omega)+\displaystyle\sum_{k=1}^{\infty}\frac{\alpha^{2k}}{k!}c^k\frac{2\alpha k}{\omega^2+\alpha^2 k^2}\right]$。

4.5 (1) $f_Y(y)=[1-F_X(0)]\delta(y-1)+F_X(0)\delta(y+1)$, $E[Y(t)]=1-2F_X(0)$。

4.8 $R_Y(\tau)=\dfrac{\alpha^2 N_0{}^2}{16}(1+2e^{-2\alpha|\tau|})$,$(\alpha=1/RC)$,$G_Y(\omega)=\dfrac{\alpha^2 N_0^2}{16}\left(2\pi\delta(\omega)+\dfrac{8\alpha^2}{\omega^2+4\alpha^2}\right)$。

第 5 章

5.6 $E(A_k)=0$,$E(A_kA_j)=0\quad(k=j)$。

5.7 $R_X(t_1,t_2)=\displaystyle\sum_{i=1}^{n}\sigma_i^2\cos\omega_i(t_1-t_2)$。

5.9 复包络 $\widetilde{A}(t)=e^{jm(t)}$,包络 $A(t)=|\widetilde{A}(t)|=1$。

5.11 $R_w(\tau)=\dfrac{N_0\sin\Delta\omega\tau}{\pi\tau}\cos\omega_0\tau, R_{w_c}(\tau)=R_{w_s}(\tau)=\dfrac{N_0\sin\Delta\omega\tau}{\pi\tau}$。

5.13 (1) $R_c(\tau)=R_s(\tau)=\sigma_X^2\mathrm{e}^{-\alpha|\tau|}\cos(\omega_0-\omega_0')\tau$, $R_{cs}(\tau)=\sigma_X^2\mathrm{e}^{-\alpha|\tau|}\sin(\omega_0'-\omega_0)\tau$;

(2) $R_c(\tau)=R_s(\tau)=\sigma_X^2\mathrm{e}^{-\alpha|\tau|}$, $R_{cs}(\tau)=0$。

5.14
$$f_{XY}(x_t,x_{t-\tau},y_t,y_{t-\tau})=\frac{1}{(2\pi)^2\sigma^4[1-r^2(\tau)]}\exp\left\{-\frac{1}{2\sigma^2[1-r^2(\tau)]}\cdot[x_t^2+y_t^2+x_{t-\tau}^2+y_{t-\tau}^2-2r(\tau)(x_tx_{t-\tau}+y_ty_{t-\tau})]\right\}$$

其中 $r(\tau)=r_X(\tau)=r_Y(\tau), \sigma^2=\sigma_X^2=\sigma_Y^2$。

5.18 $f_Z(z)=\dfrac{1}{b\sigma_X^2}\exp\left(-\dfrac{z}{b\sigma_X^2}\right), E[Z(t)]=b\sigma_X^2, \mathrm{Var}[Z(t)]=b^2\sigma_X^4$。

5.19 $f_Y(y)=\dfrac{1}{\alpha^2\sigma^2}\exp\left(-\dfrac{y}{\alpha^2\sigma^2}\right), (y\geqslant 0)$, $E[Y(t)]=\sigma^2\alpha^2$, $\mathrm{Var}[Y(t)]=\sigma^4\alpha^4$。

5.20 $P_Z=\dfrac{A^2\sigma_X^2}{4}$。

第 6 章

6.1 (1) $p_{32}(n,n+2)=1/8$;　　(2) $p_{13}(n,n+3)=1/8$。

6.2
$$\boldsymbol{P}(1)=\begin{bmatrix}\cdots & r & \cdots & \cdots & \cdots & \cdots & \cdots & \cdots\\ p & q & r & 0 & 0 & 0 & 0 & \cdots\\ \cdots & p & q & r & 0 & 0 & 0 & \cdots\\ \cdots & 0 & p & q & r & 0 & 0 & \cdots\\ \cdots & 0 & 0 & p & q & r & 0 & \cdots\\ \cdots & 0 & 0 & 0 & p & q & r & \cdots\\ \cdots & 0 & 0 & 0 & 0 & p & q & \cdots\\ \cdots & \cdots & \cdots & \cdots & \cdots & \cdots & \cdots & \cdots\end{bmatrix},$$

$$\boldsymbol{P}(2)=\begin{bmatrix}\cdots & \cdots & \cdots & \cdots & \cdots & \cdots & \cdots & \cdots\\ \cdots & 2pr+q^2 & 2qr & r^2 & 0 & 0 & 0 & \cdots\\ \cdots & 2pq & 2pr+q^2 & 2qr & r^2 & 0 & 0 & \cdots\\ \cdots & p^2 & 2pq & 2pr+q^2 & 2qr & r^2 & 0 & \cdots\\ \cdots & 0 & p^2 & 2pq & 2pr+q^2 & 2qr & r^2 & \cdots\\ \cdots & 0 & 0 & p^2 & 2pq & 2pr+q^2 & 2qr & \cdots\\ \cdots & 0 & 0 & 0 & p^2 & 2pq & 2pr+q^2 & \cdots\\ \cdots & \cdots & \cdots & \cdots & \cdots & \cdots & \cdots & \cdots\end{bmatrix}。$$

6.3
$$\boldsymbol{P}(1)=\begin{bmatrix}q & p & 0\\ p & 0 & q\\ 0 & q & p\end{bmatrix}, \boldsymbol{P}(2)=\begin{bmatrix}q^2+p^2 & pq & pq\\ pq & q^2+p^2 & pq\\ pq & pq & q^2+p^2\end{bmatrix}。$$

6.4 $p_1=\dfrac{1}{10}, p_2=\dfrac{2}{5}, p_3=\dfrac{2}{5}, p_4=\dfrac{1}{10}$。

6.6 $\boldsymbol{P}(n+1,n)=\begin{bmatrix} \frac{1}{6} & \frac{1}{6} & \frac{1}{6} & \frac{1}{6} & \frac{1}{6} & \frac{1}{6} \\ 0 & \frac{1}{3} & \frac{1}{6} & \frac{1}{6} & \frac{1}{6} & \frac{1}{6} \\ 0 & 0 & \frac{1}{2} & \frac{1}{6} & \frac{1}{6} & \frac{1}{6} \\ 0 & 0 & 0 & \frac{2}{3} & \frac{1}{6} & \frac{1}{6} \\ 0 & 0 & 0 & 0 & \frac{5}{6} & \frac{1}{6} \\ 0 & 0 & 0 & 0 & 0 & 1 \end{bmatrix}$。

6.9 (1) $Y_n=\sum_{j=1}^{n}X_j$ 是独立增量过程，$E(Y_n)=n$，$\mathrm{Var}(Y_n)=n$。

第7章

7.2 (2) $\hat{s}_{\text{map}}=\begin{cases} z+1 & (z<-1) \\ 0 & (|z|<1) \\ z-1 & (z>1) \end{cases}$； (3) $\hat{s}_{\text{ms}}=\dfrac{\int_{z-1}^{z+1} s\exp\left(-\frac{s^2}{8}\right)\mathrm{d}s}{\int_{z-1}^{z+1}\exp\left(-\frac{s^2}{8}\right)\mathrm{d}s}$。

7.3 (1) $\hat{s}_{\text{ms}}=\dfrac{\int_{0.5}^{1} s(1-1.5+s)\cdot 1/2\mathrm{d}s}{\int_{0.5}^{1}(1-1.5+s)\cdot 1/2\mathrm{d}s}=\dfrac{5}{6}$； (2) $\hat{s}_{\text{map}}=1$。

7.4 $\hat{\theta}_{\text{ms}}=(2\varepsilon-1)z$，$\hat{\theta}_{\text{map}}=\begin{cases} -z & (\varepsilon<1/2) \\ \pm z & (\varepsilon=1/2) \\ z & (\varepsilon>1/2) \end{cases}$。

7.5 (1) $\hat{s}_{\text{ml}}=2z$； (2) $\hat{s}_{\text{map}}=\begin{cases} 2z-1 & (z>1/2) \\ 0 & (z<1/2) \end{cases}$。

7.6 $\hat{\theta}_{\text{ms}}=\hat{\theta}_{\text{map}}=\hat{\theta}_{\text{med}}=\dfrac{\sigma_\theta^2}{\sigma_\theta^2+\sigma^2/N}\bar{z}$。

7.7 $\hat{\theta}(N)=\hat{\theta}(N-1)+K(N)(z_N-\hat{\theta}(N-1))$，$K(N)=\dfrac{B\mathrm{mse}(\hat{\theta}(N-1))}{B\mathrm{mse}(\hat{\theta}(N-1))+\sigma^2}$，

$B\mathrm{mse}(\hat{\theta}(N))=(1-K(N))B\mathrm{mse}(\hat{\theta}(N-1))$。

7.9 (1) $\hat{A}_{\text{ml}}=\dfrac{1}{N}\sum_{i=0}^{N-1}z_i=\bar{z}$； (2) 是无偏估计； (3) 是有效估计量，方差为 $\mathrm{Var}(\hat{A}_{\text{ml}})=\dfrac{\sigma^2}{N}$。

7.10 $\hat{A}_{\text{ml}}=\dfrac{1}{N}\sum_{i=0}^{N-1}z_i=\bar{z}$，$\hat{\sigma}^2_{\text{ml}}=\dfrac{1}{N}\sum_{i=0}^{N-1}(z_i-\bar{z})^2$，$\hat{A}_{\text{ml}}$ 是 A 的无偏估计，

$\hat{\sigma}^2_{\text{ml}}=\dfrac{1}{N}\sum_{i=0}^{N-1}(z_i-\bar{z})^2$，$\hat{\sigma}^2_{\text{ml}}$是 σ^2 的渐近无偏估计。

7.11 (1) $\hat{\boldsymbol{A}}=\begin{bmatrix}\hat{A}_0 & \hat{A}_1\end{bmatrix}^{\mathrm{T}}=(\boldsymbol{x}^{\mathrm{T}}\boldsymbol{x})^{-1}\boldsymbol{x}^{\mathrm{T}}\boldsymbol{z}$，$\boldsymbol{x}=\begin{bmatrix} x_{00} & x_{01} \\ x_{10} & x_{11} \end{bmatrix}$，$\boldsymbol{z}=\begin{bmatrix} z_0 & z_1 \end{bmatrix}^{\mathrm{T}}$；

(2) 无偏估计； (3) 有效估计。

7.13 $\hat{a}_{\mathrm{lms}}=\dfrac{1}{N+\sigma^2/A}\sum_{k=0}^{N-1}z_k$。

7.14 $\hat{s}=\boldsymbol{SH}^{\mathrm{T}}(\boldsymbol{HSH}^{\mathrm{T}}+\boldsymbol{R})^{-1}\boldsymbol{z}$，其中 $\boldsymbol{H}=[1\quad 2\quad \cdots\quad N]^{\mathrm{T}}$，$\boldsymbol{z}=[z_0\quad z_1\quad \cdots\quad z_{N-1}]^{\mathrm{T}}$，$\boldsymbol{R}=\sigma^2\boldsymbol{I}_{N\times N}$。

7.17 $\hat{s}_{\mathrm{lms}}=-z_0+2z_1$

7.18 (1) $\hat{a}_{\mathrm{ml}}=\dfrac{1}{17}(z_0+4z_1)$； (2) $\hat{a}_{\mathrm{map}}=\dfrac{1}{18}(z_0+4z_1)$。

7.19 $\hat{a}_{\mathrm{lms}}=\dfrac{1}{18}z_0+\dfrac{2}{9}z_1$。

7.22 $\hat{s}=z_1-z_0$。

7.23 $\hat{s}=\dfrac{\sigma_s^2}{\sigma_w^2+(3/2)\sigma_s^2}\left(z_0+\dfrac{1}{\sqrt{2}}z_1\right)$

7.24 $a=\dfrac{\int_0^T R_X(t)\mathrm{d}t}{R_X(0)+R_X(T)}$， $b=\dfrac{\int_0^T R_X(t)\mathrm{d}t}{R_X(0)+R_X(T)}$

7.25

$$\hat{\theta}_{\mathrm{map}}=\begin{cases}A & \left(\dfrac{f_V(z-A)p}{f_V(z)(1-p)}\geqslant 1\right)\\[2ex] 0 & \left(\dfrac{f_V(z-A)p}{f_V(z)(1-p)}<1\right)\end{cases}$$

7.26 $\hat{A}_{\mathrm{ml}}=\dfrac{\sum_{i=0}^{N-1}z_i r^i}{\sum_{i=0}^{N-1}r^{2i}}$，是有效估计量，$\mathrm{Var}(\hat{A}_{\mathrm{ml}})=\dfrac{\sigma^2}{\sum_{i=0}^{N-1}r^{2i}}$

第 8 章

8.1 (1) 由题意可知，如果 $\varepsilon<\dfrac{1}{2}$，那么，如果收到“0”应该判“0”，收到“1 应该判“1”；

(2) $P_e=\varepsilon$。

8.2 判决表达式为 $\bar{z}\underset{H_0}{\overset{H_1}{\gtrless}}\dfrac{\sigma^2}{N}\ln\eta_0+\dfrac{1}{2}=\gamma$，虚警概率为 $P_F=Q\left(\dfrac{\sqrt{N}\gamma}{\sigma}\right)$，检测概率为 $P_D=Q\left(\dfrac{\sqrt{N}(\gamma-1)}{\sigma}\right)$。

8.4 判决规则为：如果 $|z|<1$ 判 H_1 成立，否则判 H_0 成立。$P_e=0$。

8.5 判决表达式为 $y\underset{H_0}{\overset{H_1}{\gtrless}}a/4$。

8.8 最佳判决门限为 $\gamma=\dfrac{\sqrt{2}}{\sqrt{N}}Q^{-1}(0.05)$，检测概率为 $P_D=Q\left(\dfrac{\sqrt{N}(\gamma-2)}{\sqrt{2}}\right)$。

8.10 (2) $\eta=\dfrac{(C_{10}-C_{00})q}{(C_{01}-C_{11})ap}$； (3) $P_{FA}=\dfrac{b}{a}\exp(-\alpha\eta)$。

8.13 $P_e=Q(2)=0.023$。

第9章

9.4 $P_e=Q(2)=0.023$。

9.5 (1) 判决表达式为 $\int_0^T z(t)\cos\omega_1 t\,dt \underset{H_0}{\overset{H_1}{\gtrless}} \gamma$;

(2) $P_D=Q\left(\sqrt{\frac{N_0}{A^2T}}\ln\eta-\sqrt{\frac{A^2T}{4N_0}}\right)$,没有影响。

9.7 $P_e=Q\left(\sqrt{\frac{A_m^2T}{2N_0}}\right)$。

9.8 (1) 判决表达式 $\int_0^T z(t)s(t)\,dt \underset{H_0}{\overset{H_1}{\gtrless}} \gamma$; (2) $\alpha=Q\left(\frac{\gamma+E/2}{\sqrt{N_0E/2}}\right)$, $E=\int_0^T s^2(t)\,dt$;

(3) $P_D=Q\left(\frac{\gamma-E/2}{\sqrt{N_0E/2}}\right)$。

9.9 (1) 判决表达式为

$$\Lambda[z(t)]=(1-p)+p\exp\left(-\frac{A^2T}{2N_0}\right)I_0\left(\frac{\sqrt{2T}}{N_0}AM\right)\underset{H_0}{\overset{H_1}{\gtrless}}\eta;$$

$$M=\sqrt{M_I^2+M_Q^2}\quad M_I=\int_0^T z(t)\cos\omega_0 t\,dt\quad M_Q=\int_0^T z(t)\sin\omega_0 t\,dt。$$

参考文献

[1] 罗鹏飞,张文明,刘福声.随机信号分析[M].2版.长沙:国防科技大学出版社,2003.

[2] 刘福声,罗鹏飞.统计信号处理[M].长沙:国防科技大学出版社,1999.

[3] Kay S M.统计信号处理基础——估计与检测理论[M].罗鹏飞,张文明,等译.北京:电子工业出版社,2003.

[4] 许树声.信号检测与估计[M].北京:国防工业出版社,1985.

[5] Stark H, Woods W J. Probability and Random Processes with Applications to Signal Processing. 3nd ed. New Jersey: Prentice-Hall,2002.

[6] Papoulis A. Probability,Random Variables and Stochastic Processes. 2nd ed. New York: McGraw-Hill, 1984.

[7] Srinath M D, Rajasekaran P K, Viswanathan R. An Introduction to Statistical Signal Processing With Applications. New Jersey: Prentice-Hall,1996.

[8] McDonough R N, Whelen A D. Detection of Signals in Noise. 2nd ed. San Diego: Academic Press, 1995.

[9] Ludeman L C. Random Processes Filtering,Estimation,and Detection. New Jersey: John Wiley & Sons,2003.

[10] van Etten W C. Introduction to Random Signals and Noise. John Wiley & Sons,Ltd, 2005.

[11] Miller S L, Childers D G. Probability and Random Processes with Applications to Signal Processing and Communications. Elsevier Academic Press, 2004.

[12] Kay S. Intuitive Probability and Random Processes Using MATLAB. Springer Press,2005.

[13] 罗鹏飞.统计信号处理[M].北京:电子工业出版社,2009.

[14] Ziemer R E, Tranter W H.通信原理——系统、调制与噪声.袁东风,江铭炎,译.5版.北京:高等教育出版社,2004.

[15] 杨福生.随机信号分析[M].北京:清华大学出版社,1990.

[16] 朱华,黄辉宁.随机信号分析[M].北京:北京理工大学出版社,1991.

[17] 王永德,王军.随机信号分析基础[M].北京:电子工业出版社,2003.

[18] 赵淑清,郑薇.随机信号分析[M].哈尔滨:哈尔滨工业大学出版社,1999.

[19] 毛用才,胡奇英.随机过程[M].西安:西安电子科技大学出版社,1998.

[20] 段凤增.信号检测理论[M].哈尔滨:哈尔滨工业大学出版社,2002.

[21] 张明友,吕明.信号检测与估计[M].2版.北京:电子工业出版社,2005.

[22] 丁玉美,阔永红,高新波.数字信号处理——时域离散随机信号处理[M].西安:西安电子科技大学出版社,2002.

[23] Ifeachor E C,Jevis B W.数字信号处理实践方法[M].罗鹏飞,杨世海,等译.2版.北京:电子工业出版社,2004.

[24] Key S M.统计信号处理基础——实用算法开发(卷Ⅲ)[M].罗鹏飞,张文明,韩韬,译.北京:电子工业出版社,2018.

图书资源支持

感谢您一直以来对清华大学出版社图书的支持和爱护。为了配合本书的使用，本书提供配套的资源，有需求的读者请扫描下方的“书圈”微信公众号二维码，在图书专区下载，也可以拨打电话或发送电子邮件咨询。

如果您在使用本书的过程中遇到了什么问题，或者有相关图书出版计划，也请您发邮件告诉我们，以便我们更好地为您服务。

我们的联系方式：

地　　址：北京市海淀区双清路学研大厦 A 座 701

邮　　编：100084

电　　话：010-83470236　010-83470237

资源下载：http://www.tup.com.cn

客服邮箱：tupjsj@vip.163.com

QQ：2301891038（请写明您的单位和姓名）

教学资源·教学样书·新书信息

人工智能科学与技术

人工智能|电子通信|自动控制

资料下载·样书申请

书圈

用微信扫一扫右边的二维码，即可关注清华大学出版社公众号。